Wehrökonomik

Internationale Märkte

Herausgegeben von
Prof. Dr. Herbert Strunz

Band 13

PETER LANG
Frankfurt am Main · Berlin · Bern · Bruxelles · New York · Oxford · Wien

Alexander Breunig/Harald Pöcher/
Herbert Strunz

Wehrökonomik

Entwicklungen im internationalen Kontext

PETER LANG
Europäischer Verlag der Wissenschaften

Bibliografische Information der Deutschen Nationalbibliothek
Die Deutsche Nationalbibliothek verzeichnet diese Publikation in der Deutschen Nationalbibliografie; detaillierte bibliografische Daten sind im Internet über <http://www.d-nb.de> abrufbar.

Die Umschlagabbildungen zeigen:
F-14 auf der NAS Oceana,
Flugzeugträger CVN-74 John C. Stennis,
Air Crew Blue Angels, US-Navy,
CH-53 Sea King, SAL, Deutsche Bundeswehr,
Leopard II A5, 4. PGrBtln, Deutsche Bundeswehr,
Rekruten der 4/805 ARBC Abw. Btln., Deutsche Bundeswehr,
Leopard II A5, 2. PBrg., Deutsche Bundeswehr,
Fallschirmspringer, 1. PcBtln. Golden Nights, US-Army,
Red Arrows, RAF, Fairford (Hintergrundbild)

Gedruckt mit Förderung des Bundesministeriums für Bildung, Wissenschaft und Kultur in Wien.

ISSN 1435-473X
ISBN 3-631-55752-3

www.peterlang.de

Inhalt

Einleitung

Bis in die jüngere Vergangenheit ist innerhalb Europas die konsequente und systematische Einbeziehung ökonomischer Denkkategorien in die Auslegung der Sicherheitspolitik sowie eine eingehende Auseinandersetzung mit den einhergehenden Veränderungen des respektiven Industrie- und Wirtschaftszweiges vernachlässigt worden. Bisweilen wurde versäumt, die Möglichkeiten der sehr weit entwikkelten ökonomischen Methoden und Denkansätze in entsprechender Weise einzubeziehen und sich wirtschaftlichen Themen in Verbindung mit den Streitkräften und den sich daraus ergebenden Fragen zu stellen. Eine Begründung liegt vermutlich darin, dass nach zwei Weltkriegen und deren Auswirkungen auf ganz Europa speziell das Interesse an konstruktiven wehr- und militärökonomischen Forschungsansätzen weitgehend unterdrückt wurde. Erst zu Beginn der 1970er Jahre rückte das Militär wieder zum Gegenstand entsprechenden Forschungs- und Erkenntnisinteresses auf. In der vorliegenden Arbeit werden folgende Aspekte angesprochen und dargestellt:

Der erste Abschnitt befasst sich mit der wirtschaftlichen Betrachtung von Faktoren der Äußeren Sicherheit und Landesverteidigung. Um öffentliche Sicherheit im Inneren und Äußeren zu gewährleisten, dienen öffentliche, meist staatliche Organe. Der Zweck insbesondere des Militärs ist es dabei, als exekutives Instrument eines Staates Gewährleistungen sowie Dienstleistungen abzugeben, die dem Schutz von materiellen wie immateriellen Werten vor Beeinträchtigungen oder Zugriff von innen und außen dienen.

Analysiert man die möglichen Auswirkungen von sicherheitspolitischen Entscheidungen auf die Wirtschaft und vice versa, zeigen sich neben den rein politischen Aspekten insbesondere zwei Themenkreise:

- zum einen gesamtwirtschaftliche Auswirkungen bzw. Aspekte, die auch in sehr engem Zusammenhang zu politischen Fragen und Problemen zu sehen sind;
- zum anderen Wirkungen, die ihren Niederschlag stärker auf einzelwirtschaftlicher Ebene finden.

Gesamtwirtschaftlich sind sicherheitspolitische Entscheidungen vor allem auch im Kontext der nunmehr zunehmend global orientierten Wirtschaftspolitik und ihrer Instrumentalfunktion zu betrachten. Eine wesentliche Frage ist hierbei die stimulierende oder dämpfende Wirkung von Militärausgaben jeglicher Art. In diesem Zusammenhang ist es interessant, den Einfluss militärischer Planungen auf die volkswirtschaftlichen Produktionsfaktoren und die damit in Zusammenhang stehenden Kenngrößen sowie deren Bild in der Gesellschaft transparent zu machen.

Der zweite Abschnitt umfasst das Themengebiet der Governance und soll zum besseren Verständnis der Notwendigkeit von Umstrukturierungen und Neuausrichtungen in öffentlichen Institutionen dienen und deren gesellschaftliche und politische Hintergründe beleuchten. Gerade in Zeiten, in denen sich die zunehmende Globalisierung massiv auf einzelstaatliche sicherheitspolitische Konzepte auswirkt und somit auch direkt die Aufgabenstruktur moderner Streitkräfte von der Wahrung staatlicher Integrität und Souveränität hin zur globalen Interessendurchsetzung beeinflusst, ist eine eingehende Auseinandersetzung mit dieser Thematik von Bedeutung.

Der dritte Abschnitt dient dementsprechend auch als eine weiterführende Konkretisierung dieses Themenkreises in Richtung einer notwendigen Neuauslegung der Strukturen von modernen Streitkräften. Er soll dabei die potentiellen Kontradiktionen, Problemstellungen und Gefahren, aber auch die vielfältigen Möglichkeiten einer strukturellen Umgestaltung von Streitkräften von einem im Prinzip verwaltungstechnischen zu einer verstärkt betriebswirtschaftlichen Organisation verdeutlichen.

Im vierten Abschnitt wird anhand der momentan in Österreich stattfindenden Reform des Bundesheeres ein Fallbeispiel für die praktische Umsetzung von Grundsätzen des Public Management gegeben. Derzeit ist in vielen Streitkräften der NATO ein reger Reformprozess zu beobachten, der mit großen Umbrüchen einhergeht. Auch in Österreich ist dieser Prozess bereits weit fortgeschritten und soll bis 2010 abgeschlossen sein.

Abschnitt fünf befasst sich eingehend mit den Möglichkeiten und Risiken, die aus der immer konkreter zu Tage tretenden und zunehmend wichtiger werdenden Problematik der zivil-militärischen Zusammenarbeit (CIMIC) resultieren. Aus einem Konfliktbild, das sich massiv von bipolaren Kriegsbildern hin zu regional fundierten Konflikten mit oft globalen Auswirkungen bewegt, entstehen immer diffuser werdende Bedrohungsbilder. Diese machen verstärkt Aspekte des Nation Building, der humanitären Hilfe und der langfristigen Friedenssicherung als wichtige Formen der Gefahrenbekämpfung und -prävention erforderlich. So entsteht auch für Streitkräfte und zivile Organisationen der Druck aber auch die Möglichkeit zur verstärkten Zusammenarbeit. Zunehmend sind internationale Friedenseinsätze nicht mehr als neutrale Intervention bei Konflikten zu betrachten; der bisher bestehende Schutz, den die internationale Neutralität für zivile Helfer als eine dritte Partei gewährleistete, bricht zunehmend durch ihre verstärkt notwendige Involvierung in stattfindende Konflikte weg. Somit entstehen auch neue Aufgaben und Anforderungsprofile für die Streitkräfte, nicht nur als Schutzmacht, sondern auch als Helfer in Krisenregionen.

Schließlich wird in Abschnitt sechs versucht, die vielschichtigen und komplexen Zusammenhänge zwischen Aspekten der Sicherheitspolitik und der Wirtschaft grundlegend aufzuzeigen und deutlich zu machen. Betrachtet man neben den gesamtwirtschaftlichen Aspekten dabei auch die Zusammenhänge im einzelwirtschaftlichen Kontext, ist die Rolle von Streitkräften als Nachfrager zunächst besonders relevant. Diese kann sich in unterschiedlichen Facetten darstellen, gerade vor dem Hintergrund zunehmend multinationaler Anforderungs- und Einsatzprofile und eines nicht mehr rein staatlichen Anbieterprofils. Die Nachfrage bestimmt nicht zuletzt auch die Entwicklung und Ausrichtung der Rüstungsindustrie, z.B. durch globale Zulieferketten, Dual-Use-Güter und zunehmende Exportquoten sowie Spin-off-Potentialen militärischer Forschung und Entwicklung auf andere Bereiche. Somit wird auch der Rüstungsindustrie in dieser Betrachtung besondere Bedeutung beigemessen. Letztendlich verändert die Globalisierung der Wirtschaft auch die Stellung der Streitkräfte zum Staat, was wiederum zur Folge hat, dass bisher nationale Militärökonomien zunehmend global werden. Daraus erwächst die Frage, ob und wie sich eine notwendige globale Ausrichtung der Sicherheitspolitik mit der Wahrnehmung ökonomischer Interessen vereinbaren lässt. Auch hier besteht jedoch das ungelöste Problem, den Einfluss dieser Industrien kenntlicher werden zu lassen.

Die Studie erhebt nicht den Anspruch auf Vollständigkeit, soll aber einen grundlegenden und allgemein verständlichen Überblick zu der sehr komplexen Materie geben. Vor allem aber soll sie Interesse wekken und zu einer weiterführenden Auseinandersetzung mit der Thematik anregen.

1 Äußere Sicherheit und Landesverteidigung als Untersuchungsobjekt der Wirtschaftswissenschaften

Um öffentliche Sicherheit im Inneren und Äußeren zu gewährleisten, dienen öffentliche, meist staatliche Organe. Sie „produzieren" Sicherheit, die freilich von vielfältigen Umständen und äußeren Einflüssen abhängt. Der Zweck insbesondere von Streitkräften ist es, als Instrument des Staates Gewährleistungen sowie Dienstleistungen abzugeben, die dem Schutz von materiellen wie immateriellen Werten vor Beeinträchtigungen oder Zugriff von innen und außen dienen, wobei eine Orientierung an den jeweiligen Rahmenbedingungen erfolgt.

Analysiert man die möglichen Auswirkungen von sicherheitspolitischen Entscheidungen auf die Wirtschaft, zeigen sich insbesondere zwei Themenkreise:

- zum einen gesamtwirtschaftliche Auswirkungen bzw. Aspekte, die auch in sehr engem Zusammenhang zu politischen Fragen und Problemen zu sehen sind;
- zum anderen Wirkungen, die ihren Niederschlag stärker auf einzelwirtschaftlicher Ebene finden.

Gesamtwirtschaftlich sind sicherheitspolitische Entscheidungen vor allem auch im Kontext der Wirtschaftspolitik und ihrer Instrumentalfunktion zu betrachten. Sie wirken entsprechend auf zahlreiche volkswirtschaftliche Steuerungsgrößen, je nachdem stimulierend oder dämpfend. Eine wesentliche Frage ist hier die gesamtwirtschaftliche Produktivität von Militärausgaben. In diesem Zusammenhang ist es naheliegend, den Einfluss militärischer Planungen auf die volkswirtschaftlichen Produktionsfaktoren und die damit in Zusammenhang zu sehenden makroökonomischen Kenngrößen in volks- und raumwirtschaftlicher Hinsicht zu erfassen, bzw. transparent zu machen.

Betrachtet man die Gesamtzusammenhänge im einzelwirtschaftlichen Kontext, ist die Rolle des Militärs als Nachfrager zunächst besonders relevant, wobei sich diese je nach wirtschaftlicher Situation in mehreren Facetten darstellt.

Abbildung 1-1 *Wirkung der Sicherheitspolitik auf die Wirtschaft*[1]

Die Nachfrage bestimmt nicht zuletzt auch die Entwicklung der Rüstungsindustrie im weitesten Sinne (vgl. Zulieferketten, Dual-Use). Verschiedene Aspekte militärischer Aktivitäten wirken sich ebenfalls auf die Wirtschaft aus, bzw. kommen dieser zugute: militärische Erfordernisse in Hinblick auf die Infrastruktur, beispielsweise militärische Standorte und auch das Verkehrswesen sowie logistische Fragen betreffend, können von der Wirtschaft genauso genützt werden wie

---

[1] vgl. Strunz, Herbert; Dorsch, Monique: Sicherheitspolitik und Wirtschaft, Frankfurt/M. u.a. 2003, 26

etwa militärische Aus- und Weiterbildungsleistungen. Darüber hinaus sind positive Auswirkungen militärischer Forschungs- und Entwicklungstätigkeit auf den zivilen Bereich ebenso ein nicht zu vernachlässigendes Thema. Nicht zuletzt profitiert die Wirtschaft wie der übrige zivile Bereich von den Sonderleistungen des Militärs. Große Bedeutung kommt dabei dem Katastrophenschutz und mit stark steigender Bedeutung auch Auslandseinsätzen im Zusammenhang mit friedenssichernden Maßnahmen der internationalen Staatengemeinschaft zu.

Im Vordergrund steht in diesem Rahmen die Erstellung eines Leistungsoutputs, gewissermaßen eines Sicherheitsprodukts. Im Falle von Streitkräften ist das wesentliche Produkt die permanent erstellte und dem Staat zur Verfügung stehende Dienst- und Einsatzbereitschaft, wie etwa Verteidigung, Katastropheneinsatz und Ordnungseinsatz. Um die genannten Ziele erfüllen zu können, ist auch die Absicherung zahlreicher Vorstufen nötig: Beschaffung, Bewirtschaftung, logistische Dispositionen, Erstellung und Einsatz von „Produktionsfaktoren“, die für den Leistungsprozess ebenfalls notwendig sind, wie z.B. personelle und immaterielle Leistungsmittel.

In dieser Eigenschaft agiert ein Heer als personal- und kapitalintensive Einzelwirtschaft mit gemeinnützigen Zwecken und bedarfswirtschaftlichen Zielen, geführt nach dem Erwirtschaftungsprinzip als Gewährleistungsbetrieb in öffentlichem Eigentum.

Einzelwirtschaftlich und volkswirtschaftlich gleichermaßen relevant ist in obigem Zusammenhang die Frage der Potentiale zivil-militärischer Zusammenarbeit in wirtschaftlicher Hinsicht (vgl. Civil Military Cooperation). Wichtig ist es, die auf nationaler und internationaler Ebene diesbezüglich sehr komplexen Strukturen und Mechanismen zu erkennen, um Folgerungen auf militärische Einsätze und auch deren mögliche „Umwegrentabilitäten“ ableiten zu können.

(Volks-)Wirtschaftliche Überlegungen im Zusammenhang mit Verwaltungsreformen – wie etwa die Heeresreform in Österreich – sind idealerweise auch im Kontext des Konzepts Governance zu sehen. Dieses sieht vor dem Hintergrund stark zunehmender Aufgaben des Staates bei gleichzeitig immer stärkeren budgetären Restriktionen einen gleichermaßen minimalen wie auch optimierten Staat vor. Neue

Formen der politischen Steuerung, effizientere Institutionen und Regelungen sowie die Schaffung entsprechender Rahmenbedingungen stehen dabei im Vordergrund. Ziel ist die zeitgemäße Erfüllung staatlicher Aufgaben im Sinne einer möglichst bedarfs- und situationsangepassten Erbringung staatlicher Leistungen. Diese sollen so gestaltet werden, dass sie einerseits möglichst interessengruppenrelevant sind und andererseits ein „getting out most of the budget" ermöglichen.

Zur Umsetzung der Governance-Ziele steht als Instrument vor allem Public Management zur Verfügung. Dieses fokussiert auf die optimale Zielerreichung (vgl. Effizienz) und Aufgabenerfüllung (vgl. Effektivität) auf betrieblicher Ebene, den ökonomischen Einsatz der Ressourcen sowie die Optimierung der Strukturen und Prozesse. Dazu finden vor dem Hintergrund ökonomischen Denkens und Handelns in allen Bereichen betriebswirtschaftliche Grundsätze und Methoden im Sinne eines professionellen Managements Anwendung.

Militär und Ökonomie stehen seit jeher in einem engen Zusammenhang. Die relative Stellung eines Staates im internationalen Staatengefüge wird durch die wirtschaftliche Kraft und militärische Stärke bestimmt. Wohlstand ist in der Regel notwendig, um militärische Macht abzustützen. Diese wiederum ist notwendig, um Wohlstand zu erwerben und zu schützen. Um so wichtiger ist es, knappe wirtschaftliche Ressourcen bestmöglich einzusetzen, um mit minimalen Kosten ein Maximum an militärischer Wirkung zu erzielen. Diejenigen Teildisziplinen der Wirtschaftswissenschaften, die sich damit auseinandersetzen, sind die Volkswirtschaftslehre, Wirtschaftspolitik, Finanzwissenschaft und Betriebswirtschaftslehre.

Die Volkswirtschaftslehre untersucht die Abläufe und Zusammenhänge ökonomischer Art und bemüht sich dabei, fundamentale Erkenntnisse zu gewinnen. Von der Theorie ist die Volkswirtschaftpolitik zu unterscheiden, die sich mit den wirtschaftlich relevanten Zielen politischer Willensträger, der Art und Weise ihrer Verwirklichung und den Auswirkungen der entsprechenden Entscheidungen auseinandersetzt. Die Finanzwissenschaft befasst sich mit den wirtschaftlichen Entscheidungen öffentlicher Haushalte. Die Betriebswirtschaftslehre schlussendlich untersucht die Entscheidungen von und in Organisationen. Wie bereits dargelegt, untersuchen die Betriebswirtschaftslehre und die Volkswirtschaftslehre jede für sich eine Seite des Gesamtbereichs Wirtschaft, stehen also in einem sehr engen Verhältnis zueinander.

Aufgabe der Betriebswirtschaftslehre ist es dabei, alles wirtschaftliche Handeln, das sich in einem Betrieb im weiteren Sinne vollzieht, zu beschreiben, zu erklären und schließlich auf Grund der erkannten Regelmäßigkeiten und Gesetzmäßigkeiten des Betriebsprozesses wirtschaftliche Verfahren zur möglichst optimalen Realisierung praktischer Zielsetzungen zu entwickeln. Da aber kein Betrieb für sich allein bestehen kann, sondern mit der Gesamtwirtschaft über den Beschaffungsmarkt (Beschaffung der Produktionsfaktoren) und über den Absatzmarkt (Verwertung der Leistungen) verbunden ist, müssen bei einem ganzheitlichen Denkansatz jeweils auch die Wirkungen im Zusammenhang mit der Gesamtwirtschaft untersucht werden.

Bis in die jüngste Vergangenheit ist die konsequente und systematische Einbeziehung von ökonomischen Denkkategorien in die Sicherheitspolitik weitergehend vernachlässigt worden.[2] Gerade auch von Ökonomen wurde es letztlich versäumt, die Möglichkeiten der sehr weit entwickelten ökonomischen Methoden und Denkansätze in entsprechender Weise einzubringen und sich einschlägigen Themen in Verbindung mit den Streitkräften und den sich daraus ergebenden Fragen zu stellen.[3] Eine Begründung liegt vermutlich darin, dass insbesondere in Deutschland nach zwei verlorenen Kriegen lange Zeit das Interesse an konstruktiven wehr- und militärökonomischen Forschungen weitgehend lahmgelegt war.

Erst zu Beginn der 1970er Jahre erweckte das Militär wieder Forschungsinteresse. Zu nennen sind dabei Forschungsarbeiten zur Sicherheitspolitik und Wirtschaft, zur Rüstungskonversion, zu raumwirtschaftlichen Wirkungen von Militärausgaben in einzelnen Kaser-

---

[2] Lediglich an der Universität der Bundeswehr in München sowie von der deutschen Gesellschaft für Militärökonomie e.V. und von Todd Sandler bzw. Keith Hartley liegen umfassende Analysen zu militärökonomischen Fragestellungen vor (vgl. insbesondere Hartley, Keith; Sandler, Todd: The Economics of Defense, Cambridge 1995); ebenso Hitch, Charles J.; McKean, Roland N.: The Economics of Defense in the Nuclear Age, Cambridge 1967.

[3] Eine Ausnahme stellen die einschlägigen Bemühungen der Militärökonomie in den Staaten des Warschauer Pakts dar (insbesondere DDR, Tschechoslowakei, Polen, Ungarn und Sowjetunion).

nenstandorten und Wehrsystemvergleiche unter Abstützung auf wirtschaftswissenschaftliche Erkenntnisse. Darüber hinaus gibt es Untersuchungen mikro- und makroökonomischer Sachverhalte und Fragestellungen aus dem Verteidigungsbereich. Fast gänzlich außer Acht gelassen wurden bisher umfassende betriebswirtschaftliche Forschungen, die eine gesamtheitliche Untersuchung des „Betriebes Streitkräfte" zum Untersuchungsobjekt haben.[4] Streitkräfte sollten jedenfalls, wie jeder andere Betrieb auch, vorbehaltlos als (künftiges) ökonomisches Untersuchungsobjekt herangezogen werden.

Die politische Entwicklung im Europa der letzten Jahre hat die öffentliche Diskussion über sicherheitspolitische Fragen angefacht. Entscheidend dabei ist, dass diese Debatte auch eine ökonomische Dimension hat. Denn die Finanzierung der Sicherheitspolitik bedingt einen Verzicht auf eine alternative Verwendung knapper finanzieller Mittel und macht eine wirtschaftliche Optimierung der Sicherheitspolitik unabdingbar. Eine sachlich fundierte Debatte darüber verlangt daher stets auch eine konsequente und systematische Einbeziehung von ökonomischen Denkansätzen.

1.1 Äußere Sicherheit und Landesverteidigung aus Sicht der Wirtschaftswissenschaften

Für militärische Leistungen gibt es praktisch keinen Markt. Landesverteidigung wird, im Gegensatz zum privaten Gut, geradezu als der Prototyp des öffentlichen Gutes angesehen. Das bedeutet Nicht-Rivalität im Konsum und Nichtausschließbarkeit des Konsums dieses Gutes. Ist Nichtrivalität gegeben, heißt dies, dass ein öffentliches Gut X im Falle des Konsums durch ein Individuum in vollem Masse verfügbar für alle anderen Individuen bleibt. Ein privates Gut dagegen kann nur – quasi in der Menge – unter den Konsumenten aufgeteilt werden, in der es zur Verfügung steht. Wird die Äußere Sicherheit von Seiten des öffentlichen Sektors erst einmal bereitgestellt, so die traditionelle Argumentation, kann dieses Gut kein Individuum innerhalb der Staatsgrenzen konsumieren, ohne gleichzeitig die Nutzung

[4] vgl. Hahn, Oswald: Militärbetriebslehre, Berlin 1997

durch ein anderes Individuum zu behindern. Nichtausschließbarkeit besagt, dass niemand am Konsum eines Gutes gehindert werden kann, auch wenn er sich nicht an den Kosten für seine Bereitstellung beteiligt. Daraus ergeben sich Probleme für eine Analyse der Höhe der Bereitstellung des Gutes Landesverteidigung (vgl. die Frage „In welcher Höhe sind Ausgaben für eine Gesellschaft zumutbar?") und der Produktionsbeziehungen. Hierzu kommt, dass normalerweise zwei total verschiedene Zustände der militärischen Produktion gegeben sind, Frieden und Einsatzfall.

Die Bereitstellung des öffentlichen Gutes Landesverteidigung durch Rüstung und damit verbundener Staatsausgaben absorbiert einen bestimmten Anteil der national verfügbaren Ressourcen. Fragen der Landesverteidigung sind damit untrennbar verbunden mit Entscheidungen über alternative Verwendungen knapper Güter und Produktionsmittel. Da bekanntlich stets zu wenig Ressourcen vorhanden sind, um die Konsumwünsche Aller bis zur vollen Sättigung befriedigen zu können, stellt das Knappheitsproblem für jede Wirtschaftsordnung das zentrale ökonomische Problem dar. Jede wirtschaftlich orientierte Tätigkeit sollte folglich auf eine optimale Allokation der volkswirtschaftlichen Ressourcen bzw. die Maximierung der gesamtwirtschaftlichen Wohlfahrt ausgerichtet sein. Grundsätzlich vermag zwar der Markt und auch der öffentliche Sektor den Einsatz und die Verwendung knapper Produktionsmittel und Güter zu besorgen. Im allgemeinen wird davon auszugehen sein, dass der Markt einen Großteil der Güter tatsächlich bereitstellen kann. Es gibt allerdings bestimmte Situationen, in denen der öffentliche Sektor die Zuteilung aus allokativen Gründen übernimmt oder übernehmen muss. Im Falle der Landesverteidigung werden der staatliche Versorgungsauftrag und die damit verbundenen Budgetaktivitäten in der Regel mit der sogenannten Theorie des allokativen Marktversagens begründet. Grundsätzlich kann man den Konsumenten von öffentlichen Gütern unterstellen, dass sie eine Nachfrage entfalten, die der Nachfrage nach privaten Gütern ähnelt. Damit wäre es prinzipiell möglich, eine Gesamtnachfragefunktion eines öffentlichen Gutes zu errechnen, da man nur die Nachfragefunktionen jedes einzelnen Konsumenten aufsummieren müsste. Da jedoch öffentliche Güter unter Ausschluss der Konsumenten bereitgestellt werden, geben die Konsumenten ihre Präferenzen nicht wirklich bekannt. Da die Zahl der teilnehmenden Konsumenten jedoch regelmäßig groß ist und der Kostenbeitrag des Einzelnen unbedeutend ist, liegt es in seinem Interesse, gewissermaßen als „Trittbrettfahrer" in Erscheinung treten: das Angebots- und Nachfragesystem des Marktes bricht dadurch (zumal bei großer Häufung) zusammen. Die Bereitstellung des öffentlichen Gutes über den Budgetmechanismus ist die Folge.

Diese traditionelle Klassifizierung lässt darüber hinaus unberücksichtigt, dass Äußere Sicherheit ein aus mehreren Elementen zusammengesetztes Gut darstellt; ebenso, dass sich deren Eigenschaften in verschiedenen Situationen verändern können. Versagt beispielsweise die Abschreckung und tritt der Verteidigungsfall ein, ist es wahrscheinlich, dass Sicherheit nicht für alle Bürger in gleichem Maße gewährleistet werden kann.

Unter bestimmten, von der Verwendung abhängigen Umständen werden Verteidigungspotentiale sogar überwiegend den Merkmalen eines privaten Gutes gerecht. Rivalität in der Nutzung kann beispielsweise bei der räumlichen Verteilung der Verteidigungsgüter entstehen, da diese in der Regel selektiv und nicht flächendeckend einsetzbar sind. Wird aus strategischen Gründen auf die Verteidigung bestimmter Regionen von vornherein verzichtet, greift damit auch die Ausschlussmöglichkeit. Das öffentliche Gut Landesverteidigung zeigt gerade in dieser Ausprägungsform reine Eigenschaften privater Güter, was wiederum Rückwirkungen auf die Einstellung der betroffenen Personengruppen zum Gut Landesverteidigung nach sich ziehen dürfte.

Lehrbücher verwenden gerne das öffentliche Gut Äußere Sicherheit/Landesverteidigung, um dann dessen Opportunitätskosten in einer einfachen Grafik sichtbar zu machen. Einer solchen Grafik liegt das Konzept der Produktionsmöglichkeiten- oder Transformationskurve zu Grunde, demzufolge alle Güterkombinationen, die von einer Volkswirtschaft unter Einsatz aller verfügbarer Produktionsfaktoren erzeugt werden können, durch bloß eine Kurve dargestellt werden. Wenn man beispielsweise das öffentliche Gut Äußere Sicherheit auf der y-Achse und auf der x-Achse alle übrigen Güter aufträgt, kann man entweder alle volkswirtschaftlichen Ressourcen für die alleinige Produktion des einen wie auch des anderen Gutes aufwenden. Was schlussendlich in welchem Ausmaß produziert wird, entscheidet die Nachfrage nach öffentlichen und privaten Gütern. Im Optimum herrscht vollständige Nutzenbefriedigung unter Volleinsatz aller Produktionsfaktoren.

Dazu ein fiktives Beispiel: In einer Welt, in der Knappheit herrscht, bedeutet eine große Armee den Verzicht auf Nahrungsmittel, Bekleidung und andere Güter des zivilen Bedarfs. Abbildung 1-2 zeigt die Ausgangssituation eines derartigen Landes. Diese Situation wird durch den Punkt A dargestellt, in dem es in Friedenszeiten eine Armee von drei Millionen Soldaten unterhält. Es wird beschlossen, durch die Einberufung von einer Million Männern zum Militärdienst schlechten Absichten ausländischer Mächte entgegenzuwirken. Dies bedeutet eine Bewegung zu Punkt B. Die Opportunitätskosten dieser Entscheidung bestehen in den Kosten für die Güter des zivilen Bedarfs, auf die das Land verzichten muss.

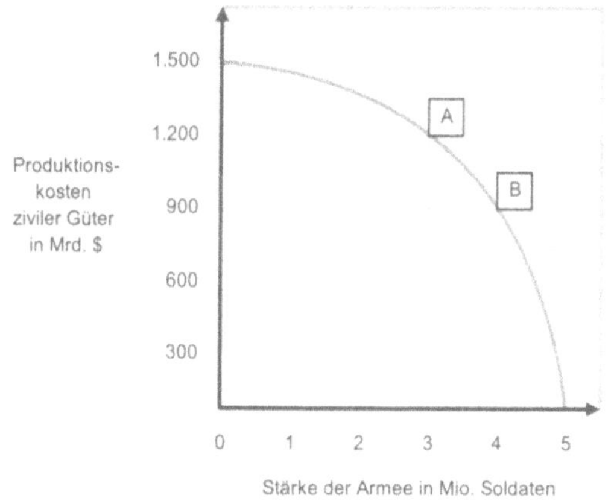

Abbildung 1-2 *Produktion ziviler Güter versus Produktion von Sicherheit*

Eine andere Betrachtungsweise, nämlich die Situation eines Zusammenschlusses von zwei Ländern (Bündnis), bietet die nachstehende Abbildung.

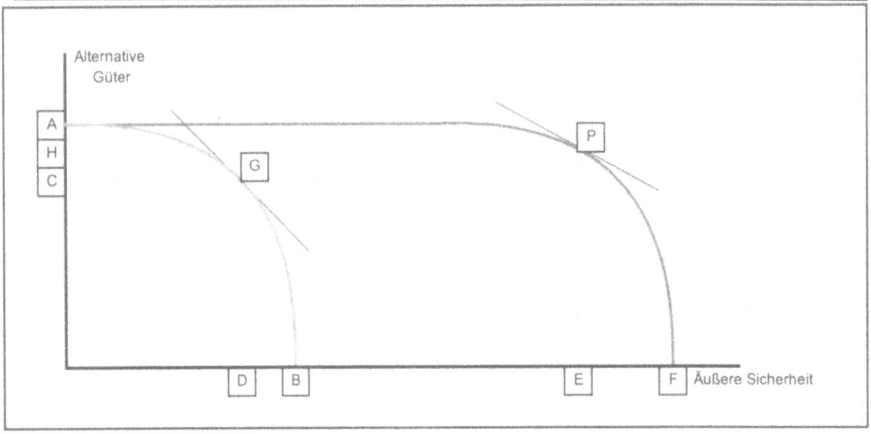

Abbildung 1-3 Produktion ziviler Güter versus Produktion von Sicherheit bei Verbund zweier Länder

Abbildung 3 zeigt folgenden Umstand: Verbünden sich zwei Länder (ein am BIP gemessen größeres und kleineres Land), kann das kleinere Land, das eine Produktionsmöglichkeitenkurve von A nach B mit der Optimalbedingung bei G (höchstmöglicher erreichbarer Nutzen aus der Produktion Äußerer Sicherheit bei D und alternativen Gütern bei C) besitzt, seiner ursprünglichen Produktionsmöglichkeitenkurve die Sicherheitsleistung des größeren Landes hinzufügen und erhält eine neue Kurve von A nach F. Die Optimalbedingung wäre nunmehr unter Zugrundelegung gleicher Nutzenüberlegungen der Punkt P.

Im neu entstandenen Produktionsgleichgewicht P produziert das kleinere Land nicht nur ein höheres Sicherheitsniveau bei E, sondern auch ein höheres Niveau an alternativen Gütern bei H. Das kleinere Land verbessert somit sein allokatives Nutzenniveau erheblich.

Vom Standpunkt der Politikwissenschaft aus stellt sich die Frage, ob die Zukunftsaussichten einer gesellschaftlichen Ordnung nur davon abhängen, inwieweit die Bevölkerung sie als legitim akzeptiert, oder auch davon, wie diese Ordnung die Fähigkeit und Bereitschaft zur Verteidigung beeinflusst. Die Argumentation stellt auf die Problematik des öffentlichen Gutes ab und vor allem darauf, dass öffentliche Güter unterschiedliche Reinheitsgrade haben. Für alle Aufwendungen im Zusammenhang mit der Landesverteidigung gilt jedenfalls, dass sie in Konkurrenz mit anderen Verwendungsarten stehen.

Das gilt z.B. auch für Schulen und Straßen. Darüber hinaus lassen andere Verwendungsarten in viel weiterem Umfang eine Teilung und individuelle Aneignung des durch sie gestifteten Nutzens zu. Insoweit haben ihre Resultate den Charakter privater Güter. Das trifft besonders für zahlreiche Leistungen im Bereich der Sozialaufwendungen zu.

Daher versuchen die Wähler üblicherweise zweierlei. Erstens bemühen sie sich, die Trittbrettfahrerposition gegenüber reinen öffentlichen Gütern einzunehmen, so gegenüber dem öffentlichen Gut Landesverteidigung. Zweitens streben sie nach einer möglichst umfangreichen Versorgung mit öffentlichen Gütern, die individuell angeeignet werden können, beispielsweise Sozialleistungen. Die Parteien umgekehrt bemühen sich, ihrer Klientel solche Wünsche zu erfüllen. Diese Parteienkonkurrenz geht aber zu Lasten der reinen öffentlichen Güter, speziell der Äußeren Sicherheit. Betrachtet werden kann dieser Effekt letztlich als ein Spezifikum der Demokratie.

1.2 Äußere Sicherheit und ihre Nachfrage

Bestimmungsfaktoren der Kapazität einer Unternehmung sind einerseits die Gesamtnachfrage nach ihren Produkten und dem durch Einsatz der absatzpolitischen Instrumente und Absprachen beeinflussbaren Marktanteil einerseits und dem Vorhandensein von Einsatzfaktoren und Kapital andererseits. Wie bereits ausgeführt wurde, bestimmen private und öffentliche Güter das tägliche Wirtschaftsgeschehen. Da der Konsum der öffentlichen Güter nicht oder nur mit hohem Aufwand auf bestimmte Konsumenten beschränkt werden kann, gibt es auch keine eindeutigen, einem einzelnen Konsumenten zurechenbare Präferenzen zum Erwerb dieser Güter. Beim Problem der Nachfrage nach öffentlichen Gütern muss man daher andere Wege beschreiten, um das Nachfrageverhalten der Konsumenten analysieren zu können. Bei der Nachfragefunktion eines privaten Gutes gehen Faktoren, wie z.B. der Preis anderer (vergleichbarer) Güter, das verfügbare Einkommen und auch andere Faktoren ein.

Ähnliches kann man für eine Nachfragefunktion eines öffentlichen Gutes modellieren. Es gilt als weitgehend abgesichert, dass ökonomische, politische und militärische Faktoren die Nachfrage nach dem öffentlichen Gut Äußere Sicherheit/Landesverteidigung bestimmen sollten. Abbildung 4 gewährt einen Einblick in die Nachfragestruktur nach Äußerer Sicherheit/Landesverteidigung.

Faktoren	Nationale Umwelt	Internationale Umwelt
Ökonomische Faktoren	• Volkseinkommen • Wirtschaftliche Stabilität • Rüstungsindustrie	• Globalisierung der Wirtschaft • Handelsverflechtungen • Rohstoffversorgung
Politische Faktoren	• Regierungsprogramme • Interessengruppen	• Internationale politische Situation und Verpflichtungen
Militärische Faktoren	• Sicherheitsziele • Militärdoktrinen	• Bündnisunterstützung • Bedrohungen

Abbildung 1-4 *Faktoren der Nachfrage nach Äußerer Sicherheit/Landesverteidigung*

Gegenstand der weiteren Betrachtung soll nicht nur die Erstellung einer Gesamtnachfragefunktion nach Äußerer Sicherheit/Landesverteidigung sein. Vielmehr soll unter bewusster Ausblendung der politischen und militärischen Faktoren lediglich eine Analyse der wirklichen ökonomischen Faktoren erfolgen.

1.2.1 Volkseinkommen

Ausgangspunkt einer Analyse von Budgetvariationen öffentlicher Haushalte ist zumeist der Versuch, ökonomische Bestimmungsgrößen als Erklärungsvariable mit einzubeziehen. Im Falle einer Veränderung des Verteidigungsbudgets dürfte als wesentlicher ökonomischer Erklärungsansatz aus dem Bereich der nationalen Umwelt das Volkseinkommen betrachtet werden. Zu erwarten ist ein positiver Zusammenhang zwischen den Veränderungen des Bruttoinlandsproduktes und den Veränderungen der Verteidigungsausgaben.

Das Volkseinkommen oder Nettosozialprodukt stellt den Geldbetrag dar, der von einer Gesellschaft mit ihrem Grund und Boden, ihren Arbeitskräften und ihren Kapitalgütern produziert wird. Es unterscheidet sich vom Bruttoinlandsprodukt durch die Abschreibungen auf Kapitalausstattung und Gebäude.

Betrachten wir zunächst die Situation innerhalb der NATO in den Jahren vor dem Fall der Berliner Mauer. Bei einer komparativ-statischen

Betrachtung der Verteidigungsausgaben der NATO-Staaten von 1960-1987 kann man eine Erhöhung derselben um rund 70 Prozent feststellen, während im gleichen Zeitraum das Bruttoinlandsprodukt um 143 Prozent anstieg, sich also weit mehr als verdoppelte. Darüber hinaus gibt es weitere empirische Hinweise auf eine positive Korrelation des Verteidigungsanteils am Bruttoinlandsprodukt einerseits und dem Pro-Kopf-Einkommen anderseits. Eine plausible Erklärung dieser Zusammenhänge könnte darin zu sehen sein, dass mit zunehmendem Reichtum eines Landes auch die Bedrohung von außen steigt, zumindest aber von den politischen Entscheidungsträgern so wahrgenommen oder empfunden wird und damit das erhöhte Schutzbedürfnis in die Entscheidung über höhere Sicherheitsleistungen einmündet.

Wie unterschiedlich der Zusammenhang einzelstaatlich betrachtet auch sein mag, Höhe und Entwicklung des Volkseinkommens stellen ohne Zweifel eine bedeutende Determinante der Verteidigungsausgaben dar, so dass das Bruttoinlandsprodukt als eine potentielle Variable einer Nachfragefunktion nach Verteidigungsausgaben zu gelten hat.

1.2.2 Wirtschaftliche Stabilität

Die Volkswirtschaftslehre kennt ein sogenanntes magisches Vieleck, bestehend aus (den Eckpunkten) Beschäftigung, Preisniveau, Außenhandel, Wachstum, Verteilung und Umwelt. Diese Eckpunkte stehen in einem engen Zusammenhang mit wachsenden Haushaltsdefiziten. Der daraus resultierende fiskalische Druck erhöht die politische Akzeptanz und ökonomische Notwendigkeit einer Begrenzung des Anstiegs oder gar einer Rückführung der Verteidigungsausgaben. Insbesondere ist in einer derartigen Situation zu erwarten, dass Entscheidungen zur Bereitstellung der Äußeren Sicherheit reduziert werden: auf das einfache Trade-off-Modell zwischen Sozialleistungen und Sicherheitsleistungen. Damit kollidieren Verteidigungsausgaben zwangsläufig mit den kompensatorischen öffentlichen Staatstätigkeiten.

Die wirtschaftliche Stabilität eines Landes beeinflusst auch indirekt die Standortentscheidung von Unternehmen. Gerade bei komplexen Produktionsvorgängen, deren Output meist eine hohe Gewinnspanne erwarten lässt, ist das Sicherheitsbedürfnis von Unternehmen sehr hoch, da im Ernstfall eine beträchtliche Kapitalvernichtung droht.

1.2.3 Rüstungsindustrie

Erheblichen Einfluss auf die Nachfrage nach Äußerer Sicherheit, wenn auch empirisch noch nicht nachgewiesen, lassen die nationalen Rüstungsindustrien erwarten. Mit den Argumenten des internationalen Wettbewerbs, der technologischen Spillover-Effekte auf andere Sektoren und der von diesem Bereich insgesamt abhängigen hohen Zahl von Arbeitsplätzen wird, so ist zu vermuten, durchaus erfolgreich auf die politischen Entscheidungsträger mit dem Ziel einer Erhöhung oder zumindest Verstetigung der Verteidigungsausgaben eingewirkt. Auch hier besteht jedoch das bisher ungelöste Problem, den Einfluss dieser Industrie in eine operationalisierbare Form und in empirisch verwendbare Daten zu transformieren.

1.2.4 Wirtschaftsbeziehungen und Rohstoffversorgung

Ähnliche Probleme treten auch mit den variablen Handelsverflechtungen und der Rohstoffversorgung auf. Auch hier erscheint es überaus plausibel, dass gerade die hochindustrialisierten Länder ein hoher Abhängigkeitsgrad vom internationalen Handel einerseits und von der Versorgung mit Rohstoffen andererseits kennzeichnet. Diese internationale ökonomische Abhängigkeit wiederum wirkt sich durch die damit notwendigen Ziele der Rohstoffsicherung, des Schutzes der Transportwege, aber auch der Sicherung der Absatzmärkte steigernd auf die Nachfrage nach Äußerer Sicherheit und damit auf das Niveau der Verteidigungsausgaben aus.

Im Kontext Sicherheitspolitik und Wirtschaft ist daher eine (wenn auch nur oberflächliche Betrachtung) des Außenhandels von Bedeutung, weil dieser ein Indikator für die Interessenslage einer Volkswirtschaft in einer immer mehr sich globalisierenden Weltwirtschaft ist. Volkswirtschaften sind durch den internationalen Waren- und Dienstleistungsaustausch, durch die Wanderung von Produktionsfaktoren und durch monetäre Transaktionen engst miteinander verbunden. Für Unternehmen in marktwirtschaftlich orientierten Staaten gibt es mehrere Möglichkeiten, im Rahmen der weltwirtschaftlichen Arbeitsteilung tätig zu werden, entweder durch Außenhandel oder im Rahmen von verschiedenen Formen der Internationalisierung.

1.2.5 Globalisierung der Wirtschaft

Die Globalisierung der Wirtschaft verändert auch die Stellung der Streitkräfte zum Staat. Der Globalisierung der Wirtschaft folgt die Globalisierung der Sicherheitspolitik und der Einsatz der Streitkräfte. Die Militärökonomie wird damit zur globalen Größe in der Beschaffung von Material und Personal, in deren Bereitstellung, Forschung und Entwicklung und dem Einsatz.

Zu den generellen Folgen dieses Prozesses gehört eine Zunahme der Interdependenzen und damit zugleich auch eine zunehmende Empfindlichkeit und Verwundbarkeit der nationalen Volkswirtschaften gegenüber Störungen im wirtschaftlichen System. Nicht zuletzt deswegen gehört es zu den vorrangigen Strategien der Nationalstaaten, regionale wirtschaftliche Zusammenschlüsse zu bilden. Dies führt insgesamt zu einem Aufstieg wirtschaftlicher Großregionen. Die EU-Staaten stehen beispielhaft für diese Strategie. Dennoch bleibt es bei zunehmenden wechselseitigen Abhängigkeiten, die umso größer sind, je stärker der ökonomische Verflechtungsgrad mit anderen Regionen ist. Im Vergleich der Regionen weist die EU als Ganzes einen hohen Verflechtungsgrad auf. Im Welthandel nehmen die Europäer eine Spitzenstellung als Wachstumsmotor ein. Der Anteil der EU am stetig und rasch ansteigenden Welthandel liegt bei 37 Prozent (ohne EU-Binnenhandel). Mindestens gleich bedeutsam ist die Intensivierung der globalen Finanzverflechtungen.

Diese notwendige Stabilität wird allerdings durch zahlreiche konfliktträchtige Entwicklungslinien gefährdet. So umfasst die Globalisierung als Ganzes zwei gegenläufige Tendenzen. Einerseits verstärken sich globale Vernetzungen und wechselseitige Abhängigkeiten, andererseits wachsen im gleichen Ausmaß Tendenzen zur Regionalisierung und Differenzierung. Der Wettbewerb wird zunehmend globalisiert und insgesamt härter. Die Folgerungen für die Europäer sind naheliegend. Als einer der Hauptakteure der Weltwirtschaft muss Europa von seiner ökonomischen Perspektive her seine Außen- und Sicherheitspolitik global ausrichten und fähig sein, seine ökonomischen Interessen in dieser Dimension wahrzunehmen.

Auch wenn die dazu erforderliche Strategie kooperativ ausgerichtet ist und vor allem auf eine Stärkung übernationaler Regime setzt, erfordert dies doch militärische Fähigkeiten, die dieser Dimension entsprechen. Eine weitere Folgerung ergibt sich aus der großen und zunehmenden Bedeutung der ökonomischen Konfliktursachen und Verwundbarkeit, die insbesondere die äußere und innere Stabilität hochentwickelter und vernetzter Wirtschaftsräume – wie die EU – gefährden. Weit stärker als bisher ist deshalb die Analyse ökonomischer Zusammenhänge und Gefährdungspotentiale in die sicherheitspolitische Lagebeurteilung einzubeziehen.

1.3 Belastbarkeit einer Volkswirtschaft mit Militärausgaben

Nach diesem Überblick zum öffentlichen Gut Landesverteidigung gilt es nun Überlegungen anzustellen, wie viel von diesem bereitgestellt werden sollte; oder anders gefragt: mit welchem Ausmaß des öffentlichen Gutes Landesverteidigung kann eine Volkswirtschaft überhaupt belastet werden, um die wirtschaftlichen Entwicklung nicht negativ zu beeinflussen? Wie bereits dargestellt wurde, führt das öffentliche Gut Äußere Sicherheit/Landesverteidigung zu ökonomischen Lasten in Form von Budgetaufwendungen. Mit diesen Aufwendungen werden Streitkräfte aufrechterhalten, die einen unzweifelhaften Beitrag zur Äußeren Sicherheit leisten. Jedoch darf nicht übersehen werden, dass durch die Streitkräfte auch in erheblichem Umfang knappe Ressourcen in einer „unproduktiven" Verwendung gebunden werden. Es ist daher der Frage nachzugehen, inwieweit eine Volkswirtschaft mit Militärausgaben belastet werden kann und welcher Einfluss von diesen Aufwendungen auf das wirtschaftliche Wachstum ausgeht.

Streitkräfte benötigen für die Auftragserfüllung wirtschaftliche Ressourcen. Einen Einblick in den Zusammenhang zwischen Volkswirtschaft und Verteidigungspolitik erhält man, wenn die Äußere Sicherheit schematisch und stark vereinfacht als Ergebnis eines Produktionsprozesses dargestellt wird. Dessen wesentliche Bestandteile sind die zur Herstellung benötigten Produktionsfaktoren oder Inputs, deren Kombination sowie die aus dem Prozess hervorgehenden Outputs. Überträgt man diese Vorstellung auf moderne Streitkräfte demokratischer Staaten samt ihren zivilen Einrichtungen, lässt sich ein stark vereinfachtes Bild des komplexen Produktionsprozesses in Streitkräften zeichnen.

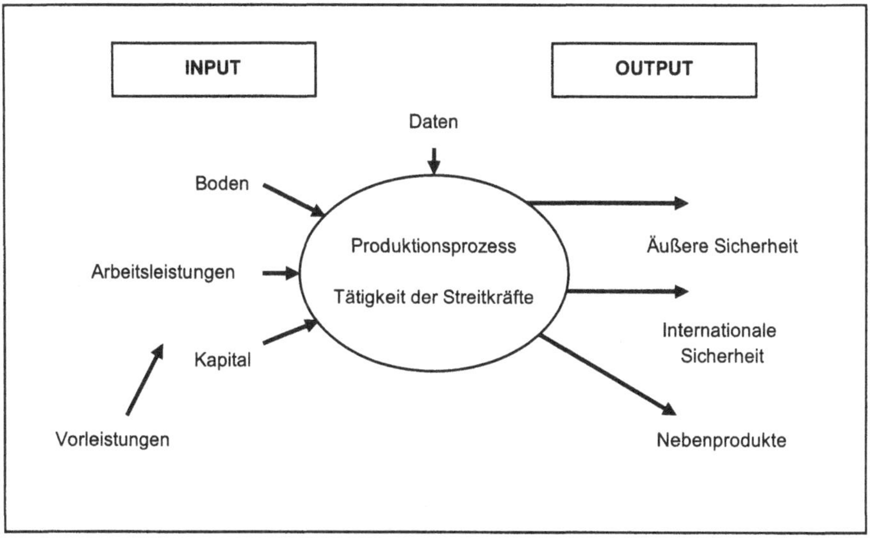

Abbildung 1-5 *Der Produktionsprozess in Streitkräften*

Als Produzent stehen im Mittelpunkt die Streitkräfte. Streitkräfte erhalten aus dem öffentlichen Etat finanzielle Mittel für die Produktionsfaktoren Arbeit, Kapital, Boden und Vorleistungen. Diese Inputs werden in einem Produktionsprozess kombiniert. Direktes Resultat dieser Kombination ist das bereitgestellte und gegebenenfalls zu realisierende militärische Kampfpotential. Streitkräfte leisten damit einen entscheidenden Beitrag zur Äußeren Sicherheit, der ausschließlich nationalen, bei einer Bündnismitgliedschaft auch supranationalen Charakter haben kann. Neben Äußerer Sicherheit auf Landes- und Bündnisebene gewinnt aufgrund der steigenden Zahl von zwischenstaatlichen Konflikten und Bürgerkriegen seit Ende der 1980er Jahre eine weitere, darüber hinausgehende Funktion an Gewicht: Streitkräfte leisten in zunehmenden Maße auch Beiträge zur internationalen Sicherheit und Stabilität im Rahmen internationaler Krisenbewältigung und Konfliktverhütung. Daneben gibt es zusätzliche Outputs („Nebenprodukte“) wie Katastrophenhilfe, humanitäre Hilfe etc.

Der in Streitkräften stattfindende Produktionsprozess ist eingebettet in zahlreiche Rahmenbedingungen, vor allem politischer Art, die unter ökonomischem Blickwinkel als exogene Größen („Daten“) zu betrachten sind. Solange sie konstant sind, ist ihre explizite Berücksichtigung in Produktions- und Kostenmodellen nicht erforderlich.

Legt man bei den Ressourcen das Klassifikationsschema Boden (der Einsatz dieses Produktionsfaktors wird im Abschnitt „Raumwirtschaftliche Wirkungen von Militärausgaben“ näher erläutert), Arbeit, Kapital und Vorleistungen zugrunde, fallen unter Kapital alle Sachgüter und Dienstleistungen, die von den Streitkräften in einem Haushaltsjahr beschafft werden. Dazu gehören beispielsweise Wirtschaftsgüter (Verpflegung, Bekleidung, Einrichtungsgegenstände etc.) sowie Bauten und die Unterbringung der Truppe sowie Materialien aller Art (Waffen, Munition etc.) einschließlich der Materialerhaltung.

Arbeit umfasst die Dienste des gesamten Personals der Streitkräfte (Soldaten und Zivilbedienstete). Diese Größe zeigt an, wie stark der volkswirtschaftliche Produktionsfaktor Arbeit bei der Produktion der Äußeren Sicherheit unmittelbar in Anspruch genommen wird. Was in den Produktionsprozess auf diese Weise eingeht, kann gemessen werden. Messprobleme können aber auf der Input-Seite auftreten, bei der je nach Betrachtungsweise unterschiedliche absolute und relative Größen für die Verteidigungsausgaben sowie auch für die verursachten volkswirtschaftlichen und gesellschaftlichen Kosten einbezogen werden können. Von den anderen Wirtschaftssubjekten bezogene und in derselben Periode verbrauchte Sachgüter und Dienstleistungen werden als Vorleistungen bezeichnet.

Auf der Output-Seite steht die Äußere Sicherheit als Ziel und Ergebnis des Produktionsprozesses. Sie wird durch die Abschreckung gewährleistet, ist schwer bis gar nicht monetär bewertbar, was zum permanenten Problem der Effizienzkontrolle im Verteidigungssektor führt. Dieses Problem ist nur unvollkommen gelöst und lässt nach wie vor genügend Raum für Spekulationen offen. Im Unterschied zu Dienstleistungen, die prinzipiell marktfähig sind, gibt es für reine öffentlichen Güter keinen Markt und damit auch keinen Marktpreis. Eine weitere Besonderheit teilen sie hingegen mit Dienstleistungen: Im allgemeinen handelt es sich um immaterielle Güter, deren Qualität und Quantität schwer definier- und messbar ist. Genauso wie über die Effizienz der Landesverteidigung vielfach nur Spekulationen vorherrschen, lässt sich auch über den Zusammenhang von wirtschaftlicher Kraft und militärischer Stärke eines Staates keine allgemeine Aussage treffen. Natürlich gilt vereinfacht ausgedrückt: je größer und entwikkelter eine Volkswirtschaft ist, umso größerer ist der Teil ihrer Wirtschaftsleistung, der für militärische Zwecke genutzt werden kann. Ob dies geschieht oder nicht, hängt von der politischen Willensbildung im jeweiligen Land ab. Wie die politische Wirklichkeit zeigt, gibt es viele Kombinationsmöglichkeiten von wirtschaftlicher und militärischer Stärke. Dies führt zur Diskussion rund um das Problem der Belastung einer Volkswirtschaft mit Militärausgaben.

Das Wort „Last“ oder auch „Belastung“ ist mit einer negativen Bewertung verbunden. Umgangssprachlich bedeutet die Verwendung der Begriffe für den Bürger zumeist Aussagen ohne konkrete Gegenleistung. Auch in der Verteidigungspolitik gilt diese Begriffsbedeutung. Die Verteidigungsausgaben als monetäre Größe sind der Ausdruck für die Inanspruchnahme volkswirtschaftlicher Ressourcen durch die Verteidigungspolitik. Da die meist auf ein Jahr bezogenen absoluten Zahlen wenig aussagen, zieht man international üblich den Quotienten aus Verteidigungsausgaben (VA) und Bruttoinlandsprodukt (BIP) heran und bezeichnet ihn als gesamtwirtschaftliche Verteidigungsquote (VQ). In Gleichungsform lautet sie:

$$VQ = \frac{VA}{BIP} \times 100$$

Der Ausdruck zeigt an, wie viel Prozent der Wirtschaftsleistung eines Landes für die Verteidigung verwendet werden. Er ist eine Messziffer für die Belastung der Volkswirtschaft durch Verteidigungsausgaben.

Land	VA/BIP in % 1981-1985	VA/BIP in % 1986-1990	VA/BIP in % 1990-1999	VA/BIP in % 2000-2001	VA in Mrd. US Dollar 2001
Nicht-NATO-Länder					
Finnland	2,0	1,9	1,8	1,3	1,4
Österreich	1,2	1,1	0,8	0,8	1,8
Schweden	2,8	2,5	2,5	2,0	3,8
Schweiz	1,9	1,7	1,6	1,2	2,8
NATO-Länder					
Belgien	3,2	2,7	1,7	1,3	3,0
Dänemark	2,4	2,1	1,8	1,5	2,4
Deutschland	3,3	2,9	1,9	1,5	26,9
Frankreich	4,1	3,8	3,2	2,6	32,9
Großbritannien	5,1	4,4	3,4	2,5	34,7
Italien	2,1	2,2	2,0	2,1	20,9
Niederlande	3,2	3,0	2,0	1,6	6,2
Spanien	2,4	2,1	1,8	1,2	6,9
USA	6,3	6,1	3,4	3,2	365,0

***Abbildung 1-6** Verteidigungsquoten ausgewählter Länder*[5]

Abbildung 6 vermittelt einen Überblick über den Stand, die Entwicklung und die Bedeutung der Verteidigungsausgaben verschiedener Länder bis zum Jahr 2001. Die Betrachtung der Entwicklung der Verteidigungsquote innerhalb der letzten 20 Jahre zeigt auch, dass nach dem Fall des Eisernen Vorhanges und dem damit verbundenen Ende des Kalten Krieges nahezu alle im Vergleich angeführten Staaten ihre Verteidigungsausgaben gekürzt haben und rückläufige Verteidigungsquoten aufweisen. Die quantitative Rolle der Verteidigungsausgaben eines Staates für den Wirtschaftskreislauf wird durch die Verteidigungsquote bestimmt. Eine vergleichende Betrachtung der Verteidigungsausgaben bzw. deren Anteil am Gesamthaushalt eines Staates führt zur hypothetischen Frage: Kann sich ein Staat eine konstante Erhöhung der Verteidigungsausgaben leisten und unter welchen Umständen würde eine Bevölkerung dies überhaupt als

[5] vgl. International Institute for Strategic Studies (Ed.): The Military Balance 1999/2003, Abingdon 1999/2003 und eigene Berechnungen

sinnvoll betrachten? Ganz abgesehen davon wäre zu betrachten, wer die Kosten zu tragen gehabt hätte, ob sie militärisch nützlich sind und welcher potentielle außenpolitische Schaden entstanden wäre. Die tatsächliche Obergrenze für die Verteidigungsausgaben wird aber regelmäßig nicht durch die wirtschaftliche Leistungsfähigkeit gezogen, sondern durch politische Entscheidungen.

1.4 Einfluss von Militärausgaben auf die wirtschaftliche Entwicklung

Der britische Historiker Paul Kennedy kommt zum Schluss, dass eine überdurchschnittlich hohe Belastung einer Volkswirtschaft durch Militärausgaben oftmals zum ökonomischen Niedergang einer Nation führt.[6] Er führt dabei unter anderem als Beispiele Frankreich unter Ludwig XIV und die vormalige Sowjetunion an. Aber nicht nur Kennedy, sondern auch andere Vertreter verschiedenster Fachrichtungen haben sich mit den komplexen Zusammenhängen rund um die Thematik Militär, Sicherheit und Wirtschaft und dabei insbesondere mit den Auswirkungen von Militärausgaben auf die Entwicklung eines Landes auseinandergesetzt. Die Untersuchung der Einflüsse, die dabei von den Verteidigungsausgaben auf die wirtschaftliche Entwicklung eines Landes ausgehen, werden dabei allerdings zwangsläufig einseitig behandelt: Es wird zwar überwiegend die Ansicht vertreten, dass die Produktion von nationaler Sicherheit eine Voraussetzung für die Existenz eines Staates und damit zugleich für den geordneten Ablauf des Wirtschaftsprozesses ist, doch fehlt jeder Maßstab für die ökonomische Bewertung des öffentlichen Gutes Sicherheit bzw. Landesverteidigung.

Eine zuverlässige Quantifizierung gibt es nicht, daher ist der gesamte Problemkreis außerordentlich kontrovers. Infolge dessen können nur die sich in beobachtbaren wirtschaftlichen Größen nieder schlagenden Effekte der Verteidigungsausgaben annähernd geschätzt werden. Wirtschaftswissenschaftler sind sich dabei weitgehend einig, dass von Verteidigungsausgaben eine Fülle von negativen, aber auch positiven

[6] vgl. Kennedy, Paul: Der Aufstieg und Fall großer Mächte, Warrington 1991

Auswirkungen auf die wirtschaftliche Entwicklung eines Landes ausgehen.

Vor allem im Rahmen der Umstrukturierung von Streitkräften werden in nahezu jedem betroffenen Staat Detailfragen über die Wirkung der Verteidigungsausgaben auf Allokation und Stabilität der Volkswirtschaft mit ihren Effekten auf die Produktionsfaktoren Arbeit und Kapital sowie die raumwirtschaftliche Dimension von Verteidigungsausgaben mit ihren direkten und indirekten Einkommenseffekten als auch den zentralen und dezentralen Beschaffungseffekten auf eine Region diskutiert; Fragen, die gerade bei der Diskussion über die Auflösung von Standorten vor allem von politischer Bedeutung sind.

Neben den wissenschaftlichen Untersuchungen beeindrucken aber auch die klaren Worte des ehemaligen Präsidenten der Vereinigten Staaten Dwight T. Eisenhower – der bekanntlich im Zweiten Weltkrieg als General der Befehlshaber der U.S.-Truppen in Europa war – zu Militärausgaben in bezug auf wirtschaftliche Entwicklung:

„Every gun that is made, every warship launched, every rocket fired signifies, in the final sense, a theft from those who hunger and are not fed, those who are cold and are not clothed. This world in arms ... is spending the sweat of its laborers, the genius of its scientists, the hopes of its children. The cost of one modern heavy bomber is this: a modern brick school in more than thirty cities. It is two electric power plants, each serving a town of 60.000 population. It is two fine, fully equipped hospitals. It is some fifty miles of concrete highway. We pay for a single fighter plane with a half million bushels of wheat. We pay for a single destroyer with new homes that could have housed more than 8.000 people."[7]

Damit spricht er implizit das Opportunitätskostenprinzip an, da die Militär-/Verteidigungsausgaben die Opportunitätskosten für knappe Ressourcen stark beeinflussen.

Eine wichtige Frage in Studien über die Auswirkungen von Militärausgaben nimmt die Wirkung von Militärausgaben auf das magische

[7] vgl. Ambrose, Stephen E.: Eisenhower – Soldier and President, Abilene 2003, 36; aus einer Rede vom 16. April 1963.

Vieleck einer Volkswirtschaft und somit auf die wirtschaftliche Entwicklung eines Landes ein.

Das magische Vieleck einer Volkswirtschaft ist Ausdruck dafür, dass sich mehrere gesamtwirtschaftliche Ziele nicht gleichzeitig so erfüllen lassen, damit je 100 Prozent Realisierungsgrad erreicht wird. Es umfasst die Ziele: hoher Beschäftigungsgrad (Vollbeschäftigung), Preisniveau (Geldwertstabilität), außenwirtschaftliches Gleichgewicht, angemessenes Wirtschaftswachstum, Verteilungsgerechtigkeit und Umwelt. Zweckmäßigerweise wird davon ausgegangen, dass Verteidigungsausgaben in Friedenszeiten vorliegen, da die Militärausgaben im Kriegsfall anders gewichtet werden als im Frieden.

Für die weiteren Ausführungen ist es daher erforderlich, sich zunächst mit der budgetären Zusammensetzung von Militärausgaben auseinander zu setzen. Als Arbeitsbegriff für diesen Exkurs sollen Militärausgaben als alle ausschließlich für den Bedarf der Streitkräfte geleisteten Ausgaben verstanden werden. Danach zählen zu den Verteidigungsausgaben nicht nur die in den Verteidigungsbudgets vorgesehenen Ausgabenmittel, sondern auch Ausgaben für Verteidigungs- und Ausrüstungshilfe, Ausgaben für die Stationierungskosten fremder Streitkräfte, Anteile am Zivilhaushalt einer Vertragsorganisation, zumeist auch die Militärruhegehälter sowie Mittel für allenfalls in die Streitkräfte integrierten Exekutivorgane (Gendarmerie, Grenzschutz etc.). Aus dieser Zusammensetzung ist ersichtlich, dass den Begriff Militärausgaben/Verteidigungsausgaben mehrere Komponenten prägen. Auf der einen Seite dominiert der Aufwand für Investitionen sowie für den Betrieb, auf der anderen der Aufwand für das Personal (Gehälter, Betreuungsmaßnahmen etc.). In vielen Staaten kann dabei eine Verteilung der Militärausgaben von ca. 40-60 Prozent für das Personal, 20-30 Prozent für Investitionen und 20-30 Prozent für den Betrieb veranschlagt werden.

Wie man aus dieser einfachen prozentmäßigen Aufteilung der Militärausgaben ersehen kann, werden mehr als 60 Prozent für die Bezahlung des Personals und den erforderlichen Betriebsaufwand (z.B. Treibstoff, Strom, Verpflegsaufwendungen etc.) verwendet. Im Regelfall führen gerade diese Aufwendungen zu positiven Multiplikatoreffekten. Das heißt, dass die ausbezahlten Löhne und Gehälter und die Bestreitung von Mitteln zur Aufrechterhaltung des Betriebsaufwandes zu einer Kette unendlicher Wirkungszusammenhänge werden und somit die Ausgaben eines Wirtschaftssubjektes zu Einnahmen eines anderen Wirtschaftssubjektes führen, das seinerseits diese Einnahmen wieder zu Ausgaben werden lassen kann. Diese Arten von Militärausgaben führen zu Wachstumseffekten, da sie die Kapitalbildung fördern. Seit dem Zweiten Weltkrieg stiegen die Staatsausgaben für militärische Zwecke bis zum Zeitpunkt des Falls des Eisernen Vorhangs und der Auflösung der WAPA-Organisation (Warschauer Pakt) kontinuierlich an. So wurde in Zeitraum 1960-1970 eine jährliche Steigerung der Militärausgaben von vier Prozent errechnet, während im Zeitraum 1987-1995 ein jährliches Absinken von drei Prozent festgestellt wurde, um ab 1995 wieder kontinuierlich anzusteigen, wie nachstehende Abbildung zeigt.

Jahr	Militärausgaben in Mrd. US$	
	Entwicklungsländer	Industriestaaten
1960	35	385
1970	75	545
1980	137	618
1984	155	750
1987	132	838
1990	123	760
1995	142	676
2000	166	700

Abbildung 1-7 *Trends bei den Militärausgaben 1960-1995*[8]

Es zeigt sich, dass gerade in den Entwicklungsländern im Hinblick auf die dort vorhandene Wirtschaftskraft hohe Militärausgaben einen wie auch immer gearteten Einfluss auf das Wachstum des jeweiligen Landes nach sich ziehen. In den folgenden Abschnitten wird nun versucht, die wichtigsten Einflussgrößen auf die wirtschaftliche Entwicklung theoretisch zu analysieren. Anschließend werden die Er-

[8] vgl. International Institute for Strategic Studies (Ed.): The Military Balance 1999/2003, Abingdon 1999/2003

gebnisse von ökonometrischen Modellen zu dieser Thematik dargestellt und bewertet.

1.4.1 Streitkräfte als Gewährleistungsbetrieb

Es wurde bereits angedeutet, dass es insbesondere der Wirtschaftspolitik um die bewusste und gezielte Beeinflussung des wirtschaftlichen Geschehens geht. Das heißt, es sollen mit Hilfe ökonomischer Maßnahmen bestimmte wirtschaftpolitische Ziele erreicht werden. Diese Ziele schweben nicht frei im Raum, sondern beruhen auf konkreten Wertvorstellungen bzw. Werturteilen.

Das angegebene allgemeine wirtschaftpolitische Ziel zeigt in demokratischen, hochentwickelten Industriestaaten eine im wesentlichen siebenfache Auffächerung:

- Erreichen bzw. Erhalten der Vollbeschäftigung,
- Erreichen bzw. Erhaltung einer optimalen Wachstumsrate,
- Verwirklichung einer als gerecht empfundenen Einkommens- und Vermögensverteilung,
- Verwirklichung bzw. Erhaltung eines stabilen Geldwertes,
- Gleichgewicht der Zahlungen zwischen In- und Ausland (ausgeglichene Zahlungsbilanz),
- konjunkturgerechte Budgetgestaltung,
- schonungsvoller Umgang mit der Umwelt.

Diese Ziele lassen sich zum Teil nur schwer gleichzeitig erreichen. Deshalb werden die wirtschaftspolitischen Zielsetzungen häufig in der Form sogenannter „magischer“ Vielecke, etwa als „magisches“ Siebeneck, dargestellt. Der Begriff „magisch“ soll zum Ausdruck bringen, dass zwar das Anstreben eines Zieles Vorraussetzung für das Anstreben eines anderen Zieles ist, dass aber das Erreichen eines Zieles dem Erreichen eines anderen Zieles oft auch hinderlich sein kann. Zwischen den verschiedenen wirtschaftpolitischen Zielsetzungen können somit häufig Zielkonflikte entstehen.

Betriebe der Wirtschaft, öffentliche Unternehmen, aber auch im Sinne der Betriebswirtschaftlehre aufzufassende Gewährleistungsbetriebe sind als Teil eines Wirtschaftssystems von der Gestaltung der Wirtschaftpolitik direkt oder indirekt abhängig und müssen bei ihren Planungen auf staatliche Wirtschaftspolitik Rücksicht nehmen.

Streitkräfte sind grundsätzlich den Gewährleistungsbetrieben zuzuordnen. Gewährleistung wird hierbei als Gewährung von Leistungen an den Markt verstanden; nicht durch Vergütung der Einzelleistung, aber durch Kollektivabgeltung über den Etat. Die nachstehende Abbildung gewährt einen Einblick in die Einbettung des Betriebes Streitkräfte in das magische Vieleck.

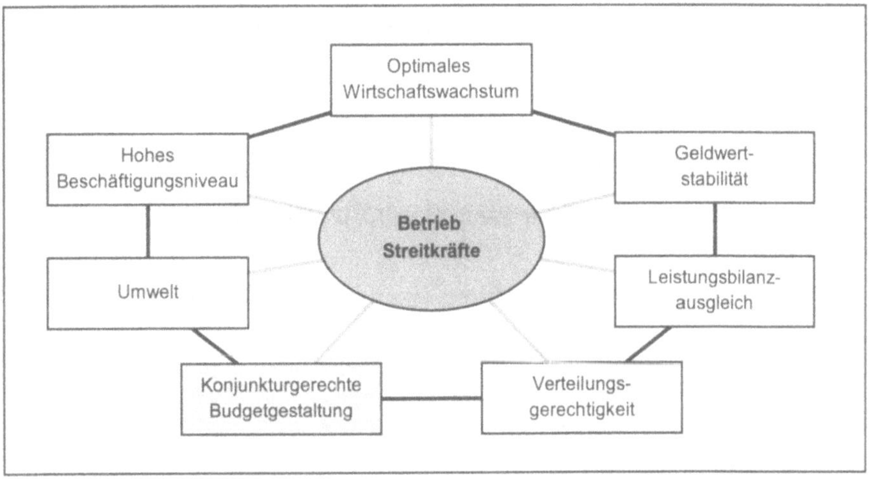

Abbildung 1-8 *Der Gewährleistungsbetrieb Streitkräfte und das magische Vieleck der Volkswirtschaft*

Bei einer ersten Beurteilung der dargestellten Zusammenhänge ist man zunächst eher geneigt zu sagen, dass der Betrieb Streitkräfte und die damit verbundenen Budgetausgaben nur punktuell vom Zielkonflikt im magischen Vieleck berührt sind. Bei einer vertiefenden Analyse beeinflussen die Militärausgaben und die Tätigkeit des Betriebes Streitkräfte die Ziele des magischen Vieleckes in unterschiedlich hoher Intensität. Die stärkste Auswirkung ist wohl durch eine konjunkturgerechte Budgetgestaltung zu erwarten, da ein Staat in Zeiten einer Rezession eher geneigt ist, Gelder zur Ankurbelung der Wirtschaft direkt in beschäftigungsfördernde Programme zu investieren, als die Wirtschaft über die indirekte Wirkung der Inanspruchnahme von Konjunkturbelebungsquoten und eine damit verbundene Erhöhung der Verteidigungsausgaben zu stimulieren. Je nach Größe der Streitkräfte und der damit verbundenen Inanspruchnahme von volkswirtschaftlichen Produktionsfaktoren ist der Einfluss auf das Beschäftigungsniveau sowie die Umweltnutzung und -belastung zu beurteilen. Die Verteilungsgerechtigkeit kann durch eine vom nationalen Lohnsystem abgekoppelte Entlohnung für Streitkräfte beeinflusst werden. Die Geldwertstabilität und das Leistungsbilanzgleichgewicht kann wiederum durch eine hohe Auslandsabhängigkeit bei Rüstungskäufen beeinflusst werden. Der Einfluss auf das optimale Wirtschaftswachstum ist insofern von Bedeutung, als es gilt, die Zusammenhänge zwischen privaten Konsum, Investition und Sparverhalten sowie die Bereitstellung von Geldmitteln für die Landesverteidigung zu analysieren.

1.4.2 Militärausgaben und privater Konsum

Häufig wird darauf hingewiesen, dass Militärausgaben auch die Produktion von Konsumgütern beeinflussen können. Militärausgaben entziehen bei Ressourcenknappheit die für die Produktion von Militärgütern erforderlichen Ressourcen einer anderen Nutzung und somit auch der Produktion von Konsumgütern des privaten Bedarfs. Das kann zu einer Reduktion des privaten Konsums führen, und dabei das Wohlfahrtsniveau einer Gesellschaft vermindern.

Allerdings muss die Einschränkung gemacht werden, dass der private Konsum nicht gänzlich durch die gesamten Militärausgaben begrenzt wird, sondern nur bis zu dem Ausmaß, mit dem durch Militärausgaben Nichtkonsumgüter produziert werden. Für den disaggregierten Konsum kann die These vertreten werden, dass ein Einfluss auf die Güter und Dienste des „Basisbedarfs“ der privaten Haushalte nicht beobachtet werden, wohl aber auf die des „gehobenen Bedarfs“.

1.4.3 Militärausgaben, Sparverhalten und Investitionen

Die Vereinten Nationen haben Ende der 1970er Jahre zu den Themen Militärausgaben, Sparverhalten und Investitionstätigkeit eine intensive Diskussion geführt und sind zum Schluss gekommen, dass eine Reduktion der Militärausgaben grundsätzlich zu einer Erhöhung der Investitionstätigkeit führt. Der Einfluss von Militärausgaben auf das Sparverhalten und die Investitionstätigkeit gründet sich auf der Überlegung, dass Militärausgaben geringere Aufwendungen für andere Zwecke verfügbar machen und dadurch Sparen und Investieren negativ beeinflussen. Da Sparverhalten und Investitionstätigkeit einen besonderen Einfluss auf das wirtschaftliche Wachstum einnehmen und zu den Motoren wirtschaftlicher Entwicklung zählen, scheint dieser Zusammenhang auf dem ersten Blick logisch zu sein. Jedoch muss nach eingehender Analyse darauf hingewiesen werden, dass die Militärausgaben nicht im gleichen Ausmaß die Sparmaßnahmen und Investitionstätigkeit einschränken, sondern dass einige Kategorien von Militärausgaben der Kapitalbildung dienen, insbesondere jener Teil, der für Personalausgaben und den Betriebsaufwand verwendet wird und „Social Returns“ auslösen kann.

1.4.4 Militärausgaben, Bildung und Gesundheit

Bildung trägt zum Wachstum und zur wirtschaftlichen Entwicklung beiträgt. In diesem Zusammenhang wird aber oft kritisch festgestellt, dass Militärausgaben unter anderem auch wertvolles Kapital für Bildung und Gesundheit entziehen. So wird argumentiert, dass dieser Effekt vor allem in Entwicklungsländern großen Schaden für das Wirtschaftswachstum bewirkt, weil gerade Investitionen in Humankapital und Gesundheit die wirtschaftliche Entwicklung entscheidend mitbeeinflussen. Grundsätzlich führen Militärausgaben zwar zur Entziehung von öffentlichen Mitteln für die Entwicklung des Gesundheits- und Bildungswesens. Dabei darf aber nicht übersehen werden, dass gerade in Entwicklungsländern Streitkräfte einen wesentlichen Faktor im Rahmen der Bildung, Ausbildung und Gesundheitsvorsorge darstellen und einzelne Leistungen dieser Einrichtungen oft auch der gesamten Bevölkerung zur Verfügung gestellt werden. Beispielsweise genießen in Entwicklungsländern Sanitätseinrichtungen, die von den Streitkräften betrieben werden, häufig einen besseren Ruf als vergleichbare Einrichtungen im zivilen Bereich.

1.4.5 Militärausgaben und Zahlungsbilanz

Ein großer Teil der Industriestaaten und fast alle Entwicklungsländer sind von Waffenimporten abhängig. Einzig und allein den Supermächten ist es möglich, einen hohen Grad an Autarkie bei der Ausrüstung ihrer Streitkräfte sicherzustellen. Entwicklungsländer müssen die benötigten „High-Tech"-Waffen aufgrund ihrer unterentwickelten Forschung, Entwicklung und Produktionsstruktur fast zur Gänze importieren. Diese Importe müssen, so fern sie nicht als „Rüstungsgeschenke" (Militärhilfe) deklariert sind, mit den spärlich vorhandenen Devisen bezahlt werden. Der Aufwand von Devisen für den Kauf von Rüstungsgütern beeinflusst daher in beträchtlichem Ausmaß die Zahlungsbilanz. Die Folge daraus ist ein Mangel von Devisen für die Beschaffung und den Import von dringend für die Fortentwicklung der Wirtschaft benötigten Kapital- und Investitionsgütern.

1.4.6 Militärausgaben und externe Effekte

Externe Effekte liegen vor, wenn die ökonomische Lage eines Wirtschaftssubjektes durch Aktionen eines anderen Wirtschaftssubjektes positiv oder negativ beeinflusst wird, ohne dass Gegenleistungen (Zahlungen oder Entschädigungsleistungen) erfolgen. Durch getätigte Militärausgaben wird eine Fülle von negativen und positiven externen Effekten hervorgerufen. Meist werden sie als Spill-over-Effekte wirksam. Zunächst zu den positiven Spill-over-Effekten:

Technologietransfer

Der technische Fortschritt wird als einer der wichtigen Faktoren der wirtschaftlichen Entwicklung angesehen. Ausgelöst wird dieser Fortschritt vor allem durch zielgerichtete Forschung und Entwicklung. Da im Bereich der Militärtechnologie High-Tech-Forschung betrieben wird (z.B. Nukleartechnologie, Luft- und Raumfahrt, Radartechnologie etc.), beeinflussen die Spill-over-Effekte aus derartiger Forschung zumeist auch die zivile Produktion.

Erhöhung des Humankapitals

Streitkräfte werden gerne als „Schule der Nation" bezeichnet. Die während des Militärdienstes erlernten Fertigkeiten können das weitere Berufsleben beeinflussen (z.B. die vielfältigen Aufgaben bei der Luftwaffe bis hin zum Pilotenschein, Aufgabenstellungen in technischen Waffengattungen, Tätigkeiten im Sanitätsbereich etc.). Zusätzlich können etwa auch Disziplin und körperliche Fitness, die während der Militärzeit erfahren wurden, die gesellschaftliche Entwicklung in eine positive Richtung beeinflussen.

Verbesserung der Infrastruktur

Strategische und operative Planungen führen unter anderem zur Verbesserung der Infrastruktur eines Landes, da für die Streitkräfte Flugplätze, Transportverbindungen, Kommunikationseinrichtungen etc. errichtet werden, die oftmals auch zivilen Nutzern zur Verfügung stehen. Dies führt zur Verbesserung der Gesamtinfrastruktur eines Landes. Das vergrößerte Angebot führt wiederum zu einer effizienteren Bewirtschaftung und somit zu Wachstum.

Einfluss auf den Arbeitsmarkt

In fast allen Staaten sieht sich der Arbeitsmarkt mit einer ständig steigenden Arbeitslosenrate konfrontiert. Der Unterhalt von Streitkräften kann dabei punktuell den nationalen Arbeitmarkt durch die Rekrutierung von Soldaten und Zivilpersonal positiv beeinflussen.

Sicherheitseffekte

Militärausgaben dienen der Aufrechterhaltung der Souveränität eines Landes und sind somit ein wesentlicher Garant für die Rahmenbedingungen einer geordneten Wirtschaft. Gerade dieser Effekt von Militärausgaben wurde bisher kaum erforscht. Die politische Realität führt vor Augen, dass nur jene Staaten uneingeschränkten wirtschaftlichen Einfluss ausüben können, die auch bereit sind, ihre Wirtschaftspolitik mit militärischen Mitteln abzusichern.

Als negative Spill-over-Effekte werden dem entgegengehalten:

„Vermilitarisierung" der Gesellschaft

Die Lebensumstände etwa in totalitären Regimen zwingen die Bürger zur Übernahme einer Fülle von Verpflichtungen für die Regierung, so durch regelmäßige Wehrsportübungen. Derartige Aktivitäten führen zu einer „Vermilitarisierung" der Gesellschaft, tragen zu hohen Militärausgaben bei und stellen zumeist eine latente Bedrohung für einen Nachbarstaat dar. Dieser wiederum ist daher zu Gegenmaßnahmen gezwungen, das heißt zu erhöhten Verteidigungsanstrengungen. Eine Rüstungsspirale beginnt sich zu drehen.

Militärausgaben und Inflation

Militärausgaben wirken inflationsfördernd, da Kaufkraft und eine effektive Nachfrage geschaffen wird, ohne dass ein Ausgleich der Menge konsumierbarer Produkte oder eine Steigerung der Produktionskapazität zur Deckung künftiger Bedarfe erfolgt. Diese erhöhte Nachfrage bewirkt für die gesamte Wirtschaft einen Aufwärtstrend der Preise. Die Wirkung fällt umso stärker aus, je enger und schwächer die Produktionsbasis ist.

Ressourcenentzug in Entwicklungsländern

Von 1974 bis 1983 sind die Militärausgaben der Entwicklungsländer doppelt so schnell gestiegen wie jene der Industrieländer. Seither ist zwar eine Trendwende festzustellen, jedoch bezogen sich z.B. 1989 noch immer ein Drittel der Schulden der Dritten Welt auf Waffenimporte. Die dafür erforderlichen Militärausgaben entziehen Kapital für dringendere Investitionen im nichtmilitärischen Sektor.

1.4.7 Modelltheoretische Überprüfung

Von den politischen Entscheidungsträgern wird an die Wirtschaftswissenschaften oft der Wunsch herangetragen, Modelle zu entwikkeln, die im Stande sind, die Wirklichkeit 1:1 abbilden zu können und in der Lage sind, alle politisch relevanten Fragen zu beantworten. Bislang ist es aber noch nicht gelungen, solche Modelle zu entwerfen. Die gesellschaftliche Wirklichkeit des Wirtschaftens ist so komplex, dass es unmöglich ist, sie vollständig zu erfassen oder im einzelnen genau vorherzusagen. Die Problematik der Modellbildung liegt in der Formulierung des Problems, das heißt der Festlegung der Problemstruktur und der Auswahl der Modellmerkmale, die für eine Lösung des Problems relevant sind. Dieser Vorgang der Abstraktion ist bis zu einem gewissen Grad subjektiv; das heißt, aus der durch das zu untersuchende Objekt bestimmten Problemstruktur leitet der Forscher ein vereinfachtes Abbild der Realität ab. Der wissenschaftliche Erfolg oder Misserfolg, also die Brauchbarkeit der Lösungsansätze zur Erklärung empirischer Zusammenhänge, hängt ganz entscheidend von der Trennung der für die Problemlösung relevanten von den irrelevanten Merkmalen ab.

Im Folgenden soll mit Hilfe prominenter Modelle versucht werden, die ökonomischen Konsequenzen, die von Militärausgaben auf die wichtigsten Determinanten der wirtschaftlichen Entwicklung ausgehen, abzuleiten.[9]

Bereits 1960 untersuchte der Nobelpreisträger der Wirtschaftswissenschaften Leontief mit seiner von ihm entwickelten Input-Output-Analyse die Auswirkungen einer Veränderung der Militärausgaben auf die Beschäftigung in den USA. Weitere modernere Modelle, wie etwa das Cambridge Growth Projekt, das Washington University Macroeconometric Model of the U.S. Economy und das Michigan Model of World Production and Trade sind in der Lage, den Einfluss von Militärausgaben – auf die untersuchten Wirtschaftsgrößen in Industrieländern – zu erklären und zu prognostizieren. Auf diese vier Modelle soll kurz eingegangen werden.

[9] vgl. Pöcher, Harald: Äußere Sicherheit und Landesverteidigung, Manuskript, Wien 2005, 35ff.

Leontief-Modell

Leontief analysierte mit Hilfe eines Input-Outputmodells den Einfluss einer Militärausgabensenkung auf die Beschäftigung in 58 Sektoren der U.S.-Ökonomie. Er kommt dabei zum Schluss, dass eine 20-prozentige Kürzung der Militärausgaben in Verbindung mit einer 20-prozentigen Erhöhung der Staatsausgaben im zivilen Sektor zu einem Anstieg der Beschäftigung um 288.000 Arbeitsplätze führt und somit die wirtschaftliche Entwicklung fördert.

Cambridge-Modell

Dunne und Smith entwickelten 1984 ein Modell, das den Einfluss von Militärausgaben auf die Wirtschaft des Vereinigten Königreiches simulierte. Ihr Experiment ging von einer Kürzung der Militärausgaben von 5 auf 3,5 Prozent des BIP aus. Die Kürzung ging jedoch mit einer gleichzeitigen Verwendung dieser eingesparten Militärausgaben im zivilen Sektor einher. Die Untersuchung führte zum Ergebnis, dass eine Kürzung des Militärbudgets im obigen Ausmaß die Beschäftigung um 100.000 Arbeitsplätze erhöht und somit ebenso die wirtschaftliche Entwicklung fördert.

Michigan-Modell

Das Michigan-Modell versucht durch die Verknüpfung einer möglichst großen Anzahl mikroökonomischer Zusammenhänge zwischen Industrie und Staat, Aussagen über Auswirkungen wirtschaftspolitischer Maßnahmen zu treffen. In das Modell gehen 18 Industrieländer, 16 Entwicklungsländer und ein aggregierter Sektor, der den „Rest der Welt" darstellen soll, ein. Das Modell führt zum Ergebnis, dass langfristig gesehen ein Rückgang von Militärausgaben positive Auswirkungen auf die Wirtschaft nach sich zieht, kurzfristig aber zu Arbeitslosigkeit und zu Anpassungsprozessen in einigen Sektoren der Wirtschaft führt. Allerdings werden die Auswirkungen eines Rückganges der Militärausgaben wesentlich dadurch mitbeeinflusst, ob der Staat die eingesparten Mittel für Konsum, Investitionen oder andere Ziele der Wirtschaftspolitik einsetzt.

Washington University Macroeconometric Model

Dieses Modell umfasst, um die Wirklichkeit abzubilden, 350 Gleichungen. Zwei Dimensionen bestimmen das Modell. Es werden kurzfristige und langfristige Auswirkungen auf die Wirtschaft analysiert. Das WUMM nimmt dabei an, dass die Militärausgaben für den Zeitraum 1992-1997 auf dem Niveau von 1991 eingefroren werden. Das Ergebnis zeigt, dass die Rücknahme von Militärausgaben kurzfristig die Nachfrage beeinflusst und damit die Produktion und den Arbeitsmarkt negativ stimuliert. Langfristig besteht die Tendenz, dass sich die Wirtschaft wieder der Vollbeschäftigung annähert, da durch die Verringerung der Militärausgaben auch mehr Kapital für private Investitionen zur Verfügung steht, die Produktivität ansteigt und zu einem Wachstum der Wirtschaft beiträgt.

Das WUMM ist auch in der Lage, die langfristigen Effekte der Fiskalpolitik zu erfassen, da das Arbeitsangebot, die Kapitalbildung, die Produktivität und die Wirtschaftspolitik mit eingebunden werden. Zwei Effekte sind dabei besonders wichtig: einerseits ist mit dem Rückgang der Beschäftigung aufgrund von verringerten Staatsausgaben eine Erhöhung des Arbeitspotentials für private Wirtschaftstätigkeit verbunden, was den privaten Sektor zu einem Anstieg des Outputs verhilft; andererseits beeinflussen die Staatsausgaben über den realen Zinssatz die Kapitalbildung. Ein Sinken der Staatsausgaben reduziert dabei die Nachfrage, führt zu einem Nachlassen des Preisdrucks, erhöht das reale Geldangebot, senkt folglich die realen Zinsen und führt somit zu einem privaten Investitionsanreiz, zu privater Kapitalbildung und erhöht dadurch die Produktivität der Wirtschaft. Dies führt wiederum zu Wachstum und wirtschaftlicher Entwicklung.

Das Modell für Entwicklungsländer

Das Modell für Entwicklungsländer basiert auf einer Stichprobe von 74 Entwicklungsländern und deckt die Periode von 1981-1989 ab. Diese Zeitspanne ist für Untersuchungen deswegen besonders geeignet, weil in Entwicklungsländern in der ersten Hälfte dieser Periode die Militärausgaben anstiegen, während in der zweiten Hälfte eine rückläufige Tendenz festzustellen war. Die Hauptaussage dieser Untersuchung steht im Widerspruch zu früheren Untersuchungen zur selben Thematik. Nach Meinung der Autoren führen Militärausgaben in Entwicklungsländern zu positiven Effekten auf das Wachstum.

Da die Untersuchung aber auf einem einfachen neoklassischen Modell beruht und die Wirklichkeit nur sehr eingeschränkt wiedergibt, kann das Ergebnis des Modells nur mit Skepsis und Vorbehalt akzeptiert werden.

1.5 Streitkräfte aus gesamtwirtschaftlicher Sicht

Von den Verteidigungsausgaben gehen vielfältige Wirkungen auf den Wirtschaftsprozess aus, die vom ökonomischen und speziell vom gesamtwirtschaftlichen Standpunkt aus zu untersuchen sind. Zunächst werden die Implikationen der Verteidigungsausgaben auf die volkswirtschaftlichen Produktionsfaktoren Arbeit und Kapital und danach die Wirkungen auf die Produktionsstruktur untersucht. Den Abschluss bildet eine Wertschöpfungsanalyse, die den Beitrag der Streitkräfte zum Wertzuwachs im gesamtwirtschaftlichen Produktionsprozess darstellen soll.

1.5.1 Produktionsfaktor Arbeit

Streitkräfte benötigen einen Teil der in der Volkswirtschaft verfügbaren Arbeitskräfte. Diese Arbeitskräfte müssen je nach Wehrsystem ausschließlich über den Markt rekrutiert werden (Berufs- oder Freiwilligenheer); oder sie werden sowohl am Markt (Berufskomponente eines Wehrpflichtigenheeres), als auch durch rechtlich festgelegte Maßnahmen eingezogen (Wehrpflichtigenkomponente eines Wehrpflichtigenheeres). Volkswirtschaftstheoretische Überlegungen zu den Auswirkungen dieser unterschiedlichen Wehrsysteme sollen im Zuge dieser Betrachtung nur für das System der Wehrpflicht erfolgen.[10] Berücksichtigt soll ferner werden, dass durch die Verteidigungsausgaben in der Wirtschaft zusätzliche Arbeitskräfte für die Erzeugung des Heeresbedarfes gebunden werden.

---

[10] vgl. Pöcher, Harald: Ökonomische Implikationen unterschiedlicher Wehrsysteme, Frankfurt/M. u.a. 2004

Dazu sind jene Arbeitskräfte in der Wirtschaft zu zählen, deren Beschäftigung direkt oder indirekt von den Ausgaben für Landesverteidigung abhängt (Rüstungsgüterproduktion, Dienstleistungen aller Art für die Streitkräfte, Bautätigkeit für militärische Zwecke, Versorgung mit Verpflegung und Bekleidung). Man kann davon ausgehen, dass die eingesetzten Beschäftigten in der Produktion für den Militärbedarf einen durchschnittlichen Pro-Kopf Beitrag zum BIP leisten und die Anzahl der für diese Produktion Beschäftigten proportional von den (um die Personalausgaben gekürzten) Militärausgaben abhängt.

Die Ausgaben für die Landesverteidigung wirken sich aber auch qualitativ auf den Produktionsfaktor Arbeit aus, denn moderne hochtechnisierte Streitkräfte stellen weit größere Ansprüche an das Personal als früher. Die während der militärischen Dienstleistung erhaltene Fortbildung gewinnt immer mehr an Bedeutung. Das führt letztendlich zu einer besseren Qualifizierung des Humankapitals, das sowohl in den Streitkräften nutzbringend eingesetzt werden kann, aber auch den in das Zivilleben zurückkehrenden Soldaten von Nutzen sein kann.

1.5.2 Produktionsfaktor Kapital

Der Verteidigungsbedarf verlangt neben dem Produktionsfaktor Arbeit auch einen Anteil am volkswirtschaftlichen Kapital- und Produktionsmittelbestand. Die Verteidigungsausgaben, die in Form von Ersatz- und Neuinvestitionen für die national erzeugten Güter sowie für die militärische Infrastruktur aufgewendet werden, beeinflussen Ausmaß und Struktur des volkswirtschaftlichen Produktionsapparats.

Der Verteidigungssektor einer Volkswirtschaft hat auch eine spezifische Nachfragestruktur, die ihrerseits die Produktionsstruktur bestimmt. Eine Analyse der produzierenden Wirtschaftszweige kann dabei Aufschlüsse geben, welcher Anteil der Produktion durch militärische Nachfrage bestimmt wird und welche Mengen der Faktoren Arbeit und Kapital dafür in den einzelnen Bereichen gebunden sind. Zumeist ist die Nachfrage nach entsprechenden Gütern auf die Sektoren der Wirtschaft ungleichmäßig verteilt. Daher kann man mit einer derartigen Analyse auch prinzipiell die Frage beantworten, in welchem Ausmaß einzelne Wirtschaftszweige von Aufträgen aus dem Verteidigungsministerium abhängig sind. Schwankungen dieser Nachfrage können in speziellen Wirtschaftssektoren beträchtliche Probleme verursachen.

Die Analyse der strukturellen Wirkungen von Verteidigungsausgaben stößt auf große Schwierigkeiten, da die getätigten Sachausgaben bestimmten Wirtschaftszweigen zugeordnet werden müssen, in denen durch diese Aufwendungen Einnahmen (Umsätze) entstehen. Es genügt nicht, die direkten Effekte zu berücksichtigen, wie z.B. die Umsätze, die bei der Panzerproduktion im Industriebereich Fahrzeugbau entstehen. Man muss auch die indirekten Effekte, z.B. aus der elektrotechnischen, optischen oder feinmechanischen Industrie berücksichtigen, die als Vorleistungen in das Endprodukt einfließen. Methodisch am besten geeignet für eine derartige Untersuchung ist die Input-Output-Analyse.

Prinzipiell werden Güter, die der Ausrüstung und Ausstattung von Streitkräften dienen, in „harte" und „weiche" Rüstungsgüter eingeteilt. Zum weichen Gerät gehören: Textilien, Lebensmittel, Unterkunftsgeräte, Sanitätsbedarf etc., während Flugzeuge, Schiffe und Marinegerät, gepanzerte und ungepanzerte Fahrzeuge, Waffen und Munition, Fernmeldegerät sowie Pionierausrüstung zum harten Gerät gezählt werden.

1.5.3 Faktorsubstitution

Die Produktion von Gütern und Dienstleistungen erfolgt unter Einsatz von Produktionsfaktoren. Die Aufgabe eines Produzenten besteht dabei darin, das Produktionsoptimum unter kostenoptimalem Einsatz der Produktionsfaktoren herbeizuführen. Dies führt zu mehreren Problemstellungen. Zum einen besteht die Frage des volkswirtschaftlich effizienten und optimalen Produktionsergebnisses, zum anderen ist die Frage des bestmöglichen Faktoreinsatzes zu behandeln.

Ausgangspunkt einer Analyse der Faktorsubstitution im Produktionsprozess der Äußeren Sicherheit muss das von der politischen Führung gewünschte Niveau der nationalen Sicherheit sein. Dieses Niveau stellt die Zielfunktion eines Optimierungsprozesses dar, wobei die vorgegebene Zielvariable ein bestimmter militärischer Output ist, der mit einem Minimum an volkswirtschaftlichen Aufwand zu erreichen ist. Das bedeutet, Streitkräfte sind dann ökonomisch effizient, wenn sie das Ziel der nationalen Sicherheit mit minimalen gesamtwirtschaftlichen Kosten erfüllen können. Dabei sind sowohl die direkt beim Staat budgetwirksamen Kosten, wie indirekt auch die Opportunitätskosten, also jene privat zu tragenden Kosten (beispielsweise die Kosten, die ein Wehrpflichtiger zu tragen hat) maßgebend. So ist es durchaus möglich, dass die direkten Kosten eines bestimmten Rekrutierungssystems höher sind als bei Alternativen, dass aber die Opportunitätskosten weitaus geringer ausfallen.

Weiterhin stellt sich die Frage, in wie weit es sinnvoll ist, einen Faktor durch einen anderen zu substituieren, beispielsweise Arbeit durch Kapital. Zu diesem Zweck lässt man das Produktionsniveau, die erzeugte Gütermenge konstant und variiert gleichzeitig zwei verschiedene Faktoreinsätze. Entscheidend ist, dass die Mittel im Optimum so kombiniert werden, dass die Grenzvorteile pro aufgewendeter Geldeinheit im Hinblick auf das angestrebte Ziel gleich sind.

Moderne arbeitsteilige Wirtschaften neigen zur Substitution von Arbeit durch Kapital, da durch die hohen Nichtleistungslöhne und von Unternehmen zu zahlende Sozialleistungen Arbeit im Vergleich zum Kapital immer teurer wird. Auch im Betrieb Streitkräfte der industrialisierten Welt kann man diese Tendenz erkennen, da nahezu jeder Staat die Mannschaftsstärke seiner Streitkräfte verkleinert und dabei entweder den Kapitalanteil hält oder bei Abbau zumindest technisch verbessert. Personaleinsparungen ohne konkretes dahinterliegendes Konzept führen einzig zu Umschichtungen der Finanzmittel, ohne dadurch betriebliche Abläufe zu optimieren und Kosten zu senken. Vermehrt ist auch ein Trend zur (Pseudo-)Substitution zu erkennen. Bei dieser Art von Substitution, bekannt geworden unter dem Begriff Outsourcing, wird zwar Arbeit eingespart und durch Kapital ersetzt, jedoch konnte durch diese Maßnahme bisher kaum Effizienzverbesserung nachgewiesen werden. Das Einsatzverhältnis der Produktionsfaktoren bestimmt zu einem hohen Prozentsatz den Erfolg der Produktion. Die am Markt erfolgreichsten Produzenten finden offensichtlich den besten Mix und sind so auch Modellfall für eine Nachahmung. Für das öffentliche Gut Landesverteidigung existiert zwar kein Markt, jedoch kann man auch von den weltweit „klassenbesten Streitkräften" lernen. Ein auf spezielle Fragestellungen abgestimmtes Benchmarking kann dazu beitragen, dass die eigenen Streitkräfte an Effizienz gewinnen und die ihnen zur Verfügung stehenden Produktionsfaktoren effizienter kombinieren.

1.5.4 Wertschöpfung

Als gesamtwirtschaftliches Aggregat ist die Wertschöpfung ein Kennzeichen für die wirtschaftliche Leistungsfähigkeit eines Sektors oder einer Volkswirtschaft. Die Wertschöpfung staatlicher Betriebe wird ebenso wie die jedes anderen Betriebes gemessen. Es wird die Differenz zwischen dem Wert des Outputs und dem Wert der Güter und Dienste, die vom Betrieb gekauft werden, berechnet. Aber während der Wert des Outputs privater Unternehmen aufgrund der Verkaufspreise ihrer Güter und Dienste ermittelt wird, ist das bei öffentlichen Betrieben oft nicht möglich, weil ihr Output zum Teil an private oder an öffentliche Verbraucher abgegeben wird. Folglich setzen sich die Wertschöpfung bzw. die gesamtwirtschaftlichen Einkommenseffekte der öffentlichen Unternehmen nur aus Löhnen, Gehältern und Zinsen zusammen. Die Wertschöpfung der Streitkräfte ist daher mit den ausbezahlten Löhnen gleichzusetzen und stellt somit keine aussagekräftige Größe dar.

1.6 Streitkräfte aus raumwirtschaftlicher Sicht

Verteidigungsausgaben haben nicht nur eine Wertdimension, sondern auch eine Zeit- und Raumdimension. Es geht dabei um die Frage, wohin die Verteidigungsausgaben fließen und in welchen Regionen sie zu Einkommen von privaten Haushalten bzw. Einnahmen privater Unternehmen werden.

Kennt man die räumlichen Wirkungen von Verteidigungsausgaben, kann man versuchen, die Ausgaben für die Landesverteidigung als Instrument der Regionalpolitik zu nutzen. Für die Sicherheitspolitik eines Landes sind raumwirtschaftliche Ziele Nebenziele, jedoch sollten sie regionalpolitische Ziele erfüllen helfen, ohne dabei die Verteidigungskraft zu schwächen.

1.6.1 Produktionsfaktor Boden

Das Militär benötigt Boden zum Zweck der Errichtung der für den Betrieb erforderlichen Infrastruktur, wie z.B. Kasernen, Truppenübungsplätze, Schießanlagen, Flugplätze, Übungsgelände, Wasserübungsplätze und Munitionslager. Nach der Einwohnerzahl kann man drei Standorttypen unterscheiden:

- Standorttyp „A“: Kasernen in Gemeinden mit mehr als 10.000 Einwohnern,
- Standorttyp „B“: Kasernen in Gemeinden mit weniger als 10.000 Einwohnern und
- Standorttyp „C“: Kasernen im peripheren bzw. ländlichen Raum.

In den in der Regel dichtbesiedelten Ländern der westlichen Welt ergibt sich daraus eine zunehmende Konkurrenz um den knappen Faktor Boden. In Gebieten mit einer starken Ausdehnung von Wohngebieten mit Naherholungsgebieten und Industriezonen wächst daher der Druck auf die militärischen Einrichtungen. Aber auch in den landwirtschaftlichen Kernzonen fällt es den Gemeinden nicht leicht, einer Truppeneinheit die benötigten Flächen abzutreten. Darüber hinaus zieht die Nutzung von Boden durch die Streitkräfte eine Reihe von externen Effekten nach sich. Zu nennen sind hier die Lärmbelästigung durch Flug- und Schießplätze, aber auch das vermehrte Verkehrsaufkommen in geschlossenen Siedlungsgebieten.

Inwieweit ökologische Schäden auf Übungsplätzen entstehen, ist Gegenstand zahlreicher Untersuchungen.

1.6.2 Beschäftigungs- und Beschaffungseffekte

In bezug auf die Beschäftigungseffekte kann man zwei Aspekte unterscheiden. Zum einen sind die durch die Streitkräfte geschaffenen Arbeitsplätze, zum anderen die Einkommen der Militärangehörigen nach dem Ort ihrer Ausgabe zu untersuchen.

Beim Erwerb von Ausrüstungsgütern unterscheidet man zwischen zentraler und dezentraler Beschaffung. Die zentrale Beschaffung erfolgt in der Regel durch das Verteidigungsministerium, während die dezentrale Beschaffung durch nachgeordnete Kommandos und Dienststellen durchgeführt wird.

Direkte Beschäftigungseffekte

Das Einzugsgebiet eines Truppenteils umfasst vor allem bei kleineren Truppenverbänden eine Reihe weiterer Ortschaften. Während die zivilen Arbeitskräfte großteils am lokalen Arbeitsmarkt gewonnen werden, werden die Berufs- und Zeitsoldaten zumeist landesweit rekrutiert. Die geschaffenen Arbeitsplätze zeichnen sich durch ihre Unabhängigkeit von der Konjunkturlage sowie, bei den zivilen Arbeitskräften, durch einen höheren Anteil an Arbeitern und Frauen aus und schwanken je nach Größe des Truppenstandortes zwischen durchschnittlich 100 Bediensteten (Kompaniekaserne) und mehr als 1000 Bediensteten (mehrere Kasernen im Truppenstandort).

Direkte Einkommenseffekte

Dem Aufwand für das Personal kommt in jedem Verteidigungsbudget eine zentrale Aufgabe zu. Da jeder Lohn- und Soldempfänger einem Truppenstandort zugerechnet werden kann, ist es prinzipiell möglich, die regionalen Auswirkungen der Ausgaben des Kaderpersonals und der Grundwehrdiener zu analysieren. An Hand eines Beispieles aus Österreich soll dies näher erläutert werden.

Im Jahre 1998 wurde in der Garnison Weitra, einer Garnison des Standorttyps „C“, das Ausgabeverhalten des Kaderpersonals und der Grundwehrdiener untersucht. 1997 wurden insgesamt 22,8 Millionen Schilling[11] an Nettolöhnen an das Kaderpersonal ausbezahlt. Die Untersuchung ergab im Detail, dass der weitaus größte Teil dieser Summe, nämlich rund 12 Millionen Schilling, für Einkaufszwecke im Bezirk Gmünd ausgegeben und weitere 3,8 Millionen Schilling vom Kaderpersonal für den Freizeitkonsum aufgewendet wurden. Dabei

[11] 1 EUR =13,7604 ATS

wurden pro Woche durchschnittlich 150 Schilling in den Betreuungseinrichtungen der Kaserne, 730 Schilling für den Freizeitkonsum, 540 Schilling für Gast- und Kaffeehausbesuche, 120 Schilling für Kultur und 70 Schilling für Sport und Fitness ausgegeben. Die restlichen sieben Millionen Schilling dienten der Bestreitung des Aufwandes für Wohnen und für Sparen.[12]

Gänzlich anders sieht das Ausgabeverhalten der Grundwehrdiener aus. Insgesamt wurden von den Grundwehrdienern rund 56 Prozent für die Freizeitgestaltung, das sind rund 970 Schilling pro Woche und für Einkäufe nur 44 Prozent, rund 760 Schilling pro Woche, ausgegeben. Ein Grundwehrdiener gab somit monatlich im Schnitt 6.000 Schilling aus, was rund dem doppelten Monatssold entsprach. Der Betrag kam dadurch zustande, dass Transferzahlungen getätigt wurden, etwa durch finanzielle Zuwendungen seitens der Eltern, oder dass Sparguthaben aufgebraucht wurden.

Die Ermittlung des Kaufverhaltens der Heeresangehörigen ist von Interesse, weil man damit aufzeigen kann, wohin das Einkommen der Bediensteten abfließt, wo es wirtschaftliche Auswirkungen induziert und in welchen Branchen zur Arbeitsplatzsicherung beiträgt. Eine präzise Aussage im jeweiligen Einzelfall erfordert jedoch eine umfangreiche Befragung der Betriebe vor Ort.

Zentrale Beschaffungseffekte

Zentrale Beschaffungen machen im Verteidigungsbudget rund 80 Prozent aller Sachausgaben – ohne Bauaufwendungen – aus. Sie sind zumeist Großaufträge, die der Ausrüstung und Ausstattung der Streitkräfte dienen und größtenteils an leistungsstarke Unternehmen vergeben werden. Sie betreffen Handfeuerwaffen, Kraftfahrzeuge, Flugzeuge, Bekleidung und Ausrüstung, Munition, Brenn-, Kraft- und Schmierstoffe sowie EDV-Ausstattung. Die Auftragssummen der zentralen Beschaffungen führen meistens nur zu einem gewissen Prozentsatz zu Einkommen am Ort des Auftragnehmers. Um feststellen zu können, wo die Aufträge einkommenswirksam werden, muss man

---

[12] vgl. Strunz, Herbert; Dorsch, Monique, Sicherheitspolitik und Wirtschaft, Frankfurt/M. u.a. 2003, 89

die räumliche Verteilung der Subauftragnehmer und der Zulieferer beachten und miteinbeziehen. Da bei Großaufträgen zumeist ein relativ hoher Anteil an Vorleistungen beinhaltet ist, muss für eine exakte Berechnung der Einkommenswirkungen von Beschaffungen die Vorleistungsverflechtung des Auftragnehmers bekannt sein. Das macht eine aufwendige Input-Output-Analyse erforderlich, bei der die Unternehmer auch bereit sein müssten, ihre gesamte Vorleistungsstruktur offen zu legen.

Dezentrale Beschaffungseffekte

Dezentrale Beschaffungen sind Aufträge, die von den Militärkommandos in den Betriebsversorgungsstellen der Truppenstandorte und den Militärbauverwaltungen vergeben werden. Von diesen Beschaffungsstellen werden im wesentlichen Rahmenverträge geschlossen und Güter des täglichen Bedarfes beschafft sowie die infrastrukturerhaltenden Aufwendungen für Instandhaltung und der Betriebsaufwand (vgl. Energiebezüge) bestritten. Die Ausgaben der dezentralen Beschaffungsstellen fließen dabei zu fast 100 Prozent an die regionale Wirtschaft.

Die Garnison Eisenstadt kaufte beispielsweise 1998 für 6,2 Millionen Schilling Verpflegung ein, ließ für 0,5 Millionen Schilling Wäsche waschen und gab rund zwei Millionen Schilling für Kleinbestellungen aus. Im allgemeinen ist jedoch dabei der Anteil der Zulieferleistungen an die Kaserne, gemessen am gesamten Umsatz der jeweiligen Unternehmen, relativ gering. Von den untersuchten Betrieben gaben 56 Prozent einen Umsatzanteil mit dem Bundesheer unter drei Prozent an. 19 Prozent gaben über drei Prozent an und 25 Prozent konnten zur Höhe des diesbezüglichen Umsatzanteils keine exakten Angaben machen. Im Hochbausektor wurden im Jahre 1999 österreichweit Bauaufträge in der Höhe von insgesamt rund 450 Millionen Schilling dezentral von den Bauverwaltungen vergeben, wobei damit im wesentlichen die Erhaltung der Infrastruktur sichergestellt wurde. Die vergebenen Aufträge kamen zu einem Großteil der regionalen Bauwirtschaft zu Gute. Dabei wurden je nach Größe der Garnison von 1,5 bis acht Millionen Schilling an Aufträgen an die regionale Bauwirtschaft vergeben. In der Garnison Eisenstadt wurden für größere Bauvorhaben in den Jahren 1990 bis 1998 rund 50 Millionen Schilling aufgewendet, während zur Substanzerhaltung jährlich etwa 1,4 Millionen Schilling investiert wurden. An Betriebskosten fielen jährlich mehr als vier Millionen Schilling an, die sich auf Energiebezüge, Wasserverbrauch (rund 350.000 Schilling) und Abfallentsorgung (ca. 500.000 Schilling) verteilten.[13]

Von den dezentralen Beschaffungen gehen neben den direkten Zahlungen an die Unternehmen auch indirekte Wirkungen aus, da sich derartige Ausgaben von Garnisonen in der Wirtschaft fortpflanzen und neue Einkommen sowie Ausgaben generieren. Zur Darstellung und Berechnung dieser indirekten Auswirkungen wurde das Konzept eines Regionalmultiplikators entwickelt, mit dessen Hilfe man in mehreren Berechnungsschritten den Gesamteffekt von direkten Primärausgaben und fortpflanzenden Sekundärausgaben abschätzen kann.

Insbesondere wird durch diese Berechnung eine Schätzung ermöglicht, um wie viel das Einkommen in einer Region durch die Primärausgaben ansteigt und wie viel mehr Arbeitsplätze gesichert werden. Zur Berechnung des Multiplikatoreffektes sind jedoch eine Fülle von Informationen erforderlich, insbesondere Angaben der Zulieferungsbetriebe über ihr Produktionsprogramm und ihre Vorleistungsstruktur.

Auf Grund der Verschiedenartigkeit der jeweiligen Regionen ist eine generelle Aussage, inwieweit die dezentralen Ausgaben in welchem Ausmaß zu mehr Einkommen und zur Arbeitsplatzsicherung beitragen, nicht möglich. Hierzu wären detaillierte Untersuchungen mit umfangreichen Befragungen im jeweiligen Garnisonsort und im dazugehörigen Umland erforderlich.

---

[13] vgl. Strunz, Herbert; Dorsch, Monique: Sicherheitspolitik und Wirtschaft, Frankfurt/M. u.a. 2003, 89

2 Governance – ein neues Paradigma

Ein Paradigma ist als eine Art Weltbild, als grundlegende gemeinsame Überzeugung einer Kultur oder einer bestimmten Gesellschaft zu verstehen. In vielerlei Hinsicht dominiert noch immer das Bild respektive Paradigma der Welt als Maschine in welcher der menschliche Faktor paradoxerweise eine verhältnismäßig geringe Rolle zu spielen scheint. Jedoch sind es Menschen, die einerseits Entscheidungsträger und andererseits Entscheidungsempfänger sind.

Erstmals erschien der Begriff „Governance" in einer Studie der Weltbank aus dem Jahre 1989 und wurde lediglich im Rahmen der Diskussionen um Entwicklungshilfe verwendet.

Derzeit versteht man darunter im allgemeinen die Organisations- und Steuerungsintelligenz einer Institution. Aufgabe ist die dezentrale Steuerung und Gestaltung komplexer Systeme. Governance beschäftigt sich insbesondere mit den Wirkungen, Wechselwirkungen und Nebenwirkungen in komplexen Systemen und untersucht, wie groß die Handlungsspielräume in diesen Systemen sind und durch welche konkreten Maßnahmen die Systeme in ihrer Leistungsfähigkeit verbessert werden können. Die ausschlaggebenden Kriterien sind dabei Effektivität, Effizienz und Nachhaltigkeit.[14]

Governance auf politischer Ebene definiert sich selbst als Veränderung des Begriffs Regierung. Regierung ist hierbei als angewandtes Staatshandeln im Sinne eines neuen Ansatzes in der Art zu regieren, quasi als eine neue Form der Staatsleitung, zu verstehen. In erster Linie geht es hier um die Entwicklung praktischer Problemlösungsstrategien durch das Auffinden und Analysieren von Verknüpfungen innerhalb eines staatlichen Systems. Im Fokus steht auch die Entwicklung und Umsetzung einzelner staatlicher Programme und Projekte sowie die Qualität der angewandten Managementstrategien und deren Anwendung innerhalb politischer Administrationen. Viele Reformer verstehen darunter Ludwig Erhards Leitsatz: Soviel Privatisierung wie möglich, so viel Staat wie nötig. Allerdings birgt ein derartiger Ansatz

[14] vgl. Bauer, Helfried; Biwald, Peter; Dearing, Elisabeth (Hrsg.): Public Governance, Wien/Graz 2005

auch die Gefahr, dass der menschliche oder viel mehr der gesellschaftliche Faktor in einer solchen Betrachtungsweise nicht hervorgehoben, sondern in seinem Charakter nur hin zu einer Art rein wirtschaftlichem Faktor verändert wird. Wie hat sich also ein neues Paradigma, gerade im Bezug auf die Regierung von Staaten zu gestalten?

Politik befindet sich in zunehmendem Maße in einem Zwiespalt. Zwar ist es die Aufgabe von Regierungen, sich den Problemen der Gegenwart zu stellen und Lösungen für sie zu finden, jedoch sieht sie sich auch schwindendem Interesse und Vertrauen der Bevölkerung ausgesetzt, diese Lösungen auch wirklich finden und vor allem umsetzen zu können. Für viele Menschen ist das politische System zu komplex und zu undurchschaubar geworden, um sich noch eingehend damit zu befassen. Viel mehr noch: Man geht oft davon aus, dass auch Politiker nicht mehr in der Lage sind, die Systeme zu erfassen. Mittlerweile fällt es vielen Gesellschaftsschichten schwer, die Unterschiede zwischen den einzelnen Institutionen und deren eigentliche Aufgabengebiete noch zu erkennen und zu beurteilen sowie den Wandel von Aufgabengebieten, beispielsweise bei den Streitkräften, nachvollziehen zu können. Das führt dazu, dass viele Menschen nicht mehr der Meinung sind, dass die Institutionen ihre Aufgaben noch effektiv erfüllen können. Viel schlimmer: dass sie nicht mehr in der Lage sind, die Interessen des Auftraggebers, also der Bevölkerung, wahrzunehmen.[15]

Es bedarf also in erster Linie eines greifbaren und vor allem überschaubaren Systems, um Politik und deren exekutive Organe, zu denen auch das Militär gehört, mit der Gesellschaft zu verbinden. Ein Schritt in diese Richtung ist zuerst eine Öffnung des bereits bestehenden Systems mit all seinen Verwaltungen und Prozessen für die Gesellschaft und so auch deren Einbeziehung und Mitarbeit bei politischen Entscheidungen zu ermöglichen. Natürlich stellt dies einen langwierigen Prozess dar, denn Systeme wieder zu vereinfachen, ist mitunter wesentlich schwieriger, als sie zu verkomplizieren. Eine solche Veränderung des politischen Systems bedeutet nicht nur Veränderungen in Führungsebenen vorzunehmen, sondern beginnt bereits auf

---

[15] vgl. Strunz, Herbert: Organisationen als Determinanten wirtschaftlicher Entwicklung, in: Journal für Entwicklungspolitik 1/1991, 21 ff.

kleinster (regionaler) Stufe. Das setzt auch eine Veränderung in allen gesellschaftlichen und wirtschaftlichen Bereichen voraus und zieht diese auch nach sich.

Moderne Gesellschaften sind nicht nur einem zunehmenden Wandel ausgesetzt, sondern bringen diesen auch selbst in immer enger werdenden Intervallen und immer stärker werdenden Ausprägungen hervor. Moderne Demokratien haben unter der Aufgabe des Regierens nicht mehr bloß eine Form der Machtausübung zu verstehen. Vielmehr ist Regieren heute die Repräsentanz, positive Steuerung und Vertretung der eigenen Bevölkerung mitsamt ihren kulturellen und sozialen Eigenheiten innerhalb eines sich zunehmend internationalisierenden globalen Gesellschaftsbildes. Diese Tendenz hat durch die sowohl in Qualität als auch Quantität intensiveren Wandelerscheinungen erheblichen Einfluss auf eine demokratische Regierung. Dies gilt für innerstaatliche Aufgaben und auch für sämtliche Tätigkeitsbereiche die Vertretung nach außen hin betreffend.

Modernes Regieren manifestiert sich in der Erkenntnis, dass selbst das Auftreten und die Einflussnahme nach außen in externe Gesellschaftsbilder durch eine zunehmende internationale Verknüpfung direkten Einfluss auf die eigene Bevölkerung hat. Es bedeutet eine Art der Entscheidungsfindung, die nicht auf Herrschaft basiert, sondern sich auf Einigungen und Kompromisse mit möglichst vielen Vertretern aus allen Schichten der eigenen Bevölkerung stützt. Governance befasst sich mit Konsensmacht. Ihre Akteure sind nicht nur Regierungen und Parteien, sondern auch eine Vielzahl gesellschaftlicher Gruppen und Nichtregierungsorganisationen gleichermaßen.

Ergo bedeutet dies: Exekutive Autorität ist nicht mehr nur der politischen Führungsebene vorbehalten, sondern verteilt sich über den gesamten legislativen politischen Apparat mitsamt allen oppositionellen und externern Interessengruppen. Dies generiert allerdings auch eine Vielzahl an Entscheidungs- und Koordinationsmechanismen sowie entsprechenden Netzwerken. Das bedeutet eine hohe Komplexität und zunehmenden Transparenzverlust. Demokratische Systeme sind der Gefahr eines überdimensional anwachsenden und sich fragmentierenden Verwaltungssystems ausgesetzt. Dazu kommt noch, dass es naiv wäre zu glauben, ständig durch die Bank weg Konsens in allen anstehenden Fragen erreichen zu können und dies dann auch noch mit Gutheißung der Bevölkerung.

Weiterhin ist es fraglich, ob ein Konsenssystem in allen exekutiven Bereichen wirklich implementierbar ist. So stellt dies beispielsweise in den hierarchischen Strukturen des Militärs durchaus ein Problem dar, denn Streitkräfte beziehen ihre Effektivität zu einem wesentlichen Teil ja gerade aus dem Prinzip der Befehlsgabe und der Befehlsbefolgung. Folglich ist Zentralisierung nicht generell negativ zu beurteilen. Man scheint der Entscheidung ausgesetzt zu sein: entweder pluralistische Entscheidungsprozesse mit hohem Aufwand oder effektive, aber einseitige und nicht interessengerechte Entscheidungssysteme. Aber gerade derartige Problemstellungen führen in eine Sackgasse, wenn man sich mit Governance beschäftigt, einem Prinzip, das eigentlich einen innovativen Ausweg schaffen soll. Governance soll gerade das Modell heraus aus bisherigen Strukturen unter Beibehaltung ihrer Vorteile sein. Ist also eine Koexistenz beider Prinzipien möglich, oder muss ein völlig Neues entwickelt werden?

Es bedarf neuer Formen des Regierens und der politischen Koordination, effizienterer öffentlicher Institutionen und abstrakterer Regelwerke. Wichtig ist die Schaffung entsprechender Rahmenbedingungen auf Ebene der Politik, Wirtschaft und Gesellschaft mit dem Ziel einer zeitgemäßen Erfüllung staatlicher Aufgaben im Sinne einer möglichst bedarfs- und situationsgerechten staatlichen Leistungserbringung. Dies sollte zwar interessengruppenrelevant, aber dennoch wirtschaftlich sein. Es geht zum einen um die Mobilisierung vorhandener und bisher ungenutzter oder fehlgeleiteter Produktivitätsreserven und zum anderen um Selbstorganisation und den Auf- und Ausbau von Netzen zwischen Organisationen; Regieren weg von genereller Zentralisierung und hin zu eigenverantwortlicher Aktion und Kontrolle, aber mit zentraler Koordination. Frei nach der wirtschaftswissenschaftlichen These, dass koordinierte aber in ihrem Kern selbständige Systeme leistungsfähiger, nachhaltiger und effizienter sind. Vor diesem Hintergrund ist es besonders interessant, welche Macht Netzwerke und Interventionen bei politischen Prozessen haben können.

Es ist absehbar, dass bei einer immer liberaler werdenden Gesellschaft gerade horizontale Verknüpfungen wesentlich produktiver und effizienter auf einen Prozess zur Zielerreichung wirken können als bisherige vertikale Strukturen. Dort wandern schlicht Vorgaben von oben nach unten, verwässern dabei aber immer mehr durch eine überproportionale Belastung mit Detailfragen. Schließlich erstickt das System an einer allgemeinen Unübersichtlichkeit. Governance behält einen generellen Überblick über ein System als Ganzes und steuert den Zusammenhang aller Einzelkomponenten untereinander.

Governance lässt sich aber auch als ein Prinzip der Selbstregulierung verstehen, bei dem die zu kontrollierenden Akteure ihre eigenen Kontrolleure selbst ernennen. Das klingt zwar nach guter Demokratie, birgt aber die Gefahr von Vetternwirtschaft. Governance verlangt unbedingt die Beziehung zur Öffentlichkeit, Nachvollziehbarkeit und Durchschaubarkeit durch alle beteiligten Gruppen.

Moderne Governance sollte sich durch die Einbeziehung der Bevölkerung und der Wirtschaft in die Entscheidungsprozesse – zu gleichen Teilen – auszeichnen. Obgleich dies sicherlich nicht in jedem Falle realisierbar ist, geht es doch um ein konstruktives Fördern der Wechselbeziehungen zwischen Staat, Wirtschaft und Bevölkerung.

Der Grundsatz, dem Governance – vor welchem Hintergrund auch immer – unterliegen sollte, ist ein Regieren und Leiten vornehmlich auf Basis von Zielen und Werten und nicht aufgrund von formellen und legalen Prozeduren.[16]

2.1 Globalisierung als Auslöser

Derzeit lassen sich im Zuge der Globalisierung hauptsächlich zwei entgegengesetzte Prozesse in der Entwicklung von Systemen und Organisationen sowie Interessengruppen erkennen: Zum einen die Tendenz zur Zentralisierung, einer zunehmenden Integration und schließlich Globalisierung und Vergrößerung; zum anderen die Tendenz zu zunehmender Dezentralisierung, Fragmentierung und Zerlegung sowie schließlich jene zur Lokalisierung und Verkleinerung. Diese Tenden-

[16] vgl. Meier, Ernst Christoph; Roßmanith, Richard; Schäfer, Heinz-Uwe (Hrsg.): Wörterbuch zur Sicherheitspolitik, Bonn 2003; Czempiel, Ernst Otto: Außenpolitik in der Gesellschaftswelt – Governance, in: Reiter, Erich; Schöpfer, Gerald (Hrsg.): Wirtschaft und Sicherheitspolitik, Graz/Wien/Köln 1999, 79 ff.

zen sind durchaus nachvollziehbare Ausprägungen und haben jeweils ihre Berechtigung. Sie neigen jedoch dazu, sich gegenseitig auszuschließen und einander in Opposition zu bringen.

Nun stellt diese Entwicklung selbst nicht gleich eine eminente Gefahr dar. Allerdings ist Vorsicht angebracht, denn diese Tendenzen dürfen sich nicht permanent in den Köpfen von Entscheidungsträgern und der Bevölkerung zutragen und dort verhärten; zumal sich durchaus das Potential für konstruktive Koexistenz oder gar Überlappung zeigten. Das ist allerdings abhängig davon, wo respektive in welcher Organisation, Institution oder System und in welcher Form man diese Prinzipien anwendet. Globalisierung fördert und vermindert gleichzeitig Individualismus und macht so die Dualität von Gesellschaften deutlich. Sinnvoll ist es also, diese Tendenzen zu managen und richtig mit ihnen umzugehen und nicht zu versuchen, sie zu vermeiden oder zu unterdrücken. Gerade die Ausprägungen der Globalisierung generieren auch diverse Probleme wie beispielsweise Arbeitslosigkeit, Probleme der Nahrungsmittelsicherheit, Verbrechen, Grenzkonflikte, ein Klaffen der Armutsschere und schließlich ungelöste Fragestellungen über ein neues Rollenverständnis in gesellschaftlichen, privaten und öffentlichen Organisationen.

Neues Selbst durch neue Konzepte

So hat sich beispielsweise der Charakter der NATO seit dem Zusammenbruch des „Ostblocks" massiv gewandelt, von einem westlichen Verteidigungsbündnis hin zu einem globalen militärischen Interventionsverbund. Die NATO selbst hatte und hat nach wie vor Probleme, sich diesem neuen Rollenverständnis zu stellen. Nach der Beendigung des Ost-West-Konfliktes trat so auch eine internationale Debatte zu Tage, welche die Existenzberechtigung der NATO anzweifelte. Erst die Erkenntnis der Anfälligkeit westlicher Industrienationen gegenüber den Auswirkungen regionaler Krisen und die daraus resultierende Notwendigkeit einer gemeinsamen Intervention begründete eine erneute Legitimation der NATO, allerdings mit verändertem Charakter. So sind dennoch eine Vielzahl von Fragen zur zukünftigen Entwicklung der NATO weiter unklar, wie beispielsweise die Realisierbarkeit einer Entwicklung weg von der NATO, hin zu einer Art militärischer UNO, was allerdings wiederum eine Debatte der Legitimation auslösen würde.

Neben den traditionellen Akteuren wie Staaten und internationalen Organisationen treten zunehmend auch nicht politische Organisationen wie global agierende Unternehmen, sogenannte „Think Tanks", also Kompetenz-, Forschungs- und Wissensvereinigungen, Universitäten und andere Wissenschaftsinstitutionen auf die Weltbühne. Jeder dieser „Player" hat sowohl eigene Interessen als auch Erwartungshaltungen, die sich mit denen anderer überschneiden. Derartige Erwartungen und Bedürfnisse speisen sich aus den jeweiligen regionalen, sozialen und kulturellen Hintergründen, aus denen der jeweilige Einfluss stammt. So gewinnt die Koordination all dieser Einflüsse und Erwartungshaltungen in der nationalen und regionalen Wirtschafts- Gesellschafts-, Sozial- und nicht zuletzt Sicherheitspolitik – quasi rückwirkend – auch für globale Belange enorm an Bedeutung.

Globale Kommunikationsmöglichkeiten generieren globale Interessenzusammenschlüsse, aber auch globale Gefahrenpotentiale, wie etwa eine zunehmende und schwer zu kontrollierende weltweite Migration. Diese Bedrohungen sind mitunter nur virtuell existent, aber allein die breite Wahrnehmung dieser Tendenzen als greifbare Gefahrenbilder kann ungeahnte reale Gefahren hervorbringen. Neue Technologien im Bereich des Transports und der Kommunikation verkleinern die Welt, Menschen werden immer qualifizierter sowie mobiler und Interessengruppen schließen sich grenzüberschreitend zusammen, um Regierungen von eigenen Ansichten, Erwartungen und Forderungen zu überzeugen. Zunehmende internationale Mobilität sowie die verstärkte Forderung nach dieser generiert auch Unmut in der jeweils eigenen Gesellschaft.

Der Begriff des eigenen Territoriums und staatlicher Souveränität verliert für viele Menschen immer mehr an Bedeutung, für andere Gruppen gewinnen diese Prinzipien vor dem Hintergrund der globalen Zersplitterung und Durchmischung gerade massiv an Wert. Wie behält man als Staat noch Wirksamkeit? Es findet eine grundlegende Veränderung der Fundamente von politischer und wirtschaftlicher Aktivität wie Traditionen, Werte, Einstellungen, Ansichten und Loyalitäten statt. Die traditionelle Legitimation für politisches und wirtschaftliches Handeln wird ersetzt durch eine Legitimierung durch offen wahrnehmbare Leistung. Wie geht man von öffentlicher Seite mit all diesen Wandelerscheinungen am besten um?

Diese Entwicklung fordert von Regierungen und Institutionen eine Tendenz zu sowohl uniformiertem Denken als auch zur gezielten Suche nach Kontroversen. Das verkompliziert das „Politikmachen“, die Verwaltung und die Organisationsleitung allgemein natürlich.

Man muss nun mit anderen Kulturen und Erwartungshaltungen zurechtkommen und diese der eigenen Gesellschaft begreiflich machen. Governance bedeutet in dieser Beziehung die Wahrnehmung und Erkenntnis von Regierungen, dass einzelstaatliche Interventionen nicht mehr unumwunden greifen, sondern vor dem Hintergrund global werdender Interessenlagen lediglich punktuelle Einzelmaßnahmen darstellen. Diese können aber in ihrer beabsichtigten Wirkung die gesamte Bandbreite der Fragestellungen und Herausforderungen nicht mehr abdecken. Regierungen und andere Führungsgremien sind also bei der Entwicklung und Implementierung von Problemlösungen, bei der Initiierung von Projekten, bei der Verfolgung diverser Interessen und bei der Entwicklung und Vorgabe von strategischen Zielen und den damit verbundenen Planungsanstrengungen gezwungen, neue Wege zu gehen. Es müssen neue Methoden einer gesamtheitlichen und vernetzten Betrachtung des eigenen Standpunktes in einem übergeordneten System mit allen seinen Herausforderungen, Ursachen, Folgewirkungen und der jeweils dahinterstehenden Interessengruppen und Erwartungen entwickelt werden.

Dabei gilt es auch zu realisieren, dass eigene Problemstellungen vielmehr im gemeinsamen Kontext mit anderen, auch übergeordneten globalen Problemen wirtschaftlicher, ökologischer, kultureller und sicherheitspolitischer Natur zu betrachten sind (und vice versa). Das heißt auch, dass ein allein auf „eigene“ regionale Belange fokussiertes Problembewusstsein nicht mehr ausreicht, um wirklich konstruktive und wirksame Lösungs- und Innovationsansätze zu entwickeln. Diesen Mangel an notwendiger Orientierung um Veränderungen und Verknüpfungen richtig einzuschätzen, gilt es zu beseitigen. Es muss also begonnen werden, die regionale Wirkung externer und globaler

Geschehnisse und umgekehrt zu beobachten und zu analysieren, um überhaupt einsetzbare Konzepte für eine wirkungsvolle Auslegung einer Regierung oder Organisationsleitung zu finden.

Es lässt sich nicht übersehen, dass die Welt und die globale Gesellschaft dual, also sowohl integriert wie auch fragmentiert ist. Geschehnisse, die angeblich weit entfernt stattfinden, können direkten Einfluss auf regionale Belange haben. Im eigenen „Hoheitsgebiet“ auftretende Ereignisse haben mitunter Einfluss irgendwo außerhalb eigener Grenzen. Eigene innerstaatliche bzw. innerorganisationelle Entscheidungen und Maßnahmen werden so für externe Gruppen interessant. Das gilt auch in umgekehrter Richtung. Fremde Belange werden zu eigenen Belangen. Das birgt ein enormes Potential für Konfusion in allen möglichen Bereichen nationaler und internationaler Politik, wirtschaftlicher Beziehungen und anderer gesellschaftlicher Belange; von den Auswirkungen auf die Sicherheitspolitik ganz zu schweigen. Es bedarf deshalb nicht nur neuer Formen der Regierung und Verwaltung sowie des Umgangs mit Verwaltungsprozessen, sondern auch einer Neudefinition dieser Begriffe: Also ein Erkennen übergeordneter Zusammenhänge und ein Ergreifen von geeigneten Maßnahmen, um diesen Herausforderungen angemessen entgegen treten zu können. So hat also das Phänomen der Fragmentierung eigentlich das Phänomen der Blockbildung und Vernetzung zur Folge. Fragt sich nur, welches der beiden zu bevorzugen wäre, oder viel wichtiger: ob denn nicht beide gemeinsam Vorteile bieten und die jeweiligen Nachteile weitestgehend gegenseitig aus dem Weg räumen können, und sich so die vorangegangene Frage gar nicht erst stellt.

Governance nimmt auch zunehmend bei internationalen Organisationen eine immer größere Rolle im Umgang mit den vielfältigen nationalstaatlichen Eigeninteressen und Kontradiktionen bei der Bearbeitung und Durchsetzung der eigenen internationalen Agenda ein. Doch wie übt man Autorität in einer dezentralisierten Welt, bestehend aus lauter scheinbar unabhängigen nationalstaatlichen Souveränitäten mit ihren Eigeninteressen und Problemstellungen aus? Zwar scheinen alle in irgendeiner Weise miteinander verbunden zu sein, konterkarieren sich jedoch gegenseitig auch. Gerade in diesem scheinbaren Hindernis liegt jedoch die Chance für internationale Organisationen.

Nationale Politik allein hat weder die Fähigkeit noch die Möglichkeit, mit einer zunehmend international werdenden Gesellschaft und Wirtschaft Schritt zu halten. Sie kann sich nur in ihrer eigenen Auslegung an die neuen Gegebenheiten anpassen, regionale Geschehnisse neu bewerten und sich mit anderen nationalstaatlichen Politikansätzen koordinieren.

Staatlicher Einfluss auf all diese sich nun frei und scheinbar staatlich ungebunden auf dem Globus bewegenden Interessen- und Einflussgrößen ist also nicht mehr allein und uneingeschränkt über reine staatliche Regierung und Gesetzgebung möglich. Es ergibt sich der logische Zwang einer zumindest teilweisen Zentralisation über Koordination durch internationale Organisationen. Das freilich ohne all zu große Beschneidung eigener staatlicher Souveränität und die Verknüpfung eigener exekutiver Organe mit denen anderer Staaten. Dabei ist das Prinzip der integrativen Kooperation dem der Blockbildung gegenüber etwaigen anderen Zusammenschlüssen vorzuziehen. Beispiele für derartige wirtschaftliche, politische und militärische Blöcke sind unter anderem die EU, die NAFTA, ASEAN, die NATO oder die GUS. Betrachtet man diese Zusammenschlüsse, zeigt sich allerdings auch, warum eine integrative Kooperation zwischen oder mit solchen Blöcken wenig realistisch ist. Der Grund dafür ist quasi derselbe, aus dem sich solche Blöcke auch bilden, nämlich gemeinsame regionale und geopolitische Interessen zu verfolgen. Gerade dies macht eine Organisation wie die UNO im Verhältnis weniger effektiv und somit auch attraktiv. Sie genießt einen hohen moralischen und zivilisatorischen Stellenwert, ist aber grundsätzlich nur zu einer Politik auf dem kleinsten gemeinsamen Nenner fähig. Blockbildungen stellen praktisch das gegenwärtige Optimum zwischen einzelstaatlicher und gesamtglobaler Politik dar.

Zunehmende internationale Verbindungen führen allerdings auch zu verstärkter Abhängigkeit untereinander. So werden auch gegenseitige Beziehungen immer komplexer. Wiederum zeigt sich das Prinzip der Zentralisierung. Will man sich nicht gegenseitig im Weg stehen, bedarf es gemeinsamer Regel- und Gesetzessysteme sowie Steuerungsmechanismen. Engere Beziehungen zwischen Systemen und Organisationen führen auch zu einem Zusammenwachsen und Durchmischen der Beteiligten, wie eben beispielsweise den jeweiligen Gesellschaften mehrerer Nationen. Um diese immer diffuser werdenden Gesellschaftsbilder zu lenken, sich entwickeln zu lassen und deren Integrität zu wahren, bedarf es einer gemeinsamen Basis in vielerlei Hinsicht. Es ist somit einerseits eine gemeinsame übergeordnete Führungsebene zu finden, die auch von allen Seiten gleichermaßen akzeptiert wird. Andererseits ist ein gemeinsames und nach Möglichkeit vereinheitlichtes Regelwerk notwendig, um eine gewisse Nachhaltigkeit zu garantieren. Es braucht eine Plattform, um unnötige Diskussionen oder Kontroversen zu vermeiden. Unter bestimmten Umständen, wo dies als konstruktiv erachtet wird, beispielsweise beim Auftreten neuer Problemstellungen und Herausforderungen, die alle Beteiligten betreffen, erweist sich solches Vorgehen als besonders wichtig. Regierungen müssen sich als Akteure der Veränderung in internationalen Organisationen verstehen und umgekehrt auch den Einfluss von internationalen Zusammenschlüssen auf das eigene System zulassen. Dabei darf die Zunahme an internationaler Verknüpfung – die Europäisierung steht hier exemplarisch – nicht als Aushöhlung staatlicher Systeme verstanden werden.

Nationalstaatliche Politik allein hat als Einflusskomponente in Wirtschaft und Gesellschaft massiv an Bedeutung verloren. Nun geht es darum, diesen Verlust durch Governance so gut wie möglich wieder auszugleichen. Globalisierung sollte nicht bekämpft werden, sondern es sollte versucht werden, bestmöglich mit den Veränderungen und den Herausforderungen umzugehen und neue gemeinsame Entwicklungschancen auszuschöpfen. Governance stellt vor diesem Hintergrund auch das Erreichen eines ausgewogenen Verhältnisses zwischen Protektionismus und Offenheit dar.

China etwa gewinnt trotz der zentralistischen Führung der Kommunistischen Partei an Wohlstand und internationaler Akzeptanz, weil es sich öffnet und nicht wie bis vor kurzem abschottet. Zwar ist die chinesische Transformation kein Idealbeispiel für eine moderne Regierungsform, verdeutlicht aber das Prinzip. Governance bedeutet den Identitätserhalt und gleichzeitig auch eine Neujustierung eigener Identität.

2.2 Governance im ökonomischen Kontext

Da das gesamte Spektrum der Möglichkeiten von Governance bei weitem noch nicht ausgelotet ist, existiert auch eine Vielzahl von unterschiedlichsten Interpretationen, die Charakteristik und Natur von Governance betreffend. So wird vor dem ökonomischen Hintergrund eine Fokussierung vorgenommen, die Governance als ein im wesentlichen betriebs- und/oder volkswirtschaftliches Instrument zur Optimierung bestimmter Sachverhalte einstuft.

Betrachtet man den Begriff Governance, so wird er in seiner modernen Bedeutung oft mit Management nahezu gleichgesetzt. Beide verinnerlichen Aspekte wie Delegation, Koordination, Regulierung und Kontrolle. Was aber den Begriff Management noch vom „Regieren" und „Leiten" – was Governance ins Deutsche übersetzt bedeutet – unterscheidet, ist der Aspekt ausführender Tätigkeit. Management umschließt auch sämtliche exekutiven Aspekte. Governance ist demgegenüber die strategische Gestaltung und Weiterentwicklung von Organisationen als Ganzes; Management stellt die Maßnahmen zur Umsetzung dieses Konzepts dar. Will man auch Governance auf öffentlicher Ebene dauerhaft als neue Sichtweise und Form des Handelns implementieren, gilt es auch die exekutiven Handlungen aus dem Management bei der Umgestaltung in öffentlichen Apparaten zu berücksichtigen.

Durch die Ausbreitung des Begriffs Regierung über die „Regierung" als Institution hinaus in sämtliche Ausprägungen und Gruppen der Gesellschaft hinein, entsteht auch ein spezifischer ökonomischer Kontext. So sind derzeit in vielen Ländern angestrebte Reformen in öffentlichen Verwaltungen und Institutionen hin zu vermehrter Anwendung wirtschaftlicher Grundsätze und Verhaltensweisen idealerweise auch im Kontext von Governance zu verstehen; dies ganz besonders im Bereich der Wirtschaftspolitik, die in dieser Betrachtung als integraler Bestandteil einer sicherheitspolitischen Konzeption zu verstehen ist. Die Wirtschaftspolitik stellt in vielerlei Hinsicht auch eine Form der Konfliktlösung dar, zumal es bei nahezu jeder wirtschaftspolitischen Entscheidung auch um die Verteilung knapper Ressourcen geht. Logisch wäre eine Orientierung der Politik an Grundsätzen zukunftsorientierten, positiven und ausgewogenen wirtschaftlichen Handelns.

Derartiges wird auf Seite der Wirtschaft unter Corporate Governance zusammengefasst. Corporate Governance erstreckt sich auf die gesamte Bandbreite wirtschaftlichen Handelns, auch von öffentlicher Seite. Sie umfasst die Ausprägung und Gestaltung von Management- und Koordinationsstrategien in einem Unternehmen bzw. in einer Organisation, also die Regelung sämtlicher Zuständigkeits-, Verantwortungs-, Macht-, Anspruchs- und Kontrollverhältnisse. Dabei fokussiert Governance auf die Betrachtung des Zusammenhangs und Zusammenwirkens der diversen Anspruchsgruppen, auch Stakeholder genannt. Diese sind beispielsweise Eigentümer, Geschäftsführer, Fremdkapitalgeber und Aktionäre oder Mitarbeiter. Dabei geht Governance als Basis von den eigentlichen Interessen des gesamten Unternehmens respektive der Organisation aus. Die These ist: Je besser Governance in einer Institution ausgeprägt ist, desto konkurrenzfähiger gestaltet sich die Position auf dem Markt respektive Weltmarkt; desto besser gelingt auch die Erfüllung der Erwartungen sämtlicher Anspruchsgruppen. Dies ist ein wichtiger Grundsatz, den eine Regierung – im übertragenen Sinn – bei der Implementierung von Governance ebenfalls berücksichtigen sollte. Die Interessen des Staates und seiner Bevölkerung stehen bei sämtlichen Bestrebungen zur Effizienzsteigerung genauso im Vordergrund.

Somit sollte man Vorsicht walten lassen, dass der Begriff nicht im Sinne einer teilweisen oder gar völligen Übernahme ehemals politischer Entscheidungs- und Koordinationsprozesse durch die Wirtschaft ausgelegt wird. Eine über die bisherigen Möglichkeiten der Einflussnahme auf politische Gestaltungsprozesse hinausgehende Entscheidungsmacht für die Wirtschaft zu gewähren, stellt sich in jeder Hinsicht als äußerst fragwürdig dar; zumal dies das Prinzip der Bevölkerung als primäre Interessengruppe eines staatlichen Systems aushebeln würde. Jedoch wird regelmäßig angeführt, dass die Prinzipien eines Marktes und die Orientierung an diesen praktisch die Urform gesellschaftlicher Aktivitäten mit dem Ziel von Zusammenarbeit sei und deswegen marktwirtschaftliche Prinzipien als Basis von Aktivitäten innerhalb der staatlichen Organisation anzusehen sind.

Allerdings hat sich gerade in vielen Transformationsländern ein anderes Bild gezeigt. Die Übernahme eines Regierungsmodells, das vornehmlich die wirtschaftliche Seite in der Annahme ausnahmslos positiver Folgeeffekte auf alle anderen gesellschaftlichen Bereiche unterstützt, geht durchaus mit harten Umbrüchen und Inakzeptanz in der Bevölkerung einher.

Ziel einer jeden staatlichen Governance-Bestrebung ist es naturgemäß, empfänglich für die Rechte und Wünsche der Bevölkerung zu werden oder zu bleiben, trotz oder gerade durch die Steigerung und Optimierung von Effektivität und Effizienz. Dies gilt besonders in exekutiven Institutionen der staatlichen Verwaltung. Jedoch lässt sich die Frage, ob man dabei von öffentlicher Seite her definitiv auf wirtschaftliche Unternehmen angewiesen ist, um produktive Aktivitäten zu organisieren, nicht einfach ausräumen. Hat sich doch eindeutig und mehrfach schon bewiesen, dass Privatisierungen und Entstaatlichungen wesentliche Vorteile und Leistungsverbesserungen für die betroffenen Organisationen mit sich bringen. In wie fern der Bürger als Kunde dieser Organisationen allerdings davon profitiert, steht regelmäßig und begründeterweise zur Debatte. Es ist also durchaus fraglich, ob eine Entstaatlichung auch wirklich eine Verbesserung im Sinne von Governance bedeuten kann.

Das Institut für Höhere Studien in Wien kam im Jahr 2000 anhand von 57 weltweit untersuchten Stahl- und Flugzeugkonzernen zum Ergebnis, dass es für ein Unternehmen unerheblich sei, ob die Eigentümer privater oder öffentlicher Natur sind. Pleiten kommen im öffentlichen Sektor genauso häufig oder selten vor wie in der sogenannten „freien" Wirtschaft.[17]

Aufgrund dieser Quasi-Gleichheit zwischen öffentlichem und privatem Eigentum könnte die Frage, ob der Staat nach rein wirtschaftlichen Gesichtspunkten optimiert werden soll, anhand der Ziele, die er verfolgen will, beantwortet werden. So sollte es bei jeder Ermessung über strategisches Eigentum in industriellen Schlüsselbetrieben idealerweise um das volkswirtschaftliche Optimum anstelle eines primä-

---

[17] vgl. Archivseiten des IHS: Firmenbefragungen, http://www.ihs.ac.at, 26. 05. 2005

ren betriebswirtschaftlichen (Optimums oder auch) Maximums gehen. Bei der Bereitstellung von öffentlichen Gütern und Dienstleistungen geht es vornehmlich um die Bevölkerung und ihr Recht auf Grundversorgung bezüglich Gesundheit, Trinkwasser, Bildung, Alterssicherheit, Mobilität, Energie und Kommunikation. Der Staat darf sich daher in diesen Bereichen nicht ausschließlich an betriebswirtschaftlichen Gesichtspunkten orientieren, er muss vielmehr gemeinwohlbezogene und volkswirtschaftliche Ziele in den Vordergrund stellen.[18]

Nun steht also die Frage im Raum, ob derartige Tendenzen als eine Form des Entzuges (unnötiger) staatlicher Kontrolle und Einflussnahme und als Steigerung der Effizienz und Leistungsfähigkeit von Organisationen zu begrüßen sind, oder ob dies nicht gar eine Art der Aushöhlung staatlicher Systeme und deren Integrität bedeutet. Wenn sich ein Staat nicht zwangsweise von Substanzen trennt, sondern wirklich bestrebt ist, Aufwandsposten auszulagern, um seine eigenen Strukturen zu konsolidieren und effizienter zu gestalten, ist das kein Verlust von staatlicher Autorität und demzufolge auch keine Aushöhlung? Fakt ist doch, dass einmal verlorene Kontrolle so oder so verloren ist, unerheblich aus welchen Gründen auch immer. Die Möglichkeit einer positiven Gestaltung im Sinne des Gemeinwohls existiert damit nicht mehr. Das soll nicht bedeuten, dass man der privaten Wirtschaft Verantwortung in diesem Sinne absprechen könne. Funktionen auszulagern bedeutet ja schließlich auch, dass die „Zentrale", in dieser Betrachtung eben die öffentliche Verwaltung, auch wesentlich mehr Spielraum für Kontrolle, Koordination und Neugestaltung der noch in öffentlicher Hand verbleibenden Bereiche hat. Somit kann sie letzten Endes für ihre Zielgruppen bzw. die Bevölkerung wesentlich effektiver in diesen noch im eigenen Kontrollbereich verbliebenen Handlungsfeldern tätig sein.

Liegt also eine Ursache für Privatisierungsbestrebungen in den Fesseln, die sich die Politik mit ihrer eigenen Verwaltung anlegt? Was ist der bessere Weg zum Vorteil der Gesellschaft: Entwicklung der pri-

[18] vgl. Strunz, Herbert: Einzelwirtschaft und Gemeinwohl, in: Zeitschrift für Ganzheitsforschung 4/2004, 182 ff.

vatwirtschaftlichen Komponente oder eine Stärkung der Gegenkräfte in der Verwaltung?

Mittlerweile existieren bereits etliche Memoranden und Codizes, was die Corporate Governance und deren Auswirkungen und Verhältnis zu Regierungen betrifft. Beispielsweise die OECD-Richtlinien zur Corporate Governance vom Juli 1998, der German Code of Corporate Governance aus dem Jahr 2000, der Swiss Code of Best Practice von 2001, das Common Assessment Framework der EU (CAF) aus dem Jahr 2000 und das White Paper zur European Governance der Kommission der Europäischen Gemeinschaft.[19]

Diesbezüglich bietet sich das spezialisierte Konzept einer Public Governance als Möglichkeit des konstruktiven, jedoch weitestgehend gesteuerten Einbezugs der Wirtschaft in staatliche Gestaltungsprozesse an. Es geht um die Entwicklung und Koordination neuer Formen der Kooperation zwischen Staat, Unternehmen und Non-Profit-Organisationen durch eine Neuauslegung und Umgestaltung von öffentlich-administrativen Systemen und Verwaltungsapparaten hin zu mehr Effektivität und Effizienz. Dies soll den Zugang zur privaten Wirtschaft erleichtern und umgekehrt. Die Entwicklung von Schnittstellen und Netzwerken untereinander und die Kooperations- und Verhandlungsfähigkeit von Wirtschaft und Politik im Sinne eines fairen und gleichberechtigten Umganges zum Wohle des Gros der Bevölkerung stehen bei dieser Form der Governance im Vordergrund.

Ziel einer öffentlichen Governance im ökonomischen Kontext ist es also in keinem Fall, dieselben Handlungen und Umsetzungsprinzipien, wie sie in der Wirtschaft vorherrschen, einfach zu übernehmen oder umgekehrt, eigene Vorgehensweisen komplett vom Sektor der Wirtschaft zu übernehmen. Vielmehr ist eine sinnvolle Anlehnung an wirtschaftliche Prinzipien und eine angemessene Modifikation eigener Umsetzungsprozesse nötig. Das soll letztlich die legislativen und exe-

---

[19] vgl. Organisation for Economic Co-operation and Development OECD, http://www.oecd.org, 28. 05. 2005; European Corporate Governance Institute, http://www.ecgi.org, 28. 05. 2005; Berliner Initiativkreis German Code of Corporate Governance GCCG, http://www.gccg.de, 28. 05. 2005; Regierungskommission Deutscher Corporate Governance Kodex, http://www.corporate-governance-code.de, 28. 05. 2005; Europäische Kommission: European Governance – A White Paper, Brüssel 2001, 22 ff.

kutiven Strukturen verbessern. Dabei kann Privatisierung sicherlich eine nicht unwesentliche Rolle spielen, sollte aber nicht soweit führen, dass eine Aushöhlung des Staates zu befürchten stünde.

Betrachtet man Governance im ökonomischen Kontext, existieren diverse Modellverständnisse mit unterschiedlichen Prioritätensetzungen.

Das politische Modell der Governance erkennt, dass die Verteilung von organisatorischer und exekutiver Macht zwischen Eignern, Auftraggebern (im Falle des Staates ist dies die Bevölkerung), Führungsebene und anderen Anspruchsgruppen dadurch bestimmt wird, wie eine Leitungsebene (oder Regierung) die eigene Bedeutung und die aller Anspruchsgruppen und deren gegenseitigen Einfluss gewichtet. Das wiederum hängt davon ab, was man gemeinsam erreichen will und wofür man gemeinsam steht, sprich die Zielvorgabe. Dabei steht die Führungsebene (eigentlich) nicht an der Spitze einer Pyramide, sondern ist gleichgestellter Teil der vielfältigen Beziehungsebenen in einem System. Ihr kommt eben nur die eigentliche Entscheidungsverantwortung zu, so wie andere Ebenen beispielsweise die Ausführungs- oder Verwaltungsverantwortung inne haben. Demzufolge wird sie wie alle anderen Anspruchs- und Verantwortungsgruppen gleichermaßen beeinflusst und geformt. Gerade das politische Modell nimmt also erheblichen Einfluss auf die Auslegung von Governance, da postuliert wird, dass selbst „untere" Anspruchsgruppen (Bevölkerung, Angestellte, Einzelklienten) ein erhebliches Einflusspotential auf die Führungsebene und somit auf die gesamte Auslegung einer Organisation oder eines Systems haben. Machtausübung erfolgt also nicht, indem man sich die notwendige Zustimmung von möglichst vielen Anspruchsgruppen durch die Bedienung von deren Interessen quasi „erkauft", die Stakeholder gegenseitig in Konkurrenz zueinander setzt oder durch direkten oder indirekten Druck zu beeinflussen versucht. Man lässt sich vielmehr durch die Entwicklung konstruktiver Wahlmodelle die Unterstützung der Interessengruppen „zuerkennen".

Dieses Modell der Governance, das eher auf politischen Procederen als auf finanziellen Überlegungen beruht, gewährt gerade einer Regierung im Bereich der Wirtschaftspolitik ein wesentlich stabileres Mandat für die Umsetzung von Projekten und Vorhaben. Jedoch läuft man sehr schnell Gefahr, sich mit Regeln und abstrahierten Prozessvorschriften „zuzuschütten“ und so in einer selbst produzierten Bürokratie zu ersticken, was freilich auch negative Auswirkungen, nicht nur auf die Kostensituation, hat. Außerdem steht zu bedenken, ob die Tendenz bei der Entscheidungsfindung von der Instruktion hin zur Überzeugung auch wirklich positiv für eine Steigerung der Effizienz von Systemen ist, gleichwohl der vorhandenen Vorteile von Entscheidungen, die von Überzeugung und Konsens getragen werden. Dies stellt zweifellos einen wichtigen Grundsatz von Governance dar.

Eine ausgewogene Governance hat also in ökonomischer Hinsicht nur die Möglichkeit, geeignete Wege zu finden, unterschiedliche Ansätze und Überlegungen konstruktiv zu verbinden. „Good“ Governance wäre somit die intelligente Kombination möglichst vieler relevanter Elemente unter der Annahme, dass die gegenseitige Ergänzung einen Ausschluss der jeweiligen Nachteile ermöglicht.

2.3 Staatsaufgaben unter Restriktionen

Sowohl die Globalisierung als auch die Ökonomisierung haben erhebliche Folgen für die Politik und die Regierung eines Staates, nicht nur was die Art und Auslegung der Politik betrifft, sondern auch bezüglich der zukünftig zur Verfügung stehenden Mittel. Diese bestimmen wiederum die Bandbreite der möglichen Dienstleistungen. Außerdem existieren nicht nur wirtschaftliche Restriktionen, sondern auch neue Grenzen, die durch internationale Organisationen gesetzt werden. Nationalstaatliche Politik wird also gegenwärtig und zukünftig durch mindestens zwei weitere Einflussgrößen, neben der Regierung und der Bevölkerung (zumindest in westlichen Demokratien), erheblich stärker als bisher bestimmt: von internationalen Organisationen und der globalen Wirtschaft.

Man kann mittlerweile davon ausgehen, dass die ausführenden öffentlichen Verwaltungen künftig einem sich zunehmend verbreiternden und diversifizierenden Aufgabenspektrum gegenüberstehen, welches aber nicht mehr nur auf Basis der Belange der eigenen Bevölkerung definiert wird. Was diesen Fakt aber besonders für öffentliche Institutionen zu einem Problem werden lässt, ist die sicherlich schon seit geraumer Zeit latent vorhandene, aber erst in jüngster Zeit global eminent werdende Tendenz eines sich auch weiterhin verstärkenden Konkurrenzdrucks öffentlicher Verwaltungen untereinander, aber auch mit privatwirtschaftlichen und stellenweise global tätigen Organisationen.

Diese sich verschärfende Konkurrenzsituation hat natürlich auch einschneidende Auswirkungen auf die jeweiligen Budgets. Die setzen wiederum Grenzen für die eigenen Kapazitäten zur Bewältigung von anstehenden Aufgaben und somit auch für das eigentlich zu erbringende Aufgabenspektrum. Man steht also der wirtschaftlichen Krux von stark zunehmenden und immer diverser werdenden Aufgaben unter immer stärker werdenden budgetären Restriktionen gegenüber. Daraus folgt quasi das Postulat eines gleichermaßen minimalen wie auch optimierten Staates. Betrachtet man grundsätzliche Gesetze der Wirtschaftlichkeit, ist allerdings zu bemerken, dass beides gleichzeitig zu bewerkstelligen gewiss ein Problem darstellt, dessen Erfüllung auf absehbare Zeit eine komplette Überdehnung nach allen Seiten bedeuten würde. Entweder man entscheidet sich, mit festgesetzten Ressourcen ein mögliches Maximum zu erreichen, oder man versucht, eine bestimmte Zielvorgabe mit möglichst minimalem Aufwand zu verwirklichen. Wie also nähert man sich einer derartigen Problematik von staatlicher Seite an? Die einzige Möglichkeit für eine Regierung kann eigentlich nur darin bestehen, ein möglichst ausgewogenes Verhältnis zu finden zwischen der Erfüllung von an die Verwaltung gestellten Erwartungen und dem Anspruch, dies unter einem adäquaten Aufwand zu tun.

Ergo gilt die simple Erkenntnis: ein Staat hat Governance als Regieren unter wirtschaftlichen Gesichtspunkten zu verstehen. Natürlich lässt sich ein Staatshaushalt oder jener eines Staatenbündnisses nicht mit einem Privathaushalt gleichsetzen. Staatliche Verschuldung ist nicht wie bei privaten Haushalten grundsätzlich als etwas Negatives zu erachten. Jedoch ist mittlerweile die Erkenntnis eingetreten, dass zumindest einzelne Haushalte wie privatwirtschaftliche Budgets zu betrachten sind, also grundsätzlich nicht ständig nachträglich bei Engpässen korrigierbar sind.

Es bedarf eindeutiger Budgets zwecks koordinierter und kalkulierter Tätigkeiten in miteinander und aufeinander abgestimmten Einrichtungen und Organisationen. Nur so lässt sich möglichst viel des eigenen Potentials mit den zur Verfügung stehenden Mitteln freizusetzen.

Das ist in vielen Staaten und deren Verwaltungen in diesem Sinne so auch wahrgenommen worden. Mittlerweile existieren vielfältige innovative Konzepte und Ansätze in dieser Richtung. Aber es ist ebenso auch festzustellen, dass diese Koordinierung häufig fehlschlägt. Governance oder eben das Regieren bzw. Führen eines staatlichen Systems als wirtschaftlich rationale und vor allem wirtschaftlich fundierte Gemeinschaftsaufgabe in und zwischen Staaten zu verstehen, ist eine noch relativ neue Sichtweise, die allerdings auch nicht auf eine Geschichte übermäßig langer wissenschaftlicher Betrachtung zurückblicken kann.

So existieren zweifellos noch diverse Wissensprobleme. Eine Empirik ist eigentlich noch nicht vorhanden. Innerhalb der einzelnen Verwaltungselemente herrscht sicherlich auch ein gewisser Mangel an Motivation, bereits etablierte und bisher funktionierende Mechanismen und Strukturen umzugestalten. Dies ist schließlich auch immer mit Problemen und Umsetzungsschwierigkeiten verbunden, was anfangs sicherlich auch einen Niederschlag in Effizienz und Effektivität hat. Will ein Staat seine Aufgaben unter den bestehenden und zukünftig noch auftretenden Restriktionen weiterhin kompetent erfüllen, ohne sich dabei übermäßig auf privatwirtschaftliche Einflussgrößen zu beziehen, muss er zumindest gewillt sein, dauerhaft nach den selben oder wenigstens ähnlichen Richtlinien und Grundsätzen zu agieren.

Um so effektiv wie möglich zu handeln, müssen Redundanzen und parallel auftretende Notwendigkeiten weitestgehend reduziert werden. Dazu bedarf es untereinander abgestimmter und breit anwendbarer Strategien zur Problembearbeitung und -lösung. Das setzt aber wiederum ein wirtschaftliches und gleichzeitig soziales Problembewusstsein seitens staatlicher Regierungen und ihres Organisationsapparates voraus. Es geht nicht nur darum, vor dem Hintergrund sich zunehmend restriktiv gestaltender Finanz- und Ressourcenlagen irgendwelche Sparpakete zu entwickeln. Vornehmlich muss auf gezielte Strukturprogramme abgezielt und so das gesamte System mitsamt seinen vielfältigen Ablauf- und Vollzugsprozessen in den jeweils ausführenden und verwaltenden Komponenten neu gestaltet werden.

Nicht nur ein Nachdenken über mögliche Alternativen, sondern eine Denkweise in Alternativen ist somit gefordert:

- Wie kann man bereits bestehende Dienstleistungen effektiver gestalten und welche innovativen Dienstleistungen werden in Zukunft benötigt bzw. überhaupt gewollt?
- Wo bestehen Möglichkeiten zur Konzentration von Tätigkeiten und Dienstleistungen als Ganzes und somit zur Förderung von Synergieeffekten?
- Wie ist es möglich, etwaige nebenstehende „Nutznießer“ in eigentlich andere Zielgruppen zu integrieren und zu beteiligen, so dass nicht nur Widerstand vermieden, sondern Motivation gefördert wird?
- In wie fern existieren neben dem Budget Quellen für eine Finanzierung aus nachhaltigen Drittmitteln und eigenen Anstrengungen?
- Welche Wirkungen hat die Veränderung der Sichtweise eines Staatsgebietes, nicht nur als Werte-, National- und politische Gemeinschaft, sondern auch als wirtschaftlicher Standort auf die Bevölkerung, die Wirtschaft und schließlich auf die eigene Politik?
- Wie und in welchen Bereichen lässt sich die Effektivität der bisherigen Kosten durch eingehende Kosten-Nutzen-Analysen erhöhen? Solche Maßnahmen stellen nicht nur eine Möglichkeit zur Kostenminimierung, sondern auch Impulsgeber für Verdiensteffekte dar.
- Wie kann es gelingen, die Dienstleistungsfelder und Aktivitäten von konkurrierenden Organisationen so zu koordinieren, dass ein grundsätzlich gewollter Wettbewerb nicht kategorisch ausgeschlossen wird, aber ein übergeordnetes gemeinsames Ziel trotzdem erreicht werden kann, ohne sich selbst dabei durch zu viel innere Oppositionen unnötig zu behindern?

Es geht somit bei sämtlichen Neuausrichtungsprozessen nicht allein darum, vehement zu sparen und Kosten zu drücken, sondern vielmehr für alle Interessengruppen das Beste aus dem eigenen Potential zu machen. Ohne Kosten ist letzten Endes auch kein Nutzen möglich. Dabei ist auch an nachfolgende Generationen zu denken, da strukturelle Entscheidungen und Neudefinitionen auch immer strategischer Natur sind. Sie haben somit langfristige Auswirkungen bzw. werden diese Auswirkungen erst in der Zukunft deutlich.

2.4 Governance als Instrument zur Steuerung von komplexen Systemen

Governance kann durch eine ansatzweise Betrachtung mit wirtschaftlicher Brille sehr wohl als Steuerungsinstrument ständig komplizierter werdender und miteinander verknüpfter staatlicher, wirtschaftlicher, gesellschaftlicher und rein politischer Systeme dienen. Wie aber lässt sich ein solches Prinzip nun konkret umsetzen?

Mit Sicherheit gibt es keinen Königsweg, doch eine grundlegende Trennung von Legislative und Exekutive (wie dies allgemein in Demokratien gegeben ist) nicht nur zwischen Regierung und Verwaltung zuzulassen, sondern dieses Prinzip auch innerhalb von Organisationen der öffentlichen Verwaltung anzuwenden, scheint zumindest ein grundlegend positiver Ansatz. Ziel sollte es also sein, nicht nur wieder den schon einmal etablierten Grundsatz: „Die Politik trifft Entscheidungen, die Verwaltung setzt sie um" zu etablieren, sondern diesen so weit zu abstrahieren, dass vielmehr gilt: „Die Führung vereinbart Entscheidungen, die Organisation als Gesamtheit setzt sie um".

Diese segmentierte und verteilte Umsetzung ist im englischsprachigen Raum als „core executive" benannt worden und definiert sich wie folgt:

„We define the core executive functionally to include all those organisations and structures which primarily serve to pull together and integrate central government policies, or act as final arbiters within the executive of conflicts between different elements of the government machine."[20]

Es geht um die Etablierung effizienter Verwaltungsstrukturen, die anstelle der Führungsebene die eigentliche Umsetzung politischer Entscheidungen vornehmen und überwachen. Dabei dürfen Grundsätze wie jene der Mitbestimmung nicht außer Acht gelassen werden. Aber

[20] vgl. Rhodes, Roderick A. W.: Understanding Governance, Buckingham/Philadelphia 1997, 14

Effizienz und Effektivität, wozu auch schnelle und eindeutige Entscheidungen zählen, müssen vorgehen. Wie soll so eine institutionelle Rollenverteilung konkret aber aussehen und was behauptet sich als das bessere Interaktionsmodell?

- Allianzbildung zwischen Blöcken und Interessenzusammenschlüssen. Diese sind einerseits effektiv, da Konsens nur noch zwischen bereits vorher abgestimmten Interessenbündeln hergestellt werden muss, aber auch mit einer Gefahr von Redundanzen zwischen den einzelnen Blöcken verbunden ist.
- ausdefinierte Netzwerke, die alle Interessengruppen zu gleichen Teilen einbeziehen und Interessenkonflikte vermeiden, aber langsamer und kostenintensiver sind,
- oder effektive und schnell reaktive Hierarchien, die Interessenkonflikte unterdrücken oder gar ganz vermeiden, aber zu Verkrustung und mangelnder Innovationsfähigkeit neigen.

Beispielsweise stellen die Modelle des Konsens und der Netzwerkbildung in den Streitkräften nur eingeschränkt eine Perspektive dar, da militärische Effektivität aus dem Prinzip der Befehlskette resultiert.

Unabhängig davon, welches Modell nun das für eine Umsetzung am ehesten geeignete ist: Bedeutet dies nicht auch, dass, wenn Koordination und Problemlösung nunmehr auf der Ebene der Verwaltung vorgenommen werden, die Regierung wiederum an Souveränität gegenüber ihrem eigenen Verwaltungsapparat verliert? Nun soll dies nicht heißen, dass sich eine Regierung bei einer solchen Segmentierung selbst machtlos machen soll, denn die Entscheidung trifft letztendlich sie. Jedoch sollte mit ausgereiften Kontrollmechanismen ein ständiger Überblick der Regierung über die Verwaltung – bei aller Kompetenzüberlassung – gewahrt bleiben. Außerdem empfiehlt es sich, die Verfügungsgewalt über die Ressourcen zentral zu belassen. So ist zwar die Expertise der Umsetzung und Dienstleistung dezentralisiert, die Finanzierung und Bereitstellung bleibt aber in zentraler Verantwortung.

So gibt es auch kritische Stimmen, die behaupten, das Prinzip der dezentralisierten Aufgabenverteilung, Selbstregulierung und Kontrolle funktioniert in öffentlichen Verwaltungen nicht wirklich. Es existiere kein natürlicher Sanktionsmechanismus im Falle eines Versagens oder einer etwaigen Misswirtschaft, so wie dies in der Wirtschaft unter den Bedingungen des Marktes der Fall ist. Dort führen falsche Entscheidungen zu einem Misserfolg der gesamten Organisation. Somit ergibt sich ständige Kontrolle als Voraussetzung und Schutz praktisch immer von selbst. Es benötigt Verwaltung von oben, weil in den einzelnen Verwaltungsorganisationen weder der Wille, noch das Wissen, noch die Macht herrschen, um autonom Zielvorgaben umzusetzen oder aus sich selbst erwachsende Innovation zu betreiben.

Natürlich bietet das Konzept der Kompetenzverteilung und Selbstkontrolle wesentliche Vorteile hinsichtlich der Steigerung von Effizienz und Effektivität; auch was die Koordinationsmöglichkeiten in und zwischen Staaten sowie den gezielten Umgang mit neuen Problemfeldern betrifft. Bei seiner Implementierung liegt aber eben auch das Problem. Es erfordert neben der Umgestaltung bisheriger Aufgabenbereiche auch die Fähigkeit, die eigenen Aufgabenfelder als Teil eines gesamten Systems zu betrachten. So ließen sich neue Möglichkeiten der Erreichung und Bearbeitung von Zielen und Aufgaben finden, anstelle ausschließlich in Zuständigkeiten und Verantwortungsbereichen zu denken. Sicherlich muss eine konsequente Abgrenzung der einzelnen Kompetenzen gewährleistet bleiben, aber vernetztes und interdisziplinäres Denken ist bei politischem und verwaltungstechnischem Handeln nach modernen Prinzipien unabdingbar. In wirtschaftlichen Begriffen gesprochen, bedeutet dies die Delegation von operativem Management an die Verwaltungen und die Konzentration strategischer Entscheidungskompetenz innerhalb der Regierungen.

Ist man also von staatlicher Seite aus fähig, Governance als die koordinierte und gelenkte Zentralisierung von strategischen Entscheidungen einerseits und die Dezentralisierung der Umsetzung dieser Entscheidungen und Zielvorgaben andererseits umzusetzen, so bedeutet dies vor allem die Schaffung von Möglichkeiten, die demokratische Konsenspolitik auch wirtschaftlich effektiv zu gestalten. Gerade vor dem Hintergrund einer sich ständig beschleunigenden, verkomplizierenden und verkleinernden Welt und ihrer Gesellschaften gewinnt dieses Prinzip an Bedeutung.

2.5 Optimierung staatlicher und militärischer Aufgaben

Einer der wesentlichen Unterschiede, den die Sichtweise über Governance vorhält, ist die möglichst weitgehende Einbindung von allen oder zumindest dem überwiegendem Teil aller beteiligten Interessengruppen in die politischen, öffentlichen und gesellschaftlichen Entscheidungsprozesse. So wird die Richtungsvorgabe mit einem möglichst stabilen Mandat unterfüttert. Um aber dieses Konsenssystem nicht so auswachsen zu lassen, dass es gerade das Gegenteil einer Optimierung bestehender Systeme und Aufgaben ist, sind bei der Umsetzung solcher Paradigmen eine Vielzahl an Eigenheiten zu beachten.[21]

Eine mögliche Form der gesellschaftlichen Einbeziehung ohne das Risiko von Konflikten zu strapazieren, ist eine ständige Informationsweitergabe an die Bürger über Vorbereitung und Durchführung bei Entscheidungsprozessen, gerade auch bei militärischen Fragen. Dies bedeutet die Mitwirkung möglichst vieler gesellschaftlicher Gruppen und eine intensive Auseinandersetzung mit den Herausforderungen, vor denen öffentliche Verwaltungen als umsetzende Organe stehen.

Versucht man eine Struktur aufzubauen, bei der Zielvorgabe und Ressourcenverantwortung zentralisiert und Umsetzung sowie Anpassung und Realisierung dezentralisiert sind, erfordert dies natürlich auch eine verbesserte Interaktion zwischen regionaler und nationaler bzw. internationaler Ebene. Das ist vor allem auch Bedingung für die bereits angesprochene intensivere Einbeziehung und Aufklärung der Gesellschaft in und über Abläufe und Strukturen bei der staatlichen Entscheidungsfindung. Deswegen empfiehlt sich auch eine intensivere Dialogführung in vertikaler und vor allem horizontaler Hinsicht und die Vermeidung von striktem Denken und Handeln in scheinbar von einander unabhängigen Verantwortungsbereichen.

Paradoxerweise benötigen besonders komplexe Systeme eigentlich flexible Strukturen, neigen aber gerade zu Verkrustung und Starrheit. Dies ist auf mangelnde Kooperation und Interaktion zurück zu führen, da sich parallel zueinander hoch komplexe Knoten mit komplizierten und kaum transparenten Informationswegen bilden. Diese lassen sich

[21] vgl. Hartley, Keith; Sandler, Todd: The Economics of Defense, Cambridge 1995, 303 ff.

kaum noch kombinieren und auf einander abstimmen. Es müssen Wege zu einer besseren Verteilung und Abstimmung über Entscheidungen, Entscheidungsebenen, Entscheidungsträger und letzten Endes Umsetzungsprozesse gefunden werden. Transparenz ist nicht nur von großer Notwendigkeit für die Optimierung innerhalb der Organisationen der öffentlichen Verwaltung, sondern auch für das Verständnis der Gesellschaft.[22]

Natürlich ist es nicht möglich alles so zu abstrahieren, dass es uneingeschränkte Gültigkeit besitzt. Auch das Gegenteil einer vollkommenen Individualisierung von Vorgaben, Abläufen und Strukturen zu erreichen, ist unwahrscheinlich. Dies wäre ohnehin auch nicht unbedingt produktiv, da entweder ein Mangel an Struktur oder zuviel davon gegeben wäre. Ziel sollte es aber sein, ein ausgewogenes Verhältnis zwischen uniformen Prozessen und flexiblen Herangehensweisen zu finden und so ein gesundes und optimales Maß zwischen Konsens- und Autoritätsprinzip, zwischen Verhandlungen und Vorgaben, zwischen generellen Vorschriften und individuellen Problemlösungen, zwischen Effektivität und Stabilität und so zwischen Wirtschaftlichkeit und Gemeinwohl zu finden.

Detailarbeiten könnten so ausgelagert werden, dass zwar allgemeine und verbindliche Regel- und Grundsatzwerke zentral vorgegeben werden, aber so viel Spielraum lassen, dass in einzelnen Dienststellen individuell korrigiert und angepasst werden kann. Dies hätte positive Auswirkungen auf die jeweilige Entscheidungsfreiheit in den Dienststellen. Das würde die Gesetzgebungsprozesse beschleunigen und verkürzen, ohne aber deren Stabilität und allgemeine Verbindlichkeit zu gefährden. Gleichzeitig könnte man die Konkurrenz zwischen den Organisationen und Dienststellen verringern oder gar beseitigen und so ihre Effizienz und Effektivität quasi gleichzeitig erhöhen. Man könnte Zusammenlegungen und Zentralisierungen von einzelnen Dienst- und Nebenstellen ins Auge fassen und in diesen Organisationen wiederum eine diversifizierte Verteilung von Aufgaben und Kompetenzen vornehmen. Das bedeutet eine höhere Spezialisierung

---

[22] vgl. Meier, Ernst Christoph; Roßmanith, Richard; Schäfer, Heinz-Uwe: Wörterbuch zur Sicherheitspolitik, Hamburg 2003

und Know-how im einzelnen, macht aber die Entscheidungsfindung und Bearbeitung als Ganzes wesentlich schneller und besonders durch alle besser erfassbar. Sicherlich würde dies wiederum die Einrichtung von speziellen Koordinationseinrichtungen auf zentraler Ebene bedeuten, die allerdings die Regierung wiederum von Kontroll- und Koordinationsverantwortung befreien würden.

Für das Militär als exekutives Organ ist es von Besonderheit, dass es ein politisch und gesellschaftlich hoch sensibles und komplexes System ist, dessen optimale Handlungsweise nur stellenweise eine Vereinfachung erlaubt. Auch ist es von hohen Klassifikationsraten und restriktiven Informationsflüssen abhängig. Allerdings werden sich im Zuge von generellen Umgestaltungs- und Optimierungsprozessen für die Streitkräfte nicht nur Ausnahmen gegenüber anderen Organisationen der öffentlichen Verwaltung machen lassen. Es braucht die Einsicht, dass nur ökonomische, nur militärische oder nur politische Ansätze bei der Optimierung von militärischen Aufgaben letzten Endes an ihrer Einseitigkeit scheitern werden. So gilt denn auch für die Streitkräfte eines Landes die Devise vom Einbezug mehrerer Interessengruppen und Konsens, zumindest in Ansätzen. Governance sollte bei den Streitkräften also vor allem das Suchen von Verbindungen und Beziehungsbanden zu anderen Institutionen und Interessengruppen, auch und insbesondere zur Bevölkerung sein, ohne dabei Tür und Tore zu sensiblen Bereichen zu öffnen. Bei einem solchen kontrollierten Aufbau von Kooperationen und Allianzen wird nicht nur die Leistung an sich verbessert, sondern auch das Militär für ein breiteres Lcistungsspektrum geöffnet.

Aufgabe der Politik ist es dabei, die notwendigen Koordinationsmechanismen und Verantwortlichkeiten nicht in der Truppe, sondern vielmehr zwischen dem Militär und den Partnern zu schaffen und beiderseitig im Sinne von festen Regelwerken und adäquaten Rahmenbedingungen zu klären. Weiterhin sollten die Streitkräfte nicht nur als eine Art politische Feuerwehr bei bereits offenen Krisen jeglicher Art eingesetzt werden, vielmehr müsste eine gezielte Einbindung des Militärs in langfristige politische Pläne zur Förderung von nachhaltiger gesellschaftlicher Entwicklung und in Planungen bezüglich des allgemeinen Krisenmanagements unterstützt und ausgebaut werden.

Das erfordert auch ein konsequenteres Risikomanagement und eine verbesserte Lageeinschätzung auf staatlicher Ebene. Es geht darum, das Militär zukunftsfähig durch Anpassung an neue Gesellschaftsbilder und die daraus erwachsenden potentiellen Bedrohungsbilder zu machen. Dies beinhaltet zwar eine Neuausrichtung der militärinternen Strukturen nach wirtschaftlichen Gesichtspunkten. Diesen muss auch eine wichtige Rolle zukommen, sie dürfen aber nicht die Basis und die alleinige Richtschnur bei der Optimierung militärischer Aufgabenerfüllung bilden. Wiederum lässt sich ein derartiges Konzept am ehesten durch das Prinzip einer Trennung von zentraler Zieldefinition und Strategieentwicklung und den dezentralen Umsetzungsprozessen andererseits bewerkstelligen.

So ist eine Neuausrichtung der operativen Maßnahmen auf überwiegend wirtschaftliche Gesichtspunkte in soweit möglich, dass individuelle Bewegungsfreiheit bei der Gestaltung von konkreten Umsetzungsmaßnahmen innerhalb festgesetzter Rahmenbedingungen gegeben ist, ohne dabei die strategischen Vorgaben, die sich am Sicherheitsbedürfnis der Gesellschaft orientieren sollten, negativ zu beeinflussen. In militärischen Kreisen besteht ohnehin ein hohes Interesse an kontinuierlicher Veränderung, da man sich daraus auch strategische und taktische Vorteile verspricht. Nur darf diese Veränderung eben nicht auf Kosten der eigenen Stabilität und Integrität gehen. Nichts anderes als diese Grundsätze bedeuten auch stets feste militärische Regelwerke und Abläufe, trotz des Hintergrundes der Wirtschaftlichkeit.

Die Entwicklung von gezielten Evaluierungsverfahren wäre eine wichtige Voraussetzung für die getrennte und in unterschiedlichen Verfahrensweisen umgesetzte Optimierung militärischer Aufgaben. So ließen sich Stärken und Schwächen frühzeitig erkennen und es wäre möglich, jeweils geeignete Konzepte in den einzelnen Truppenteilen und Dienststellen so zu etablieren, dass zukünftige Aufgaben effektiv und ohne Einschränkungen, aber dennoch wirtschaftlich bewältigt werden könnten.

Was bei diesen Optimierungsprozessen als großes Potential gewertet werden kann, ist das Vertrauen, das militärische Untergebene in ihre Vorgesetzten haben müssen. Dementsprechend sensibel sollte bei

Umgestaltungen auch damit umgegangen werden. Generell sollte das militärische Personal aktiv in Optimierungsbestrebungen mit einbezogen werden. Das bedeutet nun auch den Aufbau von ökonomischem und interdisziplinärem Sachverstand und Wissenspotential in den Streitkräften. Dies bringt auch neue Formen des „Military Leadership" mit sich, die vor allem durch Schnittstellentätigkeit jeglicher Art zwischen einzelnen Verantwortungsbereichen, Truppenteilen und auch zwischen den Streitkräften einzelner Staaten, also auf internationaler Ebene gekennzeichnet sein sollten. Daneben stehen unter anderem auch Fragen an, wie man die eigene Produktivität, also das Vermögen, Sicherheit bereit zu stellen, ohne Qualitätsverlust steigern kann und wie sich neue Aktionsfelder eigenständig finanzieren lassen. Vorrangig steht dabei die Koordinierung von Wissen und Information zu etwas Brauchbarem und Einsatzfähigem im Raum. Diesbezüglich bestehen enorme Wissens- und Informationsressourcen im Militär wie auch in anderen öffentlichen Organisationen.

Dieses bereits bestehende Wissen muss aber auch gesammelt und neu gebündelt werden, woraus sich als Optionen für die Zukunft auch diverse Aufgabenfelder ergeben:

- militärische Aufgaben
- Arbeitsmarktaufgaben
- regionale Aufgaben
- Beratung und Aufgaben in Forschung und Entwicklung
- medizinische Aufgaben
- Informationsaufgaben
- Ausbildungsaufgaben
- humanitäre und soziale Aufgaben
- wirtschaftliche Aufgaben

Bei der Definition von „Military Governance" geht es also vornehmlich um das Finden eigenständiger Wege zur Transformation, ohne dabei in Konflikt mit anderen Organisationen der öffentlichen Verwaltung und der Gesellschaft zu geraten. In dieser Hinsicht sind die

Streitkräfte der Vereinigten Staaten höchstwahrscheinlich am weitesten entwickelt. Merkmale einer solchen Military Governance sind unter anderem:

- Effektivität durch klare Zielsetzungen und Strategien
- Effizienz durch bessere Strukturen und Umbau der Infrastruktur
- Nachhaltigkeit und Zukunftsfähigkeit
- Kooperation, Wettbewerb und Leistungskritik
- Personalmanagement statt -verwaltung
- interner Wissenstransfer und koordiniertes Informationsmanagement

Military Governance bedeutet vornehmlich, in jeder Hinsicht zukunftsfähig zu sein. Sie dient als Mittel einer neuen Auslegung von modernen Streitkräften, die durch klare Zielvorgaben und Strategien einerseits und durch einen verbesserten Integrationsgrad nach außen hin andererseits sowohl effektiv als auch zukunftsorientiert sein sollen.

2.6 Bedarfs- und situationsgerechte Erbringung staatlicher Leistungen

Eine Optimierung und Veränderung des Aufgabenspektrums und der zu erbringenden Leistungen geschieht grundsätzlich nicht als Selbstzweck, sondern ist Veränderungen von Ansprüchen geschuldet. Ergo sollten auch neu hinzukommende Aufgaben so erfüllt werden können, dass einem Zweck gedient wird und Erwartungen optimal erfüllt werden bzw. bisher verrichtete Aufgaben so modifiziert werden, dass sie diesen Ansprüchen genügen. Wenn man also bei der Umsetzung von Governance auch verstärkt Prinzipien der Wirtschaftlichkeit ins Auge fasst, geht es nicht nur darum, Sparmaßnahmen zu treffen und einfach schneller oder besser zu werden, sondern auch darum, dass dies alles auf die jeweiligen Erwartungen, Bedürfnisse und Interessen möglichst vieler beteiligter Gruppen optimal abgestimmt wird. Somit lassen sich wirtschaftliche Denk- und Handlungsweisen nicht einfach eins zu eins übernehmen.

Es bedarf einer gewissen Optimierung und Anpassung dieser wirtschaftlichen Grundsätze, so dass sie von der Politik und ihren respektiven Organisationen derart angewandt werden können, dass eine Leistungserbringung auch sinnvoll und nützlich für die Betroffenen ist. Jedoch darf der Grundsatz des Gemeinwohls nicht gefährdet werden. Dementsprechend sollten dabei alle öffentlichen Vorhaben und Projekte auf ihre Relevanz und Notwendigkeit seitens der Regierung und der Verwaltung und auch von Seiten der Bevölkerung und etwaigen Partnern aus der Wirtschaft überprüft werden. Bei der Frage nach bedarfs- und situationsgerechter Leistungserbringung darf Wirtschaftlichkeit nicht das einzige Kriterium darstellen, sondern bildet in öffentlichen Verwaltungen einen Gesichtspunkt unter anderen, wie eben z.B. dem des Gemeinwohls oder der Kohärenz.

Ein konkreter Ansatz in dieser Hinsicht wäre die Etablierung von eingehenden zivil-militärischen Konzepten und Machbarkeitsstudien, mit denen sich auch Prioritäten, in der Projekte und Vorhaben zu erfüllen und miteinander zu kombinieren sind, festlegen ließen. Dies bedarf sicherlich auch einer regelmäßigen Kontrolle, Hinterfragung und Aktualisierung. Eine kontrollierte Vernetzung zwischen bearbeitenden Dienststellen und der legislativen Ebene sowie die Durchführung der Überprüfungen durch Spezialisten und Fachleute ermöglicht die Aufdeckung von Widersprüchen und Redundanzen bei einzelnen Projekten.

Werkzeuge, die sich als Folge für eine solche bedarfsorientierte Leistungserbringung eignen würden, wären unter anderem:

- Entwicklung von neuen Formen des Public Management
- Maßnahmen der Organisationsentwicklung
- Think Tanks, Coaching, Training und Monitoring
- Benchmarking und Marktbeobachtung
- Koordinations-, Kommunikations- und Informationsmanagement sowie Vernetzung
- Entwicklung von Kooperationsformen
- Anwendung von Instrumenten der Informationstechnologie

Der legislativen Ebene bliebe nach Inanspruchnahme einer einschlägigen, fachgebundenen und vor allem unabhängigen Beratung die eigentliche Entscheidung über solche Vorhaben und Projekte vorbehalten. Abgesehen von der regelmäßigen Kontrolle und Beobachtung durch eventuelle fachgebunden eingesetzte Kommissionen könnte sich die Führungsebene auf die jeweiligen Zielgebungsverfahren und deren Anpassung an diesbezügliche Veränderungen im gesellschaftlichen Umfeld konzentrieren.

2.7 Interessengruppenrelevante Gestaltung von Leistungen

Die Forderung nach Governance wird vor allem deshalb erhoben, weil sich gezeigt hat, dass Systeme wesentlich leistungsfähiger sind, wenn die Interessen aller beteiligten Gruppen in irgendeiner Weise berührt und berücksichtigt worden sind. So ist ein maximales Maß an Unterstützung gewährleistet. Das gilt aber nur in den Fällen, in denen bereits Konsens erreicht wurde. Was ein solches System jedoch verlangsamt und so auch ineffizient macht, ist der ständig erforderliche Prozess der Einigung. Ist dieser einmal beigelegt, arbeiten solche Systeme meist wesentlich schneller und störungsfreier. Also hat bei einer Gestaltung von Leistungsprozessen nicht nur der Zuschnitt der Leistungen selbst auf die jeweiligen Interessenlagen Bedeutung, sondern auch die Konzentration auf den Konsensfindungsprozess.

Will man die eigene Leistung grundsätzlich den Erwartungshaltungen der diversen Interessengruppen anpassen, lassen sich regelmäßige Verhandlungen und Diskussionen, beispielsweise bei neuen Projekten oder Regelungen nicht vermeiden. Sie sind vielmehr wünschenswert. Trotz allem ist es aber von Vorteil, diese Verhandlungen so kurz wie möglich zu halten. Eine generelle Diskussion und Einigung auf grundlegende Gemeinsamkeiten und Grundeinstellungen, quasi auf einen gemeinsamen Wertepool oder ein gemeinsames Grundsatzpapier als feste Basis von Kooperationen zwischen den jeweiligen Interessengruppen, könnte regelmäßige Diskussionen formell und praktisch minimieren und so das Konsensprinzip gerecht und effizient gestalten. In diesem Zuge empfiehlt sich des weiteren auch die Einrichtung spezieller Diskussionsforen, in dem sich die jeweiligen Vertretergremien der Interessen- und Anspruchsgruppen koordinieren könnten. Eine intensivierte Kommunikation über schnelle und einfach zu überschauende Kommunikationskanäle führt zu großen und starken Interessengruppen, die untereinander zumindest weitestgehend im Konsens sind und die man auch nicht unbeachtet lassen kann.

Ein weiterer dieser Punkte wäre z.B. der Grundsatz, dass auch bei Kooperationen der öffentlichen Organisationen mit der Wirtschaft vorrangig Leistungen erbracht werden sollten, die der Gesellschaft einen sichtbaren und fühlbaren Nutzen bringen. Vor diesem Hintergrund ist auch die Problematik der Wirtschaftlichkeit und eines etwaigen Ertrages solcher Dienstleistungen zu sehen. So gelten beispielsweise bei rüstungstechnischen Kooperationen mit Sicherheit sowohl die einsatzrelevanten Aspekte für die Streitkräfte als auch gewinnwirtschaftliche Zielsetzungen der privatwirtschaftlichen Beteiligten. Die Gesellschaft als Interessengruppe, die letztendlich das öffentliche Kapital für derartige Projekte aufbringt, hat die Erwartung, das solche Beschaffungsvorhaben auch wirklich sinnvoll und auftragsrelevant sind.

Abgesehen von einer Prüfung solcher Projekte auf deren Relevanz macht sich somit auch eine genauere Betrachtungsweise von möglichen zivil zugänglichen Spin-off-Potentialen erforderlich. Besonderes Potential bietet dabei die militärmedizinische Forschung. Besonders in den Vereinigten Staaten wird auf diesem Gebiet auch explizit mit dem zivilen Sektor zusammengearbeitet.[23]

Auch die Funktion des Militärs als eine Art Türöffner für die Wirtschaft ist vor diesem Hintergrund zu sehen. So gibt es in modernen Armeen Bestrebungen, Soldaten mit fundierter wirtschaftlicher Ausbildung und einer ausgeprägten Fähigkeit, soziale Kontakte zu knüpfen, bei Einsatzfällen als „Kundschafter“ für die Wirtschaft einzusetzen. Diese Soldaten machen bei einem entdeckten Bedarfsfall Meldung an das Heimatland, wo und in welcher Form sich Möglichkeiten zur Erschließung zukünftiger Märkte ergeben und dienen gegebenenfalls auch als Mittler.

---

[23] Beispielsweise wird derzeit geprüft, inwiefern sich die Entwicklung von Mikrosensoren in der Feldbekleidung von Soldaten auch im zivilen Alltagsleben applizieren lässt. Diese Sensoren melden Verwundungen oder stressbedingte Symptome an medizinisches Personal, bevor dieses am potentiellen Behandlungsort eintrifft.

Sicherlich reizt ein solcher Sachverhalt schnell zu moralischen Diskussionen, da natürlich Interessen der wirtschaftlichen Komponente im Vordergrund zu stehen scheinen. Aber letzten Endes bedeutet die Verfolgung wirtschaftlicher Interessen auch immer Arbeitsplätze für die Gesellschaft. Wirtschaftliche Stabilität bringt in der Regel auch sicherheitspolitische Stabilität mit sich. Für die Interessengruppen innerhalb des Militärs stellt sich vor allem die Frage nach der Relevanz einer solchen Aufgabe für das persönliche Wertebild, also in wie weit solche Tätigkeiten mit den allgemeinen und persönlichen Ansprüchen an das Berufsbild des Soldaten vereinbar sind.

Eine Vermittlung über die Veränderung dieses Berufsbildes nach innen sowie nach außen als Folge einer veränderten militärischen Mission und Identität (was allgemein in vielen Organisationen der öffentlichen Verwaltung stattfindet) ist also im Sinne aller. Es entwickelt sich gewissermaßen ein Markt der Interessen, auf dem die genaue Abwägung über die jeweilige Bedeutung der Interessen für geplante Vorhaben und, in umgekehrter Richtung, Überlegungen über die Auswirkungen geplanter Vorhaben auf die verschiedenen Interessenlagen von großer Wichtigkeit sind. Diplomatie hat in solchen Fällen das Potential, sich zu einer Form des Managements zu entwickeln.[24]

2.8 Getting out most of the budget

Noch immer wird angenommen, dass Kosten in staatlichen und Non-Profit-Organisationen weniger wichtig sind als in der Wirtschaft. Wie bereits angeführt, stehen Organisationen der öffentlichen Verwaltung in Zukunft vor dem Konflikt, ein komplexer werdendes Aufgabenspektrum unter der Doktrin einer restriktiven Haushaltsführung bewältigen zu müssen. Deshalb stehen sicherlich, bei aller Vielfältigkeit in denen sich wirtschaftliche Grundsätze manifestieren, eine stabile und dennoch flexible Haushaltsplanung und der optimale Umgang mit den zur Verfügung stehenden Budgets im Vordergrund. Da sich aber bloße Sparmaßnahmen irgendwann erschöpfen und sich vor allem auch auf das Spektrum der zu erbringenden Leistung auswirken, sollte

[24] vgl. Kapstein, Ethan B.: Two Dismal Sciences are better than One – Economics and the Study of National Security, Washington 2003

vor allem über eine optimale Nutzung der Ressourcen nachgedacht werden. Gerade Instrumente aus dem Katalog des Public Management bieten sich hier als Ansätze zur Optimierung von Faktoren der Wirtschaftlichkeit vor dem Hintergrund der Kosten- und Budgetproblematik an.

- Effektive Analysen, ob eine Intervention von „oben“ oder externer Seite wirklich notwendig ist. Wenn ja: wo und wie ist ein solcher Eingriff nötig und mit welchen Wirkungen und Kosten ist er verbunden?
- Entscheidungen sollten immer als Teil eines größeren Gesamtbildes gesehen und demnach auch vorangehende Planungen ausgerichtet werden.
- Konzentration auf die Auswahl des richtigen Instrumentariums und Nutzung passender Regelwerke zur Umsetzung von Vorgaben;
- Setzen von und Agieren in adäquaten Rahmenbedingungen;
- die vorausschauende Entwicklung von Alternativenkatalogen und Konzepten, diese auch schnell einsetzbar zu machen;
- regelmäßige Kontrollen und Überprüfung von Vorhaben und Prozessen auf deren Relevanz und Wirtschaftlichkeit.

Neben konstant aktualisierten Planungsgrundlagen sowie einer effektiven und genauen Planung empfiehlt sich daher auch die Einrichtung von Gremien, die sich ausschließlich mit der frühzeitigen Suche nach Lösungen für anstehende Probleme befassen. Denn schließlich sind Vermeidungskosten um etliches geringer als Beseitigungskosten. Was die Aspekte der Planung betrifft, sollten dabei auch öffentliche Konsultationen zwecks Einbezugs möglichst vieler Interessengruppen in Betracht gezogen werden. Denn dies erweitert auch den Horizont bei der Problembetrachtung und den Planungsanstrengungen. Anstelle einer Vielzahl separater und jeweils kleindimensionierter, kurzfristiger Planungsanstrengungen in einzelnen Dienststellen sollte versucht werden, ein Konzept für eine größer dimensionierte gemeinschaftliche Grundsatzplanung als strategische Basis für die weiteren Planungsvorgänge in den einzelnen Bereichen zu entwickeln. Information und

Informationsbearbeitung ist hier ein Schlüssel für die erfolgreiche Tätigkeit solcher Gremien.

Weiterhin sollte eine konsequente Konzentration auf Kernaufgaben forciert werden, wobei den eigentlichen Prozessen zur Leistungserstellung vor den Verwaltungstätigkeiten Priorität eingeräumt werden muss. Das bedeutet eine Vermeidung oder zumindest Verringerung von Opportunitätskosten, die durch Inaktivität oder fehlgeleitete Anstrengungen entstehen können.

Bei Kontakten zur Wirtschaft sollte langfristigen Allianzen zur Umsetzung von strategischen Zielvorgaben Priorität eingeräumt werden. Für die Streitkräfte würde eine solche Entwicklung die teilweise Veränderung des eigenen Charakters von Armed Forces zu sogenannten Task Forces bedeuten. Dies sollte jedoch mit der genügenden Sensibilität gegenüber der Gesellschaft und auch gegenüber dem eigenen militärischen Personal vorgenommen werden. Auch was die Nutzung neuer Technologien beispielsweise im Informations- und Kommunikationssektor oder im Bereich der Ausrüstung betrifft, hat noch immer der Grundsatz zu gelten, dass der menschliche Faktor im Militär der wichtigste vor der technologischen Komponente ist. Ohne den konsequenten Einbezug des ausführenden Personals würden sich materielle und technische Optimierungsversuche als eher erfolglos erweisen. Deswegen ist auch besonderes Augenmerk auf die Aus- und Weiterbildung des Personals zu legen. Zwar verursacht dies erst einmal Kosten, aber langfristig ist gut ausgebildetes Personal ein entscheidender Faktor zur Senkung von Aufwendungen, die durch mangelnde Innovation anfallen.[25]

2.9 Governance als perspektivisches Steuerungsinstrument

Konzepte und Reformen sind nur so gut wie die Menschen, die hinter diesen Anstrengungen stehen. Gerade im Kontext der Sicherheitspolitik sollte Governance als eine Neuausrichtung nach den Belangen der Gesellschaft verstanden werden. Natürlich schließt dies Diskussionen, langwierige Einigungsprozesse und so auch die Gefahr von getroffe-

[25] vgl. Hartley, Keith; Sandler, Todd: The Economics of Defense, Cambridge 1995, 111 ff.

nen Entscheidungen und Zielen auf Basis des kleinsten gemeinsamen Nenners mit ein. Aber gerade ein Regierungs- und Entscheidungsmodell, das seine Stabilität aus der Gemeinsamkeit und der Unterstützung möglichst großer oder idealerweise aller Interessengruppen schöpft, ist auch ein Modell, das langfristig Sicherheit verspricht.

„Sicherheitspolitik kann nicht von anderen Gesellschaftsbereichen isoliert betrachtet werden. Sie ist vielmehr als gesamtstaatliche Führungsaufgabe zu sehen, wobei sämtliche Ressorts mit allen ihren Möglichkeiten zur Aufgabenerfüllung angesprochen sind.“[26]

Gerade was das Militär und die Wandlung seines Aufgabengebietes betrifft, vor allem die Wandlung von der Kriegsführung und Verteidigung zur Friedensmission und Krisenbewältigung, sind die Gesellschaft und der Mensch an sich mit ihren unterschiedlichen und sich verändernden moralischen und ethischen Wertvorstellungen eine wesentliche, wenn nicht gar die bestimmende Kenngröße für die langfristige Aufgabendefinition und Neuorientierung in den Streitkräften und damit auch Basis für deren Existenzberechtigung.

Bereits 1966 sagte Karl Hörmann in einer Rektoratsrede zum Thema „Der Wert sittlicher Überlegungen über den Krieg und das Militär“: *„... dass selbst in einem gerechten und notwendigen Krieg (um der Verteidigung gerechter Belange willen) nicht alle wirksamen Mittel sittlich verantwortet werden, weil dann nicht mehr von der Verteidigung gegen Unrecht und von der Sicherung rechtmäßiger Besitztümer, sondern nur noch von einer reinen einfachen Vernichtung menschlichen Lebens dic Rede sein könne.“* [27]

Damit sich militärische Aktivitäten und der Krieg selbst nicht menschlicher Kontrolle entziehen können, ist eine Neuorientierung von Streitkräften, insbesondere deren innere Anpassung an die Belange einer modernen Gesellschaft und die Erkennung des dem Militär

[26] vgl. Strunz, Herbert; Dorsch, Monique: Sicherheitspolitik und Wirtschaft, Frankfurt/M. u.a. 2003, 21

[27] vgl. Kirchhoff, Günter: Die knappheitsorientierte Wirtschaftlichkeit als Besonderheit in der Militärökonomie, in: Allgemeine Schweizerische Militärzeitschrift 12/1981, 776; Kirchhoff, Günther; Stankiewicz, Waclaw: Darlegungen zur Verantwortung – Die neue Sicht auf die Militärökonomik, Warschau 2002, 94

innewohnenden Wesens unverzichtbar. Moderne Governance im militärischen Sinne würde dazu einen wesentlichen Beitrag leisten.

Reformen, also Veränderungen von oben nach unten und Transformationen, Veränderungen von unten nach oben, sollten gleichermaßen gefördert und umgesetzt werden. Die Entwicklung von sogenannten Masterplänen und langfristigen strategischen Vorgaben für und vor allem mit der Gesellschaft und Wirtschaft gleichermaßen sind anzustreben. So wird auch Unsicherheit über den Sinn von Veränderungen zu neuen politischen, verwaltungstechnischen, sozialen, sicherheitspolitischen und gesellschaftlichen Modellen verringert. Selbst wirtschaftlich effektive Demokratien brauchen Zeit. Schnelle, punktuelle und besonders rein regionale, bzw. nur national orientierte Reformen könnten sich in Zukunft zunehmend in ihrer Umsetzung als immer irrelevanter erweisen. Strategische Neuorientierungen, die auch ein langfristig stabiles System und Gesellschaftsbild hervorbringen und unterstützen sollen, erfordern Zeit für genaue Überlegungen, Einigungsprozesse, Planungen und Koordinierungen. Eine einheitliche politische Steuerung von diversifizierten und individuellen Umsetzungskonzepten anhand von ganzheitlichen und übergeordneten Zielsetzungen, mit denen alle Interessengruppen zumindest weitestgehend übereinstimmen, ist notwendig. Sind neue Ansätze und Sichtweisen so erst einmal aufeinander und in sich selbst abgestimmt, erweisen sie sich langfristig als wesentlich wirkungsvoller und den gegenwärtigen und zukünftigen Herausforderungen eher gewachsen als konventionelle Leitbilder in staatlichen und öffentlichen Systemen.

Gelebte soziale und persönliche Kompetenz ist ein Schlüsselfaktor und kann als Führungsgrundlage in modernen Organisationen, nicht nur in jenen der öffentlichen Verwaltung, angesehen werden. Komplexität lässt sich nicht „wegverwalten", sondern muss durch Kommunikation vermindert werden. Blockierer gilt es nicht beiseite zu drängen, sondern zu überzeugen und zu motivieren! Good Governance heißt, Unterschiede zu respektieren und so zu koordinieren, dass sie in den Beziehungen auf ein konstruktives Maß reduziert werden. Es fehlt weder an Wissen, Willen, Information, noch fehlt es an Institutionen, Führungskompetenz oder Know-how. Vielmehr mangelt es an Koordination und einem gesunden Umgang, all diese Faktoren in eine konstruktive Relation zueinander zu setzen. Das ist auf lange Sicht nicht ungefährlich. Das Prinzip der Förderung von Transformationen neben Reformen steht beispielhaft für diese Sichtweisen. Veränderungen, Stabilität und Sicherheit lassen sich nicht nur von oben verordnen. Sie sollten auch und ganz besonders in den Zellen der Gesellschaft und auch in einzelnen Organisationen durch kompetentes und sachliches Agieren angegangen werden und sich durch Reformen auf das gesamte politische und gesellschaftliche System ausdehnen. So werden Veränderungen in der einzelnen Organisation überhaupt erst langfristig sinnvoll.

Eine solche Umsetzung des Prinzips Governance gestaltet sich als sehr schwierig. Es besteht sicherlich auch eine nicht unbeachtliche Unsicherheit bei der Findung und Umsetzung von neuen Konzepten. Schließlich handelt es sich bei der Gestaltung von Systemen durch Governance um ein neues Paradigma, mit dem so kaum Erfahrungen bestehen. Dass aber sich verändernde Gesellschaftsbilder nun einmal neue Formen des Umgangs mit ihnen erfordern, ist unvermeidbar.

Exemplarisch für positive Ansätze zur Steuerung und Umsetzung von Neugestaltungen im politischen System zwecks optimierter staatlicher Aufgaben und eines vermehrten Einbezugs der Gesellschaft stehen die Vorschläge der EU im respektiven White Paper aus dem Jahr 2001. Die EU versteht unter Governance im wesentlichen die Weiterentwicklung und Neuauslegung der politischen Steuerung der Europäischen Union. Dieses White Paper soll als eine Art Startplattform für eine Neuauslegung europäischer Politik dienen. So schlägt die Europäische Kommission Folgendes für die Herstellung eines verbesserten Einbezugs der Gesellschaft und größere Offenheit bei politischen Debatten und Entscheidungsprozessen vor:[28]

- Aktuelle Informationen – auch via Internet – über die Vorbereitung und Durchführung von politischen Entscheidungsprozessen auf europäischer Ebene über alle Stufen der Entscheidungsfindung hinweg;

[28] vgl. Europäische Kommission: European Governance – A White Paper, Brüssel 2001

- die Implementierung eines systematischeren Dialoges mit Repräsentanten von regionalen und lokalen Regierungen via nationaler und europäischer Vereinigungen;
- die Einführung und Veröffentlichung von Minimalstandards für Informationen über europäische Politik;
- die Einrichtung von weiterführenden Partnerschaftsbeziehungen in ausgewählten Regionen, welche die Kommission zu vermehrter Konsultation und Informationsgabe verpflichten und als Gegenleistung etwaige Garantien zu mehr Offenheit und Repräsentanz der konsultierten Organisationen vorsehen.

Um politische Prozesse und Regelungen verbessert zu gestalten, schlägt die Kommission folgendes vor:

- Vermehrter Einsatz von unterschiedlichen politischen Werkzeugen wie diversen Regelungen, „framework directives" und koregulatorischen Mechanismen;
- die Vereinfachung des EU-Rechtes und die Ermutigung von nationalen Regierungen, dies auch bei nationalem Recht zu tun;
- die Veröffentlichung von Richtlinien für eine Heranziehung von Expertenmeinungen, die verdeutlichen sollen, welcher Rat wann, wo und wie gegeben wurde und welche Alternativen zur Verfügung stehen;
- zwecks Stärkung der inneren Integrität der EU die Aufstellung von Richtlinien, welche eine verbesserte Verfolgung von Rechtsbrüchen bezüglich EU-Rechts vorsehen;
- die Definition von Kriterien für die Aufstellung neuer Institutionen und Rahmenbedingungen, in denen diese operieren sollen;
- die Etablierung und Verstärkung einer stärkeren Verbindung zwischen EU-Politik und staatlicher Gesetzgebung.

Was ein verbessertes Engagement auf internationaler Ebene betrifft, schlägt die Kommission folgende Maßnahmen vor:

- Die Verbesserung des Dialoges mit Regierungs- und Nichtregierungsvertretern von Ländern der Dritten Welt bei der Entwicklung politischer Programme mit internationaler Dimension;
- Eine erneute Betrachtung der internationalen Vertretung Europas, um Möglichkeiten für einen offeneren und geeinten Auftritt auf der politischen Weltbühne zu schaffen;
- die verbesserte Implementierung und Ausarbeitung von Langzeitzielsetzungen und strategischen Orientierungspunkten für eine Neufokussierung der europäischen Institutionen;
- die Unterbreitung von Vorschlägen zur Umfokussierung und Verstärkung der exekutiven Verantwortung der Kommission;
- die Ermunterung zu und Förderung von Kooperationen und Austauschprogrammen nicht nur zwischen Mitgliedsstaaten, sondern auch zwischen ausgewählten Regionen.

Aus europäischer Sicht lässt sich Governance allgemein durch folgende Prinzipien charakterisieren:

- Offenheit und Verantwortlichkeit
- Teilhabe und Einbeziehung
- Transparenz und Verhältnismäßigkeit
- Effektivität und Flexibilität
- Zusammenhalt und Nachhaltigkeit

Governance ermöglicht die Aussicht, Grundsätze und Grenzen entwickeln zu können um jegliche Systeme, Organisationen und andere Formen des Zusammenschlusses in einer Gesellschaft positiv zu beeinflussen und sie auf die Belange der Gesellschaft, also der primären Interessengruppe, auch vor dem Hintergrund übergeordneter Werte und Vorstellungen, abzustimmen. Sie stellt Möglichkeiten bereit, Richtlinien zu entwickeln um Kriterien der Regulierung, Koordination, Kontrolle und Selbstkontrolle sowohl im privaten als auch im öffentlichen Sektor zu verbessern.[29] Das ermöglicht gerade im Bereich

[29] vgl. Hartley, Keith; Sandler, Todd: The Economics of Defense, Cambridge 1995, 216 ff.

der öffentlichen Verwaltung Chancen für eine Umgestaltung der Systeme und Strukturen zwecks Minimierung von Ausmaß, Intensität, Last und Kosten einer Regierung und deren Regulierungen zu Gunsten demokratischer Systeme und Gesellschaften.

Der Leitsatz moderner Staaten sollte also sein: Governance not just by, not without but with Government!

3 Public Management im militärischen Bereich als Instrument zur Umsetzung von Governance

In den letzten Jahrzehnten haben sich wirtschaftliche und gesellschaftliche Erscheinungen wesentlich schneller entwickelt als die öffentliche Verwaltung. Mittlerweile erreicht die zunehmend wachsende Globalisierung innerhalb der Wirtschaft in ihren Auswirkungen nicht mehr nur das staatliche System an sich, sondern hat auch direkten Einfluss auf die Auslegung der Sicherheitspolitik eines Einzelstaates oder Staatenverbundes. Das wiederum verändert massiv die Aufgaben der diesbezüglichen Exekutivmittel, sprich der Streitkräfte. Aus dieser Neujustierung der Aufgaben resultiert konsequenterweise auch ein nicht unerheblicher Neustrukturierungsbedarf.

Die Basis solcher Ansätze findet sich in der Handhabung respektive Umgangsweise mit den Streitkräften, also den bisherigen und zukünftigen Verwaltungs- und Managementmethoden innerhalb des Militärs. Weiterhin erfordert das sich verändernde Aufgabenprofil auch neuartige technologische Einsatzmittel, die sich allerdings finanziell sehr stark auf zur Verfügung stehende Budgetrahmen auswirken. Abgesehen davon haben sich die militärischen Budgets weltweit in ihrer Dimension und Verwendung ohnehin stark verkleinert, was eine effektivere Planung und Verwendung der zur Verfügung stehenden Gelder erforderlich macht. Mittlerweile stehen nicht mehr nur Unternehmen global miteinander im Wettbewerb, sondern auch Staaten in ihrer Eigenschaft als Standorte.

Der so entstandene finanzielle Druck auf den staatlichen Haushalt schlägt sich selbstverständlich umgehend auch auf den Verteidigungshaushalt nieder. Was bei privatwirtschaftlichen Unternehmen seit jeher Normalität ist, findet also verstärkt auch in öffentlichen Institutionen, in dieser Betrachtung also in den Streitkräften, statt. Nämlich der Umgang und die Verwendung zur Verfügung stehender Ressourcen nach wirtschaftlichen Gesichtspunkten, wie Rentabilität und Effektivität, um weiterhin konkurrenzfähig, bzw. im Falle der Streitkräfte optimal einsatzfähig zu sein.

So wie sich die Ansprüche an Offiziere und Soldaten hin zu einem erwarteten Selbstverständnis als eine Art militärische Manager tätig zu sein verändern[30], so müssen Institutionen der öffentlichen Verwaltung kosteneffizienter, leistungsfähiger, schneller und flexibler werden als bisher. Public Management[31] bedeutet demnach nicht nur Anstrengungen zu unternehmen, das eigene Budget zu erhöhen, sondern im Sinne von Governance, den optimalen und effizienten Umgang mit den zur Verfügung stehenden Mitteln. Es geht gerade im Militär besonders darum, gefährliche Defizite bei jeglichen Ressourcen materieller und immaterieller Art zu vermeiden um möglichst:

- nicht hinter potentielle gegnerische Leistungsfähigkeit zu fallen und das eigene militärische Vermögen so weit wie möglich zu stärken;
- keine Missverhältnisse zwischen nationalem Schützbedürfnis und eigentlichem militärischen Schutzvermögen entstehen zulassen;
- das tatsächliche Einsatzvermögen und -verhalten eigenen Personals an die erwünschten offiziellen Vorgaben heranzuführen.

Die Notwendigkeit einer solchen Entwicklung spiegelt sich derzeit weltweit in den zunehmenden Rationalisierungs- und Reformbestrebungen in den Streitkräften wieder. So hat beispielsweise der Inspekteur des deutschen Heeres im Bundesverteidigungsministerium bereits 1972 eine Ausbildungsweisung herausgegeben, die wirtschaftliches Denken und Handeln fordert. Jedoch warnte er auch vor den beiden sogenannten Unwirtschaftlichkeiten: Dem sinnlosen und überrigorosen Sparen, welches eine Auftragsgefährdung bedeutet und der unbedingten Leistungsmaximierung um jeden Preis, was eine militärische Überforderung zur Folge hätte. Wirtschaftliches Verhalten in den Streitkräften darf sich also nicht in einer reinen monetären Auffassung über Sparen und Finanzmitteleinsatz erschöpfen, sondern fordert ein eingehendes Bewusstsein über die Knappheit und den daraus resultierenden Wert von Einsatzmitteln.[32]

---

[30] vgl. Zeiner, Hubert: Manager in Uniform, Wien 2002

[31] vgl. Schedler, Kuno; Proeller, Isabella: New Public Management, Bern/Stuttgart/Wien 2003

[32] vgl. Kirchhoff, Günter: Die knappheitsorientierte Wirtschaftlichkeit als Besonderheit in der Militärökonomie, in: Allgemeine Schweizerische Militärzeitschrift, 12/1981, 772; Sailer, Margaretha: Knappheitsorientierte Wirtschaftlichkeit, in: Forschungsinstitut für Militärökonomie und angewandte Konversion; Gesellschaft für Militärökonomie (Hrsg.): Verteidigung und Ökonomie, Berlin/Koblenz 1992, 37 ff.; Hahn, Oswald; Turak, Janos (Hrsg.): Aktuelle militärwirtschaftliche

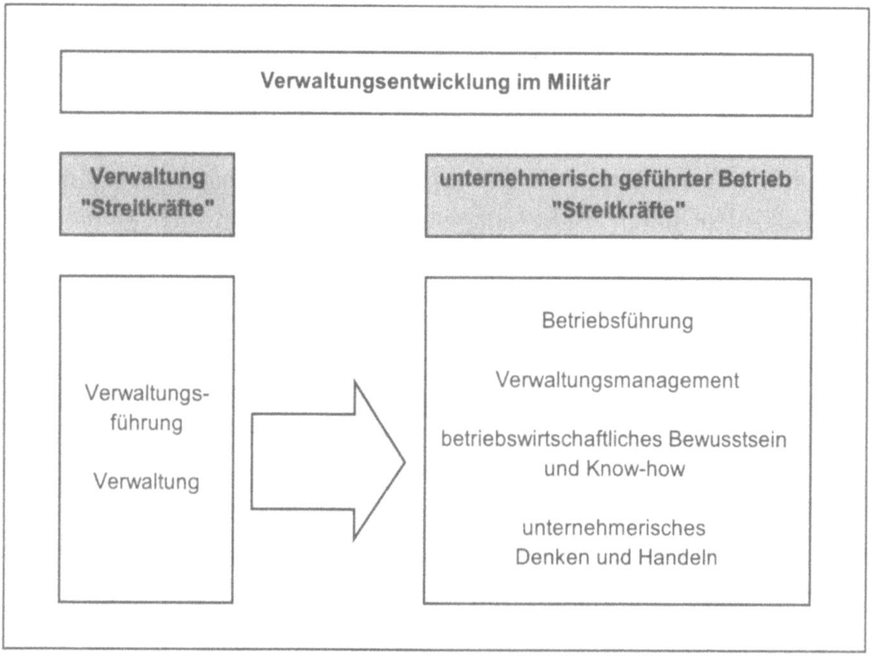

Abbildung 3-1 *Verwaltungsentwicklung im Militär*

3.1 Verwaltung versus Management

Stellenweise werden die Streitkräfte auch als die ultimative Bürokratie bezeichnet. Zwar mag das eine Überspitzung sein, jedoch lässt sich eine massive Starrheit innerhalb der verwaltungstechnischen Umsetzungs- und Ablaufprozesse im Militär nicht verleugnen. Sicherlich sind Streitkräfte kein privatwirtschaftliches und somit Kosten-Nutzen-orientiertes Unternehmen im herkömmlichen Sinn und dürfen dies aufgrund des Charakters der zu erbringenden öffentlichen Sicherheitsleistung ohne Einschränkungen auch nicht sein.

Jedoch im Zuge der immer stärker werdenden Notwendigkeit von flexiblen Einsatzmöglichkeiten der Truppen selbst, einem immer breiter werdenden Einsatzfeld, einem ständig steigenden Knappheitsgrad zur

Probleme der Streitkräfte in den 90er Jahren, Nürnberg 1992, 55 ff.; Wyrwoll, Günther: Sparen und Wirtschaftlichkeit, in: Kirchhoff, Günter (Hrsg.): Militärökonomie – Neue Perspektiven 2002, Dachau 2002, 121 ff.

Verfügung stehender Mittel und einer immer restriktiver werdenden finanziellen Basis, die sich zudem auch noch in ihrer Verwendung zunehmend technologie- und materiallastig zeigt, sind ein erhöhtes Knappheitsbewusstsein und sinnvolle Leistungsziele gefordert.

Es stellt sich die Frage, in wie fern sich rein verwaltungstechnische Abläufe nicht durch Managementmethoden ersetzen oder zumindest ergänzen lassen. Kann eine Institution der öffentlichen Verwaltung bzw. ein verwaltungstechnisch geführter Betrieb, beispielsweise das Militär, zumindest teilweise wie ein privatwirtschaftliches Unternehmen geführt werden, ohne die Qualität und vor allem den Zugang aller Bürger zu der öffentlich bereit gestellten Leistung zu gefährden? Zu beachten ist dabei auf jeden Fall, dass ökonomische Entscheidungen um so schwieriger und zeitraubender sind, je größer das betreffende System ist, in dem sie angewendet werden sollen.

Generell lässt sich Verwaltung als aus dem menschlichen Zusammenleben erforderliche Tätigkeit zur Lenkung und Beaufsichtigung der individuellen Leistungen und der daraus resultierenden Sachleistungen bezeichnen. Diese beziehen sich auf durch Verwaltung gesteuerte Leistungen und auf gemeinwirtschaftliche Aufgaben und Ziele.

Unter Management versteht man indes die positive Beeinflussung von Abläufen, Wirkungen und Problemen von Aktivitäten und Transaktionen in allen Bereichen und Ebenen von Organisationen. Dabei steht die Aufgabenerfüllung im Leitungsbereich, also alle auf Zielerreichung ausgerichtete Tätigkeitsfelder von Organisationen im Vordergrund. Die konkretesten Vorgänge innerhalb des Managements lassen sich in einem Kreislauf darstellen. Demnach erfolgt zuerst die Feststellung von Zielen und den erforderlichen Maßnahmen und Strategien zur Erreichung dieser Ziele. Danach folgt idealerweise eine eingehende Planung der benötigten und vorhandenen Ressourcen, nach den ausführenden Tätigkeiten eine eingehende Kontrolle.[33]

[33] vgl. Strunz, Herbert: Verwaltung, München/Wien 1993; Strunz, Herbert; Dorsch, Monique: Management, München/Wien 2001

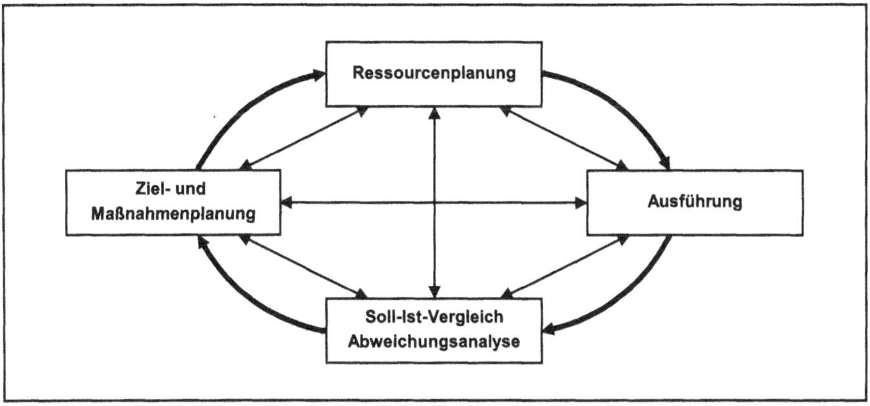

Abbildung 3-2 *Der Managementkreislauf*

Im allgemeinen zeigen herkömmliche Verwaltungssysteme diverse Schwächen auf, die mit dem Einsatz von Managementtechniken sehr wohl behebbar oder mindesten abzuschwächen sind:

- Zu viele Hierarchieebenen und uneindeutige Schnittstellen mit Mehrfachverantwortlichkeiten;
- unnötige Trennung zwischen Fach- und Ressourcenverantwortung;
- Vollzugsvorgaben und -kontrollen anstelle von Ziel- und Ergebnissteuerung;
- fehlende Kosten- und Nutzentransparenz;
- mangelndes Personalmanagement und ungeeignete Motivationsmittel sowie zu starre Entlohnungs- und Anreizmodelle;
- Blockaden der Managementebenen durch politische Entscheidungsträger;
- zu starke und falsch platzierte Detaillastigkeit;
- kaum Veränderungs- und Innovationsvermögen.

Allerdings existieren auch nicht zu unterschätzende Vorteile:

- straffe Gliederung und Durchgriff auf Verantwortliche;
- eine feste Amts- und Autoritätshierarchie mit hoher Kontrolle der Verantwortlichkeit und direkte Steuerungsmöglichkeiten von Untergebenen mit hohem Disziplingrad;

- verwaltungsgebundene Aus- und Weiterbildung;
- enge funktionelle Spezialisierung und daraus resultierendes Detailwissen in den jeweiligen Aufgabengebieten;
- hohe Berechenbarkeit und Nachvollziehbarkeit der Prozesse sowie feste und abstrahierte Regelwerke;
- regelgebundene Abläufe mit geringen Möglichkeiten zur Willkür und relativ leichten Kontrollmöglichkeiten;
- Dienstwegprinzipien mit festen vertikalen Kommunikations- und Entscheidungswegen sowie durchgängiger schriftlicher Dokumentation und daraus folgender leichter Überprüfbarkeit durch Dritte;
- Auswahl und Beförderung nach Ausbildung und Leistung in Form von Beförderungsstufen, die Ein- und Aufstieg regeln;
- Bewertungen durch Vorgesetzte sind von besondere Bedeutung; deshalb geringe Mitarbeiterkonkurrenz und folglich geringes Risiko eines negativen Arbeitsklimas.

Als ein Kriterium für die Vereinbarkeit von Management und Verwaltung lässt sich immerhin die prinzipielle Ähnlichkeit hinsichtlich der Führungsaufgaben in den jeweils verschiedenen Organisationsformen feststellen. Grundsätzlich zielen beide Ansätze, sowohl Verwaltung als auch Management, in ein und dieselbe Richtung. Nämlich die effiziente Führung von Organisationen und den Aufbau entsprechender Organisationsstrukturen und -abläufe. Nur zeigt sich eben, dass Verwaltung zwar beständiger, aber auch starrer ist. In wie weit dies in einem zunehmend fluktuierendem Umfeld tragbar ist, bleibt fraglich. Folglich ist es durchaus naheliegend, Prinzipien des modernen Managements zumindest zum Teil auch auf öffentliche Verwaltungen zu applizieren. Das bedeutet auch, dass ein rein bürokratisches Handlungsschema zunehmend durch eine Denk- und Handlungsweise basierend auf Grundgedanken der Wirtschaftlichkeit zu ersetzten ist. Das heißt also im wesentlichen, dass neben oder gar anstelle verwaltungstechnischen und bürokratischen Handelns auch eine Handlungsweise zum Tragen kommt, die sich diverser betriebswirtschaftlicher Instrumente bedient und auch ein gewisses Rentabilitäts- und

Kostenbewusstsein als Grundlage hat. Es gilt somit nicht nur bereits bestehende Abläufe und Prozesse zu beherrschen. Diese müssen auch ständig optimiert und an gesellschaftliche Probleme und neuartige strukturelle Erfordernisse angepasst werden, um bestehende und entstehende administrative Probleme zu bewältigen, zu vermeiden oder wenigstens in ihrer Wirkung abzuschwächen.

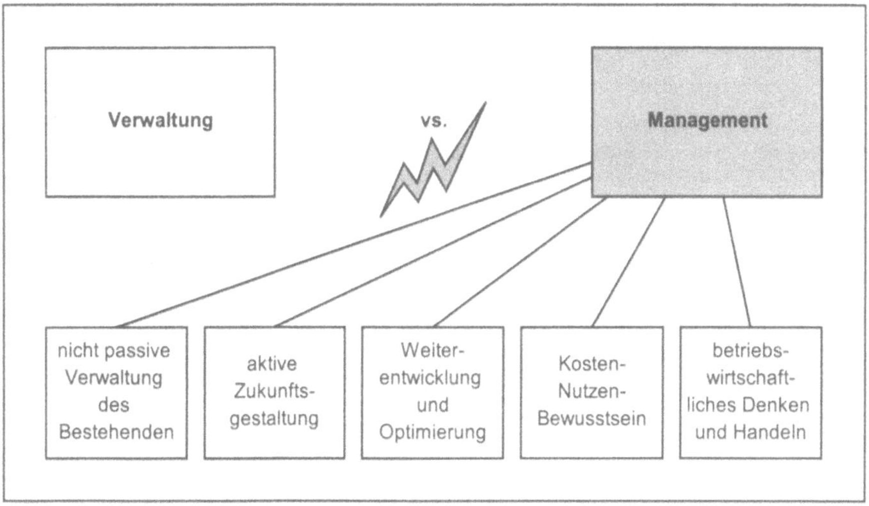

Abbildung 3-3 *Verwaltung versus Management*[34]

Trotz allem steht unumwunden die Tatsache im Raum, dass Streitkräfte nun einmal kein Unternehmen sind und dies auch nicht sein sollen. Natürlich kann man die Staatsbürger als Kunden sehen. Ja selbst die eigenen Rekruten sind Empfänger von Leistungen. Doch letztendlich wird die Leistung Sicherheit nicht gegen Bezahlung angeboten. Natürlich könnte man Steuerzahlungen als eine Art der Bezahlung betrachten. Jedoch werden keine direkten Steuern für den Verteidigungshaushalt abgeführt und können somit auch nur indirekt in Bezug genommen werden. Leistung kann somit auch nur schwer bemessen werden. Soldaten sind im Endeffekt in erster Linie Befehls- und nicht Leistungsempfänger.

[34] Diese Grafik wurde den Autoren freundlicherweise von Herrn Oberst Mag. Hans Starlinger, Bundesministerium für Landesverteidigung, Abteilung Militärische Gesamtplanung, Wien, zur Verfügung gestellt.

Das soll aber nicht heißen, dass motivierte, informierte, aufgeklärte und zufriedenere Soldaten nicht reaktiver auf im Militär notwendige Befehle wären. Grundsätzlich soll militärische Leistung uneingeschränkt dem Staat und der Bevölkerung zur Verfügung gestellt werden können. Dies bedeutet, dass zumindest im Krisenfall wirtschaftliche Grundsätze dort, wo ein uneingeschränkter militärischer Wirkungsgrad unumgänglich ist, nicht oder nur eingeschränkt zum Zuge kommen können und mitunter auch dürfen.[35]

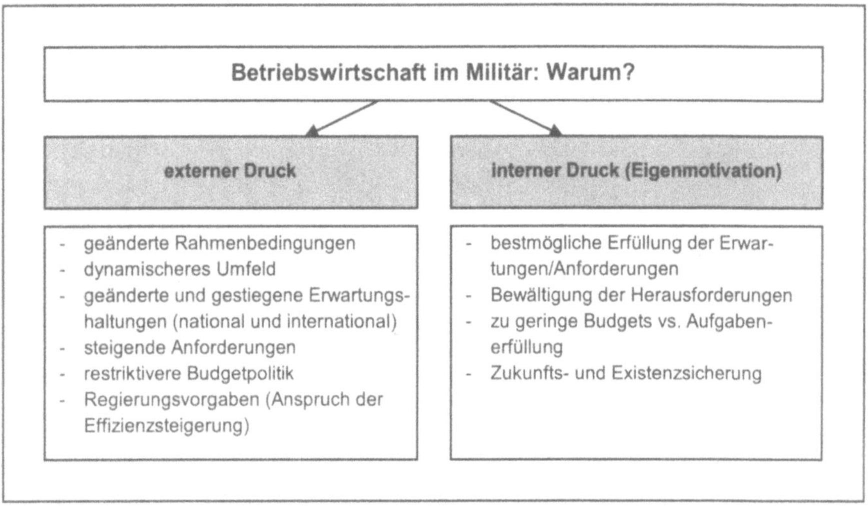

Abbildung 3-4 *Gründe für die Einführung betriebswirtschaftlicher Methoden*[36]

3.2 Das Konzept „Public Management" im Militär

Auch in militärischen Organisationen gelten die klassischen Charakteristika wirtschaftlicher Betriebe. Sei es die Kombination von Produktionsfaktoren wie Arbeit oder eingesetzte Rohstoffe bzw. Geräte oder das Prinzip der Wirtschaftlichkeit. Demzufolge macht es durchaus Sinn, gerade in militärischen Strukturen verwaltungstechnische Abläufe durch ein auf Management-Grundsätzen basierendes Konzept zu ersetzen.

[35] vgl. Köllner, Lutz: Militär und Finanzen, München 1982, 133 ff.
[36] siehe Fußnote 34

Eigentliche Zielsetzung des Prinzips „Management" ist es, genau wie in der Verwaltung, vor dem Hintergrund politischer Zielsetzung die Lebensfähigkeit einer Organisation auf Dauer zu gewährleisten. Was aber Management abhebt, ist die Erkenntnis, dass in diesem Zusammenhang Charakteristika wie Anpassungsfähigkeit, Flexibilität oder Fortschrittsfähigkeit notwendige Eigenschaften sind. Management stellt also im Gegensatz zur Verwaltung zukunftsorientiertes Denken und Überlegungen im Sinne einer Vision, einer Philosophie oder im militärischen Sinne passender, einer Strategie und geeigneter Zielsetzungen und Planungen an.

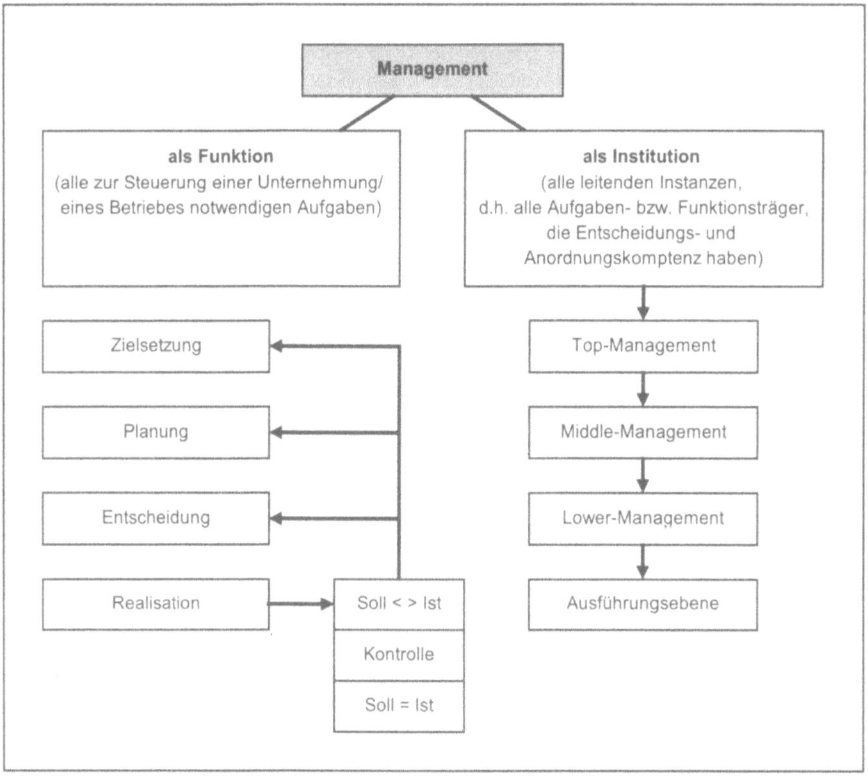

***Abbildung 3-5** Managementfunktionen und Managementebenen*[37]

[37] siehe Fußnote 34

Aufgabenbereiche des Managements in seiner Form als Institution sind einerseits personenbezogene, andererseits sachbezogene Aspekte. Die personenbezogene Dimension umfasst die Führung des Personals und die Gestaltung zwischenmenschlicher Beziehungen. Die sachbezogene Dimension beinhaltet die Initiierung und Steuerung von Entscheidungs- und Umsetzungsprozessen.

Management als Funktion meint die vom Management wahrzunehmenden Aufgaben. Diese untergliedern sich in Führungsfunktionen und Sachfunktionen. Führungsfunktionen umfassen die Aufgaben Kommunikation, Zielsetzung und Planung, Entscheidung, Motivation, Organisation und Überwachung. Sachfunktionen beinhalten Beschaffung, Leistungserstellung, Leistungsverwertung, die Finanzierung und das Informationswesen. Bezogen auf das Konzept Management in einer militärischen Organisation würden dies neben der Verwaltung die Bereiche Truppenführung und Betriebsführung beinhalten.

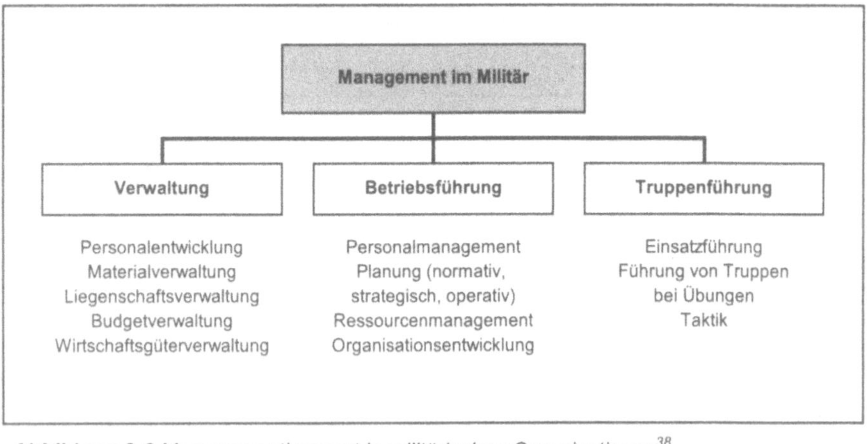

Abbildung 3-6 *Managementkonzept in militärischen Organisationen*[38]

Verwaltung umfasst Aufgabenbereiche wie Personalverwaltung, Materialverwaltung, Liegenschaftsverwaltung und Budgetverwaltung.

Betriebsführung im Sinne der Sachfunktion beinhaltet die strategische, taktische und operative Planung und Steuerung sowie Aspekte des

[38] siehe Fußnote 34

Personalmanagements, Ressourcenmanagements, der Organisationsentwicklung, des Controllings und des Qualitätsmanagements.

Truppenführung repräsentiert dabei Management als Führungsfunktion und bedeutet allgemein die Führung von Truppen im Einsatz und bei Übungen sowie alle Aspekte, was Taktik und Operation als auch Truppenmoral betrifft.

Public Management im Militär bedeutet neben der Verwaltung also im wesentlichen zwei Führungskonzepte. Zum einen die Betriebsführung, also die Führung des Ressorts und die gesamte Verwaltung mit dem Ziel der Gewährleistung optimaler Voraussetzungen und Rahmenbedingungen zur Erfüllung des militärischen Auftrages. Zum anderen die militärische Führung, also Streitkräfte- bzw. Truppenführung, die Führung beim Einsatz und bei Übungen nach militärischen Gesichtspunkten und militärischen Führungsmethoden mit dem Ziel der Erfüllung des militärischen Auftrages. Wiederum gilt bei beiden Führungskonzepten die Beachtung eines möglichst ökonomischen Einsatzes zur Verfügung stehender Mittel. Dabei ist die militärische Führung der wesentlichste Teilbereich innerhalb von Streitkräften. Letztendlich ist der Einsatz von Truppen der eigentliche Betriebszweck des Militärs und seiner Teilorganisationen und hat somit ungeachtet aller wirtschaftlichen Grundsätze Priorität.

Management in den Streitkräften ist damit einerseits ein eher allgemeiner Ansatz, ähnlich privatwirtschaftlichen Unternehmen und erfordert Manager nach allgemeinen Managementgrundsätzen. Die Truppenführung beinhaltet demgegenüber alle spezifischen Aspekte und erfordert Soldaten und Offiziere, die als Spezialisten mit dem militärischen Handwerk vertraut sind. Setzt man also Managementansätze neben verwaltungstechnischen Prozessen im Militär ein, so ist nunmehr die Aufgabe der Verwaltung, die administrativen Rahmenbedingungen für eine erfolgreiche Führung im Sinne des einerseits militärischen und andererseits betrieblichen Verständnisses sicherzustellen und die dafür notwendigen Dienstleistungen zu erbringen. Zweifelsohne unterliegen die militärische Führung und die betriebliche Führung wie auch die Verwaltung unterschiedlichen Restriktionen und Erfordernissen, an deren Modifikation langfristig zu arbeiten wäre.

Strategisch bedeutet das die Umsetzung von Führungskonzepten auf Basis von militärstrategischen Vorgaben, im Sinne einer Ermittlung von Wegen und Vorgehensweisen zur Umsetzung politischer Zielvorstellungen. Eingebettet sind die strategische Unternehmensführung und die Militärstrategie in das jeweils etablierte nationale sicherheitspolitische Umfeld.

Der militärstrategische Führungskomplex orientiert sich somit an Grundsätzen sicherheitspolitischer Vorgaben eines Staates und fungiert als Bindeglied zwischen Politik und dem Militär als Institution, quasi zwischen Sicherheitspolitik im allgemeinen und Verteidigungspolitik im speziellen. Der operative Teil militärstrategischer Überlegungen mündet in den Einsatz von Truppen im Falle eines konkreten Anlasses. In diesem Rahmen ist operative Führung im Sinne von Taktik und taktischer Führung zum Einsatz und der Leitung von Truppen im Rahmen einer Operation notwendig.

Public Management bedeutet also, eine weitgehende Führung des Militärs im Sinne eines Betriebes und die Gewährleistung, dass die Aufgabenverteilung zwischen politischer Ebene und Verwaltung zunehmend auf Basis von Kriterien wie zu erbringender Leistung, Budgets und Kostenverantwortlichkeit erfolgt. Dies allerdings unter uneingeschränkter Aufrechterhaltung der Leistungserbringung im Rahmen der Möglichkeiten eines Staatengebildes.

Prinzipien einer solchen wirtschaftlich(er)en Auslegung wären:

- Optimierung strategischer Entscheidungsprozesse auf politischer Ebene und die verstärkte Delegation von Tätigkeiten zur Aufgabenerfüllung an die Verwaltung;
- langfristige Wandlung der Verwaltung Militär hin zum Betrieb Militär;
- Förderung der individuellen Aufgaben-, Ressourcen-, Aufwands- und Ergebnisverantwortung;
- Bürokratieabbau, Vereinfachung von Abläufen, transparentere Prozesse, Optimierung des internen Informationssystems, klarere Verantwortungsübertragung;

- Einsatz- und Verwendungsoptimierung von zur Verfügung stehenden Mitteln;
- Finden von Konzepten zur Vernetzung einzelner Verantwortungsbereiche;
- Hinentwicklung der Organisationskultur zu mehr Leistungsbereitschaft und Eigenverantwortlichkeit.

Betrachtet man das Prinzip „Public Management“, geht es um eine Veränderung der bereits bestehenden Verwaltungsprozesse hin zu mehr Flexibilität, eher wirtschaftlich orientierten Denk- und Handlungsweisen und somit einer verstärkten Zukunftsorientierung, weg von einer mehrheitlich statischen Administration.

3.3 Ökonomisches Denken und Handeln

Die wesentliche Aufgabe betriebswirtschaftlicher Betrachtungen ist es, Erkenntnisse und Erfahrungen aus betrieblichen respektive unternehmerischen Abläufen zu sammeln, diese auszuwerten und Vorschläge zu unterbreiten, wie eine Organisation interne Abläufe auf Basis der gewonnenen Erkenntnisse optimal gestalten kann. Womöglich gilt dies mehr als in allen anderen öffentlichen Verwaltungen, oder sollte zumindest besonders in Streitkräften das Prinzip effektiven wirtschaftlichen Handelns gelten. Sämtliche Abläufe und Aufgaben in der militärischen Organisation zielen neben deren Entwicklung und Führung auch auf die uneingeschränkte Bereitstellung von Sicherheit und die ständige Einsatzfähigkeit ab.

Somit liegt auch der Fokus militärökonomischer Betrachtungen vornehmlich auf wirtschaftswissenschaftlichen Themengebieten. Ziel der Militärökonomie ist es somit auch, wirtschaftliche und soziale Fragestellungen und Probleme praktischen Lösungsansätzen zuzuführen. So werden in diesbezügliche Betrachtungen neben historischen, geografischen, pädagogischen und sozialwissenschaftlichen Themenbereichen, den Gebieten der Informatik und Statistik auch und gerade volks- und betriebswirtschaftliche Themenkreise mit einbezogen. Somit bieten sich gerade auch im militärischen Betrieb unternehmerische Denk- und Handlungsweisen an. Dabei sind diese nicht einmal nur als reine Tätigkeiten des Wirtschaftens im klassischen Sinne, also zur Befriedigung von Bedürfnissen, der Versorgung mit Gütern oder der Gewinnerzielung zu verstehen. Vielmehr sind sie als Werkzeuge zur optimalen Zielerreichung und Auftragserfüllung anzusehen.

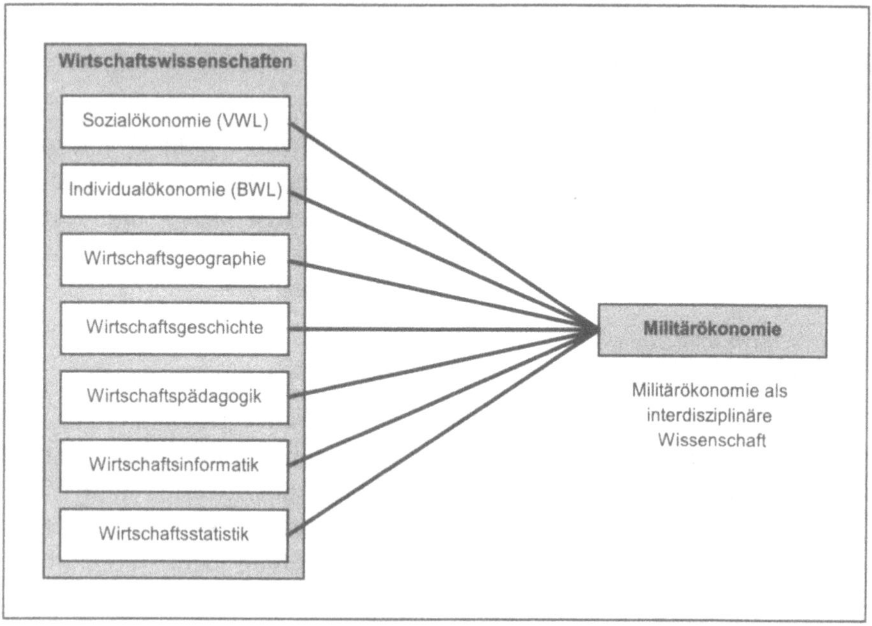

Abbildung 3-7 *Betriebswirtschaftslehre und Militärökonomie*

Die grundlegende Fragestellung wirtschaftlichen Denkens und Handelns ist also nicht: Wie befriedige ich Bedürfnisse oder gewährleiste Versorgung?, sondern: Wie stelle ich die optimale Leistungserbringung mit gegebenen Ressourcen, sprich vorgegebenen Budgetvolumen, sicher? Dabei ist zu bedenken, dass militärische Zielsetzungen sich nicht aus Märkten oder marktwirtschaftlichen Erfordernissen ergeben, sondern das Ergebnis politischer Entscheidungsprozesse sind, die im Rahmen der finanziellen Vorgaben und zu Grunde liegender Haushalts- und Budgetgrundsätze erfüllt werden sollen.

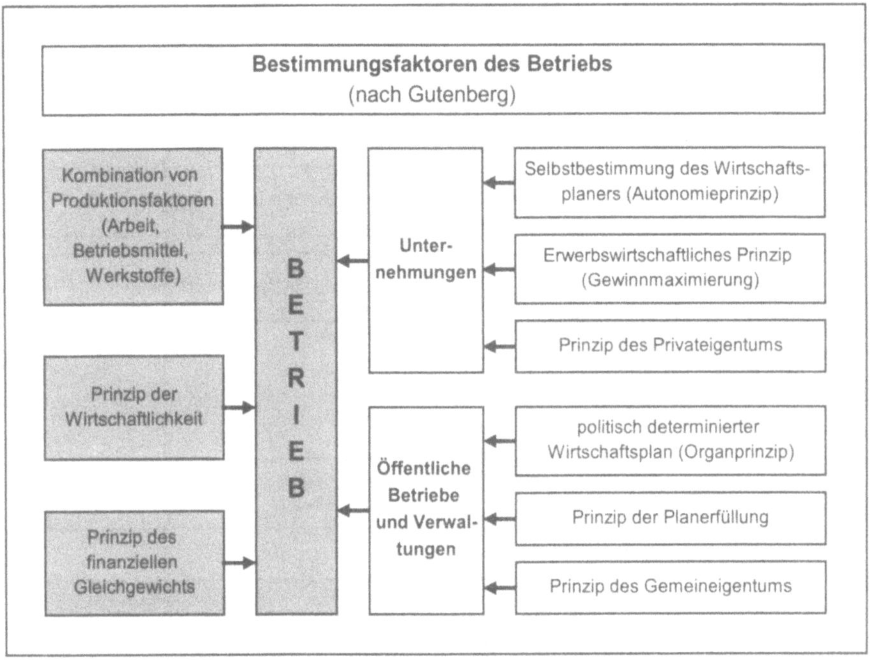

Abbildung 3-8 *Bestimmungsfaktoren des Betriebes*

Auch ist das verantwortliche Personal innerhalb des Militärs, ungleich dem Personal in privaten Unternehmen, an Gesetze und Verordnungen sowie Grundsatz- und Vertragsvorgaben gebunden, die eine rein wirtschaftliche Herangehensweise zumindest einschränken, wenn nicht gar ausschließen. So gilt beispielsweise der Grundsatz des Billigstanbieters bei der Beschaffung. Jedoch würden die Einsparpotentiale durch andere Faktoren, wie z.B. etwaige anfallende Transportkosten bei einem längeren Anfahrtsweg oder Einschränkungen in der Verwendung aufgrund minderer Qualitätsprofile gegenüber teuren Alternativen wiederum relativiert. Auch was Ausgabenposten wie Kosten für Wehrsold, Übungsgelder, Marschabfindungen oder Reisekosten betrifft, ist das verantwortliche Personal an Fremdvereinbarungen gebunden. Folglich ist es gerade wichtig, für militärisches Personal wirtschaftliche Sensibilität bezüglich der Koordination und des Einsatzes von Mitteln zu entwickeln. Dies zieht allerdings wiederum ein weiteres Problem nach sich.

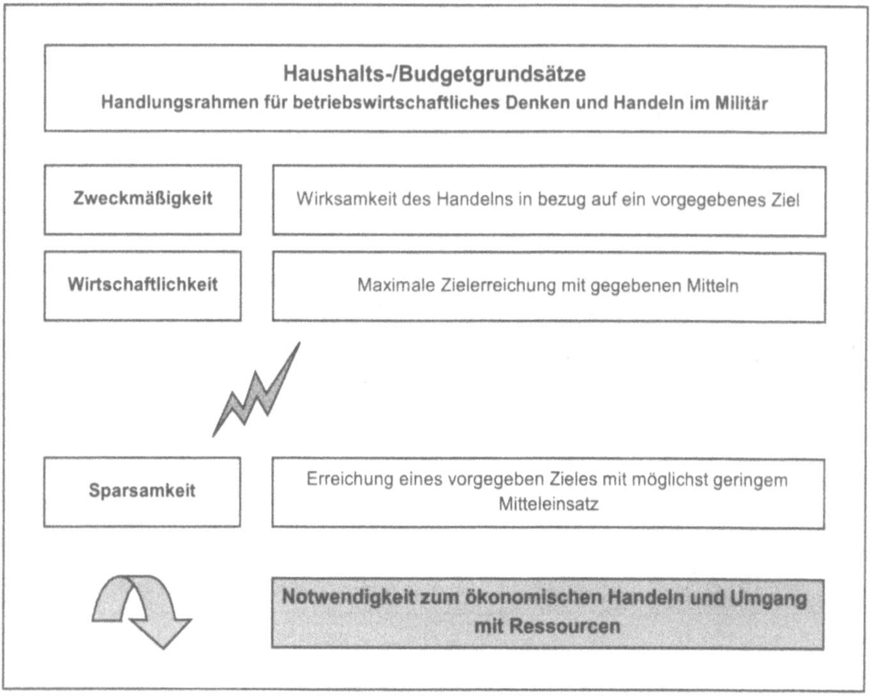

Abbildung 3-9 Haushalts- und Budgetgrundsatze als Basis ökonomischen Handelns[39]

In der privaten Wirtschaft erfolgt die Personalauswahl ausschließlich anhand solcher Grundsätze. Innerhalb öffentlicher Organisationen haben Teilbereichsleiter, im Falle von Streitkräften also z.B. Standortkommandeure, nur sehr eingeschränkte Auswahl- und Einflussmöglichkeiten. Was den Einsatz, die Verwendung und die diesbezügliche Verwendungsdauer des ihnen anvertrauten Personals betrifft, wird diese von zentraler Stelle zugeteilt. Dies wiederum hat mit Sicherheit Auswirkungen auf die Wirtschaftlichkeit des Personals bzw. der vom Personal erbrachten Leistungen und somit eines gesamten militärischen Standortes an sich.

Wirtschaftliche Denk- und Handlungsweisen sind also vielmehr die zielgerichtete Koordinierung sämtlicher Abläufe innerhalb einer militärischen Organisation auf Grundlage von Prinzipien wirtschaftlichen

[39] siehe Fußnote 34

Handelns, wie etwa Wirtschaftlichkeit, Produktivität und Effektivität. In wie fern sich die Rentabilität militärischer Aufwendungen in diese Betrachtungen einbeziehen lässt, ist allerdings eher fraglich. Denn: Wie bemisst man objektiv den wirtschaftlichen Output militärischer Leistungen? Mehr noch:

- Wenn man den eigenen „Erfolg“ nicht definieren kann, wie definiert sich dann der eigene Existenzzweck?
- Wie lässt sich „Erfolg“ oder „Output“ in einer öffentlichen Verwaltung kennzeichnen?
- Welche Instrumente werden wo und wie gebraucht?
- Wie sind diese dann überhaupt vereinbar und anwendbar?

Eine Möglichkeit wäre, dem militärischen Output die Veränderung des Knappheitsgrades eingesetzter Mittel, sprich den Input, gegenüberzustellen, sodass nicht der finanzielle Wert, sondern die mengenmäßige Veränderung zur Basis der Betrachtungen wird. Aber selbst das gestaltet sich in Streitkräften nicht einfach. Sind materielle Einsatzmittel noch von ihrer Anzahl und dem zugrundeliegenden Materialwert her berechenbar, so ist doch der menschliche Faktor in seiner Form als personelle Einsatzbereitschaft und -wille sowie als körperliche und geistige Leistungsfähigkeit unter Einsatzbedingungen von vornherein nicht objektiv ermessbar. Oder man stelle sich einfach nur die Frage: Was würde passieren, bzw. was wäre passiert, wenn keine militärische Leistungserbringung erfolgt wäre? Der Wirksamkeitsgrad militärischer Leistungen ist auch ablesbar an verschiedensten Folgewirkungen und Verhaltensweisen in der Bevölkerung, wie Zukunftsvertrauen und Vertrauen in die Politik, Wirtschaft, die eigene Sicherheit und nicht zuletzt die Streitkräfte selbst.[40]

Eine mehr oder weniger greifbare Bewertung militärischer Leistungen ist auch insofern unabdingbar, als dass diese auch einer zahlenden Bevölkerung nahegebracht und deren Notwendigkeit und Nutzen verständlich dargelegt werden muss. Besonders in Zeiten verstärkter glo-

[40] vgl. Kirchhoff, Günter: Die knappheitsorientierte Wirtschaftlichkeit als Besonderheit in der Militärökonomie, in: Allgemeine Schweizerische Militärzeitschrift 12/1981, 771; Kirchhoff, Günter: Was ist denn die Leistung in militärischen Angelegenheiten?, Rocnik/Brno 2002, 127

baler Standortkonkurrenz zwischen Staaten und deren Auswirkungen auf die jeweiligen Haushalte zeigt sich diese Notwendigkeit, will man die eigene Basis für die militärische Leistung nicht verlieren.

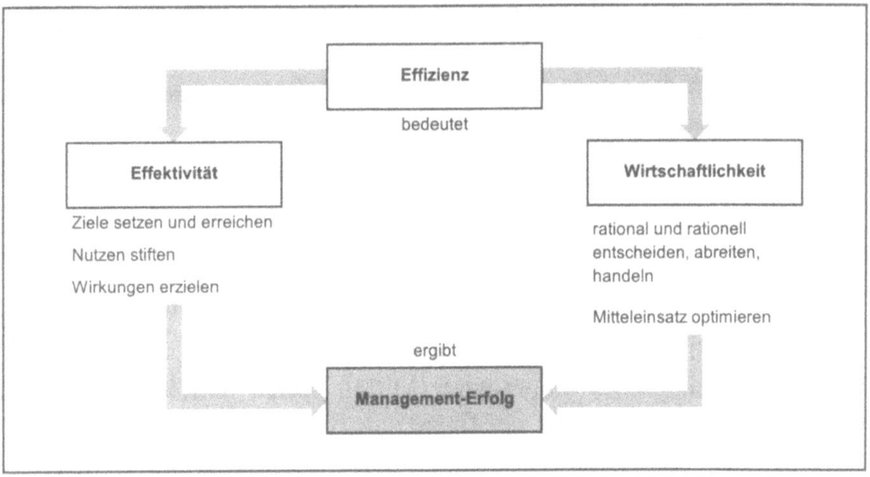

***Abbildung 3-10** Einsatz betriebswirtschaftlicher Grundsätze und Methoden*[41]

Management als wirksames Führungs- und Operationskonzept einzusetzen bedeutet konkret den Einsatz betriebswirtschaftlicher Instrumente und Denkweisen in möglichst vielen Teilbereichen des militärischen Betriebs. Im Folgenden wird anhand ausgewählter Teilbereiche erläutert, in wie fern betriebswirtschaftliche Methodik und Gedankengänge einhergehend mit verwaltungstechnischen Prozessen den militärischen Betrieb beeinflussen und bestimmen können. Also in wie weit militärische Strukturen und Prozesse Auswirkungen auf die Art und den Einsatz von Management- und Verwaltungskonzepten haben.

3.4 Einsatz betriebswirtschaftlicher Grundsätze und Methoden

3.4.1 Personalwirtschaft

Streitkräfte an sich sind personalintensive Großorganisationen, was kontinuierlich diverse Probleme in sämtlichen Bereichen des Personalwesens und der Personallogistik verursacht. Besonders in Zeiten

[41] siehe Fußnote 34

einer ständig notwendigen Einsatzbereitschaft und -flexibilität sowie hoher Fluktuationsraten bei militärischen Operationen unter den Bedingungen von relativ kleinen Stammpersonalquoten und hoher Aufgabenspezialisierung erfordert die Sicherstellung der Auftragserfüllung von der militärischen Personalführung konsequente Planung, Steuerung und Kontrolle des Personalstandes. Gerade in Organisationen der öffentlichen Verwaltung herrschen besondere Bedingungen, die einen uneingeschränkten Handlungsspielraum nach Managementkriterien nicht ohne weiteres zulassen. Aufgrund der dem Militär eigenen straffen Organisation und geringen Elastizität sowie einer Vielzahl spezieller Regelungen ist selbst eine Gleichsetzung mit anderen öffentlichen Institutionen nur schwer möglich.

So ist ein fremdbestimmter Personalumfang zu halten. Beim Finanzmitteleinsatz ist auf Grundsätze der Sparsamkeit zu achten. Die Entwicklungsmöglichkeiten des militärischen Personals sind abhängig vom gesamtmilitärischen Personalverwendungsplan. Die regelmäßige Bestandsentwicklung und ein ausgewogener Personalaufbau ist trotz hoher Fluktuationsraten zu halten. Weiterhin müssen externe gesetzliche Regelungen beachtet werden. Was eine Hinorientierung zu eher wirtschaftlichen Gesichtspunkten bei Entscheidungsfragen betrifft, sind zumindest in den Bereichen der Mittelverwendung und Entwicklungsmöglichkeiten des Personals durchaus Möglichkeiten gegeben.

So ließe sich das Prinzip der Sparsamkeit relativ einfach durch diverse Wirtschaftlichkeitsgrundsätze ersetzen. Der billigste Anbieter ist nicht notwendigerweise auch der beste Anbieter. In der Regel lassen sich aus einem geringen Preis auch geringere Qualitätskriterien ableiten. Aber gerade bei sämtlichen Gütern, die für die militärische Verwendung bestimmt sind, ist ein hoher Qualitätsgrad mitunter entscheidend für die eigentliche Verwendungsfähigkeit.

Im allgemeinen werden Güter in der militärischen Verwendung häufig, vielseitig und langfristig eingesetzt und sollten deshalb strapazierfähig sein. Die Wahl eines Versorgers nach dem Billigstanbieter-Prinzip kann sich also langfristig negativ auf die Kosten auswirken, weil einfach niedrigpreisige Güter häufiger ausgetauscht und ersetzt werden müssen. Freiwerdende Mittel stünden somit dem Personalwesen zur Verfügung, was letztlich auch einen stärker auf die Aufgaben gerichteten Einsatz von militärischem Personal fördert und somit langfristig auch positive Veränderungen in der Wirtschaftlichkeit des Personalwesens mit sich bringt.

Was die Möglichkeiten der Personalentwicklung betrifft, ließe sich additional zum Beförderungssystem ein gesondertes Anreizsystem schaffen, das durch Auszeichnungen, Belohnungen oder Kompetenzerweiterungen die Motivation von Soldaten, abgesehen von einer Beförderung, hebt. Ein ausgewogenes und attraktives Aus- und Weiterbildungsangebot, von Fremdsprachenkenntnissen über Erfahrungen im Bereich der Organisation, Logistik und EDV bis hin zu Spezialkenntnissen und Auslandserfahrungen, erhöht nicht nur die Kompetenz und die Effektivität des Personals für den militärischen Betrieb. Es hat langfristig auch positive Auswirkungen auf die Wirtschaft, da ihr gut ausgebildetes, fähiges und erfahrenes Personal nach einer etwaigen Beendigung des Dienstverhältnisses zur Verfügung gestellt wird.

Dass gerade das Personalmanagement von besonderer Bedeutung ist, zeigen die Relationen bei der Verteilung der Wehrbudgets. So machen etwa in Deutschland die Personalkosten im Jahr 2002 ca. 50 Prozent der Verteidigungs- und 70 Prozent der Betriebskosten aus. In anderen Staaten wie beispielsweise den Vereinigten Staaten beträgt der Personalkostenanteil immerhin ca. 20 Prozent. Allerdings steht auch hier seit den Anschlägen in New York 2001 ein weitaus höheres Budget zur Verfügung.

Bezüglich der Auswahl militärischen Personals wäre ein dezentralisierteres und anforderungsgerechteres Modell als die bisher übliche zentrale Einstellungs- und Versetzungspraktik wesentlich effizienter. Es würde auch den in vielen Streitkräften oft beklagten Mangel an qualifiziertem Nachwuchs zumindest teilweise abschwächen.

Einerseits würden Standort- und Bataillonskommandeure als Erste auftretende Personalbedarfe in den einzelnen Standorten bemerken, die geforderte Qualifikation des Personals wesentlich besser feststellen können und eine genauere Abstimmung zwischen den Standorterfordernissen und der Eignung von Kandidaten vornehmen können. Andererseits wäre ein in einer Region bereits etablierter Standort mit seinem Personal in der Lage, eine erheblich effektivere Werbungs-

und Rekrutierungspolitik zu betreiben. Besonders für potentielle regionale Bewerber, vor allem bei zivilen Postenbesetzungen, hätte dies Vorteile. Somit würden weiterführend auch Betriebskosten im Sinne von zu zahlenden Wege- und Transportgeldern eingeschränkt.

Trotz allem lässt sich selbst die Personalpolitik nicht komplett von zentralen Verwaltungsprozessen abschneiden. Dies wird allein schon durch einen zentralen Verteidigungshaushalt und die einheitliche Festsetzung von Solltruppenstärken und das daraus erwachsende Planstellenkonzept verhindert. Jedoch erfordern gerade diese Bedingungen die Anwendungen betriebswirtschaftlicher Konzepte bzw. die Beachtung von externen Einflussfaktoren wie beispielsweise die jeweils regionale Wettbewerbssituation, das Arbeitskräfteangebot, das in der Gesellschaft geltende Image von Berufsbildern im Militär oder zukünftig geforderte Qualifikationen. Auch interne Einflussfaktoren wie das Vergütungsniveau, Arbeitszeitmodelle, Sozialleistungen oder die eigene Palette an Aus- und Weiterbildungsangeboten sind von Bedeutung.

Was die eigentlichen Phasen der Personalauswahl angeht, sollten diese ohnehin mehrheitlich die selben wie in Wirtschaftsbetrieben sein, also:

- Prüfung der Voraussetzungen;
- Erstellung eines Anforderungsprofils;
- Personalsuche bzw. -werbung /-rekrutierung;
- Personalauswahl;
- Führen von Einstellungsgesprächen und Auswahlverfahren;
- eigentliche Personalentscheidung.

Wird die Personalauswahl also zumindest teilweise unter Managementkriterien durchgeführt und langfristig betrieben, hat dies generell positive Auswirkungen auf die gesamte Personalstruktur innerhalb des Militärs. Somit wird auch eine wesentlich kosteneffizientere Umgangsweise durch eine wirtschaftlicher agierende militärische und zivile Belegschaft bewirkt.

Die verhältnismäßig große Menge an Daten- und Informationsmaterial und die Notwendigkeit einer flexibel und kurzzeitig angelegten Einsatz- und Verwendungsplanung des Personals trotz langfristiger

Planungskonzepte als Grundlage militärischer Aktivitäten, geringe Korrekturmöglichkeiten nach getroffenen Entscheidungen in einem hochkomplexen System und die Beachtung sich verändernder externer gesetzlicher Vorschriften sowie restriktiver Haushaltsführung machen eine systematische Personalplanung, ein modernes, sich an zukünftigen Bedürfnissen orientierendes Personalmanagement notwendig. Sie können aber langfristig rein verwaltungstechnische Strukturen nicht ausschließen.[42]

3.4.2 Organisation

Betriebliche Organisation lässt sich in Aufbauorganisation und Ablauforganisation gliedern. Die Aufbauorganisation befasst sich im wesentlichen mit der Struktur des eigentlichen Organisationsgebildes; also wie und wo welche Aufgaben von wem erledigt werden und wo sich Aufgabengebiete überschneiden und ergänzen sollen und können. Bei der Ablauforganisation steht die Strukturierung der eigentlichen Prozesse selbst im Fokus, also wie und in welchen Schritten die jeweiligen Prozesse zur Aufgabenerledigung zu erfolgen haben.

Bei der militärischen Organisation kommt zu diesem Prinzip noch der Aspekt der Aufteilung von Organisationsaufgaben nach den Teilstreitkräften Heer, Luftwaffe und Marine. Das bedeutet, dass ein Organisationsprinzip praktikabler auf die einzelnen Truppenteile appliziert werden muss, denn jede Waffengattung hat ihre eigenen Anforderungen an organisatorische Abläufe. Dennoch muss auf Ebene der strategischen Führung eine Nachvollziehbarkeit und Vergleichbarkeit der Prozesse in den Waffengattungen und Truppenteilen möglich sein. Außerdem sollte die Organisation im Falle eines Einsatzes und der kombinierten Verwendung der einzelnen Waffengattungen reibungslos funktionieren, was ein gemeinsames organisatorisches Konzept erfordert. Bei der Auslegung militärischer Organisationsverfahren ist somit der „Spagat“ zwischen Kompatibilität und Vereinheitlichung

[42] vgl. Hahn, Oswald: Militärbetriebslehre, Berlin 1997, 76 ff.; Einhorn, Hans: Anforderungen an die Theorie und Praxis der Militärökonomie in der Gegenwart, in: Forschungsinstitut für Militärökonomie und angewandte Konversion (Hrsg.): Streitkräfte als Wirtschaftsbetrieb, Koblenz 1992, 33 ff.

einerseits und der notwendigen funktionalen Spezialisierung in den einzelnen Waffengattungen andererseits zu berücksichtigen.

Weiterhin erfordert ein neues Aufgabenprofil auch neue Organisationsstrukturen. Dies ist allein schon durch die Tatsache der zunehmend notwendigen Kooperation internationaler Truppenverbände begründet. Die Vereinbarung von Organisationsmechanismen anderer Streitkräfte mit denen des eigenen Militärs bedeutet somit einen weiteren Spagat. Beispielsweise muss es sowohl für das französische als auch für das deutsche Militär gleichermaßen möglich sein, die deutsch-französische Brigade unter einheitlichen und nachvollziehbaren organisatorischen Bedingungen effektiv einzusetzen, ohne dabei jeweils eigene national-militärische Organisationskonzepte zu verletzen. Auch darf ein kombiniertes Zusammenwirken der gemeinsamen Brigade mit jeweils eigenen Truppenteilen durch zu stark abweichende Verfahrensweisen nicht erschwert werden.

3.4.3 Controlling

Wesentlicher Bestandteil einer straffen und effektiven Organisation ist ein zwar flexibles aber dennoch ausgereiftes und langfristig stabiles Planungskonzept. Planung ist ein Prozess der Informationsbeschaffung und -verarbeitung und die gedankliche Vorwegnahme und Koordination künftigen Handelns in einer Organisation. Sie umfasst sämtliche Überlegungen in Hinsicht darauf, was und wie etwas erreicht werden soll und kann. Sie erfolgt auf Basis ausgewählter bzw. vorgegebener Ziele und sollte abhängig von den normativen Vorgaben strategische, organisatorische und operative Faktoren einbeziehen. Dabei kann in dementsprechend strategische, taktische und operative Planung unterschieden werden.

Die zugrunde liegenden Vorgaben werden durch das normative Management gesetzt. Auf dieser Ebene wird sich mit den grundsätzlichen Werthaltungen, Verhaltensgrundsätzen und Leitbildern der Organisation befasst. Mit strategischer Planung werden Grundsatzfaktoren für eine zukünftige und langfristige Entwicklung auf Grundlage der gegebenen Ziele und Einflussgrößen vorausschauend als eine Art „roter Faden“ für die weitere Handlungsweise festgelegt. Dabei kann noch eine Konkretisierung in die militärstrategische Planung vorgenommen werden und quasi als Unterstützung zur strategischen (politischen) Planungsebene gelten. Eine Besonderheit im Militär stellt die taktische Planung als essenzielles Konzept dar. Die taktische Planung befasst sich vornehmlich mit der Verwendung und Auslegung von Truppen während Einsätzen oder Operationen, also im vorgeschobenen Dienstverhältnis. Sie basiert sowohl auf den Vorgaben der strategischen als auch der operativen Planungskonzepte. Diese Einsatzplanung hat Elemente aus den Bereichen der Verteidigungs-, Streitkräfte- und der militärischen Gesamtplanung als Grundlage. Die operative Planung als Teil der strategischen Planung ist einerseits verantwortlich für die koordinierte Umsetzung strategischer und taktischer Vorgaben in konkrete Handlungsprozesse innerhalb der Plankonzepte einzelner Funktionsbereiche. Andererseits setzt sie die Leitlinien für kurzfristige, sofort anwendbare Umsetzungsmöglichkeiten, die wiederum als Basis für strategische Entscheidungen dienen. Die Teilkomponenten operativer Planung sind, je nach den einzelnen Funktionsbereichen, Zielplanung, Ressourcenplanung und Maßnahmenplanung. Die operative Planung dient also zur eigentlichen Umsetzung und Überwachung der Maßnahmen, die in den einzelnen Dienststellen notwendig sind, um die Ergebnisse der strategischen Planungsvorgaben langfristig zu erreichen und sichern. Das Kernstück ist jedoch die Budgetierung, also die Zielformulierung in Form von Geldeinheiten und konkreten Beträgen, sprich den Budgets.

Ob sich angestellte Planungsperspektiven letztendlich als brauchbar und für spätere Zielerreichungsprozesse einsetzbar erweisen, bzw. ob und inwieweit vom Ziel abgewichen wurde, zeigt eine regelmäßige Kontrolle via Fragestellungen wie:

- Wurde das Ziel erreicht?
- Wie wurde das Ziel erreicht?
- Wann wurde das Ziel erreicht?
- Welche Kosten wurden verursacht?
- Wer trug wo und wann welche Verantwortung?
- Wo gibt es Veränderungspotential?

Voraussetzung für die Anwendung derartiger Kontrollkriterien ist allerdings, dass die Zielvorgaben so präzise sind, damit überhaupt kontrolliert werden kann. Treten Abweichungen und Missverhältnisse auf, lässt sich anhand von Abweichungsanalysen über den reinen Soll-Ist-Vergleich hinaus klären, wo die Ursachen dafür liegen und wie etwaige Korrekturmaßnahmen auszusehen haben.

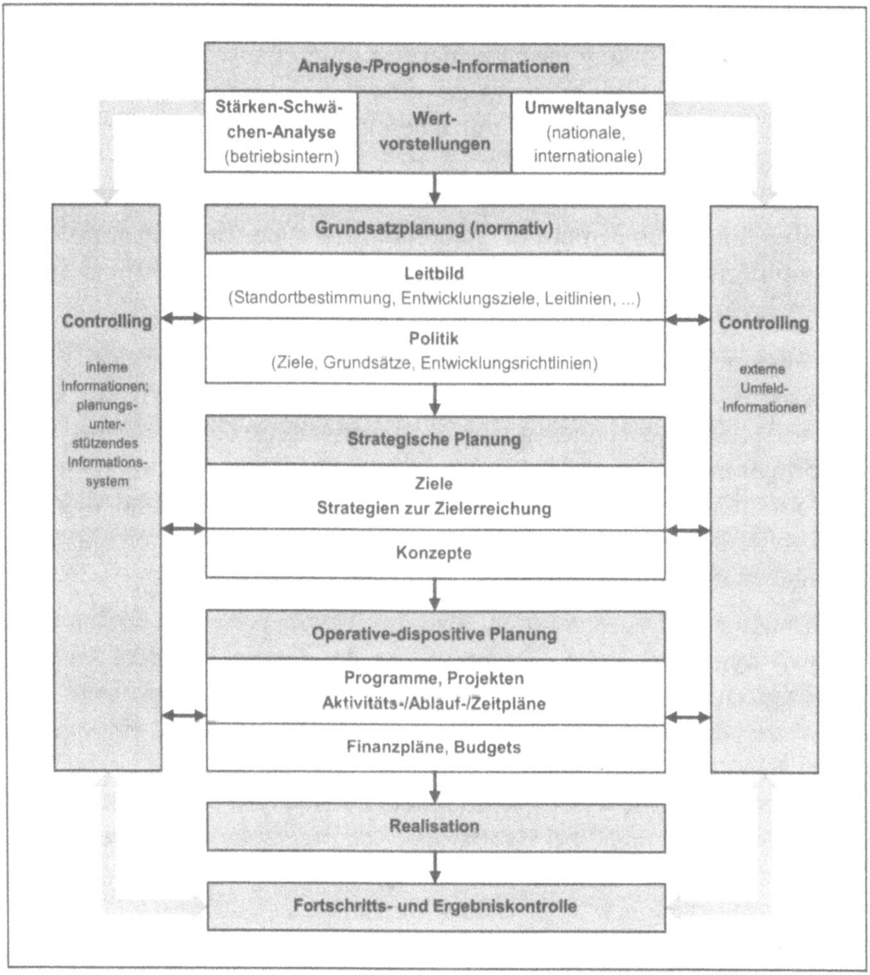

Abbildung 3-11 Controlling als Zielsetzungs-, Planungs- und Kontrollsystem[43]

[43] siehe Fußnote 34

Als Resultat stellen Politiken und Richtlinien langfristige Normen und Vorschriften zur Sicherstellung der Strategieumsetzung, Zielerreichung und Verwirklichung der Planung dar. Innerhalb des Bereiches Planung bietet sich somit durchaus eine Zentralisierung und Diversifizierung der einzelnen Planungsstellen an.[44]

Vor dem Hintergrund weltweit zunehmend restriktiver Haushaltspolitik gewinnt gerade das Controlling als Werkzeug zur Wirtschaftlichkeitssteigerung, Liquiditätsoptimierung unter haushaltlichen Vorgaben und Kostenoptimierung in den Streitkräften an Bedeutung. Controlling dient auch als Mittel zur Überprüfung, in wie weit getroffene Entscheidungen und Maßnahmen sich letztendlich als zweckmäßig erweisen und somit langfristig einsetzbar sind. Dessen Anwendung empfiehlt sich als Mittel zur Steuerung und Überwachung innerhalb der militärischen Verwaltung sowie zur kontrollierten Umsetzung sicherheitspolitisch vorgegebener Ziele.

Im allgemeinen definiert sich Controlling als „eine Form der Führungsunterstützung, welche durch die systematische Erfassung, problemadäquate Aufbereitung und bedarfsorientierte Bereitstellung von Informationen allen Ebenen des Führungssystems die verbesserte, zielorientierte Steuerung der Effektivität, der Effizienz und des Finanzmittelbedarfs hinsichtlich aller im Ressortbereich zu erfüllenden Aufgaben und zu erbringenden Leistungen ermöglicht".[45]

Information und Koordination, also die Abstimmung von Zielen und Erwartungen und deren „Transport" an das Personal können zu den wichtigsten Aufgaben des Controlling gezählt werden. Dies findet auf sachbezogener und zeitlicher Ebene statt. Diese Prozesse finden auf allen Führungseben von der normativen über die strategische bis hin zur operativen Ebene statt und erstrecken sich über sämtliche Tätigkeitsfelder; beginnend bei standardisierten Prozessen über Investitionsentscheidungen bis hin zur Umsetzung konkreter Projekte.

---

[44] vgl. Hahn, Oswald: Militärbetriebslehre, Berlin 1997, 273 ff.; 264 ff.; Bundesministerium für Landesverteidigung, Abt. Militärische Gesamtplanung: Systematik der Streitkräfteplanung, Wien 2000

[45] vgl. Hahn, Oswald: Militärbetriebslehre, Berlin 1997, 310 ff.

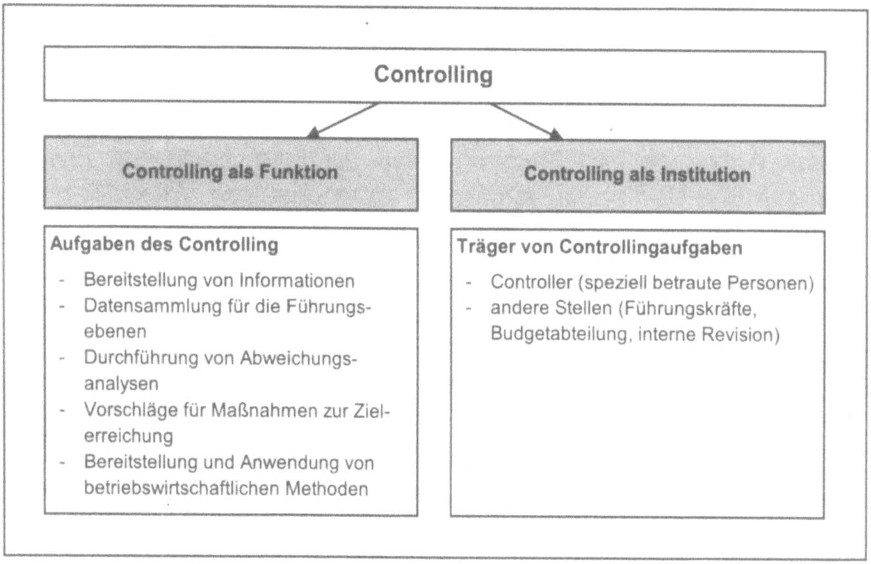

Abbildung 3-12 *Sichtweisen des Controlling*

Controlling im Militär würde sich so wie folgt charakterisieren lassen:

- als ein zukunftsorientierter, auf die Steuerung der Effektivität, der Effizienz und des Finanzmittelbedarfs gerichteter Prozess zur langfristigen Verbesserung der Kosten-Nutzen-Relation im Militär zum Wohl der Bevölkerung;
- als eine integrative Führungsaufgabe, die von jeder Führungskraft im eigenen Verantwortungsbereich wahrzunehmen ist;
- als eine übergreifende Servicefunktion für die Führungskräfte, die vom einschlägigen Fachpersonal zu erbringen ist.

Die wichtigsten Aufgabengebiete des mit Controlling befassten Personenkreises sind:

- Führungskräften und Politikern die Auswirkungen ihrer Entscheidungen auf das System Militär im vor- und nachhinein deutlich zu machen;
- die politischen Vorgaben in leistungsgerechte Zielvorgaben umzusetzen;

- einheitliche Methoden und Instrumente für die betriebswirtschaftliche Steuerung zu entwickeln und anzuwenden;
- suffiziente Bereitstellung von Informationen;
- das Aufzeigen und Nachvollziehen der Erreichung von Zielen durch Soll-Ist-Vergleiche möglich zu machen und Vorschläge für etwaige Korrekturmaßnahmen zu geben.[46]

Controlling ließe sich also im übrigen durch jedwedes Personal mit Führungsverantwortung auf sämtlichen Ebenen übernehmen. So würde mit der Einführung von Controllingmaßnahmen nicht nur die Wirtschaftlichkeit im Sinne einer verbesserten gesamtheitlichen Kontrolle militärischer Systeme und einer zunehmenden Transparenz von Verwaltungskosten und -ausgaben gesteigert. Es bedürfte auch nicht der Neuschaffung von weiteren Planstellen im militärischen Betrieb. Allerdings macht wiederum gerade das Controlling den Zwiespalt zwischen bürokratischer Verwaltung und betriebswirtschaftlich orientierter Führungskonzepte aus. Es bietet zwar erhebliche Verbesserungspotentiale, dessen Einführung in eine öffentliche Verwaltung gilt allerdings als sehr schwierig zu bewerkstelligen. So bedeutet eine Controlling-orientierte Führung das ständige Infragestellen und gegebenenfalls Verändern vorgegebener und langfristig festgesetzter Handlungsspielräume. Jedoch sind gerade diese in einer öffentlichen Verwaltung essentiell. Besonders Streitkräfte basieren auf stabilen und langfristig nachvollziehbaren Handlungsrahmen mit festen Grenzen. Sie benötigen aber auch Möglichkeiten, sich an schnell verändernde oder nicht vorhersehbare Gegebenheiten organisatorisch anzupassen.

Daraus ergeben sich weitere Kontradiktionen, die es zu bedenken gilt:

- langfristige Absicherung kontra ständiger Analyse und Abwägung zwischen Handlungssicherheit und Effizienz;
- Streben nach langfristiger Konstanz und Stabilität kontra Streben nach permanentem Wandel und Verbesserung;
- angebotsorientiertes Verhalten kontra nachfrageorientiertem Verhalten;

[46] vgl. Hahn, Oswald: Militärbetriebslehre, Berlin 1997, 307 ff.

- Politische und zentrale Führung kontra rationale und vorwiegend dezentrale Führung.

Es bedürfte erheblicher Veränderungen in den verwaltungstechnischen Prozessen, um eine Einführung von Controllingmaßnahmen zu erleichtern oder überhaupt zu ermöglichen. So müssten zumindest Teile der Budgetvergabe dezentralisiert werden, um eine Einzelverantwortung und einen verbesserten Umgang mit zur Verfügung stehenden Budgets und anfallenden Kosten durch die jeweiligen Standortkommandeure und ihre Untergeben zu ermöglichen. Allerdings ergäbe sich daraus wiederum die Notwendigkeit einer verstärkten EDV-gestützten Vernetzung der einzelnen Kostenrechnungsstellen untereinander, um potentielle Redundanzen bei der Inanspruchnahme von Material- oder Geräteposten und bei der Nachweis- und Belegführung zu vermeiden. Des weiteren erfordert derartiges nicht nur von Einzelpersonen, sondern von der gesamten Belegschaft ein verstärktes Kosten- und Effizienzbewusstsein. Das impliziert somit eine grundlegende Ausbildung und Sensibilisierung, was den Umgang mit Ausgabeposten betrifft, sei es die Nutzung von Geräten und Material, der Einsatz von Personal über den normalen Tätigkeitsbereich hinaus oder diverse Anschaffungsvorhaben. Dazu müsste sich im militärbetrieblichen System eine erhöhte Veränderungsbereitschaft und -fähigkeit, eine zielorientiertere Führung und Organisation und informationsorientiertere Konzeptionen herausbilden.[47]

3.4.4 Rechnungswesen

Um eine effiziente Arbeitsweise im unternehmerischen Sinne zu gewährleisten, ist ein suffizientes Rechnungswesen prinzipielle Voraussetzung. Konkrete Gründe für die Anwendung eines derartigen Systems wären neben der besseren Kontrolle von einzelnen Verbänden und Dienststellen die Ermittlung der militärinternen Selbstkosten zwecks Quantifizierung und Vergleich eigener Leistungen gegenüber anderen Institutionen und die Schaffung einer Berechnungs- und Planungsgrundlage für die Verbesserung des Finanzmittelumganges in

---

[47] vgl. Amting, Johannes: Controlling im neuen Dienstleistungsbereich der Bundeswehr, in: Kirchhoff, Günter (Hrsg.): Militärökonomie – Neue Perspektiven 2002, Dachau 2002, 15 ff.

den Streitkräften bzw. der Findung von potentiellen Alternativen. Dafür stehen gerade dem Personal im Bereich Controlling diverse Beurteilungsverfahren wie die Nutzwertanalyse, die Kosten-Wirksamkeitsanalyse und die Kosten-Nutzen-Analyse zur Verfügung. Grundlegende Bereiche eines solchen Rechnungswesens wären die Kostenartenrechnung, sprich die Höhe und Art angefallener Kosten, die Kostenstellenrechnung, also die Ermittlung jener Positionen, wo Kosten angefallen sind und die Prozesskostenrechnung, die Aufschluss über die Tätigkeiten, für die Kosten anfallen, gibt.

Man bemüht sich zwar, eine dynamische Kosten- und Leistungsrechnung einzuführen. Jedoch wird sich das Rechnungswesen in Institutionen öffentlichen Rechts aufgrund von Herkunfts- und Verwendungsreglungen sowie der ursprünglich gemeinnützigen Verwendungsgrundlagen wohl auch zukünftig mehrheitlich auf eine eher statische Einnahmen-Ausgaben-Rechnung beschränken. Ferner ist zu bemerken, dass eine der Aufgaben der Kosten- und Leistungsrechnung das Aufschlüsseln von Daten ist, welche die Entwicklung respektive Weiterentwicklung eines auf Wirtschaftlichkeit und Wettbewerbsfähigkeit ausgerichteten Umgangs mit zur Verfügung stehenden Ressourcen ist.

Zwar lässt sich bemerken, dass gerade im militärischen System ein derartiger Umgang von größter Wichtigkeit ist, um den militärischen Auftrag erfüllen zu können, jedoch ist in den personalintensiven Betrieben der öffentlichen Verwaltung die Transparenz von Herkunft und Verwendung der diesbezüglichen Mittel kaum gegeben.

Grund dafür ist, dass eine Vielzahl an Entscheidungsträgern unterschiedlichen Ranges und Kompetenzen über Mittelherkunft und -einsatz verfügen; dies üblicherweise auch an mehreren Einsatzorten. Eine optimale Nutzung unter wirtschaftlichen Gesichtspunkten gestaltet sich also aufgrund der verwendeten Methoden des Rechnungswesens und der eigentlichen Gründe für die Verwendung eines solchen Systems eher schwierig.

Zwar ist die Umsetzung eines gesamtheitlichen Kosten- und Leistungsrechnungssystems im Militär sehr schwer durchzuführen, jedoch lässt sich innerhalb einzelner Dienststellen durchaus ein effizientes System der Kosten- und Leistungsrechnung einführen.[48]

3.4.5 Logistik

„Armeelogistik ist die Lehre von dem nach Grundsätzen gestalteten dynamischen System von Prozessen und Diensten. Ziel dieses militärischen Teilsystems ist es, die Mittel bedarfs-, zeit- und ortsgerecht den Leistungsempfängern zuzustellen, damit diese ihre bestmögliche Bereitschaft zur Erfüllung des Auftrages erreichen und aufrecht erhalten."[49] Aus dieser Definition ergeben sich für die militärische Logistik unter anderem folgende Aufgaben:

- materielle Versorgung mit Gütern
- Erbringung militärischer und ziviler Leistungen
- Personalversorgung
- Optimierung der Infrastrukturen
- medizinische Versorgung
- Kooperationspflege mit Wirtschaft und ziviler Verwaltung

Logistik hat Einfluss auf nahezu alle Bereiche militärischer Aktivität. Beginnend bei Vorgängen der Planung und Entwicklung über Aspekte der Herstellung und Beschaffung, der Bereitstellung, der Lagerung und Verteilung, der Instandhaltung und Wartung bis hin zur Entsorgung militärischer Güter und Dienstleistungen, auch und gerade unter Einsatzbedingungen. Ziel ist die optimale Unterstützung der Truppen bei der Krisen- und Einsatzbewältigung.

---

[48] vgl. Hahn, Oswald: Militärbetriebslehre, Berlin 1997, 221 ff.
Bereits seit 1997 läuft nach einem Ministerialerlass des Bundesministeriums für Verteidigung von 1994 und einem erfolgreichen Pilotprojekt innerhalb der deutschen Bundeswehr ein Umgestaltungsprojekt zur Einführung einer Kosten-Leistungsverantwortung in 100 Dienststellen des deutschen Militärs. Ein auf Prinzipien der Kosten- und Leistungsrechnung basierendes Rechnungswesen berücksichtigt sowohl Sparsamkeitsgrundsätze, also den kontrollierten Umgang mit Einnahmen und Ausgaben, denen Institutionen der öffentlichen Verwaltung unterliegen, als auch Wirtschaftlichkeitsgrundsätze. Diese ermöglichen einen verbesserten Umgang mit anfallenden Kosten im Verhältnis zur erbrachten Sicherheitsleistung.

[49] vgl. Hahn, Oswald: Militärbetriebslehre, Berlin 1997, 127 ff.

Gerade in Zeiten zunehmender internationaler Kooperation bei militärischen Konflikten ist eine zunehmende Interoperabilität von Streitkräften sowie schnelle und weitreichende Verlegbarkeit gefragt. Daraus erwächst für die Logistik im Militär besondere Bedeutung insofern, als nunmehr nicht nur standortinterne oder teilstreitkräfteinterne Material- und Dienstleistungsverteilung gefragt ist. Die eigene logistische Tätigkeit muss mit anderen Truppenverbänden und somit anderen Systemen abgestimmt werden. Dies erfordert in verstärktem Maße eine in sich geschlossene Stabilität der militärischen Logistik und der ihr eigenen Prozesse, um einer etwaigen Störanfälligkeit gegenüber sich verändernden Einsatz-, Verwendungs- und Aktionsbedingungen der zu bedienenden Streitkräftekomponenten zu begegnen. Damit stehen die Streitkräfte zwei konträren Anforderungen gegenüber; einerseits die vorrangige Einhaltung wirtschaftlicher Gesichtspunkte unter normal gegebenen Bedingungen und andererseits die ständige Aufrechterhaltung maximaler Einsatzbereitschaft in einem Umfeld, was eine jederzeit unerwartet auftretende Verwendungs- und Verlegungsfähigkeit fordert. Und wieder zeigt sich der Widerspruch zwischen hoher Zentralisierung mit dementsprechendem Überwachungsgrad sowie Redundanzvermeidung und Dezentralisierung mit entsprechend niedrigem Überwachungsgrad, aber hoher Mobilitätsgarantie und Einsatzrelevanz.

Die Aufgabe von Logistik ist nicht einfach nur zu bewerkstelligen, in dem das benötigte Material oder die notwendige Dienstleistung zur richtigen Zeit am richtigen Ort ist. Logistik ist zudem auch verantwortlich für die ständige Optimierung und Anpassung der militärinternen Verteilungs- und Beschaffungsprozesse. Gerade bei einem sich immer stärker herauskristallisierendem Bild von Multitask-Einsätzen einzelner Streitkräfteteile in mehreren Krisenregionen gleichzeitig, gestiegener Einsatzverwendung von Truppen und Wehrmaterial direkt hintereinander und neben dem normalen Militärbetrieb in den eigenen Standorten. Dabei gilt es eine Vielzahl von Anforderungen an moderne Streitkräfte zu beachten:

- kleine und professionalisierte Truppenteile mit wenigen Kommandostufen und hoher Agilität und Mobilität;

- überlagernde horizontale und vertikale Kommunikationsstufen;
- Informationsgabe und -gewinn in Echtzeit unter Vermeidung, gegnerische wie auch alliierte Kommunikations- und Führungssysteme zu tangieren;
- ständiger Kontakt und Datenaustausch zwischen aktiven und rückgelagerten, aber am Einsatz beteiligten Truppenteilen;
- kontinuierlicher Informationsfluss über die aktuelle Position und Situation und der daraus erwachsenden Anforderung von Truppenteilen,
- Koordinierung mehrerer im Einsatz befindlicher Teilstreitkräfte,
- Ermöglichung einer schnellen und kurzfristigen Durchführung von Operationen.

Das militärische System fordert also ein bewegliches und dynamisches, aber gleichzeitig auch stabiles und verlässliches Logistikkonzept. Mitunter können und müssen derartige Anforderungskataloge den Wirtschaftlichkeitsgrundsatz unterminieren, um die vorgegeben Zielsetzungen erfüllen zu können. Ein möglicher Lösungsansatz stellt dabei die Mehrfachnutzung von Material und Geräten durch mehrere Truppen- und Streitkräfteteile dar. Allerdings erfordert dies wiederum einen erheblichen Planungs-, Koordinations- und Datenaufwand in und zwischen den einzelnen Truppenteilen und den jeweiligen Logistikträgern. Weiterhin braucht es einen hohen Grad an Erfahrung und Kompetenz des verantwortlichen Personals, was wiederum Auswirkungen auf den Bereich des Personalwesens hat.[50]

3.4.6 Beschaffung

Beim Erwerb von Gütern für den Militärbetrieb unterscheidet man vorwiegend zwischen zentraler Beschaffung, also des direkten Bezuges durch eine Zentralstelle und der dezentralen Beschaffung durch nachgelagerte Dienststellen. Zentrale Beschaffungen sind zumeist

[50] vgl. Hahn, Oswald: Militärbetriebslehre, Berlin 1997, 171 ff.; Forschungsinstitut für Militärökonomie und angewandte Konversion; Gesellschaft für Militärökonomie (Hrsg.): Streitkräfte als Wirtschaftsbetrieb, Berlin/Koblenz 1992

Großaufträge, die der vornehmlich technischen Ausrüstung und Ausstattung der Streitkräfte dienen und größtenteils an größere Konzerne und Unternehmen vergeben werden. Dezentrale Beschaffungsaufträge werden von einzelnen Dienststellen in den jeweiligen Standorten fast ausschließlich an die regionale Wirtschaft vergeben.[51]

Diverse Aufgabenbereiche innerhalb des Beschaffungswesens umfassen unter anderem:

- militärisches Bau- und Liegenschaftswesen sowie die dazugehörige Verwaltung;
- Bautechnik, Errichtung, Bauinstandhaltung und -ausstattung;
- Auftragsvergabe und Infrastrukturmanagement;
- Rüstungswirtschaft, Bereitstellung von Waffen und Waffensystemen sowie jeglichem militärischen Gerät und Ausrüstung;
- Munitionswesen;
- generelle Materialbereitstellung und -bewirtschaftung sowie die dazugehörige Verwaltung;
- Bereitstellung von Energie und Verpflegung.

Im Bereich der Beschaffung ist die Sparte Wehrmaterial und Großgeräte mit Sicherheit die Relevanteste. Somit liegt auf dieser auch ein Hauptaugenmerk der Betrachtungen. Die Beschaffung von Wehrmaterial verursacht neben den Aufwendungen im Personalwesen die höchsten Kosten, abgesehen von einem militärischen Konflikt an sich. Dort ist auch der wesentliche Teil der Anschaffungsaufwendungen im Militärwesen begründet.

Außerdem zeigt sich in diesem Bereich, dass sich eine öffentliche Verwaltung mit betriebswirtschaftlichen Gesichtspunkten auseinandersetzen muss, da Streitkräfte und Rüstungsindustrie bei Entwicklungs- und Beschaffungsprojekten gegenseitig Einfluss aufeinander

[51] vgl. Schnell, Jürgen: Leitlinien zur Rüstungs- und Beschaffungsplanung in Streitkräften – Fragen zur Messung der Effektivität des Beschaffungswesens, http://www.unibw-muenchen.de/miloek, 26. 11. 2001; Gerber, Johannes: Vorlesungen zur Militärökonomie in Warschau 13.-26. 04. 1993, Koblenz 1994

nehmen. Die Wehrindustrie lässt sich im wesentlichen in folgende Produktgruppen aufgliedern:

- Luft- und Raumfahrt
- Marineschiffbau
- Panzerindustrie
- Elektrotechnik und Elektronik
- Waffen und Munition
- Feinmechanik, Optik und Optronik
- Nutzfahrzeuge

Bei beschaffungsbezogenen Entscheidungen im militärischen Bereich lassen sich lediglich Grundgedanken der Effektivität einbeziehen. Diese orientieren sich an Aspekten wie Sicherheit der Besatzung, Abdeckung noch nicht vorhandener Fähigkeiten oder taktische und strategische Überlegenheit als Grundlage. Deshalb stehen vor allem kostentechnische Gesichtspunkte, wie die Überalterung des Materials und steigende Instandhaltungskosten den Ausgaben für Neubeschaffungen als Kriterien gegenüber.

Ein weiteres Problem stellt die Dauer der Beschaffungsprogramme dar. Mitunter haben Neubeschaffungsprogramme in der Rüstung eine Dauer von mehreren Jahren von der Auftragserteilung bis zur Einsatzreife. Oft sind Neuentwicklungen mit der Beschaffung von Rüstungsgütern verbunden und die Trainingsphase der Besatzungen bei hochtechnologischem Gerät nimmt viel Zeit in Anspruch. Jedoch können sich geostrategische Bedingungen in dieser Zeit drastisch verändern, was letztlich sogar einen Abbruch dieser Programme bedeuten kann. Auch neigen rüstungstechnische Programme dazu, sich über die lange Laufzeit zu verteuern. Viele Rüstungsprojekte wurden bereits wegen ausufernder Kosten gestoppt oder zumindest Stückzahlen verringert.

Ein Indianer unter der Axt – Aus für den Comanche

So wurde beispielsweise das vom Pentagon in den frühen 1980er-Jahren in Auftrag gegebene AH-66 Comanche-Programm, das einen Ersatz für den AH-64 Apache Standardkampfhelikopter der U.S.-Army hervorbringen sollte, am 23. Februar 2004 nach 11 Jahren Test-

und Erprobungszeit gestoppt. Die Kostenentwicklung eskalierte mit über acht Milliarden Dollar. Anfangs sollten noch über 5000 Helikopter des Typs von der U.S.-Army abgenommen werden. Während der Laufzeit wurde die Stückzahl aber dann sukzessive auf 2.096 Stück im Jahr 1987 und zuletzt 1.213 im Jahr 2000 gesenkt. Bei der letzten Betrachtung des Programmstatus im Sommer 2002 wurde dann beschlossen, die Bestellrate nochmals auf nur noch 650 Stück zu senken. Die Army gab auch an, dass im Zeitalter von zunehmend Verwendung findenden unbemannten Kampfdrohnen, wie dem Predator oder der zukünftigen X-45-Drohne, eine effektive Verwendung des Comanche-Systems oder vergleichbarer Geräte, zumindest von der U.S.-Führung, bezweifelt wird. Die nunmehr freiwerdenden Gelder sollen in die Modernisierung der bereits bestehenden AH-64 Apache-Flotte fließen und in neue unbemannte Projekte sowie zukünftigen Gemeinschaftsentwicklungen mit den anderen Teilstreitkräften des U.S.-Militärs.52

Ein teurer Raubvogel

Das wichtigste und bis dato größte Anschaffungsprojekt der amerikanischen Luftwaffe ist der F/A-22A Raptor. Dieser mehrrollenfähige Tarnkappenjäger wird einschlägig als das auf absehbare Zeit wohl beste Kampfflugzeug der Welt gesehen, aber auch als das teuerste. Nachdem die U.S.-Führung realisiert hatte, dass russische Muster wie die MIG-29 oder die SU-27 in Sachen Leistung und Wendigkeit an den erreichten Spezifikationen für die eigenen Flugzeugtypen vorbeizogen, wurde bis 1986 das Advanced Tactical Fighter-Programm (ATF) ins Leben gerufen. Am 31. Oktober 1986 erhielten Lockheed Martin und Northrop Grumman jeweils den Zuschlag für die Fertigung von Prototypen. Während Lockheed die YF-22 Lightning entwickelte, stellte Northrop die YF-23 Black Widow als eigenen Vorschlag vor. Am 23. April 1991 erklärte das amerikanische Verteidi-

[52] vgl. Sievert, Gunnar: Kriegerischer Indianer, in: Fliegerrevue 3/2001, 26; Schwarz, Karl: Amerikas neues Arsenal, in: Flugrevue 2/2002, 62; Willis, David: Comanche Axed, in: Combat Aircraft 5/2004, 18; Hunter, Jamie: Comanche Axed, in: Aircraft Illustrated 4/2004, 68; Kaminski, Tom: U.S. Army Update 2004, in: Combat Aircraft 7/2004, 42.
Die Bekanntmachung des U.S.-Heeresstabes verursachte in der einschlägigen Presse beachtlichen Aufruhr, zumal sich das Programm der Serienreife bereits genähert hatte und immense Summen geflossen waren. Dies mag auch die rege Berichterstattung erklären.

gungsministerium Lockheed zum Sieger der Ausschreibung und erteilte den Auftrag zur Fertigung von fünf Test- und Erprobungseinheiten der YF-22, welche mittlerweile in F/A-22A Raptor umgetauft wurde. Am 17. Mai 1997 erfolgte ein in den Medien in Szene gesetzter Jungfernflug des ersten Prototyps, welcher auch das Erprobungsprogramm einleitete.

Nach mehreren Anlaufproblemen und einer Fast-Streichung des Programms im Sommer 1999 sowie über einem Jahr Aufschub wegen Verzögerungen im Testprogramm, erhielt der Hersteller Lockheed Martin im September 2001 vom amerikanischen Kongress die Erlaubnis zum Start der Serienfertigung. Wegen der Kostensteigerungen musste die Obergrenze für das Programm von 37,6 Milliarden auf 45 Milliarden Dollar heraufgesetzt werden. Dafür werden nunmehr nicht wie geplant 800 Serienmaschinen, sondern nur 295 Maschinen von der Air Force abgenommen. Diese sollen voraussichtlich bis zum Jahr 2015 für einen Stückpreis von ca. 120 Millionen Dollar die F-15 Muster der Air Force ersetzen. Die Entwicklung einer zweisitzigen Version wurde komplett gestrichen. Es wurde nun entschieden, die Produktionsrate für das erste Los langsamer anlaufen zu lassen, um so freiwerdende Gelder in die Optimierung der Fertigung zu investieren und somit zukünftige Serienmaschinen billiger zu machen. Außerdem werden einzelne Komponenten wie neue Raketensysteme als Bewaffnung und ein Helmvisier erst später realisiert. Das erste einsatzbereite Geschwader soll ab Dezember 2005 bereit stehen. Mittlerweile wurden die Gelder für dieses Programm aber bereits im Haushalt 2006 gestrichen, ohne dabei genauer darauf einzugehen, was dies nun für das quasi zur Serienreife gebrachte Projekt heißt.[53]

[53] vgl. Schwarz, Karl: Revolution oder Evolution – Kampfflugzeuge für das nächste Jahrtausend, in: Flugrevue 6/1999, 50; Schwarz, Karl: Raubvogel unter Beschuss, in: Flugrevue 2/2000, 58; Schwarz, Karl: Raptor unter Druck, in: Flugrevue 3/2001, 64; Schwarz, Karl: Grünes Licht für F-22 Raptor, in: Flugrevue 10/2001, 62; Hauser, Christian: Amerika setzt auf Aerospace Power, in: Fliegerrevue 5/2000, 26; Schwarz, Karl: F-22 als Bomber?, in: Flugrevue 10/2002, 53; Vetter, Bernd: Ein Raubvogel in Edwards, in: Fliegerrevue 3/2000, 24; Jorns, Daniel: F-22 Raptor, in: Airforce – Militärluftfahrt heute, 2/2000, 32; Eisler, Karl-Heinz: Dilemma, in: Der Soldat, 11. 05. 2005, 14; Sweetman, Bill: F-22 Raptor, Osceola 1998.
Obwohl die Gelder für die F-22 im Haushalt 2006 zunächst gestrichen worden sind, ist es relativ unwahrscheinlich, dass das Programm gestoppt wird, da die Serienfertigung bereits seit 2004 läuft,

Die Rüstungsindustrie versucht zunehmend, sich durch vertraglich festgesetzte Abnahmepflichten oder Preisvorbehaltsklauseln abzusichern.

Raketen, die ins Leere treffen?

Die Bundeswehr ist verpflichtet, das in den 1980er Jahren in Auftrag gegebene ballistische Raketenabwehrsystem MEADS (Medium Extended Range Air Defence System), das gemeinsam mit den USA und Italien entwickelt wird, für einen Entwicklungskostenanteil von 816 Millionen Euro und einem Stückpreis von etwa 500 Millionen Euro abzunehmen. Aber mittlerweile existiert ein Vereintes Europa, welches fast bis an die grenzen Russlands reicht, eine strategische Partnerschaft mit Russland und die Veränderung der militärischen Auftragslage hin zu globalen Kriseneinsätzen. Das alles macht eine Verwendung dieses Systems im geplanten Sinne für die Bundeswehr quasi ausgeschlossen. Das System soll fähig sein, nicht nur feindliche Raketen und Flugzeuge, sondern auch ballistische Raketen mit einer Reichweite von bis zu 1.000 Kilometern abzufangen. Jedoch befindet sich im Umkreis von 1.000 Kilometern kein Staat, welcher den Einsatz derartiger Systeme auf absehbare Zeit plant; gegen entführte Maschinen empfiehlt sich eher der Einsatz von Abfangjägern. Somit bleibt nur noch der Begleitschutz für internationale Truppen und ein erforderlicher mobiler Einsatz gegen potentielle terroristische Raketenangriffe auf Gebäude und Truppen im Einsatz. Dafür ist aber mittlerweile eine Umrüstung des Systems erforderlich. Somit begründete Verteidigungsminister Peter Struck die weitere Kaufabsicht zum einen mit der Notwendigkeit, das nicht mehr voll effektiv einsetzbare System Patriot abzulösen und vornehmlich politisch, sei doch MEADS das einzige noch verbleibende transatlantische Rüstungsprojekt und trage somit auch zur Aufrechterhaltung eines guten Verhältnisses bei und habe zudem hohe europäische rüstungswirtschaftliche Bedeutung.[54]

das Programm somit quasi abgeschlossen ist und auch keine substanziell gleichwertige Alternative zur Verfügung steht.

[54] vgl. Szandar, Alexander: Sportlicher Zeitplan, in: Der Spiegel 44/2004, 64; Szandar, Alexander: Bunker gesucht, in: Der Spiegel 46/2004, 52; o.V.: Transatlantisches Programm MEADS, in: Der Soldat, 11. 05. 2005, 14

Daraus folgt logischerweise nur der Ansatz für die Zukunft, dass bei der Beschaffung vor dem Hintergrund sich immer schneller und häufiger wandelnder Bedrohungslagen verstärkt auf eine Mehrrollenfähigkeit und Multikompatibilität des zu beschaffenden Materials bei moderaten Kosten geachtet werden muss.

„*Wir müssen uns schon was einfallen lassen. Die Flugzeuge werden immer teurer. In fünfzig Jahren heißt es dann: nur noch ein Flugzeug bitte. Das können sich dann Navy, AirForce und Marines untereinander ausleihen.*" Norman Augustine, Lockheed-Programmchef[55]

Einer für Alle! – Alle für Einen?

Das amerikanische Joint Strike Fighter-Programm (JSF), das 1994 ins Leben gerufen wurde, ist der wohl größte Auftrag der Militärluftfahrtgeschichte. Es geht darum, ein einziges Flugzeugmuster zu entwikkeln, das fähig ist, in den nächsten 30 Jahren einen Großteil der bisher in den amerikanischen Teilstreitkräften verwendeten Flugzeugtypen wie F-16, F-18, A-10, EA-6B, A-6, AV-8B oder S-3 zu ersetzen. Ab 2008 sollen demnach ungefähr 3.000 JSF für 200 Milliarden Dollar in Dienst gestellt werden. Großbritannien, Kanada, die Türkei, Holland, Italien, Dänemark und Norwegen haben sich mittlerweile ebenfalls an diesem Projekt beteiligt. Weitere Partner sind auch im asiatisch-pazifischen Raum zu erwarten. Der Hersteller des JSF wird voraussichtlich den weltweiten Kampfflugzeugmarkt für die nächsten 30 Jahre dominieren. Insgesamt schätzt man das Produktionsvolumen langfristig durchaus auf über 6.000 Einheiten ein. Zu den geforderten Fähigkeiten gehören unter anderem Tarnkappen- und Mehrrollenfähigkeit, effektive und multiple Waffensysteme, geringer Wartungsaufwand für eine hohe Einsatzfähigkeit, die Erreichung von Überschallgeschwindigkeiten ohne Nachbrenner, Schubvektorsteuerung, Senkrechtstart- und -landeeigenschaften sowie hohe Reichweiten. Die Vorgaben des Verteidigungsministeriums schreiben dabei vor, dass die Produktion nur von einem Hersteller bewerkstelligt werden muss, also ohne jegliche Parallelproduktion.

[55] vgl. Sweetman, Bill: F-22 Raptor, Osceola 1998, 11; Jorgensen, Michael: Spiegel-TV-Reportage „JSF-Wettlauf um den Fighter des 21. Jahrhunderts", VOX , 04. 04. 2002

Die amerikanische Rand-Corporation entwickelte dazu eine Break-Even-Modellstudie. Mit ihr wurde überprüft, ob das Verteidigungsministerium seine zusätzlichen Investitionen in ein zweites Muster über einen höheren Konkurrenzdruck zurückerhalten würde. Als Ergebnis wurde ermittelt, dass nur eine Senkung des Preises um über 30 Prozent eine Parallelproduktion rechtfertigen würde, was aber von allen Seiten als nicht machbar erachtet wurde. Allerdings wurde bei der Entwicklung von elektronischen Systemen und der Avionik ausdrücklich eine Konkurrenzsituation befürwortet, denn die Kosten sollen auch bei mehreren Modernisierungen über eine absehbare Zeit moderat bleiben. So soll der JSF über seine gesamte Lebensdauer mindestens 30 Prozent weniger Wartungs- und Betriebskosten als seine Vorgänger verursachen. Um den üblichen Kostenanstieg bei derartigen Projekten zu vermeiden, wurden durch das Verteidigungsministerium sehr enge Vorgaben gemacht und bei einer Überschreitung Sanktionen angedroht. Somit wurden bei den eingereichten Geboten auch vor allem die Werte zur Kosteneffektivität wie die Produktauslegung für eine schlanke Fertigung und neue Konstruktions- und Entwicklungsverfahren in den Vordergrund gestellt. Nach wie vor steht ein fester Stückpreis von 38 Millionen Dollar im Raum, der vor allem auch durch die hohe Stückzahl erreicht werden soll und durch einen angestrebten Exporterfolg eventuell auch langfristig gesenkt werden kann.

Die beiden Konkurrenten um diesen Auftrag waren Boeing und Lockheed Martin. Beide stellten je ein Versuchsmuster vor. Boeing offerierte die X-32 und Lockheed die X-35. Der Erstflug der X-32 erfolgte am 18. September 2000 und die X-35 folgte am 24. Oktober des Jahres 2000. Ein Jahr später, am 26. Oktober 2001 erhielt Lockheed Martin den Zuschlag für die Erprobung und die Serienfertigung.[56]

---

[56] vgl. Jorgensen, Michael: Spiegel-TV-Reportage „JSF-Wettlauf um den Fighter des 21. Jahrhunderts.“, VOX, 04. 04. 2002; Schwarz, Karl: Revolution oder Evolution – Kampfflugzeuge für das nächste Jahrtausend, in: Flugrevue 6/1999, 50; Schwarz, Karl: Der weiße Riese, in: Flugrevue 12/2000, 64; Schwarz, Karl: Endspurt, in: Flugrevue 1/2001, 52; Schwarz, Karl: Navy-JSF fliegt, in: Flugrevue 3/2001, 85; Schwarz, Karl: The winner takes it all, in: Flugrevue 10/2001, 54; Schwarz, Karl: Amerikas neues Arsenal, in: Flugrevue 2/2002, 58; Schwarz, Karl: JSF erobert Europa, in: Flugrevue 8/2002, 64; Schmid, Rainer: X-32 Erstflug, in: Fliegerrevue 11/2000, 20; Schmid, Rainer: Wer baut den Joint Strike Fighter?, in: Fliegerrevue 10/2001, 24.
Die einschlägige Presse verfolgt den Verlauf des Programms kontinuierlich seit dessen Initiierung, was eine recht genaue und lückenlose Berichterstattung und Nachvollziehbarkeit erwarten lässt.

Doch der Kostendruck wirkt sich nicht nur auf großformatige Beschaffungsprojekte aus. Das führt im nachgelagerten Bereich auch zu organisatorischen Maßnahmen seitens der Streitkräfte. Aus Kostengründen erfolgt in den westlichen Streitkräften die militärische Güter- und Dienstleistungsbeschaffung verstärkt über die Privatwirtschaft. Deswegen wurde im Bereich der Beschaffung innerhalb der Streitkräfte der NATO ein sogenannter Contracting Officer als Mittler zwischen den Streitkräften als Nachfrager und den Zulieferern aus der Wirtschaft etabliert. Wiederum bedeutet dies die Besetzung dieser Posten mit Personal, das über einen suffizienten Erfahrungsschatz, Mittler- und Verhandlungsgeschick und über betriebswirtschaftliches Fachwissen und Grundverständnis verfügt. Letztlich operieren Streitkräfte trotz allem immer unter dem Dogma zunehmend kleiner werdender Budget- und Investitionsrahmen. Das stellt ein grundsätzliches Problem in der Beschaffung dar, auch wenn sich die Ausgaben für Verteidigung international seit dem Jahr 2001 erhöhen.

Zur Lösung dieses Problems gibt es generell zwei Möglichkeiten. Entweder man reduziert Aufgaben und Strukturen soweit, bis sie mit den bereitgestellten Mitteln bezüglich Personal, Betrieb und Investition bewirtschaftet werden können, oder man erhöht die Mittel einfach für die als notwendig erachteten Aufgaben und Strukturen im Zuge von finanziellen Ermächtigungen respektive unterstützenden Gesetzen. Das würde dann allerdings eine weitere Belastung eines gesamten Staatshaushaltes bedeuten. Bei Erwägung einer Reduktion der Strukturen bis auf ein finanzierbares Niveau gilt es allerdings auch, Prioritäten zu setzen. Das bedeutet aber die Gefahr einer einseitigen Bevorzugung bestimmter militärischer Komponenten. Das kann allerdings die Effektivität des gesamten Verbundes eminent schwächen, was auch das Beispiel der derzeitigen Schieflage in den U.S.-Streitkräften widerspiegelt.

Give a little – take a little (more)

Generell betrachtet ist das Militär der Vereinigten Staaten die modernste Streitmacht der Welt. Jedoch hat der Golfkrieg im Frühjahr 2003

Auch in der Wirtschaftspresse finden sich Meldungen über den Verlauf des Projekts, da dessen Umsetzung für die Aktienkurse der beteiligten Firmen recht ausschlaggebend sein dürfte.

gezeigt, dass die Effektivität des Gesamtverbandes reduziert wurde, weil einzelne Komponenten überaltert oder vermindert einsatzfähig waren. Besonders die landgestützte Heereskomponente weist erhebliche Defizite gegenüber der Marine und Luftwaffe auf. Während beispielsweise die B1- und B2-Flotte der Luftwaffe oder die F-14, F/A-18 und EA-6B-Trägerflugzeuge der Marine einen nahezu vollen Einsatzbereitschaftsgrad aufwiesen, waren nur etwa 60 Prozent der M1A2 Abrams und Striker-Panzer einsatzbereit. Deren Einsatz wurde wiederum durch fast 30 Jahre alte Transportkraftwagen, welche Munition und Verpflegung transportierten, stark verlangsamt, weil diese einfach nicht mit den Panzern mithalten konnten. Während die Flugzeugverbände innerhalb von zwei Wochen komplett verlegt waren, dauerte es vier Wochen bis 46 AH-64 Apache-Helikopter im Einsatzraum waren. Deren Einsatzbereitschaft wurde durch ständige Pannen und zwei Abstürze selbst vom Planungsstab in Frage gestellt. Die starke Konzentration der Modernisierungen auf Luftwaffe und Marine verdeutlicht den Ansatz der amerikanischen Militärdoktrin, Einsätze vornehmlich aus der Luft zu führen. Jedoch sind es Soldaten, die Häuser durchsuchen oder Städte einnehmen können. Auch was die Heimatschutzkomponente betrifft, wird diese vornehmlich mit älteren, kurz vor der Ausmusterung stehenden Geräten betrieben. So fliegt etwa die amerikanische Nationalgarde vornehmlich 20 bis 25 Jahre alte F-15A und F-16A. Natürlich scheint es nur logisch und konsequent, Einsatzverbände mit derartiger Ausrüstung zu bevorzugen. Jedoch verursachen gerade häufige Abstürze und Systemausfälle innerhalb der Nationalgarde regelmäßige Debatten über den Ausrüstungsstatus der Streitkräfte und natürlich auch diesbezügliche Kosten.[57]

[57] vgl. Schwarz, Karl: Amerikas neues Arsenal, in: Flugrevue 2/2002, 62; Schwarz Karl: Bombardierungen gehen weiter, in: Flugrevue 3/2002, 57; Schwarz, Karl: Die drei Musketiere, in: Flugrevue 2/2003, 6, 43 und 48; Strobl, Erich: Aufmarsch am Golf, in: Fliegerrevue 3/2003, 22; Ayton, Mark: The fight‘s still on, in: Airforces Monthly 8/2004, 70; Lake, Jon: A Force in Crisis?, in: Airforces Monthly 8/2004, 86; Kaminski, Tom: Battlestations, in: Combat Aircraft 5/2004, 46; Kaminski, Tom: U.S. Army Update 2004, in: Combat Aircraft 7/2004, 42; Cooper, Richard: The heat is on, in: Combat Aircraft 9/2004, 20 und 22; Hall, Darron: Falluja Strikes, in: Combat Aircraft 9/2004; o.V.: Heer in Not, in: Der Spiegel 19/2003, 22

Langfristig sind also scheinbar teure Neuanschaffungen die wesentlich günstigere Alternative als eine zu lange Verwendung alten Materials mit gepressten Modernisierungen.

„Es sind nicht viele Alternativen übrig. Alles, was wir haben ist alt, die Wartungskosten fressen uns langsam auf.“ Brigadegeneral Michael Hough, Stabsdienstgeneral und Chef des JSF-Programms zur Einführung neuer Systeme [58]

Auch in der deutschen Bundeswehr ist dieses Problem vorhanden. Der Schützenpanzer Marder ist beispielsweise über 30 Jahre alt und diverse Mannschaftstransportwagen noch älter. Der Betrieb dieser Geräte verursacht aber mitunter auf Dauer wesentlich höhere Kosten im Betrieb, durch übermäßig notwendige Wartung und erhöhte Un- und Ausfälle als eine Neubeschaffung. Die Frage, ob also eine Erhöhung der finanziellen Grundlage für investive Aufwendungen nicht letztendlich auch eine Senkung der langfristigen Kosten bedeuten kann, mag zwar paradox scheinen, ist aber durchaus berechtigt. Grundsätzlich bleibt in diese Überlegungen mit einzubeziehen, dass Beschaffungsprogramme über die sogenannte Umwegrentabilität auch immer volkswirtschaftliche Vorteile ermöglichen. Dies steht nicht nur in bezug auf diverse Spin-off-Potentiale auf die übrige Wirtschaft, sondern auch durch Einsparungsmöglichkeiten als Folge von Effizienzsteigerungen. Ein Beispiel hierfür ist der Ersatz von Katastrophenhilfe mit „Hacke und Spaten“, durch einen effektiven Katastrophenschutz mit kompetenten und schlagkräftigen Pionieren.[59]

3.4.7 Militärische Leistungserbringung

Eine Quantifizierung des militärischen Outputs ist grundsätzlich äußerst diffizil. Schließlich wird eine öffentliche Dienstleistung erbracht, deren eigentlicher Nutzen für die Gesellschaft quasi in Zahlen nicht beziffert werden kann, sondern sich nur in Form langfristig sicherer Regionen für eine konsequente und störungsfreie gesellschaft-

[58] vgl. Schwarz, Karl: The winner takes it all, in: Flugrevue 10/2001, 55; Jorgensen, Michael: Spiegel-TV-Reportage „JSF-Wettlauf um den Fighter des 21. Jahrhunderts“, VOX, 04. 04. 2002

[59] vgl. Achatz, Franz: Der Planungsstab im BMLV, in: Der Soldat, 27. 08. 2003, 3

liche und wirtschaftliche Entwicklung und als Form der Interessendurchsetzung darbietet. Eine Auseinandersetzung mit militärischer Leistung ist aber grundsätzlich notwendig, weil man sich sonst ausschließlich auf den Gegenpart, die Kosten, fixieren würde und somit ein wirtschaftliches Optimierungsbestreben nur in eine Richtung erfolgen würde. Weiterhin ist die Dimension und die Form der erbrachten militärischen Leistung abhängig von den jeweils gesetzten Rahmenbedingungen. Die wiederum bestimmen auch den Charakter und die Höhe der notwendigen Aufwendungen für eine konsequente Leistungserbringung, sprich Bereitstellung und Gewährleistung von Sicherheit und Interessendurchsetzung bzw. -wahrung.

Etwaige Fragestellungen zu derlei bestimmenden Rahmenbedingungen können unter anderem sein:

- Befindet sich eine Nation im Friedens-, Ausnahme- oder Kriegszustand?
- Hat eine Nation Bündnisverpflichtungen zu erfüllen?
- Wie ist die technische und generelle materielle Ausrüstung der betreffenden Streitkräfte?
- Wie wirkt sich die geforderte Leistungserbringung auf die Psyche und die Moral der Soldaten aus?
- Unter welchem ideologischen und sozialen System muss die Leistungserbringung erfolgen?

Militärische Leistung, nicht nur im Sinne öffentlicher Sicherheit, gilt demnach als erbracht, wenn:

- eigene Landesgrenzen permanent geschützt sind;
- deine Abschreckungswirkung erzielt wird;
- Schäden bei oder nach Katastrophenfällen möglichst gering gehalten werden;
- Konflikte reduziert oder gar aufgehoben werden;
- eine nachhaltige Befriedung von Regionen erzielt wird;
- nationale und internationale Interessen geschützt oder durchgesetzt werden.

Allein die Bandbreite, über die sich der Begriff „öffentliche Sicherheit" erstreckt und was in der Öffentlichkeit, also quasi beim Kunden, darunter verstanden und folglich von den Streitkräften erwartet wird, macht eine objektive Beurteilung und Einschätzung oder gar eine Rentabilitätsrechnung quasi unmöglich.

So lässt sich besonders militärische Leistung nicht einfach als ein bestimmtes Ergebnis oder als eine Art verrichtete Arbeit abhängig von einer bestimmten Zeit darstellen. Gerade das ist einer der Punkte, der militärische Aktivität so kontrovers macht.

Neben der externen Sichtweise darf man auch den Blick auf innermilitärische Leistungen nicht vernachlässigen. Schließlich sind es gerade diese, die den nach außen wirkenden Leistungsgrad und dessen militärische Qualität definieren.

Die Optimierung militärischer Leistung kann folglich nur über eine Optimierung der dafür aufgewendeten Mittel erfolgen. Das bedeutet im wesentlichen eine effizientere und rationalere Verwendung aufzubringender Mittel, einen konstruktiveren Umgang mit der generellen Knappheitsproblematik von Ressourcen, eine Verbesserung der Kosteneffizienz sowie effektivere Prozesse und Strukturen. Ansätze dafür könnten erfolgen über:

- Aktives Kostenmanagement und Prüfung von Ausgaben hin auf deren tatsächliche Relevanz für die angestrebte Verwendung;
- Personalmanagement im Sinne von Personalsicherung und Personalbetreuung;
- Einbezug der geografischen, topologischen sowie landestypischen und kulturellen Gegebenheiten eines Einsatzgebietes in die Aufwandsplanung militärischer Unterfangen.

Allerdings spielt wiederum der verwaltungstechnische Aspekt der Sicherung zu erbringender Leistungen eine Rolle. Denn Sicherheit ist ein öffentliches Gut, erbracht von einer öffentlichen Instanz und somit nicht abstimmbar auf eine am Markt gebildete Nachfrage. Trotz allem muss eine militärische Leistungsbewertung letztendlich finanziell ausgerichtet sein. Es stehen nun einmal nur begrenzte Ressourcen zur

Verfügung und der Umfang des Leistungskataloges richtet sich nach den jeweiligen finanziellen Gegebenheiten einer Nation.

Das absehbare Maximum einer Beurteilung militärischer Leistungen nach wirtschaftlichen Gesichtspunkten ist also eigentlich nur in so fern möglich, als man sich permanent innerhalb und außerhalb der Streitkräfte zwei Fragen stellt.

Erstens: Bis zu welchem Punkt rechtfertigt die Art, der Ort, die Dauer und das erwartete Ziel und dessen zukünftige Auswirkungen auf das eigene gesellschaftliche, soziale und wirtschaftliche System die zu tätigenden Aufwendungen? Und: In wie weit ist die erbrachte oder zu erbringende Leistung mit der eigenen Bevölkerung, als der Entität, die letztendlich die Mittel dafür aufbringt, konform und von ihr geduldet?

Zweitens: Wie hätte sich ein bestimmtes Ereignis ohne militärisches Eingreifen bzw. militärischer Leistungserbringung auf die eigene Gesellschaft und das eigene System mit all seinen Komponenten ausgewirkt?

„Big Stick“

Ein amerikanischer Flugzeugträger kostet z.B. ca. 4-6 Milliarden U.S.-Dollar an Entwicklungs-, Produktions- und Modernisierungskosten. Pro Jahr werden Betriebskosten von ca. 350 Millionen Dollar und alle drei Jahre kleinere Modernisierungs- und Instandhaltungsprogramme in einer Höhe von ca. 150 Millionen veranschlagt. Während der Dienstzeit wird der Flugzeugträger mindestens zweimal mit neuen atomaren Brennstäben ausgerüstet. Die Kosten pro Umrüstung belaufen sich auf ca. 1,2 Milliarden Dollar. Auf einem Flugzeugträger sind im Durchschnitt ca. 6.000 Mann stationiert, welche jährliche Personalkosten von ca. 60 Millionen Dollar verursachen. Dazu sind je nach Missionscharakter zwischen 75 und 120 Flugzeuge stationiert, mit durchschnittlichen Stückpreisen von 30 bis 100 Millionen Dollar. Ein Flugzeugträger wird bei der U.S.-Navy ungefähr über 50 Jahre im Dienst behalten. Das heißt, ein Flugzeugträger kostet über seine gesamte Einsatzdauer zwischen 30 und 35 Milliarden Dollar. Will man nun diesen Kosten eine Wertschöpfung gegenüberstellen, ist das bestenfalls nur hypothetisch möglich, etwa indem man die Wertschöpfung von wirtschaftlich stabilen Handelsbeziehungen mit vormals instabilen Staaten bemisst, die eventuell ohne eine Intervention quasi kollabiert wären. Der politische Wert eines Flugzeugträgers besteht in seiner bloßen Anwesenheit, der Option, dem erklärten Ziel massiv militärischen Druck zu verleihen. Flugzeugträger bieten ein erhebliches Drohpotential, was bei eskalierenden regionalen Krisen praktisch wie ein „Benimm-Zeigefinger“ wirken und somit Gewalt auch von vornherein begrenzen kann. Nach dem Zusammenbrechen des Ostblocks ist einer der Einsatzzwecke eines Trägerverbandes: „... *to strive the seas and protect and render the geo-strategic and economic interests of the nation.*” (Rear Admiral Paul T. Gillcrist, ehemaliger Komandeur der U.S.-Pazifikflotte)[60]

Kosten eines atomgetriebenen Flugzeugträgers über seine Lebensdauer von 50 Jahren exklusive Kosten für Personal und Bewaffnung (Im August 1998 vom General Accounting Office veröffentlicht)	
Entwicklung und Konstruktion	4,059 Mrd. $
Modernisierung	2,382 Mrd. $
Direkte Betriebskosten	11,677 Mrd. $
Indirekte Betriebskosten	3,205 Mrd. $
Außerdienststellung	0,887 Mrd. $
Lagerung der atomaren Brennstäbe	0,013 Mrd. $
Gesamt	**22,222 Mrd. $**

Tabelle 3-1 *Kosten eines atomgetriebenen Flugzeugträgers*[61]

Letztlich bleibt allerdings, dass sich die Verteidigung nationaler Interessen und idealerweise der Schutz der eigenen Bevölkerung nie wirklich objektiv messen lassen. So bleiben letztlich immer zwei Ansichten: Entweder ist der Bau und Betrieb eines solchen Instruments nicht wirklich gerechtfertigt, weil sich dessen Kosten nun einmal nicht objektiv auf eine Wertschöpfung applizieren lassen. Oder der Wert ist quasi unschätzbar, weil sich die Wertschöpfung als viel zu hoch und wichtig einstufen lassen muss und somit quasi mit bloßen Geldeinheiten nicht beziffern lässt.

---

[60] vgl. Gillcrist, Paul T.: Tomcat – The Grumman F-14 Story, Atglen 2002, 12; Terzibaschitsch, Stefan: Flugzeugträger der U.S. Navy, Bonn 1999, 202

[61] vgl. United States General Accounting Office http://www.gao.gov, http://www.navy.mil.gov, 01. 04. 2003; Scurrel, Charles E.: Flugzeugträger und Trägerflugzeuge, Augsburg 1996, 239

Diese Aspekte lassen sich also unter Umständen nur begrenzt in Zahlen ausdrücken und somit auch nur in begrenztem Maße eine quantitative Bewertung militärischer Leistung und somit eine potentielle Verbesserung von deren Bereitstellung zu.[62]

3.4.8 Öffentlichkeitsarbeit

Unter Werbung versteht man die versuchte Meinungsbeeinflussung durch besondere Kommunikationsmittel im Hinblick auf jeden beliebigen Gegenstand. Werbung wird nicht nur von Unternehmen genutzt, sondern auch in zunehmenden Maße von nicht erwerbsmäßig orientierten Organisationen und staatlichen Stellen.

Grundsätzlich ist Werbung im militärischen Bereich als etwas delikat anzusehen. Nicht nur, weil es nicht um die Präsentation des Gutes Sicherheit als (erwerbliches) Produkt, sondern primär um die Anwerbung von Personal und die positive Kommunikation des militärischen Auftrages, also der eigenen Existenzberechtigung in der Bevölkerung geht. Das wird dann auch oft als Propaganda im negativen Sinne und im Extremfall gar als totalitäre Tendenz aufgefasst. Ein weiterer Grund für die Brisanz dieser Angelegenheit ist, dass sich Aufwendungen für Werbemaßnahmen nur bedingt in einem Produktpreis wiederspiegeln. Das ist schon allein der Tatsache geschuldet, dass eine objektive Bewertung militärischer Leistung ja nur schwer durchführbar ist.

So werden besonders in Zeiten, in denen sich eine Nation im Krieg befindet, militärische Werbespots wie sie beispielsweise in den USA ausgestrahlt werden, in der Bevölkerung zunehmend negativ wahrgenommen und als bloße Rekrutierung für den Einsatz verstanden. Diese Spots geben den Beruf des Soldaten gezielt als etwas besonders Heldenhaftes und Ehrbares wieder, ohne aber auf tatsächliche Entwicklungsmöglichkeiten und sicherlich auch Risiken dieses Tätigkeitsprofils einzugehen.

Während des Irak-Krieges wurde von der amerikanischen Führung zum erstenmal das Prinzip der „Embedded Journalists“ angewendet.

---

[62] vgl. Hahn, Oswald: Militärbetriebslehre, Berlin 1997, 193 ff.

Es wurde von den Streitkräften zwar behauptet, es handle sich um eine Maßnahme, die eine lückenlose Information der Bevölkerung über das Vorgehen der Streitkräfte gewährleisten sollte. Jedoch wurden zunehmend Stimmen hörbar, welche die Objektivität der Berichterstattung anzweifelten. Würden doch die Berichte durch die Streitkräfte selbst zensiert und auch die Objektivität der Journalisten müsse bei einem Verbleib und quasi gemeinsamen Dienst mit einem Verband über Wochen hinweg bezweifelt werden. Offensichtlich achtete die militärische Führung auch darauf, dass überwiegend Erfolgsmeldungen von der Front in die Vereinigten Staaten gingen. Was allerdings nicht verwundern darf, ist dies doch bei jedem militärischen Vorgehen Gang und Gebe und nur logisch, weil ein Mandat im Heimatland essenziell für die Moral der Truppen ist. Was also durchaus als militärische Informationsvermittlung gewertet werden kann, birgt letztlich immer das Potential für Propaganda.

Was sich also am ehesten als positiv und im betriebswirtschaftlichen Bezug kostenbewusst im Sinne von Werbung darstellt, ist im Rahmen von Öffentlichkeitsarbeit und im Bereich der Rekrutierung die Vermittlung und Information über das Berufsbild Soldat als ein konstruktives und somit attraktives Tätigkeitsgebiet. Im Vordergrund steht die Darstellung der Leistungsfähigkeit, die Konformität des Militärs mit den eigenen gesellschaftlichen und ethischen Normen und Grundwerten sowie ein informierender, aber nicht im eigentlichen Sinne werbender, also appellierender Transport des Militärwesens und der Sinnhaftigkeit – weil Notwendigkeit – des militärischen Auftrages in die Gesellschaft. Gerade von der öffentlichen Wahrnehmung hängt die Nachwuchsgewinnung und die Unterstützung bei der Auftragserfüllung unmittelbar ab. Jede andere Form der Werbung und deren Kosten würde sich nicht im Resultat der Sicherheitsleistung widerspiegeln, sondern eventuell auch negativ aufgefasst werden und somit auch eine dementsprechende Wirkung entfalten.

3.4.9 Qualitätsmanagement

Zwar lässt sich militärische Leistung, wie bereits angemerkt, nicht als solche bewerten. Jedoch ist es möglich, die Qualität dieser Leistung oder vielmehr die Qualität der eigentlichen Leistungserbringung durch die Sammlung und Auswertung subjektiver Eindrücke in der Gesellschaft und bei der eigenen militärischen Belegschaft anhand von diversen Kriterien oder Ansprüchen an die erbrachte Leistung, bzw. an die Art und Weise der Leistungserbringung zumindest ermessen. Somit lassen sich auch Anhaltspunkte für etwaige Verbesserungsansätze finden. Darum geht es im Qualitätsmanagement letztendlich.

- Zuverlässigkeit: Können die Streitkräfte ihren Auftrag wirklich zuverlässig und professionell erfüllen?
- Entgegenkommen: Sind die Streitkräfte auch entschlossen, die zu erbringende Leistung umgehend und ohne Einschränkungen bereitzustellen?
- Vertrauenswürdigkeit: Haben die Streitkräfte das Vertrauen von Bürgern und dem eigenen Personal verdient; wenn ja, warum?
- Zuwendung: Sind sich die Soldaten bewusst, warum sie diese Leistung erbringen (müssen) und für wen?

Betrachtet man nun ausschließlich den militärinternen Empfängerkreis, also sämtliches militärisches und ziviles Personal der Streitkräfte, so erstreckt sich die Definition der Leistungserbringung über die reine Bereitstellung und Gewährleistung von Sicherheit und Einsatzbereitschaft hinaus auf weit alltäglichere Aspekte. Beispielsweise wäre eine Erstreckung auf den gesamten Servicebereich für Soldaten und deren Angehörige und andere Mitarbeiter oder das Ausbildungs- und Betreuungsangebot sowie zur Verfügung gestellte Freizeitmöglichkeiten und Ähnliches denkbar.

Die Einführung von einheitlichen Qualitätsstandards würde eine geeignete Bemessungsgrundlage für erbrachte bzw. zu erbringende Leistungen darstellen und hätte zudem auch einen gewissen Motivationscharakter. Weiterhin würde ein effizienter Ressourceneinsatz gewährt; nicht zuletzt auch aufgrund potentieller Verbesserungsvorschläge von Mitarbeitern, die mit gesetzten Standards eine plastische Vorstellung von dem hätten, was es zu erreichen gilt – und ob dieses nicht sogar zukünftig noch verbessert werden kann.

Eine Möglichkeit, sich zumindest militärintern ein Bild über den Akzeptanzgrad bereitgestellter Leistungen zu machen, ist das gängige

Marketinginstrument der Umfrage, beispielsweise durch einen anonymen Fragebogen. Was das Bild in der Öffentlichkeit angeht, sind öffentliche Umfragen wohl repräsentativer und somit für Kontroll- und Verbesserungsmaßnahmen nachvollziehbarer, wertvoller und wirken außerdem seriöser.

Ein umfassendes Mitarbeiterinformationssystem, beispielsweise durch vernetzte Rechnersysteme oder zentrale Server mit generellem Zugang aller Dienststellen – oder etwas simpler, öffentlichen Aushängen etc. – verbessert deutlich die Beteiligung des Personals an Auftragsumsetzungen und die Koordination untereinander bei der Diensttätigkeit selbst auf unterer Dienststellenebene.

Allerdings zeigen sich hier auch wieder die Grenzen solcher Maßnahmen, da im Militär zum einen diverse Geheimhaltungs- und Klassifikationsstufen gelten und zum anderen die verwaltungstechnische Administration mit festgelegten Aufgabenbereichen und mit getrennten Vorschriftenkatalogen eine überschneidende Koordination von Einzelaufgaben zwischen den Dienststellen nur sehr restriktiv zulässt.

Jedoch wäre gerade die Kenntnis der Mitarbeiter über die Gesamtzusammenhänge von verwaltungstechnischen Prozessen und Umsetzungsabläufen sehr hilfreich und fördernd. Denn gerade aus dem eigentlich umsetzenden Personal sind die konstruktivsten Verbesserungsvorschläge zu erwarten.

Eine verbesserte Datenerfassung würde erheblich zur zukünftigen Systemverbesserung beitragen, da dies somit empirische Analysen zuließe und auch die Nachverfolgbarkeit von Abläufen und verwaltungstechnischen Prozessen der Leistungserstellung durch eine transparentere und plastischere Darstellung vereinfachen würde.

Jedoch muss gerade im Militär der eingeschränkte und gesicherte Zugang auf sensibles Datenmaterial ausschließlich durch jeweils verantwortliches Personal gewahrt bleiben.

Weiterhin sollte eine Aufgabe des Qualitätsmanagements die Einschätzung der Verwendung von Budgetgeldern sein. So wäre es durchaus sinnvoll, nicht nur zu überprüfen, ob sich Investitionen für ein Projekt rein rechnerisch über Aspekte wie Kostendeckung oder Wirtschaftlichkeit beziffern lassen, sondern ob Investitionen auch sinnvoll in Hinsicht auf Arbeitsplatzqualität, Motivation des Personals oder genereller Verbesserung einer unbefriedigenden Situation sind.

Interessant wäre auch eine Analyse, wie sich Budgetveränderungen auf die Qualität eines solchen Projekts ausgewirkt hätten. Das würde auch dazu beitragen, die oftmals sinnlose Verwendung von Restbudgetbeständen zwecks Vermeidung einer Rückführung zu minimieren.

Auch die Applikation der sogenannten Aufgabenkritik kann ein wirksames Instrument zur nachhaltigen Effizienzsteigerung und Optimierung des Ressourceneinsatzes in der Aufgabenerfüllung der Streitkräfte darstellen. Wesentliche Bestandteile dieses Instrumentes ist erstens die Zweckkritik. Dieser Ansatz bezüglich der Effektivität angestellter Prozesse hinterfragt, in wie weit die verrichteten Aufgaben überhaupt zweckmäßig und sinnvoll sind.

Der zweite Bestandteil ist die Prozesskritik, die sich an Grundsätzen der Effizienz orientiert und beleuchtet, wie die zu erfüllenden Aufgaben auch korrekt und nachvollziehbar durchgeführt wurden.

Vitale Fragestellungen sind also in dieser Hinsicht:

- Was sind die Kernaufgaben und was ist eher sekundär?
- Von welchen Aufgaben kann die Organisation entlastet werden?
- Welche Aufgaben müssen aus militärischen Gründen selbst erbracht werden und welche sind auslagerungsfähig, ohne dabei unnötig eigenen Know-how-Transfer zu riskieren?
- Welche Aufgaben könnten externe Leistungsersteller genauso gut oder besser erfüllen?
- Sind Verbesserungen in den Prozessen, Strukturen und im Verwaltungsablauf denkbar und möglich?
- Ist es möglich, die Aufgabenerfüllung nicht selbst zu tätigen, sondern diese zu delegieren und sich zentral auf die Steuerung, Planung, Überwachung und Kontrolle der Aufgabenerfüllung zu konzentrieren?

Wiederum zeigt sich, wie schwierig die Vereinbarkeit von betriebswirtschaftlichen Prinzipien und Methoden mit verwaltungstechnischen Abläufen in einer Organisation wie den Streitkräften ist. Aber auch in den Streitkräften gilt wie in der Wirtschaft: die Standards für die Qualität der erbrachten Leistung werden vom „Kunden" gesetzt; unabhängig von seinem jeweiligen Status als Konsument, Bürger oder Mitarbeiter. Somit sind betriebswirtschaftliche Instrumente nicht nur wünschenswert, sondern unabdingbar für eine suffiziente Leistungserstellung, sei diese noch so diffus, unerlässlich.[63]

3.5 Betriebswirtschaftliche Implikationen für die militärische Führung und Führungsausbildung

Die Natur des militärischen Betriebes ist grundsätzlich alles andere als demokratisch. Aber gerade das strikte Hierarchiesystem ist eine vitale Grundvoraussetzung für die Aufrechterhaltung des militärischen Systems der Streitkräfte. Dabei ist die Führung von Truppen der eigentliche und wesentlichste Teilbereich des militärischen Betriebes.

Es stellt sich allerdings die Frage, inwiefern sich in diesem Hierarchiegebilde nicht ein managementorientierter Begriff der Führung, der sich vielmehr auf Führung als Vorbildgabe und Motivation sowie Vorgabe eines gewissen „roten Fadens" bezieht, als positiv für das militärische System erweist. Zwar hat das Prinzip von Befehl und Gehorsam weiterhin zu bestehen, da Diskussionen im Falle der – insbesondere einsatzbezogenen – Auftragserfüllung und der Notwendigkeit schneller Entscheidungen alles andere als produktiv sind. Jedoch lässt sich nun einmal nicht verleugnen, dass positiv motivierte Mitarbeit um vieles bessere Ergebnisse hervorbringt, als durch Befehle quasi erzwungene Tätigkeiten, welche nur halbherzig erfüllt werden.

Gerade im Bereich des militärischen Führungsestablishments gilt es, langfristige Entscheidungen so auszurichten und in die untergebenen Hierarchieschichten zu kommunizieren, dass nicht nur eine Auftragserfüllung auf absehbare Zeit gewährleistet ist, sondern auch eine Weiterentwicklung der Streitkräfte durch motiviertes und engagiertes

[63] vgl. Hahn, Oswald: Militärbetriebslehre, Berlin 1997, 257 ff.; Forschungsinstitut für Militärökonomie und angewandte Konversion; Gesellschaft für Militärökonomie (Hrsg.): Streitkräfte als Wirtschaftsbetrieb, Berlin/Koblenz 1992; Guss, Kurt; Gößl, Alfred: Theorie und Praxis der kooperativen Führung in der öffentlichen Verwaltung, in: Guss, Kurt (Hrsg.): Der Mensch im Mittelpunkt der Militärökonomie, Koblenz 1987, 219 ff.

Personal gefördert wird. Diese Form der inneren Führung gewährleistet auf absehbare Zeit einen hohen Standard des militärischen Personals, auch in kritischen Zeiten.

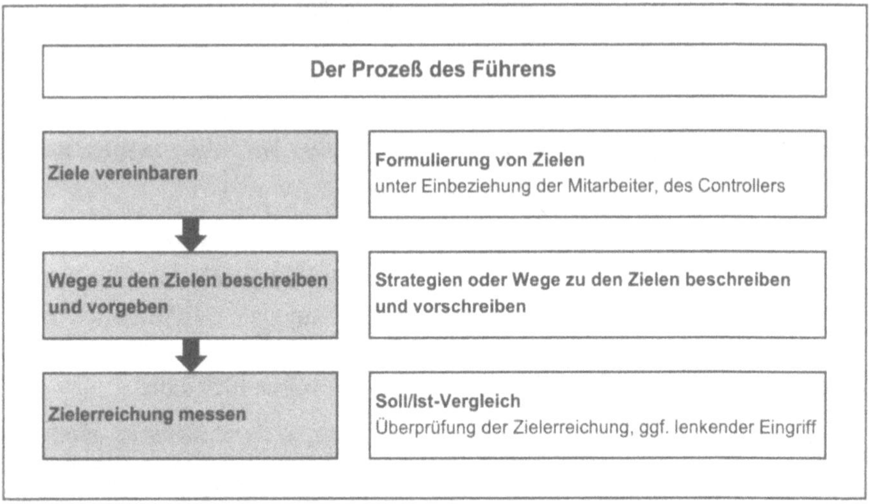

Abbildung 3-13 *Prozess des Führens*

Das bedingt natürlich auch eine suffiziente Ausbildung des Führungsnachwuchses als eine Investition in die Zukunft des Militärbetriebes.

Derartige Ausbildungskonzepte bedürfen neben fachlichen, also militärischen Qualifikationen, sogenannten Hard Skills, auch fachübergreifende, und hier besonders soziale und kommunikative Qualifikationen, kurz Führungsfähigkeiten oder sogenannten Soft Skills.

Wesentliche Kernkompetenzen einer solchen militärischen Führungskraft wären unter anderem:

- Fähigkeit zur Menschenführung
- Kommunikationsfähigkeit
- Konflikt- und Konsensfähigkeit vor dem Hintergrund der Befehlsstruktur
- Urteilsfähigkeit und Glaubwürdigkeit
- Entscheidungskraft
- Fähigkeit zu ganzheitlichem und vernetztem Denken

- Kreativität
- Lernfähigkeit

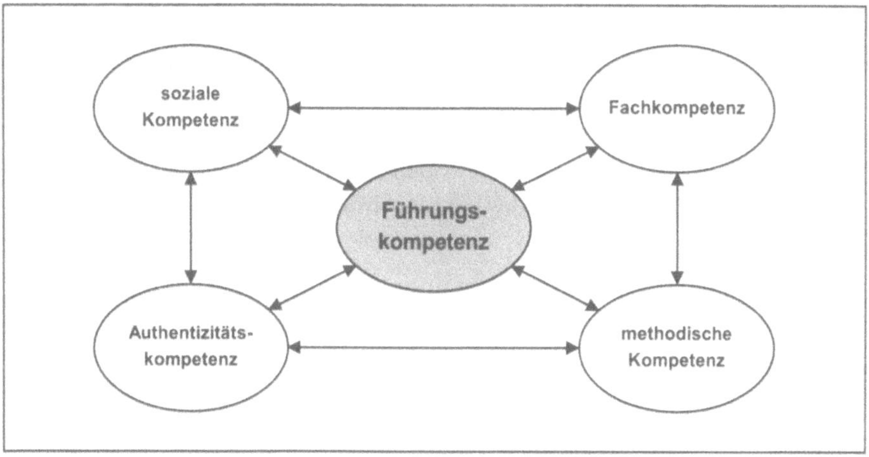

Abbildung 3-14 *Führungskompetenzen*[64]

Stellt sich also die Frage: Ist Führung erlern- und trainierbar? Und wenn ja: Soll man vorrangig für den Frieden oder für den Einsatzfall ausbilden?

Wenn für den Einsatz: Wie wird sich das zukünftige Gefechts- und Einsatzbild entwickeln? Nach welchen Kriterien und Eignungen sollen denn zukünftige Führungskräfte ausgewählt werden, damit bei angemessener Ausbildung später fähiges Personal vorhanden ist? Wie stufe ich den Wert dieses Führungspersonals ein? Ist derartiges überhaupt quantifizierbar? Zumal ja über die Kosten einer solchen Ausbildung Rechenschaft abgelegt werden muss.

Das zukünftige Aufgabenfeld für die militärische Führung wird zwangsläufig komplexer werden, ganz zu schweigen von der notwendigen sprachlichen Kompetenz in höheren und international zusammengesetzten Führungsstäben und Kommandozentren. Somit bleibt letztendlich als vielversprechender Ausbildungsansatz eigentlich nur der pädagogisch-methodische Weg, also eine gewissenhafte theoretische als auch praktische Ausbildung zukünftiger Kommandanten.

[64] vgl. Karbach, Rolf: Grundlagen der Unternehmensführung, Altenberge 2004

Für die Ausbildung als solche hat dies Auswirkungen in so fern, als eine ziel- und problemorientierte Vermittlung von sowohl militärischem als auch fachübergreifenden Qualifikationen anhand praktischer Szenarien, Führungstrainings nach dem Vorbild der Managementausbildung in der Wirtschaft sowie weiterführende Lehrgänge im Vordergrund stehen sollten. Der Schlüssel zu einer fundierten Ausbildung, welche in Zukunft eine Verbesserung des militärischen Betriebs bedingt, liegt in der effektiven Verknüpfung praktischer Problemlösungsansätze für Konfliktfelder des militärischen Alltags mit wissenschaftlichen Erkenntnissen.

Ein Beispiel für ein in diese Richtung gestaltetes Ausbildungskonzept soll der folgende Studienplan der Theresianischen Militärakademie in Wiener Neustadt, der Heimstätte für die Ausbildung österreichischer Offiziere, geben.

Studienplan der Theresianischen Militärakademie des Österreichischen Bundesheeres (Fachhochschulstudiengang „Militärische Führung")								
Studienfach/Semester	**1**	**2**	**3**	**4**	**5**	**6**	**7**	**8**
Wissenschaftliches Arbeiten	1	1						
Militärisches Führungssystem	1							
Führungstruppe	1							
Kampftruppe	1							
Einsatzunterstützung	1	1						
Kampfunterstützung	1	1						
Taktik,		3	6	3			2	
Wehrtechnik	2			1	4			
Militärtechnik und Umweltschutz	2							
Bildung, Lehren, Lernen	2		2				2	
Erziehung	2	2						
Militärpsychologie, Pädagogik	1	4	2					
Rhetorik, Präsentationstechnik	2							
Führungsverhalten	1		2	2				1
Politische Theorie, Systemlehre	2		4					
Fremdsprachen	2	2	2	2		2	2	
Informatik		1	1	2			1	
Führungslehre und Organisation		2	2					
Gefechtstechnik			5	1				
Betriebswirtschaftslehre				2			2	2
Anthropologische Theorien				1				
Soziologie				1				

II. Weltkrieg und Konflikte				2				
Internationales Recht				2				
Nationales Wehr-, Verfassungsrecht		2		2			3	2
Englische Fachterminologie				2				
Nachrichtentechnik					4			
Kommunikationstechnologie					6			2
Feldinfrastruktur					4			
Führungsgrundsätze					1	1		
Projektmanagement							2	
Volkswirtschaftslehre							2	
Internationale Einsätze								6
Wehrethik								1
Praktikum und begleitende Seminare						2		

***Tabelle 3-2** Studienplan der Theresianischen Militärakademie (vereinfacht)*[65]

3.6 Konzeption strategischer Entscheidungen als Teilaufgabe militärischer Führung

Neben dem Prinzip der langfristigen Auslegung und Richtungsgabe ist bei der Konzeption strategischer Entscheidungen auch die Vermittlung der beschlossenen Zielsetzungen an alle Beteiligten von Bedeutung. Dabei bildet eine Vision gewissermaßen die „Spitze der Pyramide". Eine Vision ist das Bild einer Zukunft, zu der sich eine Organisation hin bewegen will oder soll. Den Ausgangspunkt der Vision stellt die Unternehmensphilosophie oder im Falle der Streitkräfte der militärische Selbstzweck dar. Diese spiegelt Grundannahmen, Prinzipien, Werte und Überzeugungen der gesamten Organisation wieder und tritt in ihrer Umsetzung als Entscheidungen, Methoden und Handlungsweisen und somit als Basis für eine geeignete Strategie hervor.

Eine Strategie entsteht aus der Analyse der für eine Organisation günstigsten Kombinationen aus Chancen und Risiken. Diese ergeben sich aus ihrem Umfeld und den jeweils aktuellen Stärken und Schwächen. Unter einem Prozess der Strategiefindung sind also vor allem sämtliche Überlegungen und Maßnahmen zu verstehen, die notwendig sind, um sicher zu stellen, dass die vereinbarten Maßnahmen zur jeweiligen

[65] vgl. Jung, Hermann: Der Fachhochschulstudiengang „Militärische Führung", Information des BMLV/S III/Ausb. A des Referates Wehrpädagogik vom 3. 06. 2002, in: Der Soldat Nr. 15, August 2002, 13; http://www.bmlv.gv.at, 08.02.2005

Zielerreichung auch erfolgreich angewendet werden. Aus der Strategie leiten sich die konkreten Ziele sowie Politiken und Richtlinien, die zur Umsetzung notwendig sind ab.

Ausgewählte Ziele militärischer Führung sind beispielsweise:

- Hoher technischer Standard für Aufklärung, Führung, Beweglichkeit und Distanzwaffen;
- Durchsetzungsfähigkeit in Einsatzszenarien;
- Kooperationsfähigkeit mit alliierten Streitkräften;
- ständige Einsatzbereitschaft des vorhandenen Materials und der Gerätschaften;
- effiziente Organisation und optimale Ausrüstungskomponenten;
- gut qualifiziertes und motiviertes Personal auf allen Ebenen und kompetente Führung.

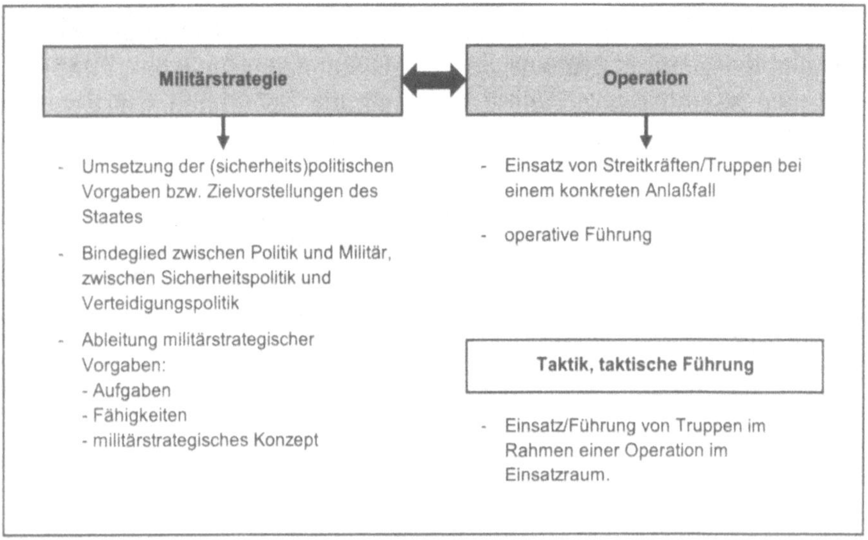

Abbildung 3-15 *Militärstrategie versus Operation*[66]

[66] siehe Fußnote 34

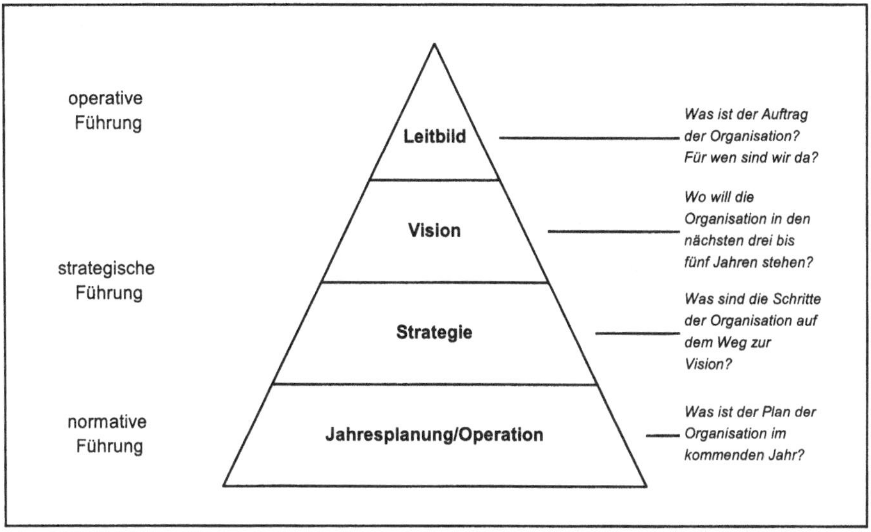

Abbildung 3-16 *Management-Pyramide*

Bezüglich der Transformation der Streitkräfte zu einem weitgehend unternehmerisch geführten Betrieb ist eine dementsprechend veränderte Philosophie hinsichtlich des Führens und der Vermittlung von Entscheidungen erforderlich. Es geht darum, eine verstärkte Orientierung der Streitkräfte auf eine, zumindest in Friedenszeiten, grundsätzliche Wirtschaftlichkeitsbetrachtung bei der Erfüllung militärischer Aufgaben anzuregen. Von ebenso großer Bedeutung ist die Kenntnis über eigene Stärken und Schwächen.

Ziel dieser Betrachtung ist die realistische Einschätzung des eigenen Leistungsvermögens, dessen Grenzen – und wie man sich entsprechend zu positionieren hat. Mit der Analyse der Stärken und Schwächen werden insbesondere die bisherige Entwicklung der Organisation, deren zukünftiges Potential, die Struktur und die zur Verfügung stehenden Mittel betrachtet. Ob sich ein Strategiekonzept im Voraus als erfolgreich erweist, lässt sich durch folgende Fragestellungen ermessen:

- Ist eine durchgängige Strategie erkennbar und allen Beteiligten vermittelt worden?
- Berücksichtigt die Strategie alle Möglichkeiten, die sich heute und in Zukunft bieten?

- Ist die Strategie mit den Möglichkeiten, über die man in der Organisation verfügt, also den derzeitig und zukünftig zur Verfügung stehenden Ressourcen umsetzbar?
- Sind die einzelnen Komponenten der Strategie sowie die daraus abgeleiteten Ziele und Politiken konsistent?
- Ist das einzugehende Risiko kalkulierbar und vereinbar mit den Möglichkeiten der Organisation?
- Wird die Strategie von allen beteiligten Akteuren mitgetragen?

Aus der Strategie werden in der Folge Ziele abgeleitet, die den ersten Schritt für die Umsetzung bilden. In der öffentlichen Verwaltung existieren – im Gegensatz zu einem Unternehmen – zahlreiche, verallgemeinerte Zielvorgaben. Beispielsweise etwa Friedens- und Freiheitserhalt, Gerechtigkeitsgrundsätze, innere und äußere Sicherheit etc. sowie den daraus resultierenden sozialen und wirtschaftlichen Zielen, die nicht selten schwer miteinander zu vereinbaren sind.[67]

3.7 Outsourcing im Militär

Bereits in der Wirtschaft seit längerem angewandt, stellt Outsourcing auch in modernen Streitkräften zunehmend eine Option zur Auslagerung von Kosten dar.

Der Begriff Outsourcing beschreibt das gezielte Auslagern eigener Kapazitäten, welche nicht mehr kosteneffizient erfüllt werden können, an andere Dienstleister und Bereitsteller und den anschließenden Bezug dieser einst mit eigenen Mitteln bereitgestellter Güter und Leistungen von diesen externen Quellen. Die Bereitsteller können organisationsexterne, also völlig eigenständige Anbieter sein oder auch ein ausgegliederter Teil der Organisation. Demnach kann nochmals in externes und internes Outsourcing unterschieden werden.

Ein wesentliches Kriterium für Outsourcingbestrebungen ist die Senkung eigener Fix- und Betriebskosten, wie beispielsweise Kosten für

[67] vgl. Hahn, Oswald: Militärbetriebslehre, Berlin 1997, 259 ff.; Guss, Kurt; Gerber, Johannes: Der Betriebswirt in der Bundeswehr, in: Guss, Kurt (Hrsg.): Der Mensch im Mittelpunkt der Militärökonomie, Koblenz 1987, 277 ff.

Lagerhaltung, Instandsetzung, Infrastrukturaufwand, Kosten für Grundstücke und Grundstücksnutzung, administrative Kosten oder auch Personalkosten. Auch sind externe Anbieter oft auf die Produktion bestimmter Güter oder die Erbringung bestimmter Dienstleistungen spezialisiert und verfügen deshalb über ein naturgemäß breiteres Fachwissen, die jeweils ausgelagerten Komponenten betreffend.

In vielen Streitkräften bereits völlig oder teilweise ausgegliederte Bereiche sind unter anderem Fuhrparkdienste, Wäscheservice und Einkleidungsdienste, Sportanlagen und Übungsplätze, Tankstellen, Schießanlagen, Flugplätze, Garagen, medizinische Versorgungseinrichtungen, Ausbildungseinrichtungen, Liegenschaftsverwaltung, Lebensmittelversorgung, IT-Dienste, Instandhaltungskomponenten und Werkstätten etc.

Beispielsweise erwägt die deutsche Bundeswehr derzeit auch die Pilotenausbildung für Helikopter zu privatisieren. Vom August 2004 bis Januar 2005 lief ein Interessenbekundungsverfahren, mit dem Angebote von zivilen Flugschulen eingeholt wurden. Ein Vorteil, der sich daraus für das deutsche Heer ergäbe, wäre die Einsparung von Geldern für den Kauf von Trainingshelikoptern EC-120.[68]

In Betrachtung wirtschaftlicher Gesichtspunkte generell mit positiven Erwartungen verbunden, können allerdings solche Unterfangen, nicht zuletzt auch durch den Widerspruch zwischen Verwaltung und Management, zu wirtschaftlichen Bruchlandungen führen. Dies zeigt sich am Beispiel der Bundeswehr und deren Privatisierung des Fuhrparks.

Ein teurer Fuhrpark

Im Juni 2002 wurde die Bundeswehr Fuhrpark Service GmbH (BwFPS) mit dem Ziel gegründet, den Mobilitätsbedarf der Streitkräfte durch Modernisierung und Reduzierung des Gesamtumfanges an Fahrzeugen wirtschaftlicher und kosteneffizienter zu bedienen. Es sollten die insgesamt 108.000 ungepanzerten Fahrzeuge der Bundeswehr übernommen, und der Bedarf durch effizientes Management reduziert werden. Die Organisation liegt in den Händen von regionalen Fuhrparkmanagern, dezentralen Fuhrparkbeauftragten und regionalen

[68] vgl. o.V.: Privates Pilotentraining, in: Der Spiegel 34/2004, 19

Vertriebsbeauftragten. Die Gesellschaft gehört zu 24,9 Prozent der Deutschen Bahn und zu 75,1 Prozent der Gesellschaft für Entwicklung, Beschaffung und Betrieb (Gebb). Die Gebb steht wiederum zu 100 Prozent im Besitz des Bundesverteidigungsministeriums.

Man rechnete sich Vorteile wie eine Reduzierung von Ausgaben, Personalfreisetzung, moderne und bedarfsgerechte Fuhrparkstrukturen und eine generelle Kostensenkung, insgesamt rund 41 Millionen Euro jährlich aus. Jedoch erwies sich gerade die Bundeswehr selbst als zu schwerfällig und inkompatibel, um die möglichen Einsparungen zu erzielen. Laut einem Bericht des Bundesrechnungshofes wurde das Ziel, den Fahrzeugbestand planmäßig und stufenweise zu reduzieren, im Jahr 2003 um 23.000 Fahrzeuge und im Jahr 2004 um rund 30.000 Fahrzeuge verfehlt.

Dazu kommt, dass man sich in den Reihen der Bundeswehr wohl nicht ganz sicher über die tatsächliche Anzahl der eigenen Fahrzeuge in den fast 600 Standorten ist. Laut bundeswehrinternen Zählungen verfügt man über 96.764 Fahrzeuge, während der Bundesrechnungshof auf 104.681 Fahrzeuge kommt. Die Fuhrparkgesellschaft selbst gab ihren Bestand korrekt an. Weiterhin konnte das Bundesverteidigungsministerium keine aussagekräftigen Daten zu den Gesamtausgaben der Bundeswehr für den Fuhrpark geben.

Aber man ging seitens der Rechnungsprüfer von einigen redundanten Ausgabeposten aus. So betreibt die Bundeswehr trotz eines Angebots der Fuhrpark-GmbH weiterhin eine eigene Fuhrparkorganisation und anstelle der vereinbarten 3.500 Kraftfahrer wurden nur ca. 800 Fahrer an die Fuhrpark-GmbH transferiert. Folglich musste die Gesellschaft zusätzliche Kräfte einstellen, die Personalkosten stiegen überdimensional. Nach einer Schätzung des Bundesrechnungshofes von Ende 2004 belaufen sich die Kosten für die Doppelorganisation auf rund 150 Millionen Euro jährlich. Zudem erfolgen die Zahlungen der Bundeswehr an die Gesellschaft entweder verspätet oder gar nicht.

Bis Ende 2004 waren noch offenstehende Rechnungen in Höhe von ca. 10 Millionen Euro zu verbuchen. Somit musste die Gesellschaft mit Krediten aus Bundesmitteln gestützt werden. Als Begründung gab das Bundesamt für Wehrtechnik und Beschaffung in einer Erklärung vom 23. Januar 2005 eine deutliche Diskrepanz zwischen erfolgten Zahlungen und erbrachten Leistungen an. So sei eine Sonderzahlung von 21,9 Millionen Euro ohne Rücksprache mit dem Bundesamt als Vertragspartner zweck- und vertragswidrig verwendet worden.[69]

Natürlich kann Outsourcing erhebliche Vorteile in wirtschaftlicher Hinsicht bieten. So ermöglicht Outsourcing in Zeiten eines langfristig angelegten Abbaus der Personaldecke in öffentlichen Verwaltungen die gezielte Personalfreisetzung in nachgelagerten Tätigkeitsbereichen für die Verrichtung von Kernaufgaben. Außerdem findet der Personalabbau wesentlich sozialverträglicher statt. Auch haben Dienstleister aus der Wirtschaft das Potential, kosteneffizienter zu arbeiten und verfügen über einen höheren Erfahrungsstand.

Das ermöglicht der öffentlichen Verwaltung eine Inanspruchnahme der Leistungen zu unter Umständen günstigeren Konditionen und gewährleistet vor allem die generelle Leistungserbringung für den Bürger. Dies wäre mit verringertem Arbeits- und Kostenaufwand durch die öffentliche Verwaltung verbunden, was auch zu einer Minderung der verwaltungstechnischen Gesamtkosten führen würde.

Trotzdem zeigt die praktische Umsetzung, dass Bedenken hinsichtlich Outsourcing nicht unbegründet sind. Das Beispiel des Bundeswehrfuhrparks hat gezeigt, dass eine Kostenminderung zwar theoretisch vorstellbar und eigentlich konsequent ist, aber mitunter an verwaltungsinternen Prozessen, die mit dem Outsourcing verbunden sind, scheitern kann. Weiterhin sind die Aufwendungen, welche via einer Inanspruchnahme fremder Leistungen durch die öffentliche Verwaltung entstehen, gegen die Kosten der Eigenerbringung zu rechnen. Zwar ist ein Fremdbezug in der Regel günstiger, jedoch sind privatwirtschaftliche Unternehmen wiederum marktwirtschaftlichen Zwängen unterlegen. Das kann durchaus bedeuten, dass langfristig kalkulierbare Festpreiskonditionen auszuschließen sind und somit potentielle Kostenanstiege unter Umständen eingeplant werden müssen.

[69] vgl. Klüver, Reymer: Unterwegs in die roten Zahlen, in: Süddeutsche Zeitung, 04. 12. 2004, 8; Leersch, Hans Jürgen: Problematische Auslagerung, in: Die Welt, 31. 05. 2005, http://www.welt.de, 08. 06. 2005; http://www.eppp.de, 26. 05. 2005; http://www.dbfuhrparkservice.de, 26. 05. 2005

Bei einer Anwendung im Militär kommt noch dazu, dass mit der Leistungserbringung, in welchem militärischen Bereich auch immer, grundsätzlich auch ein gewisses Vertrauen des Bürgers verbunden ist. Allerdings ist es fraglich, ob eine Übergabe solcher Verantwortungen an Unternehmen aus der Privatwirtschaft dieses Vertrauen in den Augen der Bürger rechtfertigt; steht doch naturgemäß bei Unternehmen eine primäre Orientierung an Prinzipien des Gemeinwohls nicht im Vordergrund ihres wirtschaftlichen Handelns.

Streitkräfte befinden sich nun einmal nicht im Wettbewerb, aber ihre Einsatzfähigkeit kann gerade bei einem Anlassfall gefährdet sein, weil von der nunmehr privatwirtschaftlichen Seite ein Versorgungsdefizit bei nachgelagerten, aber dennoch für die Leistungserfüllung wichtigen Aufgaben eintreten kann.

Außerdem sind Streitkräfte eine Institution, der gesonderte Betrachtung bezüglich des Zugangs zu internen Daten und bei Sicherheitsfragen zukommen muss. Das bedeutet, das bei Partnerschaften etwa privaten Sicherheitsdiensten besonders große Vorsicht geboten ist.

Von Schlauchbooten und Festplatten

So wurden beispielsweise im Mai 2005 Schlauchboote und diverse elektronische Geräte aus einer Kaserne der Bundeswehr in Holzminden entwendet. Nach einer Untersuchung wurde festgestellt, dass ziviles Wachpersonal die Sicherung der Waffenkammer aus Zeitgründen nicht wahrgenommen hatte und die Geschäftsleitung der Wachdienstgesellschaft eingeplantes und verrechnetes Personal für Wachtätigkeiten gleichzeitig in andere Standorte abgezogen hatte.[70]

Eine Festplatte aus den Computern der U.S.-Army mit angeblich sicherheitsrelevanten Daten wurde 2002 von einer Privatperson via Internet zum Kauf angeboten. Nach einer Untersuchung der Militärnachrichtendienste stellte sich heraus, dass der Verkäufer diese Festplatte angeblich unwissentlich bei einem Räumungsverkauf einer Firma, die für militärische IT-Services, wie Wartung und Betreuung der Computer der U.S. Army verantwortlich war, erstanden hatte.[71]

---

[70] vgl. o.V.: Diebstahl bei der Bundeswehr, in: Die Welt, 31. 05. 2005, 4

[71] vgl. o.V.: Kriegsdaten versteigert, in: Der Stern 9/2002, 30

Die Bundeswehr hat zum Schutz ihrer Datenträger wiederum die Firma Ultimaco beauftragt, die militärischen Festplatten und Datenträger so zu verschlüsseln, dass bei einem Diebstahl ein Zugriff selbst nach einem Einbau in ungesicherte Systeme nicht möglich ist. Bisher wurden ca. 20.000 Notebooks der Bundeswehr so ausgerüstet.[72]

Momentan hat die öffentliche Verwaltung sogenannte PPP-Modelle (Public Private Partnerships) als günstigste Form der Auslagerung erkannt. Bei derartigen öffentlich-privaten Partnerschaften gibt die öffentliche Verwaltung die Verantwortung für eine Leistungserbringung nicht gänzlich aus der Hand. Es werden statt dessen mit Unternehmen gemeinsame Tochtergesellschaften gegründet, welche unter einer gemeinsamen Führung stehen. Zwar bietet diese Form wiederum Potential für interne Konflikte, jedoch ist die Gefahr einer unzureichenden Leistungserbringung aus Kostengründen zumindest von Seiten des Leistungserbringers selbst weitestgehend minimiert.

Entstaatlichung von militärischen Einsatzaufgaben

Der Politikwissenschaftler Samuel Huntington hat postuliert, dass der Beruf des Militärs der einzige ist, auf den der Staat ein Monopol hat. Doch zunehmend fallen auch Begriffe wie „Private Assault", „der outgesourcte Krieg", „der schlanke Krieg" oder „Privatarmee", wenn man von Privatisierungsbestrebungen im militärischen Bereich spricht.[73]

Der amerikanische Verteidigungsminister gab im März 2004 in einem TV-Interview an, dass jede Funktion, die vom privaten Sektor übernommen werden kann, keine militärische Kernfunktion mehr ist.[74]

Die in den letzten Jahren aufgetretenen Konflikte liefern genug Beispiele für diese Tendenz und darüber hinaus.

[72] vgl. Streitkräftebasis, Informationsseite der Bundeswehr, http://www.streitkräftebasis.de, 26. 05. 2005

[73] vgl. von Ilsemann, Siegesmund; Hoyng, Hans: Privatkrieg auf Staatskosten, in: Der Spiegel 19/2004, 132

[74] vgl. ebd., 134

„Ich kauf' mir einen Krieger“

So wurden im Balkankonflikt 1999 U.S. Air Force-Aufklärungsverbände abgezogen und ohne Einschränkungen durch die Privatfirma AIRSCAN ersetzt.

Von 1996 bis 2004 „investierte“ das U.S.-Verteidigungsministerium ca. 300 Milliarden Dollar in private Militärunternehmungen.

Im letzten Irakkrieg 2004 waren etwa 20.000 Söldner aus mehr als 30 Nationen im Dienst. Das entsprach ungefähr einem Neuntel der gesamten militärischen Präsenz im Irak. Während der anschließenden Okkupationsphase hat sich diese Zahl sogar auf über 30.000 erhöht.

Im Golfkrieg 1990/91 war das Verhältnis ziviler Krieger zu Soldaten noch 1:100. Diese privaten Soldaten sind hauptsächlich bei U.S.-Firmen angestellt, die ihre Aufträge direkt vom Pentagon erhalten.

Je nach Risikolage lassen sich pro Person bis zu 350.000 Dollar im Jahr verdienen. Für die Politik hat das den wichtigen mentalen Pluspunkt, das gefallene Söldner nicht in den Verlustzahlen auftauchen und somit die Unterstützung an der Heimatfront nicht negativ beeinflusst wird.

Der Irakkrieg zeigt auch deutlich das Konzept einer „Entstaatlichung über Drittstaaten“ anhand von Teilen der sogenannten „Koalition der Willigen“. Das bedeutet soviel wie die Auslagerung von Aufgaben durch einen Staat an andere Satellitenstaaten.

Die Vereinigten Staaten geben die Besatzungshoheit an alliierte Staaten wie Polen, Japan oder bis Frühjahr 2004 Spanien und andere ab, die sich daraus Vorteile versprechen und wiederum Aufgaben an Staaten wie beispielsweise die Ukraine oder Süd-Korea abgeben.

Diese sehen wiederum Vorteile, wie beispielsweise einen erleichterten Eintritt in die NATO oder verbesserte Beziehungen zu den Vereinigten Staaten oder Europa. Selbst innerhalb der Streitkräfte scheint die Zugehörigkeit zu einer Nation nicht mehr unbedingt ein ausschlaggebender Punkt. So sind beispielsweise von den noch 135.000 im Irak eingesetzten U.S.-Soldaten ca. 40.000 Immigranten aus Mexiko und anderen Staaten Lateinamerikas, denen man bei der Rückkehr die Green Card oder die Staatsbürgerschaft versprochen hat.[75]

Die südafrikanische Firma Executive Outcomes bot 1994 an, innerhalb von vier Tagen eine Truppe von 500 Mann bereitzustellen, welche den Völkermord in Ruanda stoppen sollte. Pro Tag hätte diese Truppe 600.000 Dollar gekostet. Nachdem die UN das Angebot abgelehnt hatte, entsandte sie stattdessen eine UN-Truppe, welche drei Millionen am Tag kostete und das Töten wegen des schwachen Mandats nicht stoppen konnte.

Dieselbe Firma wurde auch 1995 während des Bürgerkriegs in Sierra Leone von der dortigen Regierung beauftragt, den Völkermord durch marodierende Truppen der rebellischen RUF zu beenden. Mit nur 160 Mann, hochtechnologischem Gerät und Präzisionsluftschlägen wurde die mehrere tausend Mann starke RUF binnen zwei Wochen zerschlagen und der Bürgerkrieg beendet. Der gesamte Einsatz kostete lediglich ca. 60 Millionen Dollar.[76]

Executive Outcomes beteiligte sich bereits 1993 im angolanischen Bürgerkrieg. Piloten der Firma flogen dort von der angolanischen Regierung bereitgestellte Kampfjets und führten Einsätze gegen die Rebellen der Unita. Die Partnerfirma International Defence and Security übernahm den Schutz der Diamantenminen.

Firmen wie Airscan, Ronco und DSL haben sich auf das kostengünstige Angebot von Minenräumungsdiensten und luftgestützte Spionagemissionen spezialisiert.

Im Frühjahr 2004 begann die in Deutschland ansässige Sicherheitsfachschule Baltic Safety Network über 280 deutsche Söldner für den Einsatz im Irak auszubilden.

Ukrainische Firmen stellten für die Rebellentruppen in Angola bis 1990 kleinere Flotten von MIG-21 und MIG-27 Kampfflugzeugen

---

[75] vgl. ebd. 142, o.V.: True Citizens?, in: Jane's Intelligence Review 4/2004, 32; Jarecke, Eugene: Why we fight, Reportage, ARTE, 25.01. 2005

[76] vgl. von Ilsemann, Siegesmund; Hoyng, Hans: Privatkrieg auf Staatskosten, in: Der Spiegel 19/2004, 135

sowie MIL-24 Kampfhubschraubern einschließlich der Piloten zur Verfügung.

Die amerikanisch-englische Firma Avient führte bis 1994 Luftschläge für Simbabwe aus und übernahm auch die Truppenausbildung.

Vertreter der Firma MPRI übernahmen 1998 die Ausbildung kroatischer Kämpfer für Missionen gegen die serbische Besatzungsmacht.

Diese „private" Art der Kriegsführung bietet durchaus wesentliche Vorteile, ist sie doch um vieles schneller im Einsatzgebiet als staatlich oder international organisierte Hilfe und in der Regel auch um etliches billiger.

Doch nicht nur die Kampfführung wird privatisiert, selbst bei der Verhörung von Kriegsgefangenen gibt es Tendenzen diese zu privatisieren.

So sind beispielsweise laut einem Ermittlungsbericht des Generalstabes der Koalitionskräfte im Irakkrieg im Jahr 2004 U.S.-Firmen wie Titan Inc. aus San Diego oder CACI aus Arlington Virginia mit Verhör- und Übersetzungsaufgaben vom Pentagon betraut worden. Diese Firmen sind laut eigenen Angaben auch im Kosovo und in Afghanistan tätig.

Die Firmen fordern in ihren Anwerbungen die Fähigkeiten und Erfahrungen zur Durchführung taktischer und strategischer Verhöre in Übereinstimmung mit regionalen Vorschriften und Verfahrensregeln des Verteidigungsministeriums der Vereinigten Staaten.

Personal der Vinnel Corporation und der Firma DynCorp bilden seit dem Sommer 2004 die irakische Armee und die irakische Polizei aus.

Standortsicherungen von Aufbauprojekten im Irak und im Kosovo werden von der britischen Olive Security übernommen.

Mitunter übernehmen Privatfirmen eine solche große Bandbreite an Aufgaben, dass sie fast unerlässlich für die gesamte Missionsführung werden.

So wickelt beispielsweise die amerikanische Firma Kellog, Brown and Root (KBR) die gesamte Logistik für militärische Einsätze ab. Sie übernimmt die Standortsicherung, Infrastrukturentwicklung, den Bau militärischer Unterkünfte, die Nahrungsmittel- und Energieversorgung, die Postzustellung und die Latrinenreinigung im Einsatzgebiet, die Ausbildung, die Wartung der Kommunikationstechnologie und sogar Aufgaben der Luftüberwachung und Aufklärung. Dafür erhält sie nach eigenen Angaben bis zu acht Prozent des jeweiligen Gesamtbudgets.

Selbst der Zugang zu hochsensiblen Technologien ist nicht mehr der zivilen Komponente verwehrt. So wird die Wartung, Reparatur und selbst die Beladung der amerikanischen Tarnkappenbomber F-117A Nighthawk und B-2A Spirit von der Firma Centurion übernommen. Sie übernimmt laut eigenen Angaben auch die Steuerung und den Einsatz der Predator- und Global Hawk-Drohnen.

Der Personenschutz für Politiker liegt zu einem wesentlichen Teil mittlerweile in privater Hand. Der U.S.-Gesandte für den Irak, Paul Bremer oder der afghanische Präsident Hamid Karzai werden vorwiegend von Angestellten der Firmen DynCorp oder MPRI geschützt.

Im Falle der outgesourcten Kriegsführung zeigen sich aber ganz besonders deutlich die damit verbundenen Gefahren im Bereich Aufwendungen, ganz abgesehen von den entstehenden Sicherheitsrisiken.

Was kostet die Welt?

So hat der amerikanische Rechnungshof 2004 den Streitkräften vorgeworfen, dass diese nicht genügend auf eine beobachtbare Ausuferung der Kosten achten würden. Es wurde kritisiert, das die Finanzprüfer die von Privatunternehmen vorgelegten Kostenaufstellungen ohne eingehende Prüfung einfach akzeptierten. Mitunter wurden bis zu drei Millionen Dollar für Feldverpflegungen von KBR in Rechnung gestellt, die aber nie wirklich ausgeliefert wurden.

Die Benzinlieferungen wurden zu deutlich höheren Preisen vorgenommen, als diese sogar in den USA betragen würden. Private Militärdienstleister allerdings juristisch zur Verantwortung zu ziehen, scheint sich relativ schwierig zu gestalten, da sie den militärischen Gesetzen der Kriegsführung nicht unterworfen sind und die jeweiligen Verantwortlichkeiten auch recht unklar zu sein scheinen.

Die militärische Führung kann allenfalls den Vertrag mit unlauter agierenden Dienstleistern kündigen und diese des Einsatzgebietes verweisen. Die juristische Verfolgung unterliegt aber der jeweiligen Regierung, in deren Staat diese Zuwiderhandlungen stattgefunden haben. Doch der Zusammenbruch jedweder staatlichen Autorität ist es ja oft gerade, der ein militärisches Auftreten in diesen Staaten erst erforderlich gemacht hat.

Generalleutnant Charles Mahan, der ranghöchste Logistik-Offizier der amerikanischen Streitkräfte rügte in einem Bericht die mangelnde Zuverlässigkeit der privaten Anbieter und Versorger. Deren Weigerung, die notwendigen Leistungen im Einsatzgebiet zu erbringen, führte angeblich in der Vergangenheit bereits dazu, dass U.S.-Soldaten teilweise wochenlang ohne frische Lebensmittel und die Möglichkeit für eine angemessene Körperhygiene sowie Sanitäranlagen in Einsatzräumen verbleiben mussten.[77]

Daraus ergibt sich dann auch ein weiteres Problem für die Streitkräfte. Die in anderen Engagements wesentlich bessere Bezahlung und die Unabhängigkeit von militärischen Gesetzgebungen begründen auch die Abwanderung eigener Soldaten und damit fähigen Personals. Mit den Verdienstmöglichkeiten, die private Militärdienstleister anbieten, können staatlich finanzierte Streitkräfte kaum mithalten. Insgesamt setzt die paramilitärische Industrie mittlerweile weltweit über 100 Milliarden Dollar im Jahr um.

Das wohl größte und auch gefährlichste Manko solch einer Aufgabenübertragung an die private Wirtschaft ist jedoch der Verlust an Vertrauen und Ansehen des Staates durch ein unkontrolliertes Vorgehen privater Dienstleister im Einsatzgebiet. Das Ansehen, das die Koalitionskräfte derzeit im Nahen Osten genießen bzw. nicht genießen, ist wohl Beweis genug für diese These.

---

[77] vgl. von Ilsemann, Siegesmund; Hoyng, Hans: Privatkrieg auf Staatskosten, in: Der Spiegel 19/2004, 132; Jarecke, Eugene: Why we fight, Reportage, ARTE, 01/2005; Singer, Peter W.: Corporate Warriors, Ithaca 2005, 211

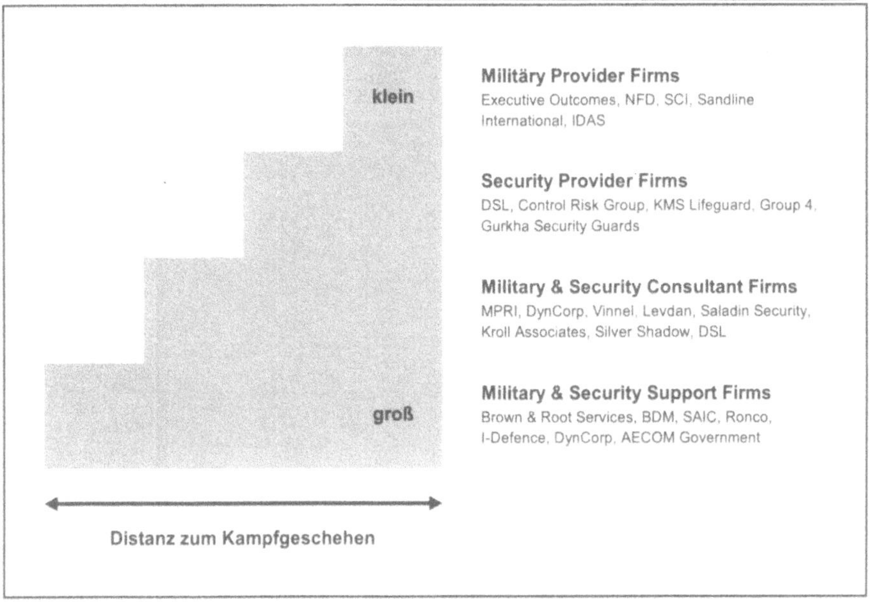

Abbildung 3-17 *Typen privater Sicherheits- und Militärdienstleister*[78]

[78] vgl. International Institute for Strategic Studies, http://www.iiss.com, 08. 06. 2005; Singer, Peter W.: Corporate Warriors, Ithaca 2005, 79

4 Reformarbeit im Militär – Fallstudie Bundesministerium für Landesverteidigung/Österreichisches Bundesheer

4.1 Anlass und Hintergrund der Reformbestrebungen

Seit Ende des Kalten Krieges und dem damit verbundenen Wegfall des bis dahin existenten Bedrohungsszenarios haben sich auch der konkrete Auftrag und das Einsatzspektrum sämtlicher NATO- und europäischer Streitkräfte grundlegend verändert. Stand bis dato der Schutz eigener Grenzen und der des Bündnisgebietes gegen einen konkreten Opponenten im Vordergrund, so entwickelt sich das Einsatzszenario zunehmend hin zu internationaler Krisenbewältigung im Rahmen multinationaler Friedenseinsätze in Konfliktgebieten außerhalb der eigenen Staatsgrenzen und der des Bündnisses.

An die Stelle groß angelegter Kriege ist eine Vielzahl unterschiedlichster kleinerer Risiken getreten, die sich lokal divers ausprägen und dazu beitragen, dass die Zahl der unsicheren Regionen weltweit zunimmt und die Bereitschaft zum Einsatz militärischer Mittel vehement ansteigt.

Auch im Zuge eines immer diffuser werdenden Bedrohungsbildes nicht erst seit der Anschläge in den Vereinigten Staaten am 11. September 2001 ist eine Wandlung hin zu einer flexiblen multitaskfähigen und mit anderen Streitkräften kompatiblen Einsatztruppe notwendig, welche fähig ist, innerhalb des Spektrums der asymmetrischen Kriegsführung zu agieren. Das bedeutet auch, dass sich Auslandseinsätze nicht nur in ihrer Quantität, sondern auch in der Qualität drastisch verändern. Dies erfordert nicht nur eine Erweiterung bisheriger Fähigkeiten, sondern auch eine tiefgreifende Neugestaltung militärinterner Strukturen und zum Teil neue Potenzanforderungen an Material und Personal.

Mit der Einigung innerhalb der Europäischen Union auf eine gemeinsame Außen- und Sicherheitspolitik, festgelegt im Vertrag von Amsterdam, verpflichtet sich auch die Republik Österreich zu Beiträgen militärischer Natur in Hinsicht auf internationale Konfliktverhütung und -bewältigung, Krisensicherung, humanitäre Hilfe und Katastropheneinsätze sowie sicherheitspolizeiliche Assistenz in Kooperation mit den Vereinten Nationen, der OSZE und der NATO. Die Teilnahme und die quantitative sowie qualitative Höhe eines solchen Beitrages bestimmen auch das Gewicht und die Einflussmöglichkeiten Österreichs innerhalb der EU und bei Entscheidungen, welche die europäische Außen- und Sicherheitspolitik betreffen. Als Resultat dieser Prioritätenverschiebung entwickeln sich multinationale Auslandseinsätze zunehmend von der Neben- zur Hauptaufgabe. Die Landesverteidigung, so man in dieser Form noch davon sprechen kann, findet zunehmend auf Basis des Prinzips der Interessendurchsetzung und -verteidigung außerhalb des österreichischen Staatsgebietes statt. Aufgaben auf eigenem Territorium fokussieren nun vielmehr auf den Schutz strategisch wichtiger Einrichtungen und die Abwehr unkonventioneller Gefahren.

Das Österreichische Bundesheer (wie auch andere europäische Streitkräfte) für die neuen Anforderungen zu befähigen, bedeutet nicht nur die Modernisierung der Ausrüstung, sondern auch eine grundlegende Veränderung der militärinternen Strukturen und des Organisationsgerüstes. Ziel ist die Anpassung bzw. die Ermöglichung einer Zusammenarbeit mit Streitkräften anderer Nationen und die Aufrechterhaltung des eigenen Handlungsspielraumes. Das zu erwartende Einsatzspektrum selbst kann nämlich von einem bislang neutralen Staat wie Österreich nur durch eine intensivere Kooperation mit der internationalen Staatengemeinschaft und vor allem innerhalb der EU bewältigt werden.

4.2 Thematische Schwerpunkte des Reformprojektes

Im Zuge der gezielten Umsetzung eines derartigen Reformprojektes (spätestens bis zum Jahr 2010) einigte sich die dafür eingesetzte Bundesheerreformkommission in Österreich auf folgende Schwerpunkte, die nachstehend genauer betrachtet werden sollen: Verteidigungspolitik und Rahmenbedingungen, Risiko und Bedrohungsbild, Aufgabenstruktur des ÖBH, operationelle Fähigkeiten, sozial- und gesellschaftspolitische Aspekte, gesamtwirtschaftliche Aspekte sowie die Steigerung der Attraktivität des Dienstes.

4.2.1 Verteidigungspolitik und Rahmenbedingungen

Da nach Beendigung des Ost-West-Konfliktes und der Erweiterung der EU und der NATO eine konventionelle Bedrohung des österreichischen Gebietes durch die Gefährdung resultierend aus inner- und außereuropäischen Konfliktherden, also einer ständig und in relativ kurzen Intervallen sich verändernden Bedrohungslage durch ein unsicheres Umfeld, quasi abgelöst wurde, ergibt sich nach Betrachtung der Verteidigungspolitik die unbedingte Notwendigkeit einer permanenten strategischen Situations- und Prospektanalyse in Abstimmung mit alliierten Nationen.

Das heißt, dass die territoriale Verteidigungsarmee an Bedeutung zugunsten einer internationalen Sicherungs- und Einsatztruppe verliert und sich aufgrund dessen die Art und der Umfang der operationellen und strategischen Fähigkeiten des ÖBH hin zu einer verstärkten Interoperabilität mit anderen Truppenteilen und Streitkräften verändern müssen. Somit entstehen praktisch zwei Ebenen der Verteidigungspolitik, die zwar getrennt voneinander betrachtet werden müssen, sich allerdings in Interaktion und Ergänzung zueinander zu bewegen haben.

Innerstaatliche Verteidigungspolitik nimmt somit zunehmend den Charakter der Sicherung der staatlichen Integrität und Aktionsfähigkeit sowie institutionelle Sicherungsaufgaben (z.B. von ziviler und militärischer informations- und kommunikationstechnologischer Infrastruktur) an. Verteidigungspolitik außerhalb der staatlichen Grenzen findet demgegenüber zunehmend auf multilateraler Ebene, z.B. innerhalb der europäischen Verteidigungsstruktur oder der NATO-Partnerschaft für Frieden, in Form internationaler Kooperationen und spezifischer Einsatzaufgaben im Rahmen der Petersberg-Aufgaben[79]statt.

[79] Die Petersberg-Aufgaben reichen auf die Erklärung vom 19. 06. 1992 zurück und bezeichnen allgemein die Aufgaben im Rahmen des europäischen Krisenmanagements. Die Petersberg-Aufgaben im Rahmen des erweiterten Petersberg-Spektrums umfassen militärische Aufgaben wie humanitäre, Rettungs-, Krisenbewältigungs- und Hilfseinsätze als auch Kampfeinsätze sowie friedensschaffende und friedenserhaltende Maßnahmen. Dazu kommen Aspekte der Abrüstung, Beratung und Unterstützung, Konfliktverhütung und Stabilisierung, vgl. dazu Bundesministerium für Landesverteidigung: Bericht der Bundesheerreformkommission, Wien 2003, 16

Dieserart muss geprüft werden, ob die nationale Verteidigungspolitik mit internationaler und europäischer, also gemeinsam getragener Verteidigungspolitik in Einklang zu bringen ist. Denn die Interessenlagen und die Sicherheitsbedürfnisse anderer Bündnispartner entwickeln sich zur Voraussetzung für die Erhaltung eigener Interessen. Weiterhin muss bei einer Angleichung beider Komponenten der Verteidigungspolitik bedacht werden, dass die äußere Verteidigungspolitik in zunehmendem Maße nicht allein durch die eigene Regierung bestimmt wird. Das Resultat dieser Überlegungen sollte die aktive politische und gesellschaftliche Mitwirkung bei der weiteren Gestaltung der nunmehr gemeinsamen Außen-, Sicherheits- und Verteidigungspolitik, bei der Entwicklung einer gemeinsamen europäischen Verfassung oder durch Beratung eigener Vertreter in den politischen Entscheidungsgremien und der Verantwortungsübernahme mit der Integration eigenen Personals in europäische Führungsstrukturen sein.

Dies bedeutet, dass die Einbringung eigener Vorstellungen und Konzepte in den weiteren Gestaltungsprozess mit den nötigen Kapazitäten unterfüttert sein muss. Auf europäischer Ebene sind gemeinsame Initiativen wie der European Capabilities Action Plan (ECAP)[80] oder Capabilities Development Mechanism (CDM)[81] wichtige Stützen und Richtpunkte für die Abstimmung und Erreichung eigener und gemeinsamer Zielsetzungen. Doch die Qualität des Mitspracherechts orientiert sich natürlich an der qualitativen und quantitativen Breite des eigenen Beitrages. Somit stellt es sich als notwendig dar, Vorraussetzungen für eine substanzielle militärische Beteiligung der eigenen Nation an internationalen Einsätzen (z.B. auf Grundlage der Erklärung des Europäischen Rates vom 25. März 2004 über „Solidarität gegen den Terrorismus“) unter UN-, OSZE-, zunehmend auch unter EU- oder gegebenenfalls auch unter NATO-Mandat zu schaffen.

---

[80] Dieser Aktionsplan stützt sich auf nationale Beschlüsse und strebt die Verbesserung der europäischen militärischen Fähigkeiten durch eine Rationalisierung staatlicher Verteidigungsanstrengungen und einer verstärkten Ausrichtung auf die Erreichung von Synergieeffekten durch transnationale Kooperationen an. Außerdem ist der Aktionsplan so angelegt, die Ziele im Rahmen des Helsinki-Abkommens zu verwirklichen.

[81] Dies ist ein zyklisches Verfahren und soll die in Helsinki gefassten Ziele erreichen und die ständige Überprüfung der Erfüllung der Petersberg-Aufgaben gewährleisten. Des weiteren sollen Anstrengungen der EU und der NATO harmonisiert werden.

Teil dieser Verteidigungspolitik ist es auch, sich an gemeinsamen Rüstungs- und Modernisierungsprojekten beteiligen zu können und im Umkehrschluss den Zugang zu rüstungspolitisch relevanten Informationen bereitzustellen. Durch eine aktive Mitwirkung im Rahmen der eigenen Kapazitätsgrenzen besteht auch die Möglichkeit, ein Optimum der Auslegung des betreffenden Materials für die eigenen Bedürfnisse zu gewährleisten und dadurch anfällige Zusatzkosten für nachträgliche Abstimmung und Umrüstung auf die Bedürfnisse und Fähigkeiten der eigenen Streitkräfte so weit wie möglich zu minimieren.

Einen weiteren wichtigen Aspekt stellen gemeinsame nachrichtendienstliche Aktivitäten innerhalb des europäischen Handlungsspielraumes dar. Eine grundlegende Beteiligung an überregionalen Aufklärungsanstrengungen, sowohl durch aktive nachrichtendienstliche Mitwirkung als auch durch Bereitstellung sicherheitsrelevanter Informationen respektive eigener Kapazitäten zur Informationsgewinnung und die kontinuierliche Analyse von internationalen Prozessen mit geostrategischer Bedeutung, stellt einen vitalen Beitrag der gemeinsamen und in Folge dessen auch der eigenen Sicherheits- und Verteidigungspolitik dar. Dies erfordert mit Sicherheit eine genauere Betrachtung der eigenen politischen Kontrollmechanismen.

Die sich verschärfende Tendenz des Konzepts der gemeinsam definierten Verteidigungspolitik innerhalb größerer Bündnissysteme stellt letzten Endes für ein neutrales Staatengebilde wie Österreich die Grundsatzfrage, in wie fern die Veränderungen der Sicherheits- und Verteidigungspolitik auch Auswirkungen auf die Definition der eigenen Neutralität haben. Es bleibt abzuwägen, wie sich die Beibehaltung des eigenen Neutralitätsstatus auf das Ziel der verstärkten Mitwirkung innerhalb größerer Bündnisse auswirkt, bzw. wie sich der Konflikt zwischen beiden Standards zumindest abmildern lässt. Allerdings ist eine schlussendliche Entscheidung, welches Prinzip Priorität hat, bzw. der eigenen Interessenlage und des eigenen Werte- und Grundsatzsystems mehr entspricht, unvermeidbar.

Da Österreich als eine vergleichbar kleine Volkswirtschaft auch über ein geringeres Beitragspotential gegenüber Staaten wie z.B. Frankreich oder Deutschland verfügt, sind die Möglichkeiten einer potentiellen Einflussnahme bei der weiteren Gestaltung der Verteidigungspolitik innerhalb Europas dementsprechend limitiert. Im Rahmen der österreichischen Sicherheitspolitik sollen dementsprechend folgende Ziele und Beiträge verfolgt bzw. geleistet werden:

- Erhaltung der europäischen Stabilität und eines kontrollierten Entwicklungsprozesses in Europa;
- Verhinderung des Übergreifens von Konflikten aus den Randzonen bzw. Nachbarregionen auf Europa;
- Aufrechterhaltung des freien Handels und Verkehrs im globalen Rahmen sowie einer Völkerrechtsordnung im Sinne westlich-demokratischer Wertvorstellungen.

Die Mittel für derartige Beiträge finden sich vor allem in der Außen-, Sicherheits- und Wirtschaftspolitik. Deshalb sind möglichst enge Kontakte zu Nachbarstaaten im Rahmen des „Central European Nations Cooperation"-Konzeptes zwecks Vergrößerung bzw. Vertiefung des eigenen Mitsprachespielraumes durch gemeinsame Einflussnahme unbedingt zu empfehlen.

Das bedeutet, dass neben der Intensivierung der bereits bestehenden Kooperationen mit Staaten, die ein hohes Gewicht bei der Gestaltung und Durchsetzung von gemeinsamen Interessen besitzen (wie Deutschland, Italien oder Frankreich), auch der Auf- und Ausbau von Partnerschaften zu benachbarten Staaten mit ebenfalls geringeren Einflusspotentialen, wie z.B. Tschechien oder Ungarn, durch etwaige gemeinsame Manöver, Übungen oder Lehr- und Ausbildungsveranstaltungen etc. unbedingt intensiviert werden sollten, um somit eventuell das eigene respektive gemeinsame Gewicht bei Entscheidungen über verteidigungspolitische Fragen zu erhöhen.

4.2.2 Risiko und Bedrohungsbild

Um ein Bild der für die Umgestaltung der Streitkräfte notwendigen Ausbildungs-, Ausrüstungs- und Technologiekomponenten sowie der neuen Aufgabenstellung zu erhalten, ist eine eingehende Analyse der sich entwickelnden Bedrohungs- und Gefahrenpotentiale notwendig. Hierbei ist ein maximaler Schutzgrad der Truppen sowie des eigenen bzw. gemeinsamen Territoriums als Basis der Überlegungen im Fokus zu behalten.

Das zu betrachtende Bedrohungsbild umfasst dabei nicht nur die Gefährdung der eigenen (inländischen) Integrität und Gesellschaft, sondern auch alle diejenigen Gefahren, denen eigene und alliierte Kontingente während der Aufgabenerfüllung bei einem möglichen Auslandseinsatz gegenüberstehen.

Nationaler und internationaler Katastrophenschutz und -hilfe gehören bereits gegenwärtig zu den vorrangigen Aufgaben im Auftragsportfolio des ÖBH und anderer europäischer Streitkräfte. Dies wird sich auch in Zukunft nicht ändern, ganz im Gegenteil. Katastrophenschutz im Kontext der eigenen Sicherheitswahrung bezieht sich nicht nur auf Schutz- und Hilfemaßnahmen innerhalb des eigenen Staatengebietes, wie dies z.B. der Fall beim Lawinenunglück in Galtür oder dem Elbehochwasser in Deutschland war.

Die Flutkatastrophe in Süd-Ost-Asien im Dezember 2004 hat sehr deutlich gemacht, wie massiv sich Naturkatastrophen besonders in dichtbesiedelten Gebieten auf humanitärem und wirtschaftlichem Gebiet auswirken und wie eminent Europa selbst von derartigen Ereignissen in weit entfernten Gebieten betroffen ist. Zum einen durch den in Mitleidenschaft gezogenen, dort beruflich oder privat verkehrenden europäischen Anteil an EU-Bürgern und zum anderen durch die Zerstörung der Infrastruktur dort ansässiger europäischer Unternehmen.

Weiterhin besteht die Möglichkeit, dass die in der Katastrophenregion bereits bestehenden Einsatz-, Hilfs- und Schutzmechanismen auch von eintretenden Katastrophenfällen betroffen und so in ihren Fähigkeiten eingeschränkt sind. Oder in den betreffenden Staaten noch keine effizienten Strukturen bezüglich des Katastrophenmanagements vorhanden sind und somit die Notwendigkeit für die Inanspruchnahme von ausländischer Hilfe und Unterstützung unabdingbar ist.

Fälle wie das Erdbeben im Iran 2003 fordern des weiteren auch zu einer eindringlichen gedanklichen Auseinandersetzung mit etwaigen Komplikationen auf. Dabei geht es um mögliche Problemstellungen, die bei Hilfseinsätzen auftreten können, die zwar durch internationale Mandate abgedeckt sind, aber in Ländern mit kritischer globalpolitischer Situation durchgeführt werden. Vornehmliches Problem dürfte dabei das, aufgrund seiner Verwendungsnatur, nur durch militärisches Personal einsetzbare Gerät sein, bzw. dessen eventuell eingeschränkte Nutzung durch ziviles Personal.

So deckt die deutsche Bundeswehr unter anderem Hilfs-, Versorgungs- und Rettungseinsätze beispielsweise durch Lazarettflugzeuge ab, die durch militärisches Personal bedient werden und somit auch als militärisches Gerät geführt und angesehen werden. Betrachtet man also internationale Katastrophenhilfeeinsätze unter Umständen auch in Ländern, die nach westlichem Verständnis fragwürdige politische Systeme darstellen, weiterhin als Teil des Portfolios militärischer Beiträge im internationalen Rahmen, so ist die Auseinandersetzung mit den möglicherweise auftretenden Problemen bei einem derartigen militärischen Einsatz und der damit verbundenen Entsendung militärischen Personals unter Vermeidung politischer Spannungen oder etwaiger Missverständnisse unbedingt erforderlich.

Ein weiteres sich mitunter weit drastischer auswirkendes Bedrohungsbild ist, neben einer zunehmenden Abhängigkeit Europas von Energieträgern und Rohstoffen aus instabilen Gegenden, aus den jüngsten Entwicklungen bezüglich globaler terroristischer Aktivitäten ersichtlich. Das wesentliche Problem ist, dass Terroranschläge in jeglicher Hinsicht, von der Verursachung über das temporäre und regionale Geschehen bis hin zur eigentlichen Art und Weise der Durchführung, quasi nicht kalkulierbar oder abzuschätzen sind. Die diffuse und ständig fluktuierende Proliferationssituation und die völlig dezentrale und scheinbar unkoordinierte Bewegung terroristischer Gruppierungen macht es faktisch unmöglich, ein konkretes Opponentenbild zu erstellen. Zwar ist es möglich, hypothetische Anschlagsszenarien unter Verwendung diverser Waffengattungen, seien es ABC-, konventionelle oder taktische Waffen, zu simulieren und sich diesen Szenarien im Bereich der Truppenausbildung und des verwendeten Gerätes anzupassen. Eine grundlegende Defensivdoktrin ist bezüglich terroristischer Aktivitäten jedoch nur sehr limitiert möglich. Der effektivste Schutz in militärischer und materieller Hinsicht besteht somit in einer möglichst breit ausgelegten Verteidigungs- und Aufklärungsstrategie. Man ist so dem Paradoxon ausgesetzt, verhältnismäßig komplexe und kostenintensive Defensivmaßnahmen gegen einen zwar latent existierenden, jedoch nicht effektiv greifbaren, unkalkulierbar agierenden und vergleichsweise inferior ausgerüsteten Gegner zu ergreifen.

Betrachtet man neben den Risikoentitäten auch die Ursprungsgebiete derartiger potentieller Bedrohungsbilder und ihre direkten und indirekten Auswirkungen auf Europa und Österreich sowie das Kompetenzspektrum des ÖBH, so ergeben sich mögliche Einsatzgebiete in den instabilen Regionen um den Balkan, da diese Staaten quasi vor der europäischen Haustür liegen und somit eine Ausweitung möglicher Konflikte direkt europäisches Terrain beträfe. Weitere eventuell auftretende Mitwirkungs- und Einsatzverpflichtungen für das ÖBH bestünden zudem auch in West-, Zentral- und Ostafrika, da dort stattfindende destabilisierende Ereignisse, wie Bürgerkriege, Umstürze, regionale terroristische Aktivitäten und daraus resultierende Flüchtlingsbewegungen hauptsächlich auf Europa ausstrahlen würden. Abgesehen von mit den bereits angeführten Bedrohungsszenarien einhergehenden Waffeneinsatzmöglichkeiten potentieller Gegner, ist für Europa im weiteren und für Österreich im engeren Sinne keine konventionelle Bedrohung erkennbar. Dies wirft gegebenenfalls Fragen auf, in wie fern die einsatzbedingte Rechtfertigung diverser Beschaffungsprojekte, auch innerhalb Europas, zur Disposition steht.

4.2.3 Aufgaben- und Personalstruktur

Im Zuge des neuen Bedrohungsbildes und der daraus resultierenden, sich verändernden Verteidigungspolitik hin zu verstärktem Agieren innerhalb größerer Verbunde als wesentliches Auftragskonzept ist die vorrangige Aufgabe nicht nur die Neuausrichtung der eigenen militärischen Strukturen im allgemeinen, sondern auch die Anpassung der eigenen Kapazitäten und Organisationsstrukturen an die Fähigkeiten und gemeinsamen Einsatzprofile der Bündnispartner im besonderen. Grundlage für eine derartige Neuausrichtung stellen die Vorgaben des Helsinki Headline Catalogue[82] mit Zielsetzungen nach den Kriterien

[82] Im Dezember 1999 wurde durch den Europäischen Rat in Helsinki beschlossen, dass die Mitgliedsstaaten bis spätestens 2003 im Rahmen der freiwilligen Zusammenarbeit in der Lage sein müssen, bei EU-geführten Missionen innerhalb von 60 Tagen Truppen in einem Umfang von

des EU-Headline-Goals 2010, das EU-Framework Nation Concept[83] und die Streitkräfteplanung im Rahmen des NATO-Verbundes.

Um die an das Militär gestellten, veränderten Anforderungen im neuen Einsatzprofil auch auf absehbare Zeit optimal erfüllen zu können, ist eine Neuauslegung der generellen Strukturen und gegebenenfalls auch eine Konsolidierung unausweichlich. Da eine möglichst langfristige Applikation der Reformkonzepte angestrebt wird, ist bei der Umsetzung und Anwendung auf ein Höchstmaß an Wirtschaftlichkeit, z.B. durch Personalumschichtung, Aufgabenum- oder -verlagerung, zu achten. Es sollte also durchaus in Betracht gezogen werden, in wie fern das Konzept des Outsourcing, also der Aufgabenauslagerung, bei nicht einsatzrelevanten Tätigkeiten angewendet werden kann, ohne dabei die militärische Sicherheit zu gefährden. Bei einer anfälligen Personalausgliederung ist zum einen die soziale Komponente in Betracht zu ziehen, zum anderen sollten bisherige Auslands- und Einsatzerfahrungen bei personellen Entscheidungen berücksichtigt werden. Die Anwendung von Prinzipien der Kosteneffizienz und Kosteneffektivität bei der Neuauslegung der personellen und aufgabenbezogenen Strukturen der Streitkräfte werden sich allerdings mit Hinsicht auf die angestrebte Langfristigkeit der Anwendung des Reformkonzepts nicht vermeiden lassen.

Die Reformkommission geht von einem zukünftigen Streitkräfteumfang von ca. 55.000 Personen nach Mobilmachung aus, was eine Reduzierung der bisherigen Personalanzahl von 110.000 um ca. 55 Prozent bedeutet. Im Idealfall sollten mindestens 50 Prozent der neuen Truppenstärke ständiges Personal stellen, das wiederum zu je 50 Prozent auf Einsatz- bzw. Grundaufgaben (Führung, Planung, Beschaffung, Verwaltung, Ausbildung, Logistik) ausgerichtet ist. Bei der Auslegung des Strukturkonzeptes hat die Einsatzorganisation respek-

50.000 bis 60.000 Personen bereitzustellen, welche fähig sind, die Petersberg-Aufgaben für mindestens ein Jahr zu erfüllen. Diese Bestrebung der EU wurde 2003 durch den Vorschlag der Vereinigten Staaten belastet, eine NATO-Truppe in selbem Umfang bereitzustellen.

[83] Festlegung des Charakters einer Framework-Nation, also einer oder mehrerer Nationen, die im Rahmen einer EU-geführten Operation den Kommandanten der strategischen Führung, das Einsatzkommando, die Stabs- und Informationsunterstützung, die Logistik und einen signifikanten Truppen- und Ressourcenanteil stellt.

tive die Ausrichtung der Grundorganisation auf die Einsatztätigkeit generellen Vorrang. Zusätzlich zu den aktiven militärischen Strukturen stehen die milizinternen Strukturen. Nach Auffassung der Reformkommission sollte das ständige Personal idealerweise in vier Präsenzbataillone aufgeteilt werden. Die Möglichkeit für einen geeigneten Rotationszyklus für im Einsatz befindliche Soldaten und Soldatinnen gehört ebenfalls in die Überlegungen zu Truppenstärke und -auslegung.

Der zweite wesentliche Teil wäre durch Zeitsoldaten und Wehrpflichtige zu besetzen, wobei Wehrdienstleistende nur bei freiwillig verlängerter Dienstableistung, sprich im Status eines Zeitsoldaten, und in Anlehnung an deren Fähigkeits- und Kompetenzprofil für eventuelle Auslandseinsätze herangezogen werden sollten.

Ansonsten sollte der Anteil Grundwehrdienstleistender, die für die reine Aufrechterhaltung der organisatorischen Strukturen und Vorgänge eingesetzt würden, bei einem Minimum belassen werden. Eine Verkürzung der Grundwehrdienstzeit auf sechs Monate ist unter der Voraussetzung entsprechender Rahmenbedingungen für die Rekrutierung und Ausbildung von befristetem Personal auf Mannschaftsdienstniveau durchaus denkbar, da die Investitionen in die Personalausbildung bei Zeitsoldaten und -soldatinnen mit Einsatzdienstoption wirtschaftlicher angelegt wären. Allerdings zöge diese Verkürzung auch dementsprechenden Handlungsbedarf beim Wehrersatzdienst nach sich. Die aktuellen Diskussionen in Deutschland im Zuge der dortigen Reformbestrebungen zum Thema Wehrgerechtigkeit zeigen, dass in dieser Hinsicht besonderes Augenmerk gefragt ist.

Ein wirtschaftlich rationeller Umgang mit der Wehrdienstthematik setzt allerdings auch voraus, dass zumindest in absehbarer Zeit von einer generellen Abschaffung des Grundwehrdienstes vorerst abgesehen werden müsste, da dies sonst nachteilige Auswirkungen auf die Verfügbarkeit des aktiven Präsenzpersonals hätte. Zwar würden durch die Abschaffung des Wehrdienstes Kräfte, die vorher zur Ausbildung Wehrpflichtiger benötigt wurden, freigesetzt. Diese müssten aber in die Systemaufrechterhaltung investiert werden und zwar unter erhöhtem Kostenaufwand, was zu einer Neuauslegung unter wirtschaftlichen Gesichtspunkten konträr wäre.

Der generelle Zweck der Ausbildung im Rahmen des Grundwehrdienstes wäre eine Befähigung für Einsatzaufgaben innerhalb des Spektrums des Heimatschutzes, also der Aufrechterhaltung staatlicher Integrität und Souveränität sowie Leistung von Assistenzen bei Notfallszenarien innerhalb der eigenen staatlichen Grenzen. Des weiteren sollte die Ausbildung innerhalb des Grundwehrdienstes eine Grundlage zur etwaigen Rekrutierung von Nachwuchskräften für den aktiven und inaktiven Dienst darstellen. Die verstärkt auf den Einsatz orientierte Auslegung der Streitkräfte fordert des weiteren für das aktive Personal eine präzise zeitliche Abstimmung zwischen Rekrutierungs- und Ausbildungszeit sowie möglichen Einsatzzeiten.

Bei den Überlegungen zu einer etwaigen Neugestaltung des Wehrdienstproblems stehen diverse Wehrsystemmodelle zur Verfügung.

Bei einem reinen Freiwilligensystem ohne Wehrpflicht ergäben sich Vorteile durch eine höhere Verfügbarkeit und einen besseren Ausbildungsstand des eingesetzten Personals; auch Einsatzeinschränkungen fielen weg. Nachteile fänden sich jedoch durch den hohen Rekrutierungsbedarf. Zwar würde dieses Modell sämtliche Aufgabenstellungen abdecken, aber nur innerhalb eines geringen Handlungsspielraumes. Ein weiteres Systemmodell bezöge die Wehrpflicht mit einer nachhaltigen Auslandsorientierung ein. Vorteile dieses Systems wären die Sicherstellung des Einsatzes von aktiven Brigaden durch ein gewisses inländisches Backup, auch der aktive Personalaufwand würde verringert. Nachteile ergäben sich jedoch in der Nachhaltigkeit des Systems, die Streitkräfte wären weiterhin nicht fähig, das gesamte Einsatzspektrum zu bedienen, da ein erheblicher Mangel an Führungskapazitäten im mittleren Bereich auftauchen würde. Das dritte Modell sähe eine Einbeziehung der Wehrpflicht mit ausgewogener In- und Auslandsorientierung vor, was den Handlungsspielraum der Streitkräfte auf mittlerer Ebene erheblich vergrößern würde. Auch der Einsatz aktiver Verbände wäre durch dieses Modell für ein Jahr sichergestellt. Im unteren Einsatzspektrum würden vielfältige Kombinationsmöglichkeiten untereinander und mit Milizeinheiten entstehen.

Allerdings erfordert dieses Modell einen höheren Personalaufwand sowie höheren materiellen und strukturellen Bedarf. Trotz der großen Milizabhängigkeit ist ein solches Modell wegen der hohen Abdekkung und des Handlungsspielraumes auch in Anlehnung an die geforderte Anpassung an internationale Modelle am vorteilhaftesten.[84]

Der notwendige Teil zur Erfüllung von Inlandsaufgaben sollte bei mindestens 10.000 Personen liegen, wobei das nötige Maß an Ausbildung und Professionalität für den Truppenteil, welcher für komplexere Sicherungsaufgaben herangezogen würde, sicherzustellen ist. Die etwaige Heranziehung von inaktiven Kräften oder Milizpersonal, abhängig von der jeweiligen Notwendigkeit zu Assistenzdiensten oder zwecks zusätzlicher Präsenznotwendigkeit, wäre weiterhin zu prüfen.

Was eine mögliche Verwendung von Milizkräften im Ausland betrifft, könnte sich das breite und diversifizierte berufliche Qualifikationsprofil und die teils langjährige berufliche Erfahrung von Milizangehörigen als eminenter und wertvoller Vorteil bei Wiederaufbaumaßnahmen und damit verbundenen Bestrebungen zum Auf- und Ausbau ziviler und staatlicher Strukturen sowie wirtschaftlicher Beziehungen im Einsatzraum nach Beendigung eines Konfliktes erweisen.

Die Rolle der Miliz als integraler Bestandteil der Streitkräfte sollte gestärkt und die Auslegung der milizinternen Strukturen weitestgehend dem des aktiven Militärs angepasst werden. Dies würde die Heranziehung oder die freiwillige Meldung von Einsatz- und Unterstützungskräften aus der Miliz für einen zeitlich begrenzten aktiven Dienst zwecks Auffüllung von Präsenzkräften zu voller Einsatzstärke, Verfügbarkeit von Fach- und Spezialkräften in Form von Expertenpools oder Beratern sowie im CIMIC-Bereich vereinfachen.

Trotz einer Erhöhung der Integrationspotentiale der Miliz in das aktive Heer ist eine Förderung und der Ausbau autonomer Milizstrukturen, beispielsweise in Form selbständig tätiger aber integrierfähiger

[84] vgl. Schnell, Jürgen (Vortrag): Methodisches Basiskonzept und Vorgehen bei den Analysen zur ökonomischen Effizienz der Wehrpflicht, Universität der Bundeswehr, München 09. 05. 2000; Schönherr, Siegfried; Einhorn, Hans: Freiwilligen- und/oder Wehrpflichtarmee?, in: Schönherr, Siegfried; Einhorn, Hans (Hrsg.): Militärökonomie auf dem Weg zur europäischen Kooperation, Dachau 2001, 69 ff.

kleiner Verbände mit dem Ziel der verbesserten autonomen Einsatzfähigkeit bei der Aufgabenerfüllung im Inland erstrebenswert. Eine weitere Verbesserung könnte im Bereich der Ausbildung der Milizkräfte und somit deren verbesserte Einsatz- und Verwendungsfähigkeiten ermöglicht werden, indem das Aus- und Weiterbildungsangebot mit dem aktiver Streitkräfte, auch in Anlehnung an zukünftige Einsatzkonzepte, abgestimmt werden würde. Um ein Höchstmaß an Effizienz und Flexibilität sowie die Fähigkeit zu einer schnellen Verlegung zu erreichen, sollte darauf geachtet werden, dass innerhalb und zwischen den diversen aktiven und inaktiven Truppenteilen, von der Kommandoebene über die Einsatzebene bis hin zu den Rahmeneinheiten, eine möglichst einheitliche und gestraffte Organisationsstruktur mit direkten Kommunikationskanälen herrscht.

Was die Luftsicherungs- und -unterstützungskomponente des Heeres betrifft, wäre zu prüfen, in wie weit eine simultane Gewährleistung von sowohl eigener Luftraumüberwachung und -sicherung, als auch aktiver Lüftunterstützung im Einsatzfall, z.B. durch Vereinheitlichung und Multitask-Konzeption bzw. -Befähigung neuen und bisherigen Wehrmaterials und der Personalausbildung, zu bewerkstelligen ist. Eine Ursache möglicher Komplikationen stellt dabei der Konflikt zwischen Multitask-Fähigkeit und notwendiger zunehmender Spezialisierung auf spezifische Einsatzfelder im Rahmen von Spezialeinsätzen, der ARBC-Abwehr, sanitätsdienstlicher Versorgung oder Transportaufgaben dar.

Es muss also geprüft werden, wie die Ausbildung hinsichtlich der Befähigung zur flexiblen Aufgabenübernahme einerseits und die professionelle Erfüllung der gestellten Aufgaben andererseits optimal zu gestalten ist. Bei der Gliederung der neuen Aufgaben- und Personalstruktur des Heeres sollten auch eventuelle spätere Entwicklungen wie die Verkürzung oder Abschaffung der Wehrpflicht, die Implementierung einer Berufsarmee oder ein sich veränderndes Einsatzkonzept berücksichtigt werden.

Das zukünftige militärische Personal wird einem immens anspruchsvolleren und komplexeren Aufgabenfeld gegenüberstehen. Der Soldat des ÖBH 2010 sollte Ausbilder, Mittler, Friedensstifter, Manager,

Helfer, Erzieher und nicht zuletzt Kämpfer sein. Geht man davon aus, dass sich die zukünftige Personalstruktur des ÖBH zu einem wesentlichen Teil aus länger dienendem Personal zusammensetzt und die zukünftigen Anforderungen sich vermehrt um Verpflichtungen für Auslandseinsätze bewegen werden, ist die konkrete Ausbildung der Soldaten hin zum Einsatzniveau definitiv als strategischer Faktor anzusehen, da dies später auch eine einsatzorientierte Führung gewährleistet. Dieser Aspekt sollte folglich auch einen dementsprechenden Stellenwert im Aufgabenspektrum der dafür vorgesehenen Offiziers- bzw. Personalschichten einnehmen. Mentoring- und Coachingverfahren nach dem Vorbild der Wirtschaft zur Verbesserung der Führungskompetenz des Legislativ-, Exekutiv- und Ausbildungspersonals sollten auch unter Berücksichtigung wirtschaftlicher Gesichtspunkte wie Effizienzsteigerung und erhöhter „Wertschöpfung" des Personals genauer in Betracht gezogen werden. In diesem Kontext könnte sich die Einführung von individuellen Anforderungs- und Leistungsprofilen zwecks verbesserter Einordnung des Einzelnen in komplexer aber dennoch flacher werdende Aufgaben- und Führungshierarchien als stark unterstützend auswirken.

Das erweiterte Aufgabenfeld innerhalb der Personalbildung und -entwicklung beinhaltet nunmehr nicht nur die blanke Einsatzbefähigung im rein militärischen Kontext, sondern eine konkrete Befähigung zum internationalen Dienst als Standard in der persönlichen Leistungspalette. Das bedeutet seitens der militärischen Bildungsinstitutionen die Bereitstellung für Mittel, um dem zukünftigen Personal beispielsweise erweiterte Sprachkenntnisse, interkulturelle Kompetenzen sowie unterschiedliche militärische Hierarchiesysteme und Führungs- und Interaktionsgebaren in anderen Streitkräften zu vermitteln. Um ein solches breites Ausbildungsangebot gewährleisten zu können, bedarf es einer modernen Ausbildungsinfrastruktur mit modernen Simulationssystemen, was die Befähigung für Einsatzaufgaben betrifft, und einer zeitgemäßen didaktischen Ausstattung in bezug auf die Ausbildung hin zu internationaler Aufgabenbewältigung.

Ein erhöhter Grad an Zusammenarbeit mit Partnerstaaten auf diesem Gebiet, beispielsweise durch gemeinsame Manöver, Austauschabkommen oder gemeinsam genutzte Bildungseinrichtungen wäre der

Befähigung zum internationalen Dienst sehr förderlich. Dieses erhöhte Bildungsniveau setzt natürlich höhere Anforderungen, sowohl in ausbildendes als auch in auszubildendes Personal. Dementsprechend sollten auch Anstrengungen unternommen werden, einen erhöhten Anerkennungsgrad der Ausbildung zu ermöglichen, was konkret bedeuten würde, militärische Abschlüsse mit dem gleichen Niveau wie in der modernen Erwachsenenbildung zu kennzeichnen und auch dafür Sorge zu tragen, dass diese staatlich anerkannt wären, was wiederum einen eventuellen späteren Einstieg in das zivile Berufsleben erheblich erleichtern würde. Auch der etwaige Übergang vom Wehrdienstleistendem zum Zeitsoldaten könnte durch frühzeitige Betreuung und Vermittlung besser gestaltet werden.

Ein weiterer Ansatz wäre, ein effektives Leistungscontrolling mit einem angepassten Kompensations- und Anerkennungskatalog zu implementieren. Das würde zu einer verbesserten Messbarkeit erbrachter Leistungen und der Position des Einzelnen innerhalb der Hierarchie führen. Die Befähigung des ÖBH für die neuen Aufgabengebiete bedeutet nicht nur eine Neuorientierung innerhalb des eigenen Systems, sondern auch eine Neudefinition und Anpassung der Interaktion mit anderen Systemen. Ergo hat eine Angleichung der Aufgabenstruktur an andere Streitkräfte, der Verbindungsauf- und -ausbau mit Ländern und Gemeinden und dem zivilen Katastrophenschutz etc. zur besseren Koordinierung und Vermeidung von Redundanzen bei einem inländischen Einsatzfall sowie verbesserter Ressourcenverteilung im ÖBH einen äußerst hohen Stellenwert bei den Reformbestrebungen.

Innerhalb des ÖBH würden eine angemessene, straffere, flexiblere und schnellere Führungsstruktur und einhergehende Kommandoprozesse, flachere Hierarchien (soweit dies ohne Beeinträchtigung militärischer Disziplinprinzipien möglich ist), eine einfachere und schlankere Verwaltung sowie ein vernetztes Informationssystem die Flexibilität und Reaktionsgeschwindigkeit bei der Beitragsleistung mit anderen Streitkräften und Institutionen immens erhöhen. Durch derartige Maßnahmen ließen sich existente Befehlswege wesentlich verkürzen und vereinfachen. Somit wäre auch eine kurzfristige Verfügbarkeit und schnellere Verlegbarkeit des Personals (unter gegebenen technologischen Kapazitäten) in erhöhtem Maße gewährleistet.

4.2.4 Operationelle Fähigkeiten des Systems

In Anlehnung an die bisherigen Erfahrungen anderer europäischer Staaten mit der Umstellung eigener Streitkräfte auf das neue Einsatzbild ist es ein wesentliches Ziel der Reformbestrebungen, einen schnell verfügbaren, gut ausgebildeten und ausgerüsteten, mobilen und vor allem kompatiblen, mindestens brigadestarken Verband bereitzustellen. Das ÖBH sollte in seiner Gesamtheit im Rahmen seiner operationellen Möglichkeiten folgende Fähigkeiten aufweisen.

Da sich moderne Bedrohungsbilder schnell und unvorhersehbar in Qualität und Quantität ändern, ist eine permanente und konsequente Aufklärungs- und Lagefeststellungsfähigkeit notwendig, um die Mitwirkung und Interaktionsfähigkeit eingesetzter bzw. einzusetzender Streitkräftekomponenten in Abstimmung zu anderen Militärkräften zu ermöglichen, zu unterstützen und zu optimieren.

Die ausreichende Gewährleistung eines nationalen Heimatschutzes bzw. der militärischen Landesverteidigung unter dem veränderten Bedrohungsbild benötigt die Bereitstellung strukturierter, gegebenenfalls spezialisierter und optimal ausgebildeter Einsatzkräfte zum Zweck der Abwehr und Bekämpfung vornehmlich subkonventioneller Bedrohungen und der damit verbundenen Institutionssicherung, etwaiger Katastrophenhilfeeinsätze im Inland und der Sicherung respektive Verteidigung des österreichischen Luftraumes mit gezielter Luftaufklärung sowie Interaktions- und Kooperationsmöglichkeiten mit zivilen Sicherungskräften wie der Miliz und der Polizei. Dies bedeutet auch die Entwicklung von Kooperationsmodellen und die Generierung von Interaktionsmöglichkeiten auf ziviler Seite in Abstimmung mit den Streitkräften sowie eine interne Neudefinition eigener Strukturen unter Berücksichtigung, dass Rekruten in das Ausbildungsregime der Streitkräfte eingebunden bleiben.

Als notwendig erweisen sich auch weitreichende Lufttransport- und Luftaufklärungskapazitäten im In- und Ausland (mit Unterstützung strategischer Partner und Vertragsbindungen) zwecks Unterstützung eingesetzter eigener und alliierter Landstreitkräfte bei internationalen Friedenssicherungsmissionen, Hilfseinsätzen, Katastrophenhilfe, Such- und Rettungsaktionen und gegebenenfalls der Terrorabwehr.

Wichtig ist weiterhin die Möglichkeit des Einsatzes und der Führung sowie der logistischen Sicherstellung einer multinationalen Einsatztruppe mit einer Dauer von idealerweise bis zu einem Jahr mit Wiederholungsmöglichkeiten in Intervallen von bis zu drei bis vier Jahren (bei Einsatzszenarios mit relativ niedrigem Anforderungsbild auch unbegrenzt) und/oder alternativ der Einsatz von bis zu zwei Bataillonen, auch in von einander getrennten Einsatzräumen mit der Option der Heranziehung etwaiger zusätzlicher Einsatzkräfte.

Neben den Brigade- und Bataillonseinsätzen sollte die Möglichkeit bestehen, kurzfristig Einsatzkräfte, mindestens in Kompaniestärke, für Katastrophenhilfe, humanitäre Einsätze, Evakuierungsoperationen und auch für Beiträge zu einer bei UN-Friedensmissionen zum Einsatz kommenden EU-Kampfgruppe, wie sie mit dem „Helsinki Headline Goal" beschlossen wurde, bereitzustellen.

Laut dieser Vereinbarung haben sich die Mitgliedsstaaten der EU verpflichtet, bis 2003 die Fähigkeit aufzuweisen, 50.000 bis 60.000 Soldaten und Soldatinnen innerhalb von 60 Tagen bereitzustellen und in einen Einsatzraum zu verlegen, um dort für die Dauer von bis zu einem Jahr Aufträge innerhalb des Petersberg-Abkommens zu erfüllen.

Priorität genießen würde aber die Schaffung von Kapazitäten für schnelle unbefristete Einsätze von Spezialkräften in Kompaniestärke für ARBC-Abwehreinsätze, Urban Search and Rescue- oder Aufklärungsmissionen etc. mit einer hohen zeitlichen Verfügbarkeit von 5 bis 30 Tagen, auch zu Lasten anderer Einsatzkonzeptionen.

Das Auslegungskonzept der Streitkräfte hätte so zu erfolgen, dass eine Aufgabenerfüllung weitgehend durch bereits präsente Kräfte möglich wäre, mit sozialverträglichen Rotationsintervallen (der internationale Standard liegt bei sechs Monaten Einsatzdauer innerhalb eines Zeitraumes von 30 Monaten) für gegebene Auslandseinsätze.

So sollte eine Neukonzeption der Streitkräftestruktur möglichst in Anlehnung an wirtschaftliche Grundprinzipien erfolgen, um die benötigte Durchhaltefähigkeit und einen permanenten und verlässlichen Einsatz, auch gegenüber Bündnispartnern, zu ermöglichen. Eine qualitativ und quantitativ hochwertige Basisausstattung und -ausbildung der eingesetzten Truppen muss trotz gegebener Spezialisierung respektive Vereinheitlichung und der Vermeidung von Redundanzen gegeben sein und sollte sich an internationalen Normen und technologischen sowie ausrüstungsmäßigen Standards orientieren.

4.2.5 Sozial- und gesellschaftspolitische Aspekte

International ist zunehmend zu beobachten, wie sich die Natur der Streitkräfte vom reinen Machtprojektions- und Verteidigungsmedium hin zu einem internationaler werdenden stabilisierenden Präventions- Interventions- und Ordnungsmedium entwickelt. Dies zieht eine Veränderung des militärischen und soldatischen Selbstverständnisses und der gesellschaftlichen Wahrnehmung des Bildes „Soldat" nach sich.

Moderne Streitkräfte sind nicht nur ein Teil einer, im Idealfall, offenen, demokratisch orientierten Gesellschaft, sie sollten dies auch personell und persönlich wiederspiegeln. Das bedeutet auch eine ständige Anpassung des militärischen Umfeldes an die gesellschaftliche Realität außerhalb militärischer Strukturen. Sobald sich die Natur demokratischer Streitkräfte von der Verteidigungsarmee über die Friedenssicherungsarmee hin zur global agierenden Einsatzarmee wandelt, wie dies nach Ende der bipolaren Weltordnung der Fall ist, werden neue und anspruchsvollere Aufgaben an Einsatzstreitkräfte gestellt. Eine erfolgreiche Auftragserfüllung kann nur mit einem eindeutigen Mandat der Gesellschaft erfolgen. Das ist auch zur Aufrechterhaltung der Truppenmoral notwendig, wie am Beispiel des Somaliaeinsatzes der deutschen Bundeswehr 1994 und parallel zum Einsatz stattfindenden Diskussion um die Mandatierung und somit Legitimation – durch den Deutschen Bundestag beobachtet werden konnte.

Es gilt also, der Gesellschaft diesen Wandel der Streitkräfte durch professionelles militärisches und sich am Völkerrecht orientierendes Auftreten positiv und eingehend zu vermitteln. Dabei steht zu bedenken, dass europäische Gesellschaften und insbesondere die deutsche und österreichische der militärischen Institution und deren Aktionsfeld durch den geschichtlichen Hintergrund grundsätzlich kritischer und reflektierter gegenüberstehen. In die Betrachtung mit einzuschließen ist dabei auch der Aspekt der bisherigen Neutralität der Republik Österreich.

Bisher war dieser Neutralitätsgedanke ein Instrument österreichischer Sicherheitspolitik. Doch auch sie ist nach der de facto Aufgabe der wirtschaftlichen Neutralität durch den Beitritt zur EU dem weltweiten Strukturwandel ausgesetzt. Will man wirklich an der österreichischen Neutralität festhalten, muss deren Natur jedoch grundlegend gewandelt werden. So ist in der Verfassung seit 1955 ein Stationierungsverbot fremder Truppen verankert. Allerdings ist gerade diese, eher passive Form der Unterstützung verbündeter Streitkräfte ein wesentlicher Bestandteil moderner militärischer Zusammenarbeit.

Um möglichst konstruktiv mit dieser Problematik umzugehen, sollte man – auch gemeinsam mit der Bevölkerung – folgende Fragestellungen intensiv erörtern:

- Wie hat sich der Neutralitätsgedanke auf die bisherige politische und wirtschaftliche Entwicklung ausgewirkt?
- Stellen sich diese Auswirkungen positiv oder negativ dar?
- Hat Österreich durch die Neutralität Vor- oder Nachteile?
- In welchen Phasen und in welchem Ausmaß waren Vor- oder Nachteile zu verzeichnen?
- Welche Optionen gibt es für die Zukunft?
- Inwiefern haben außenpolitische Bedingungen zu veränderten neutralitätspolitischen Sicht- und Handlungsweisen geführt?
- Welche Auswirkungen haben die aktuellen Entwicklungen in der Europäischen Union und veränderte Völkerrechtsinterpretationen auf die österreichische Neutralität?
- Wie wirkt sich dies auf die Herausbildung der europäischen Sicherheits- und Verteidigungsgemeinschaft aus und inwieweit schlägt sich dies in der neuen diesbezüglichen Doktrin nieder?[85]

Dadurch erfährt der grundlegende Wandel des Einsatzprofils der österreichischen Streitkräfte eine bis weilen intensivere kritische Wahrnehmung durch die Gesellschaft, zumal die neuen Einsatzprofile

[85] Michal-Misak, Silvia; Dorsch, Monique; Strunz, Herbert: Perspektiven der österreichischen Neutralität – Politische und ökonomische Auswirkungen, Frankfurt/M. u.a. 2005

nur durch eine Intensivierung der Zusammenarbeit mit der internationalen Staatengemeinschaft im allgemeinen und der europäischen Union im speziellen bewerkstelligt werden können.

So lehnen 73 Prozent der österreichischen Bevölkerung einen Beitritt zur NATO kategorisch ab. Auch diverse Annäherungsversuche seitens der Regierung wurden alles andere als positiv aufgefasst. Also wird es erforderlich sein, der Bevölkerung bewusst zu machen, dass das Prinzip der Aufrechterhaltung staatlicher Sicherheit zunehmend eine Verschiebung des Einsatzes in das europäische und internationale Umfeld bedeutet und somit internationale Ersuchen zur Mitwirkung an diesen Einsätzen von nationalem und europäischem Interesse sind. Es müssen Wege gefunden werden, zivil-militärische und politisch-militärische Diskussionen zwecks allgemeiner Informationsgabe und Aufklärung zu ermöglichen, zu fördern und zu intensivieren.

„The hottest places in hell are reserved for those who in time of a moral crisis preserve their neutrality" (Robert Kennedy[86])

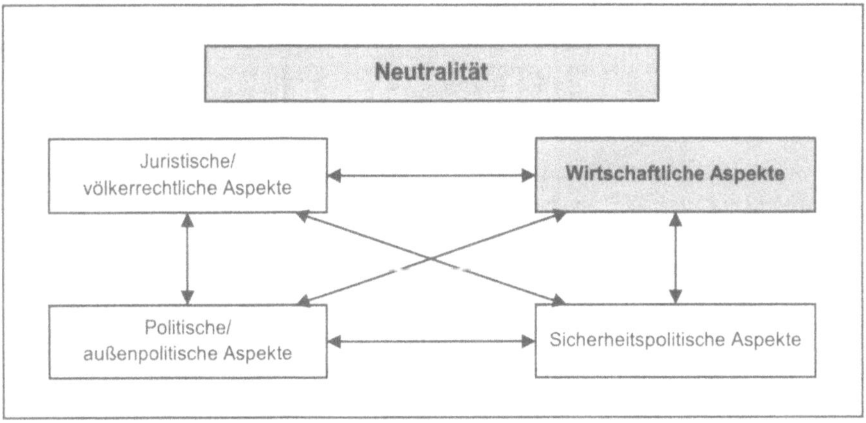

Abbildung 4-1 *Aspekte der Neutralität*[87]

[86] zit. in: Unsere Sicherheit Europa 3/2001, 3
[87] vgl. ebd., 113

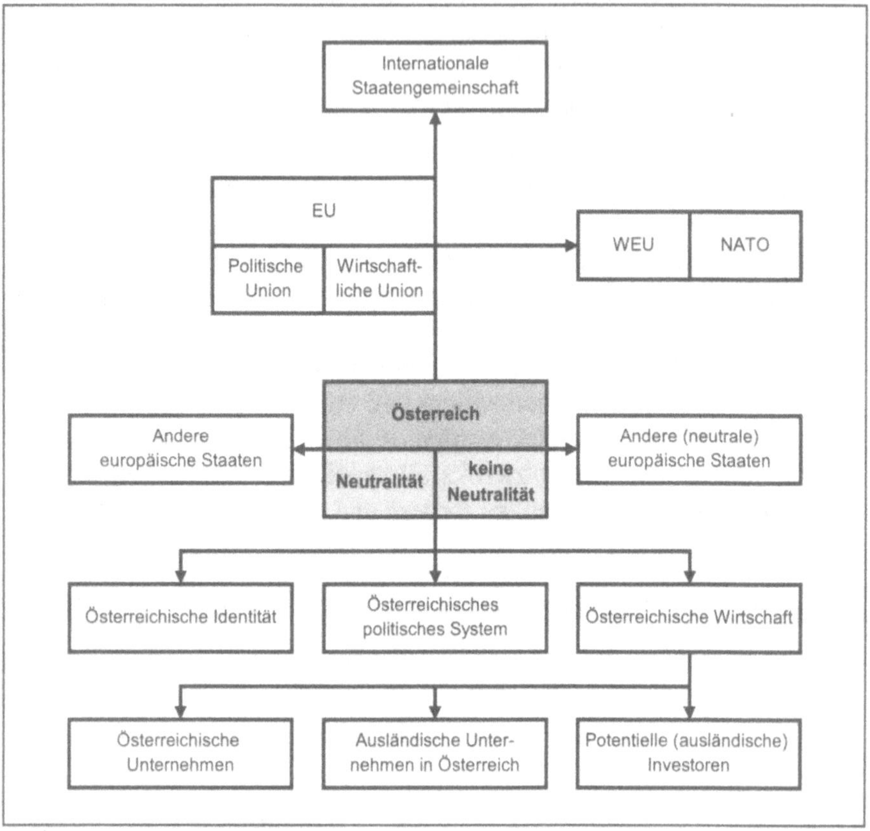

Abbildung 4-2 *Österreich und sein Umfeld*[88]

Bis dato wird das österreichische Militär von der eigenen Bevölkerung vorwiegend mit positiven Sachverhalten und Eigenschaften wie Kameradschaft, Hilfestellung, Erziehung zur Selbständigkeit, Selbstdisziplin und Ordnung sowie Sicherheit und Verteidigung in Verbindung gebracht. Äußerst negativ auf dieses Verständnis durch die Bevölkerung dürften sich die im November 2004 veröffentlichten Misshandlungstatbestände in den österreichischen, wie auch in anderen europäischen Streitkräften auswirken. Auch das Bild des Soldaten selbst gilt verbessert zu werden, zumal die Chance besteht, den Sol-

[88] vgl. Strunz, Herbert; Dorsch Monique: Sicherheitspolitik und Wirtschaft, Frankfurt/M. u.a. 2003,112

daten mehr mit dem Bild des Friedensbewahrers in Verbindung zu bringen. Allerdings fällt dies schwer in einer weltpolitischen Entwicklung, die durch vermehrt notwendig werdendes internationales militärisches Auftreten, aber ohne konkretes, von der Bevölkerung als gleichwertig eingestuftes Feindbild gekennzeichnet ist. Soldaten werden weiterhin vornehmlich mit Krieg und Zerstörung in Verbindung gebracht oder, wie es mitunter in Deutschland zu beobachten ist, sogar legitim als Mörder betrachtet (laut Urteil des Bundesverfassungsgerichtes von 1994). Hervorgehoben werden sollte deswegen die augenscheinliche Tatsache, das die Streitkräfte moderner demokratischer Staaten durch ihre Bündnisbeteiligung mitunter zu den internationalsten Institutionen innerhalb moderner gesellschaftlicher und sozialer Systeme zählen.

Vor dem Hintergrund der Neubewertungsnotwendigkeit des österreichischen Neutralitätsstatus, den laut Befragung durch die Österreichische Gesellschaft für Europapolitik vom Januar 2003 69 Prozent der Österreicher beibehalten möchten, sollten die Ergebnisse einer durch das Gallup-Institut durchgeführten Befragung, in der herausgefunden wurde, dass im Gegensatz zu anderen EU-Mitgliedsstaaten für die österreichische Bevölkerung die Katastrophenhilfe sowie die Landesverteidigung und die Aufrechterhaltung der inneren Ordnung als wesentlich wichtigere Aufgabengebiete eingestuft wurden, als eine militärische Beitragsleistung zur europäischen Sicherheit, besondere Beachtung finden. Laut Umfrage sprechen sich 73 Prozent der österreichischen Bevölkerung zwar für eine europäische Armee aus, aber nur 63 Prozent meinen, dass Österreich sich an dieser beteiligen sollte.

Auch das Vertrauen der österreichischen Gesellschaft in das Bundesheer und dessen Fähigkeit zur Aufrechterhaltung der Sicherheit liegt mit 47 Prozent fast um die Hälfte niedriger als das Vertrauen in die Polizei mit 84 Prozent. Diese Ergebnisse könnten auf den, im Vergleich zu anderen europäischen Staaten relativ niedrigen Informationsstand der österreichischen Bevölkerung in Belangen der gesamteuropäischen Sicherheitspolitik zurückzuführen sein.[89]

---

[89] vgl. Bundesministerium für Landesverteidigung: Bericht der Bundesheerreformkommission, Wien 2003, 104 ff.

Wiederum als einen Grund dafür kann man auch vermuten, dass sich die Bevölkerung durch das Neutralitätsgebot weniger von gesamteuropäischen Sicherheitsbelangen betroffen fühlt.

Es ist also von größter Bedeutung, der österreichischen Bevölkerung eingehend zu vermitteln, dass Österreich, im Zuge eines sich drastisch verändernden Bedrohungsbildes, unabhängig vom Neutralitätsgebot vermehrt von europarelevanten sicherheitspolitischen Veränderungen betroffen ist. Es muss somit eine Verständnisänderung des Begriffes von Sicherheit in die Bevölkerung kommuniziert werden sowie der Transport des Bildes von einem notwendigerweise verstärkt multinational eingebundenen Österreich.

Bei diesem Diskussionspunkt tritt der Zwiespalt zwischen militärischer und allgemeingesellschaftlicher Sichtweise in quasi feindlosen und besonders offenen Staatensystemen besonders deutlich hervor. Die ureigenste Aufgabe der Institution Militär ist es die eigene Bevölkerung vor jedweder Bedrohung und in jedweder ethisch vertretbaren Weise zu schützen.

Im Gegensatz zur zivilgesellschaftlichen Auffassung, ohne ein konkretes Feindbild herrsche auch eine geringere Gefahrenlage und somit ein geringerer Bedarf an militärischer Aktivität, gilt in der militärischen Lagebeurteilung die exakt konträre Logik. Eine Bedrohung ist grundsätzlich latent vorhanden. Ist diese nicht in definitiv feststellbarer und bewertbarer Form vorhanden, so existiert sie als diffuses, unkalkulierbares und somit schwer erfassbares Risikobild. Ein nichteinzuschätzender Gegner kann grundsätzlich als gefährdender für die öffentliche Sicherheit angesehen werden, als ein berechenbarer Opponent.

Doch ein schwer erfassbares Bedrohungsbild ist auch schwer vermittelbar. Worin begründet sich der Legitimationsgrund „Sicherheit“ ohne konkretes Feindbild? Es ergibt sich also ein wesentlich stärkerer Legitimationszwang moderner Streitkräfte gegenüber dem eigenen „Kunden“; dies für die eigene Daseinsberechtigung und den erweiterten Aktionsradius. Somit sollten in so fern Anstrengungen im Bereich der Öffentlichkeitsarbeit unternommen werden, dass eine nicht nur ausreichende, sondern umfassende Information der Bevölkerung über sicherheits- und militärpolitische Themen und Inhalte im Sinne einer gesellschaftspolitischen Bewusstseinsbildung gegeben ist.

Möglichkeiten zu zivil-militärischer Diskussion und eine verstärkte positive Medienpräsenz würden solche Bestrebungen ungemein unterstützen. Auch der Vermittlung des Prinzips der militärisch-wirtschaftlichen Kooperation an die Bevölkerung nicht nur als unabdingbare Notwendigkeit bei der Gestaltung eines neuen Militärbildes, sondern auch als positivem Ansatz zur weiteren Integration der Institution Militär und als Möglichkeit zur Schaffung von Synergieeffekten, sollte vermehrt Augenmerk geschenkt werden.

Eine enge Zusammenarbeit mit zivilen und wissenschaftlichen Bildungseinrichtungen ist nicht nur aufgrund rein technologischer Wertschöpfung und Ressourcennutzung von Bedeutung, sondern auch sehr wichtig für die Gewährleistung einer gewissen Transparenz innerhalb des Militärs durch Einsichtnahme und Kooperation ziviler Institutionen und Organe.

Als Begründung eines zukunftsorientierten soldatischen Selbstverständnisses und der Wahrung gesellschaftlicher Akzeptanz des Militärs, ist die Neufestlegung und vor allem die Kommunikation militärischer Unternehmenskultur und eines militärischen Handlungskonzeptes, basierend auf ethisch-moralischen Gesichtspunkten und Grundwerten nach außen, von großer Wichtigkeit.

Wie essenziell derartige Aktivitäten sind, haben die Misshandlungsvorfälle 2004 gezeigt. Gelingt es nicht, ein moralisch und ethisch unzweifelhaftes Tätigkeitsbild des Militärs durch eigenes positives und vorbildhaftes Auftreten des Personals und der Führungsgremien zu transportieren, so werden derartige Ereignisse, unabhängig davon in welchen Streitkräften sie auch auftreten mögen, zu einem nur extrem schwierig wieder zu korrigierenden öffentlichen Bild des Militärs führen. In dieser Beziehung stellt sich auch wieder die Frage nach der Legitimation des Grundwehrdienstes bzw. des Prinzips der Wehrgerechtigkeit kontra einer gewissen regelmäßigen demokratischen Durchlüftung und Transparenz der Streitkräfte durch den Grundwehrdienstleistenden und seinen nur temporären Aufenthalt beim Militär.

Moderne demokratische Gesellschaften werden tendenziell immer liberaler und individualistischer und somit freier. Um aber dieses Freiheitsniveau gegenüber latenten Bedrohungen zu erhalten, bedarf es gut organisierter und komplexer Verteidigungsorgane und -strukturen. Obwohl eine Abflachung militärinterner Kommandostrukturen anstrebbar wäre, ist ein im Vergleich zu zivilen Strukturen relativ hohes Disziplin- und Hierarchieniveau im Militär und die damit verbundene hohe psychische und physische Belastung des Personals aufgrund des Prinzips der Ein- und Unterordnung und der damit verbundenen Hintanstellung eigener Bedürfnisse zur Aufrechterhaltung und Anpassung der Effektivität militärischer Systeme unvermeidbar.

Gesetzes- und Verfassungsänderungen, um den notwendigen Transformationsprozess auch legislativ und vor allem gesellschaftlich festzulegen und zu untermauern, sollten alsbald durch die zuständigen Entscheidungsgremien in Angriff genommen werden. So bedarf es etwa einer genauen Regelung auf verfassungsrechtlicher Ebene, unter welchen Vorraussetzungen und insbesondere unter welchen Umständen Zeit- und Berufssoldaten zum Auslandseinsatz herangezogen werden können. Dabei ist abermals eine eingehende und positive Vermittlung nach außen hin zu berücksichtigen.

4.2.6 Gesamtwirtschaftliche Aspekte

Mit zunehmendem Maß verschiebt sich nationale wirtschaftliche Prosperität auf europäisches oder internationales Niveau. Das heißt, wirtschaftlicher Wohlstand und ein stabiles funktionierendes nationales und europäisches Wirtschaftssystem werden zunehmend definiert durch globale wirtschaftliche Interdependenzen. Somit wächst der Zusammenhang zwischen Wirtschafts-, Außen- und Sicherheitspolitik zunehmend. Sicherheitspolitische Stabilität ist eine vitale Vorraussetzung für wirtschaftlichen Wohlstand. Diese Stabilität muss durch eine dementsprechende Außen- und Sicherheitspolitik gewährleistet werden.

Im Zeitalter der Globalisierung können Konflikte und Krisen abseits eines Bündnisraumes die eigene wirtschaftliche Leistungsfähigkeit und somit die Wohlstands- und Stabilitätsgrundlage massiv gefährden. Man muss sich also bewusst sein, dass militärisches Intervenieren im Ausland somit auch den Charakter der Absicherung eigener und gemeinsamer wirtschaftlicher Stabilität und Interessenlagen annimmt. Moderne Sicherheits- und Verteidigungspolitik tragen massiv zur Sicherheit des nationalen und europäischen Standortes und seiner Märkte bei. Zudem hat die militärische Institution selbst ein erhebliches Eigeninteresse an der Erhaltung und dem Ausbau der wirtschaftlichen Kapazitäten des eigenen Landes, da das ökonomische Gewicht und die wirtschaftliche Prosperität direkten Einfluss auf die militärische Stärke eines Landes haben und somit eine Wechselbeziehung beider Seiten idealerweise zum Wohle der eigenen Gesellschaft ohnehin unverkennbar existiert. Wirtschaftliche Stärke ist sowohl Voraussetzung, als auch Folge militärischer Stärke gleichermaßen.

Bei der Vorbereitung, Durchführung und Nachbearbeitung von Auslands- und Kriseneinsätzen oder Wiederaufbaumaßnahmen ist die Einbeziehung der wirtschaftlichen Komponente also eminent für die Verfolgung eigener und gemeinsamer sicherheitspolitischer Interessen von Bedeutung.

Allerdings haben auch Einsätze im Inland direkte wirtschaftliche Konsequenzen, wie z.B. das Lawinenunglück von Galtür oder die Hochwasserkatastrophe in Österreich und Deutschland im Sommer 2002 gezeigt haben. Durch den Einsatz militärischer Kräfte, sowohl aus dem aktiven als auch aus dem Reservebereich, wurden volkswirtschaftliche Schäden zumindest in ihrer Auswirkung erheblich gedämpft.

Eine konstruktive Zusammenarbeit mit den Streitkräften bei der Verbesserung und Entwicklung von Kapazitäten im Bereich Heimatschutz und Katastropheneinsatz, bzw. bei der optimalen Ausstattung mit geeignetem Material, liegt also nicht nur im reinen Absatzbereich und somit im eigenen Interesse der Wirtschaft an sich. Dementsprechend ist dem Bereich CIMIC vermehrt Beachtung zu schenken, da dieses Konzept an Bedeutung gewinnt. Das Militär als Institution kann und sollte allerdings auch selbst unter wirtschaftlichen Gesichtspunkten betrachtet werden. Bisher wurde diesen wirtschaftlichen Gesichtspunkten und Denkweisen bei der Auslegung des Militärs verhältnismäßig wenig Bedeutung beigemessen. Will man allerdings eine im neuen Anforderungsprofil effektiv tätige Streitkräftestruktur implementieren und erhalten, muss sich dies zweifellos ändern.

Was die militärische Infrastruktur betrifft, spielt die Standortpolitik in den Bestrebungen zur Effizienzsteigerung militärischer Systeme eine wesentliche Rolle. Da die Streitkräfte nicht nur ein reiner Leistungserbringer, sondern auch Arbeitgeber und regionaler Nachfrager im Einzel- und Großhandel sind, steht dem rationellen und effizienten Umgang mit dieser Problematik auch das Prinzip des Militärs als Wirtschaftsfaktor insofern entgegen, als eine eventuelle Konsolidierung zwar mit einer Verbesserung der Effizienz bzw. der Wirtschaftlichkeit innerhalb des Militärs allgemein verbunden ist, jedoch negative Folgen für die wirtschaftliche Situation des Standortgebietes wie Schließungen oder Entlassungen haben kann.

Es ist also notwendig, bei der Behandlung dieser Thematik eigene wirtschaftliche Gesichtspunkte mit allgemeinen volkswirtschaftlichen Aspekten, beispielsweise durch interne und mit den jeweiligen regionalen Gremien abgestimmte Sozialpläne oder der Prüfung, inwieweit sich Verträge mit bisherigen regionalen Zulieferern und Vertragspartnern bei Standortverlegungen unter anderen Umständen eventuell aufrechterhalten ließen, in ein möglichst ausgewogenes Verhältnis zu bringen.

Was jedoch die Gedankengänge zur Thematik Outsourcing von militärbezogenen Diensten betrifft, sollte bei sämtlichen diesbezüglichen Bestrebungen generell das Prinzip der „Vollerfüllung der Kernkompetenzen ohne Einschränkungen, sowie Fragen der Geheimhaltung und des Einsatzverhaltens gelten. Des weiteren sollte die Gefahr der möglichen Nichterfüllung bzw. des Nicht-Anbietens im Bedarfsfall gut bedacht und wenn möglich abgesichert werden.

Ansätze könnten beispielsweise die Auslagerung wirtschaftsnaher und technischer Einrichtungen, die Übertragung sozialer und versorgungstechnischer Dienste sowie erwerbswirtschaftlicher Bereiche sein. Weiterhin könnte man Überlegungen zur Privatisierung von Diensten mit direktem verteidigungspolitischem Bezug, wie z.B. der militärischen Materialerhaltung und Instandsetzung, des Wetter- und Satellitendienstes, der Aufklärung sowie des Institutions- und Personenschutzes anstellen. Bedenkt man allerdings die potentielle Vagheit eines privatwirtschaftlichen Angebots solcher Dienste, so ist vor dem Hintergrund der Gewährleistung der Einsatz- und Dienstfähigkeit der Streitkräfte zum Schutz des Staatsgebietes und der Bevölkerung generell eine Privatisierung als kritisch anzusehen.

Weiterhin treffen bei der Neugestaltung wirtschaftliche Gesichtspunkte auf das Interesse einer möglichst großen Einsatzorientierung aller Komponenten des Systems. Eine umfassende und flexible Einsatzfähigkeit wird sich immer negativ auf die Kostensituation auswirken. Eine Verbesserung der Wirtschaftlichkeit hat in der Regel negative Auswirkungen auf die Qualität der Einsatzfähigkeit. Zwar empfiehlt sich generell eine Erhöhung des Budgetvolumens, da der Finanzmittelbedarf durch die mit der Reform angestrebten, neu zugewinnenden Fähigkeitenprofile und dem damit verbundenen Neubeschaffungsbedarf sicherlich steigen wird. Doch sollte auch eine eingehende Prüfung aller Investitionen, insbesondere im Beschaffungsbereich, auf ihre Einsatzrelevanz und Wirtschaftlichkeit hin durchgeführt werden.

Bei militärischen Planungsaktivitäten sollte allerdings auch die gesamtwirtschaftliche Produktivität von Militärausgaben bedacht werden. Diese können wiederum stimulierend oder dämpfend wirken. Diverse volkswirtschaftliche Steuergrößen und Produktionsfaktoren, wie der Konsum, aber insbesondere auch die nationale Produktionstätigkeit und der damit in Verbindung stehende Arbeitsmarkt werden berührt. Das hat wiederum Auswirkungen auf das nationale Steuer und Konsumaufkommen, was die öffentliche Ausgabenpolitik erheblich beeinflusst. Schließlich sind die Streitkräfte eine öffentliche Institution, die sich auch aus öffentlichen Geldern, die letztlich von der Bevölkerung bereitgestellt werden, finanziert. Dies geschieht zwar für die Erbringung der gemeinnützigen und nicht exklusiven Dienstleistung „Sicherheit". Diese kann aber nicht objektiv bewertet werden. Doch das Militär ist auch ein verhältnismäßig kosten- und kapitalintensives Wirtschaftssystem mit einer eigenen Bürokratie. Deswegen gestaltet sich eine Gegenüberstellung von Sicherheit als Output mit den diesbezüglichen Inputs wie finanziellen Aufwendungen, Personalaufwand, Aufwendungen für Material und benötigte Grundstücke etc. als Grundlage einer wirtschaftlichen Betrachtung sehr kompliziert.

Dazu kommt, dass Österreich ein vergleichbar kleines Land ist und der für die Streitkräfte sehr relevante Faktor Boden somit einem verstärkten Konkurrenzgebaren ausgesetzt ist.

Generell veranschlagt die Reformkommission, ungefähr ein Drittel des zukünftigen Verteidigungshaushaltes für den Investitionsbereich zu verwenden. Um zumindest zu Beginn der Transformationsphase einen Teil des Investitionsvolumens durch finanzielle Mittel des eigenen Haushaltes zu decken, wäre die überlegte Verwendung etwaiger Erlöse aus Veräußerungen denkbar. Ebenso wie die Erstellung von Langzeitausgabeplänen, welche zumindest ansatzweise eine genauere Verwendung zukünftiger Finanzmittel erlauben würden.

Jedoch sollten diverse Möglichkeiten für Budgetüberschreitungen in solche Überlegungen zumindest mit einbezogen werden, zumal für Einsatzfälle ein genereller, zeitlich begrenzter Mehraufwand sehr wahrscheinlich ist.

Einer der vielversprechendsten Ansätze zur Kostenregulierung ist jedoch weiterhin die Vermeidung von Redundanzen durch einen Einbezug von Milizverbänden in Planungen zur Wirtschaftlichkeit. Genauso die Erwägung strategischer Kooperationen mit regionalen und überregionalen zivilen Verbänden und Institutionen sowie mit benachbarten Partnerstaaten zwecks gemeinsamer Nutzung von Grundstücken, Material und Dienstleistungen.

Um ein angestrebtes Maximum und vermehrt Impulse bezüglich neuer Einsparungspotentiale zu erreichen, ist eine starke Einbindung der Wirtschaft in die Entwicklung von neuen Struktur- und Finanzierungsmodellen von großer Wichtigkeit. Vom zivilen Wirtschaftsbereich sind erfahrungsbedingte Impulse bei der Entwicklung neuer und alternativer Finanzierungsformen und Unterstützung bei der Findung möglicher unerkannter Einsparungspotentiale zu erwarten.

Erstmals wurde bereits 1969 ein Partnerschaftsvertrag abgeschlossen. Im Laufe der zunehmenden Verstärkung des Milizprinzips und der Landwehrstammregimenter entwickelte sich neben den Partnerschaften mit Unternehmen ab 1979 auch der Trend zu Kooperationen mit Städten, Gemeinden und Bezirken. Nach einem weiteren Anstieg und einer folgenden, eher gleichbleibenden Bewegung in den 1980er und 1990er Jahren existierten in Österreich mit Stand 2003 bereits 146 Partnerschaften.[90]

Abbildung 4-3 *Entwicklung der Partnerschaften des ÖBH mit der Wirtschaft*[91]

Was den Ausbau derartiger Partnerschaften anbelangt, könnten folgende Fragen unterstützend wirken:

- Wie können Unternehmen bei der Erschließung und Bearbeitung neuer Märkte in Sicherheitsfragen besser unterstützt werden?
- Wo bestehen aktuell regelmäßig noch spezielle Informations- und Handlungsdefizite?
- Welche Rolle könnte dabei dem ÖBH zukommen?[92]

Auch die Standort- und Personalpolitik sollte möglichst in Abstimmung mit der regionalen und überregionalen Wirtschaft gestaltet werden, da dies möglicherweise den Personalaustausch mit der Wirtschaft bei Umgestaltungsansätzen, Konsolidierungen und Beendigungen von

[90] vgl. Strunz, Herbert; Dorsch, Monique: Sicherheitspolitik und Wirtschaft, Frankfurt/M. u.a. 2003, 106 ff.
[91] vgl. Der Soldat Nr. 23/2003, 3
[92] vgl. Strunz, Herbert; Dorsch, Monique: Sicherheitspolitik und Wirtschaft, Frankfurt/M. u.a. 2003, 162

Dienstverhältnissen erheblich erleichtern könnte. Daraus schlussfolgernd empfiehlt sich die gemeinsame Entwicklung eines gesamtstaatlichen, auch ausbildungsbezogene Problemstellungen beinhaltenden CIMIC-Konzeptes für die effiziente und effektive Bearbeitung zukünftiger wirtschaftlicher Herausforderungen.

4.2.7 Steigerung der Attraktivität des Dienstes

Das reformierte ÖBH wird sich zu einem wesentlichen Teil aus Berufs- und Zeitsoldaten zusammensetzen. Um auf absehbare Zeit die personelle Decke für die Aufgabenerfüllung suffizient gewährleisten zu können, bedarf es zukünftig verstärkter Anstrengungen, das Berufsbild des Soldaten als konstruktives und sinnvolles Tätigkeitsfeld für potentielle Interessenten vorzustellen und gegenüber den eventuell als negativ empfundenen Aspekten dieses Aufgabengebietes hervorzuheben. Negative Aspekte, die mit dem Dienst in den Streitkräften in Verbindung gebracht werden, sind unter anderem verhältnismäßig geringe Bezahlung, die Trennung von Familie und engerem sozialem Umfeld sowie das dogmatische Bild des Alkoholmissbrauchs.

Bereits im ÖBH tätige qualifizierte Soldaten und Offiziere wären für die diesbezügliche Öffentlichkeitsarbeit als Werbeträger besonders geeignet, da diese aus persönlichen Erfahrungen berichten und somit einen gewissen Vorbildcharakter einnehmen könnten.

Doch die Gewinnung potentiellen Nachwuchses sollte vor allem durch konkrete Maßnahmen zur Verbesserung der Dienstbedingungen unterfüttert sein. So empfehlen sich vorrangig Maßnahmen zur Schaffung individueller Anreize, z.B. durch Entwicklung eines einheitlichen, jedoch leistungsabhängigen Entlohnungsmodells, bei dem sowohl finanzielle Prämien als auch Sanktionen und Kompensationen oder alternative Ausgleichsleistungen an die jeweiligen Leistungsspektren des Personals gebunden wären. Auch was die Rekrutierung hinsichtlich des Grundwehrdienstes als potentiellen Berufseinstieg betrifft, lassen sich diverse Optimierungsmöglichkeiten finden.

Die frühzeitige Information über das Berufsbild des Soldaten an Schulen oder gegenüber Medien durch Infopoints, Tage der offenen

Tür, Schnupperkurse, Informationsbesuche oder informative Reportagen als Option für die Berufswahl und als Karrieremöglichkeit, aber auch als Entscheidungshilfe für die Ableistung von Wehr- oder Ersatzdienst würden einen ansprechenden Schritt in diese Richtung darstellen. Bei der Rekrutierung selbst sollte eine möglichst individuelle Beratung zwecks Abstimmung des militärischen Tätigkeitsprofils auf individuelle Stärken und Interessen, soweit dies unter Berücksichtigung der Verwendungsinteressen der Streitkräfte möglich ist, gewährleistet sein. Schon frühzeitig nach Absolvierung einer positiven Musterung könnte durch Einplanungsgespräche über die Zeit und den Ort der Einberufung eine verbesserte Berücksichtigung persönlicher Eignungen bei der Dienstplatzvergabe möglich gemacht werden.

Bei der Nachwuchsgewinnung sollten auch diverse Marketinginstrumente und eine etwaige Zusammenarbeit mit zivilen Trägern nicht außer Acht gelassen werden.

Militärische Öffentlichkeitsarbeit

Die deutsche Bundeswehr unterstützt den Freundeskreis Luftwaffe. Dieser Verband aus Reservisten, aktiven Soldaten und zivilen Interessierten hat sich vor allem der Jugendförderung verschrieben. Durch die Organisation von Tagen der offenen Tür in Standorten der Luftwaffe aber auch anderen Teilstreitkräften, durch Informationsveranstaltungen, Besuchen von Airshows und gemeinsamen Camps wird ein militärisches und sicherheitspolitisches Interesse von jungen Menschen vertieft und gefördert. Natürlich dient dies auch den Rekrutierungsbemühungen der Bundeswehr. Eine große Zahl der jungen Mitglieder dieses Verbandes beginnt später eine militärische Laufbahn.

Das schwedische Rekrutierungszentrum versuchte via TV, Kino, Internet und direkten Kontakt über öffentliche Auftritte die Motivation junger Menschen für einen möglichen Dienst in den Streitkräften herauszufinden. Bekannte Sportler wurden als Identifikationsfiguren in das Marketingprogramm eingebunden. Außerdem wurden für bereits Interessierte Schnupperkurse angeboten, bei denen ein tieferer Einblick in das soldatische Berufsleben gewährt wurde. Ebenso internationale Jugendaustausche, an denen militärisch und sicherheitspolitisch interessierte Jugendliche aus vielen Ländern teilnehmen. Das

Resultat war ein erheblicher Anstieg der Bewerberzahlen für eine Laufbahn in den Streitkräften.

Weitere Möglichkeiten der Nachwuchsgewinnung, die in anderen Streitkräften betrieben werden, wären unter anderem die Etablierung von Vorbildern und Idolen für junge Menschen durch den Aufbau von Showteams, wie beispielsweise den amerikanischen Blue Angels und Thunderbirds oder den britischen Red Arrows. Die Soldaten dienen quasi als Offiziere für Öffentlichkeitsarbeit und genießen unter interessierten jungen Menschen oft sogar den regelrechten Status von Helden. Die Möglichkeit von Meetings mit diesen Vorbildträgern, beispielsweise durch Autogrammstunden nach Showauftritten oder andere Gelegenheiten, die Akteure zu treffen und Waffen und Geräte aus nächster Nähe zu besichtigen, bieten eine Möglichkeit der persönlichen Kontaktaufnahme mit der Zielgruppe und Informationen über den soldatischen Beruf.

Einen äußerst wichtigen Diskussionspunkt stellt die Anerkennung des militärischen Grundwehrdienstes als Praxiszeit bzw. Berufserfahrung dar. Mit einer derartigen Maßnahme könnte auch bisweilen auftretenden Beschwerden von wieder in das Zivilleben entlassenen ehemaligen Grundwehrdienstleistenden über eine gewisse Sinnlosigkeit der abgeleisteten Zeit für den persönlichen Ausbildungswerdegang entgegengewirkt werden. Auch der Ausgleich eintretender sozialer Härten bei der Heranziehung zum Grundwehrdienst sowie Belohnungs- und Anerkennungsmodelle für besondere Leistungen während des Wehrdienstes würden einen Anreiz gegenüber Vergleichstätigkeiten darstellen. Bei einer Entscheidung für eine Dienstzeitverlängerung wäre die Sicherstellung von anspruchsvollen, befriedigenden und interessanten Laufbahnbildern ein wesentlicher Faktor zur Steigerung der Motivation und des Sicherheitsempfindens bei der Ausübung der weiteren Tätigkeit.

Unabhängig von Position und Karrierebild sollte eine planbare und gesicherte Freizeit mit entsprechenden Freizeit- und Unterhaltungsangeboten sowie ein Mindestmaß an Privatsphäre, suffizientem Komfort, Hygiene und Freiraum der Unterbringung zum Angebotsstandard der Streitkräfte gehören. Freizeiteinrichtungen sollten auch für Angehörige nutzbar gemacht werden. Die Bereitstellung von Geräten und Räumlichkeiten für sogenannte Trendsportarten wäre ein geeigneter Anreiz zur persönlichen Fitness. Allgemein empfiehlt es sich durchaus, eine Stunde Sport täglich zur Erreichung und Erhaltung einer gewissen Mindestleistungsfähigkeit festzulegen.

Da trotz aller Anstrengungen zur Vermeidung unnötiger Härten die Tätigkeit als Soldat wohl immer ein Risikoberuf sein wird, sollte der persönlichen und familiären Absicherung der Beschäftigten besonderes Augenmerk zugesprochen werden. Allerdings kann darin, betrachtet man die gegenwärtige Entwicklung ziviler Absicherungssysteme, auch ein erheblicher Anreiz für den Dienst in den Streitkräften gesehen werden.

Ein überdurchschnittlicher Leistungskatalog hinsichtlich medizinischer und sozialer Betreuung, unter Umständen auch für Familienangehörige, wäre ein nicht unerheblicher Vorteil des Militärdienstes.

Weil Auslandseinsätze einen primären Bestandteil des Berufsbildes einnehmen werden, sollten sich derartige Einsätze sowohl auf die Entlohnung als auch auf die Pensionshöhe auswirken. Weiterhin bedarf es intensiver Bemühungen für eine umfassende und eingehende Betreuung und Seelsorge der Soldaten und ihrer Angehörigen während und nach eventueller Auslandseinsätze und die Garantie finanzieller Kompensationen oder auch eines geeigneten Versicherungsprofils für die hohen Belastungen und potentiellen Gefahren während solcher Einsätze.

Im Hinblick auf potentielle Auslandseinsätze und die daraus resultierende psychische Belastung sind wiederum die jüngsten Misshandlungsvorfälle als Resultat einer solchen Auslandsverwendung äußerst kritisch zu beurteilen. Durch die öffentliche Berichterstattung entsteht das Risiko, dass eine nicht unerhebliche Anzahl zukünftiger Wehrpflichtiger mit unterschwelligen Angstgefühlen und Unsicherheiten den Dienst antritt, was sich wiederum negativ auf das Verhältnis zu Vorgesetzten auswirkt. Interne Kontrollmechanismen und die rechtliche Vertretung Militärangehöriger, zum einen innerhalb der Streitkräfte und zum anderen gegenüber Dritten, müssen deshalb unbedingt eine intensive Verbesserung erfahren.

Auch sollte über geeignete Kompensationsmöglichkeiten für die erhöhten Mobilitätsanforderungen nachgedacht werden, wie beispielsweise betreuende Personen oder anderweitige Hilfe bei der Wohnungssuche sowie der Kinder- und Familienbetreuung oder Unterstützung bei der Klärung von anfallenden Formalitäten. Auch sollten möglichst enge Kontakte zu regionalen Arbeitsmärkten gehalten werden um Familienangehörige bei der Suche nach einem geeigneten Arbeitsplatz zu unterstützen. Grundsätzlich gilt, trotz des hohen Mobilitätsgrades, welches das soldatische Tätigkeitsfeld mit sich bringt, ein Maximum an Vereinbarkeit von Familie und Beruf zu gewährleisten.

Handlungsbedarf besteht auch bei der Information über das militärische Berufsbild bei potentiellen weiblichen Bewerbern. Laut Stand vom Januar 2004 sind mit 242 Soldatinnen gerade einmal 0,7 Prozent des österreichischen Streitkräftepersonals Frauen. Auch in anderen europäischen Streitkräften ist der Frauenanteil mit durchschnittlich fünf Prozent eher gering. Besagtes weibliches Personal befindet sich vornehmlich auf Verwaltungsdienststellen, jedoch – abgesehen vom medizinischen Dienst – kaum in Führungs- und Kampfpositionen. Zum Teil auch, weil gar nicht erst eine persönliche Bewerbung auf solche Positionen erfolgt, werden doch derartige Dienste als körperlich zu anspruchsvoll eingeschätzt, obwohl per Gesetz keinerlei Einsatzbeschränkungen mehr für Frauen vorliegen, was militärischen Emanzipationsbestrebungen entgegen kommt.[93]

Oft erfolgt auch eine vorzeitige Beendigung des Dienstverhältnisses, da sich das anfangs vermittelte und später erfahrene Dienstbild in der persönlichen Wahrnehmung zu sehr unterscheiden. Dieses auffällige Missverhältnis zu einer überwiegend emanzipierten zivilen Arbeitswelt ist neben auftretenden Integrationsproblemen und für Frauen bisweilen schwer erreichbare Leistungslimits wohl auch ein Grund für diesbezügliche Diskussionen in der Öffentlichkeit. Ein weiterer Konfliktpunkt innerhalb des Militärs ist in dieser Hinsicht die feste Einplanung von Stellen für weibliches Personal, jedoch keine Verwendungs- und Übernahmegarantie für männliche Anwärter. Das bedeu-

[93] vgl. Bundesministerium für Landesverteidigung: Bericht der Bundesheerreformkommission, Wien 2003, 109

tet, dass Frauen nicht zum Einsatzdienst herangezogen werden können. Der möglicherweise entstehende Eindruck einer bevorzugten Behandlung gegenüber männlichem Personal und die Frage nach der Sinnhaftigkeit einer militärischen Ausbildung von Frauen birgt ein nicht zu unterschätzendes Konfliktpotential. Für die weiblichen Bediensteten stellt dieser Umstand wiederum ein erhebliches Hemmnis bei der Berufung in Führungspositionen dar. Es stellt sich also die Frage, wie der Beruf des Soldaten für Frauen attraktiver gemacht und die niedrige Frauenquote angehoben werden kann. Neben Gleichstellungs- und Integrationsplänen sollten Maßnahmen in den Problembereichen der Entscheidung über die körperlichen Rekrutierungsanforderungen an weibliches Personal, einer allgemeinen Erhöhung des Wehrsoldes und Innovationen bezüglich der Vereinbarung von Familie und Beruf getroffen werden.

Bei der Beendigung des Zeitsoldatenverhältnisses ist die Unterstützung bei der Wiedereingliederung in das zivile Arbeitsleben durch aktive und frühzeitige Betreuung bei der Arbeitsplatzsuche und Hilfe durch qualifiziertes Personal beim Auffinden von geeigneten Arbeitsstellen, in denen während der Dienstzeit erworbene Kenntnisse und Qualifikationen besonders gut einsetzbar sind, gefragt. Unter anderem auch deswegen sollte in der Öffentlichkeit der Standard militärischer Bildungsprogramme hervorgehoben werden und ein möglichst enger Kontakt zur Wirtschaft und den regionalen Arbeitsmärkten bestehen.

Dies würde auch die regelmäßige Aktualisierung und Abstimmung militärinterner Bildungsprogramme mit neuesten zivilen Standards und Arbeitsanforderungen und folglich die Gleichstellung mit zivilen Ausbildungsabschlüssen erleichtern. In Hinsicht auf die Gesamtheit dieses Sachverhaltes würden ein breites eigenständiges und qualitativ hochwertiges Aus- und Weiterbildungsangebot sowie Hilfen und Beratung für externe Bildungs- und Beschäftigungsmöglichkeiten die Motivation und die persönlichen Entwicklungspotentiale von Rekruten und Soldaten erheblich steigern.

Betrachtet man die Entwicklung firmeninterner Arbeits- und Hierarchieverhältnisse, zeigt sich auch innerhalb des Militärs die Notwendigkeit der gezielten Hinentwicklung des Führungsverständnisses von der Führung Untergebener zur Führung von Mitarbeitern. Bezogen auf alle angeführten Aspekte der Attraktivitätssteigerung empfehlen sich durchaus auch Vergleiche mit den Bedingungen und Maßnahmen in anderen Streitkräften.

Führung in europäischen Streitkräften

So wurden beispielsweise in den schwedischen Streitkräften soldatisches Leitbild, Grundphilosophie und Rekrutierungsstrategie gemeinsam erarbeitet, was zu einer höheren Identifikation des Personals mit seinen Aufgaben führte. Weiterhin wurden gezielt Leistungsanreize und Motivationsprogramme eingeführt.

Die belgischen Streitkräfte initiierten zwecks Aufbaus eines attraktiveren Berufsbildes ein neues Personalstatut, das militärisches Personal in Hinblick auf Besoldung und Pensionsfragen gegenüber zivilem Personal besser stellt. Speziell für Soldaten wurde ein Abschluss an der Militärakademie angeboten, welcher einer zivilen universitären Ausbildung gleichgestellt ist. Im Ausland absolvierte Ausbildungsgänge werden voll dienst- und besoldungsrechtlich anerkannt. Der Generalstabslehrgang dauert nur ein Jahr, das reguläre Pensionseintrittsalter ist mit dem 45. Lebensjahr erreicht. Es existiert ein variabler Urlaub zwischen 30 und 60 Tagen im Jahr. Beförderungen sind leistungsabhängig und werden durch ein Beförderungskomitee erteilt, welches die erforderlichen Anzahl an Stabsdienstoffizieren auswählt.

4.3 Technologische Komponenten

Massenarmeen und Großkonflikte haben seit Ende des Ost-West-Konfliktes zu Gunsten eines diverseren und komplexeren Einsatzbildes, nicht zuletzt auch augrund neuer technologischer Ansätze, rapide an Bedeutung verloren. In diesen neuen Einsatzszenarien wird das Bild des individuellen, kämpfenden Technikers und Kampffeldmanagers zunehmend deutlicher und wichtiger, was auch eine Anpassung in der Ausbildung und Organisation erforderlich macht.

Um die neuen Anforderungen, die durch das zukünftige Aufgabenkonzept an die Streitkräfte gestellt werden, umfassend erfüllen zu können, benötigt das ÖBH nicht nur im Bereich Personal innere

Struktur und innovative Impulse. Auch und gerade der Bereich der technologischen und materiellen Ausrüstung bedarf einer Neukonzeption. Dabei ist die durchschnittliche Abnutzung, Einsatzfrequenz und -dauer sowie das Alter des bisher verwendeten Materials von geringerer Relevanz für die notwendige Modernisierung als dessen eigentliche Verwendbarkeit für die Erfüllung der neuen Aufgaben.

Trotz allem ist eine Modernisierung natürlich auch notwendig, um sich ständig erhöhende, laufende Instandhaltungs- und Wartungskosten sowie einhergehende Organisationselemente und Mannstunden langfristig zu reduzieren. Der wesentliche Grund und eigenschaftsbestimmende Entscheidungsaspekt für zukünftige Beschaffungsprojekte und Investitionen in Instandhaltung, Modernisierung und Integritätserhaltung militärischen Materials sind jedoch die grundlegenden Veränderungen im Bedrohungsbild und die daraus resultierende Neukonzeption in der Art und Auslegung des eigenen und gemeinsamen Verteidigungs- und Einsatzkonzeptes. Zunehmend ist die politische Dimension der Beschaffung international geprägt.

Die Mitgliedschaft Österreichs in verschiedenen Organisationen wie der EU, NATO/Partnership for Peace oder der WEAG ermöglicht die Teilnahme an kooperativen Lösungen im Rahmen von Beschaffung und Betrieb. Die Begründung für eine neue Form der Auf- und Umrüstung trotz Fehlens eines größeren und konkreten Feindbildes ist ein mit dem Aufkommen asymmetrischer Bedrohungen entstandenes Paradoxon zwischen Qualität und Quantität der latenten Bedrohung einerseits und den notwendigen Gegenmaßnamen andererseits.

Zwar ist der internationale Terrorismus vergleichsweise inferior ausgestattet, verfügt aber anscheinend über ein komplexes und sich ständig veränderndes Kommunikations-, Informations-, Beschaffungs- und Logistiknetzwerk, was eine absehbare Feindeinschätzung bezüglich der Kompetenzen und Kapazitäten des Gegners in eine bestimmte Richtung quasi unmöglich macht.

Das weitgehend dezentrale Vorgehen und ein komplexes Beziehungsnetz erschwert zudem den Informationsgewinn und die Aufklärung über operatives, taktisches und strategisches Vorgehen, so dieses denn überhaupt vorhanden ist. Zwar ermöglichen internationale Partnerschaften ein ausgedehntes und umfassendes Einsatzvorgehen, erzwingen dieses jedoch auch wiederum aus sich selbst heraus, da man gemeinsam Verantwortung übernimmt und sich somit der Raum, der Einfluss auf die eigene Interessenlage hat und dadurch zum potentiellen Einsatzgebiet wird, dementsprechend vergrößert. Bezogen auf den internationalen Terrorismus verbreitert sich allerdings auch die potentielle Angriffsfläche, durch die eigene Interessen betroffen sind. Man ist also dem Zwang ausgesetzt, sich gegen ein diffuses und unkalkulierbares Bedrohungsbild möglichst breit abzusichern, um jegliche Bedrohungsszenarien effektiv abdecken zu können.

Auf der anderen Seite ist man wiederum zu einer verstärkten Individualisierung, und daraus folgend, einer größeren Professionalisierung, Spezialisierung und Präzision der eigenen Kampfführung und Einsatzbewältigung gezwungen, da ein potentieller terroristischer Gegner nicht repräsentativ für ein gesamtes politisches oder soziales System steht und in der Regel national unabhängig ist.

Moderne Industriestaaten verfügen untereinander zudem in der Regel über einen hohen industriellen, wirtschaftlichen und gesellschaftlichen Verflechtungsgrad. Aber vor allem wäre ein breit angelegtes, defensives Vorgehen in modernen, liberalen und ethisch entwickelten Gesellschaften unter keinen Umständen zu rechtfertigen. Dies bedeutet, dass auch aus der eigenen Gesellschaft die Anforderungen einer technologischen Neuauslegung erwachsen. Bürgerkriege und Unruhen in Krisennationen erfordern zwar verstärkt militärisches Eingreifen, aber definitiv nicht im Sinne eines Vorgehens gegen ein Feindsystem, wie dies bis in die zweite Hälfte des letzten Jahrhunderts der Fall war. Vielmehr idealerweise ein international zusammengesetztes Intervenieren und Stabilisieren sowie die Herstellung öffentlicher Ordnung und die Beendigung von Konflikten untereinander verfeindeter, externer Parteien. Der zukünftige Soldat steht also viel wahrscheinlicher Zivilisten als anderen Militärs gegenüber, was intensives bewaffnetes Vorgehen, abgesehen von einer direkten Bedrohungslage eigener Verbände durch diese Personen, völlig ausschließen muss. Dieser Gesichtspunkt konterkariert sich natürlich mit der Forderung von niedrigeren Ausgaben für Verteidigungstechnologie, sind doch Rüstungsgüter, die sowohl in die Breite, als auch in die Tiefe ihrer qualitativen

Eigenschaften gehen sollen, auch dementsprechend kostenintensiv; nicht zuletzt, da es auch eines entsprechend geschulten Personals für die Bedienung solcher Elemente bedarf.

Will man derartig fähige Systeme einsetzen, bedarf es eines wesentlich erhöhten Forschungs-, Entwicklungs- und Technologiegrades, was ebenfalls höhere Kosten verursacht, ganz abgesehen von wesentlich längeren Transitionsphasen des bedienenden Personals auf neue technologische Elemente.

Trotz allem bieten neue technologische Ansätze in der Rüstung ein wesentlich höheres Einsatz- und Selbstschutzpotential für die Streitkräfte, unabhängig von ihrer Notwendigkeit bezüglich asymmetrischer Risikobilder. Doch in dem Prinzip dieses sogenannten „Hightech-“ und „Information Warfare“ liegt auch eine vitale Schwachstelle moderner Kriegsführung. Technologisch hochentwickeltes Material ist zwar äußerst effektiv und gezielt einsetzbar, jedoch wesentlich störanfälliger und durch die hohe Komplexität der angewendeten Systeme relativ leicht angreif- und störbar.

Auch ein schneller Austausch und Ersatz betroffener Komponenten benötigt mehr finanziellen und zeitlichen Aufwand. Es zeigt sich, dass sich das zukünftige Einsatzspektrum zunehmend verbreitert und an Komplexität gewinnt, folglich zur effektiven Erfüllung von Aufträgen innerhalb internationaler Verbände modernes, hochtechnologisches und flexibel einsetzbares Gerät, neben professionellem Personal, benötigt wird. Es ist jedoch fraglich, inwiefern kleinere europäische Staaten, so wie Österreich, über ausreichende Kapazitäten verfügen, die geforderte Leistungstiefe bezüglich der Gerätequalität über die gesamte Breite des Einsatzspektrums und des zu verwendenden Gerätes allein zu gewährleisten. Da es allerdings, zumindest auf gesamteuropäischer Ebene, keineswegs ratsam ist, nur bestimmte Einsatzfelder oder Streitkräftekomponenten primär zu versorgen, ist eine vehement verbesserte innereuropäische militärische Zusammenarbeit unabdingbar. Ein wesentliches Hindernis für einen europäischen Zusammenschluss innerhalb der Rüstungswirtschaft stellen derzeit noch immer unterschiedliche politische Eigeninteressen der europäischen

Nationalstaaten und demzufolge unterschiedliche Bedarfslagen für die Beschaffung neuer Rüstungsgüter dar.

Grundsätzlich stehen diese nationalen Eigenheiten schon seit mehreren Jahren einer europäischen Harmonisierung im Weg. Diese Situation hat zwangsläufig äußerst negative Auswirkungen auf die rüstungspolitische Etablierung Europas und logischerweise die europäischen Exportbestrebungen. Unnötigkeiten wie geringe Serientiefen, Parallelentwicklungen, entsprechend hohe Stückkosten und konsequenterweise ein geringerer Exporterfolg sind die Folge.

Durch Deutsche, Briten, Franzosen und Schweden werden in einem Europa, das gemeinsam gerade einmal halb so viel für Rüstung ausgibt wie die Vereinigten Staaten, alleine vier Kampfpanzer für einen schrumpfenden Markt gebaut.

Ein „Donnerschlag“ verhallt

Das Beispiel der französischen Eigenentwicklung des Mehrrollenkampfflugzeuges Rafale zeigt deutlich die Probleme, die für die Einzelstaaten aus nationalen Alleingängen innerhalb Europas entstehen können. Die Rafale wird als eines der modernsten und leistungsfähigsten Kampflugzeuge der jüngeren Zeit angesehen und gilt neben der schwedischen SAAB J-39 Gripen als eines der ersten einsatzbereiten Kampflugzeuge der vierten Generation. Trotz allem existiert für den Hersteller Dassault Aviation, einmal abgesehen von den französischen Streitkräften, quasi kein weiterer Absatzkunde.

Die Entwicklung begann bereits 1989. Zuerst strebte Frankreich noch gemeinsam mit Deutschland und England die gemeinsame Entwicklung des Eurofighters an, damals noch Jäger 90 genannt. So verwundert es auch nicht, dass die Rafale dem europäischen Gemeinschaftsjäger in vielen Charakteristika auffallend ähnlich ist. Bereits kurze Zeit nach Aufnahme des Programms Anfang der 1980er Jahre verabschiedete sich Frankreich aus dem Eurofighter-Programm und begann mit der Weiterkonzeption der Rafale. Genau wie das parallel verlaufende Eurofighter-Programm verzögerte sich auch die Entwicklung der Rafale. So wurden erst 2002 die ersten neun Maschinen an die französische Marine ausgeliefert. Diese entsprachen dem sogenannten

Standard F1 und waren nur für reine Luftkampfeinsätze tauglich, aber ohne jegliche Offensivkapazitäten. Erst 2004 erhielt die französische Luftwaffe einen Teil ihres Kontingents.

Das bedeutete eine Auslieferungsverzögerung von fast zwei Jahren. Das französische Verteidigungsministerium gibt finanzielle Engpässe als Grund für die nun verzögert abgegebenen Bestellungen an. Man rechnet mit der Auslieferung der letzten Maschinen erst im Jahr 2020, also gute 30 Jahre nach Beginn der Produktion. Da sich kein weiteres Land an der Entwicklung und Produktion der Rafale beteiligt, verteilen sich auch die gesamten Kosten nur auf französischer Seite, was die Rafale im Vergleich zu Konkurrenzmodellen wie der MIG-29S, dem Gripen, dem Eurofighter und der F-16 sowie dem JSF nicht gerade billig macht.

Unter diesen Einflüssen und vor allem wegen eines von vielen Seiten als völlig unnötig erachteten innereuropäischen Konkurrenzkampfs zwischen Eurofighter, Gripen und Rafale ist der Exporterfolg des französischen Flugzeugs quasi kaum vorhanden. So wurde durch Österreich und Griechenland bereits ein Kauf der Rafale ausgeschlossen und der Eurofighter bevorzugt. Die Tschechische Republik hat sich neben Südafrika für das Konkurrenzmuster des Gripen entschieden. Auch die anderen europäischen Länder hätten in weiteren Staaten wesentlich bessere Absatzchancen, wenn man mit einem gemeinsamen Produkt auftreten würde.

Nach Niederlagen gegen Konkurrenzmodelle wie dem JSF in mehreren Ausschreibungen, unter anderem auch in Ostasien, dem Nahen Osten und natürlich innerhalb Europas, hat nun auch das französische Verteidigungsministerium seine Unterstützung bei der Entwicklung einer neuen Exportversion der Rafale verneint.

Mittlerweile sind innereuropäische Exporterfolge für die europäischen Muster äußerst gering, denn diese Maschinen sind preislich nicht in der Lage, mit Mustern wie dem amerikanischen JSF zu konkurrieren, denn durch die jeweils geringeren Fertigungstiefen steigt der Preis pro Einheit bei oft geringeren Leistungsparametern. So beteiligen sich nun seit 2002 nach England, Kanada und der Türkei auch europäische Staaten wie Dänemark, Italien, Holland und Norwegen an dem amerikanischen Flugzeugprogramm und scheiden somit als Kunden für europäische Muster aus.

Lediglich Norwegen will zumindest bis 2008 einen Dialog hinsichtlich des Eurofighters und der Rafale aufrechterhalten.[94] Mittlerweile erwartet man für 2006 auch von Australien die Ablehnung von europäischen Angeboten und einen Zuschlag für den JSF.

Der australische Verteidigungsminister Robert Hill gab an, dass es wenig Sinn hätte, in Maschinen zu investieren, die bei einem höheren Stückpreis in 10 bis 15 Jahren bereits wieder veraltet seien, wenn man für geringere Stückkosten ein tarnkappenfähiges Produkt wie die F-35 erhalten könne, das mindestens eine Generation weiter voraus ist.[95]

Deswegen ist es besonders für Staaten wie Österreich von großem Interesse, die Zusammenarbeit in den Bereichen Forschung, Entwicklung und Beschaffung beispielsweise durch Beteiligungen an gemeinsamen Forschungs- und Rüstungskonzepten oder Nutzung von Institutionen zu verstärken, was auch ein erhöhtes Mitspracherecht bei der Materialkonzeption bedeuten würde. Die aus einer solchen europäischen Rüstungskooperation gewonnenen Synergieeffekte würden wesentlich zur Stärkung der europäischen Autonomie und Handlungsfähigkeit beitragen. Eine Zusammenarbeit des Militärsektors mit der betreffenden Wirtschaft und zivilen Forschungs- und Entwicklungseinrichtungen hätte nicht nur die verbesserte und wirtschaftlichere Verwendung von Budgetgeldern, sondern auch eine genauere Kalkulation zukünftiger Beschaffungsausgaben zur Folge.

Natürlich bedarf es einer intensiveren Aufklärung über die wesentlichen Vorteile und die generelle Notwendigkeit solcher Aktivitäten, da eine Förderung wissenschaftlicher und technologischer Forschung und Entwicklung, mit militärischer Intention, sicherlich von Teilen der Bevölkerung anfangs als fragwürdig eingestuft wird. Eine verbesserte

---

[94] vgl. Grolleau, Henri-Pierre: Dassault Rafale – Wege aus der Krise, in: Flugrevue 7/2003, 54; Schwarz, Karl: Hohes C, in: Flugrevue 12/2002, 40; Schwarz, Karl: Revolution oder Evolution – Kampfflugzeuge für das nächste Jahrtausend, in: Flugrevue 6/1999, 50; Phillipe, Jean-Paul: Rafale – Le Defi Francais, Paris 1989; Roman, Phillipe; Desplaces, Eric: Rafale, in: Airforce 1/2000, 68

[95] vgl. Braybrook, Roy: Military Aircraft Market – Who, Why, When, in: Armada International 3/2003, 48; Herre, Sabine: Gemeinsam rüsten – Geld sparen, in: Die Tageszeitung, 13. 03. 2003, 5

gesamteuropäische Koordination im Entwicklungs- und Beschaffungsbereich birgt jedoch wesentliche Leistungs- und Einsparungspotentiale, bedenkt man, dass derzeit in Europa ca. 700.000 Soldaten mehr als in den Vereinigten Staaten Dienst tun und zumindest im Verhältnis eine höhere Materialdichte, trotz wesentlich geringerer Einsatz- und Defensivkapazitäten, vorherrscht.

Somit ist auch der europäische Entschluss zu einer zukünftigen Bündelung von Ressourcen im Rüstungssegment und eine verstärkte Koordination von diesbezüglichen Aktivitäten, sicherlich auch vor dem Hintergrund der enormen Entwicklungslücke zu den Vereinigten Staaten, im Zuge der Bestrebungen zu einer gemeinsamen Außen- und Sicherheitspolitik sehr zu begrüßen.

Wesentliche Gründe, die für die Etablierung und den Ausbau einer solchen Zusammenarbeit sprechen sind vor allem:

- fragmentiertes Know-how;
- viele kleine und heterogene Märkte;
- sinkende Teilbudgets;
- steigende Investitionskosten;
- kleine Stückzahlen und Absatzmengen;
- zunehmend weniger sinnvolle Alleingänge im Rüstungsbereich;
- redundante Truppenverbände und Wehrmaterialverwendung und daraus folgende Verschwendung von Budgetgeldern.

Mit der 1992 initiierten Western European Armaments Group (WEAG) sollte diesen Bestrebungen Rechnung getragen werden.[96] Die WEAG schloss im Mai 2005 ihre Pforten und wurde ab diesem Zeitpunkt von der am 12.07.2004 gegründeten „European Defence Agency“ (EDA) abgelöst.[97]

Ziele der aktuellen rüstungspolitischen Bestrebungen sind u.a.:

[96] vgl. Western European Armaments Group, http://www.weu.int/weag, 10. 10. 2005
[97] vgl. European Defence Agency, http://eda.eu.int, 22. 05. 2006

- eine effizientere Nutzung der in der europäischen Rüstungsindustrie vorhandenen Ressourcen;
- die Öffnung der nationalen Rüstungsmärkte für den grenzüberschreitenden Wettbewerb;
- die Stärkung der europäischen verteidigungstechnologischen Basis;
- eine für den Rüstungssektor relevante Zusammenarbeit im Bereich der Forschung und Entwicklung.

Auch für Österreich, seit 1999 Vollmitglied in der WEAG, stellt eine Rüstungskooperation im Rahmen der nunmehrigen EDA eine, wenn nicht gar die relevante Möglichkeit zur Erreichung von Synergieeffekten wie verbilligten Rüstungsanschaffungen oder den gegenseitigen Zugang zu Schlüsseltechnologien dar. Außerdem sind vielversprechende Auswirkungen auf die übrige Volkswirtschaft und Industrie durch einen verbesserten Zugang zu Forschungs- und Entwicklungsvorhaben der anderen Mitgliedsstaaten möglich, die auch die mittel- bis langfristige Erschließung neuer Geschäftsfelder und Märkte sowie zumindest eine teilweise Verringerung des hohen Importanteils nach sich ziehen würde. Obwohl eine relevante österreichische Rüstungsindustrie nicht wirklich existiert, so sind doch viele österreichische Unternehmen als Zulieferer für europäische und amerikanische Rüstungskonzerne tätig.[98]

Aus einer verstärkten europäischen Zusammenarbeit ergäben sich so enorme Vorteile, wie die Schaffung einer breiteren Know-how-Basis, größerer einheitlicher Märkte und schneller amortisierte Produktionslose, die Vermeidung innereuropäischer Redundanzen und natürlich gebündelte finanzielle Ressourcen.

Allerdings sollten transatlantische Bündnisse deswegen nicht vernachlässigt werden. Trotz aller positiven Effekte steht allerdings auch zu bedenken, dass eine solchermaßen verstärkte Zusammenarbeit zu einem gewissen Grad auch die Aufgabe eigener Souveränität in den

[98] vgl. Pöcher, Harald: Der Wandel des Bedrohungsbildes als Herausforderung für die europäische Rüstungswirtschaft, in: Österreichische Militärische Zeitschrift 5/2004, 602

angesprochenen Kompetenzen und eine Adaption bzw. Gleichschaltung von Technologie und Industriepolitik bedeutet.

Diese Überlegungen sind gerade für größere europäische Staaten wie Frankreich, England und Deutschland eingehend zu bedenken. So ist es auch nicht verwunderlich, dass sich diese Staaten, welche auch über ein erhebliches, bisher mehrheitlich autonomes militärisches Potential verfügen, bislang auch in vielen Bereichen militärischer Kompetenzfreigabe noch sträuben.

Jedoch zeigen Beispiele wie etwa das Deutsch-Französische Corps oder die Österreichisch-Deutsche Kooperation auf dem Balkan, dass letztlich die gemeinsame Nutzung und Anwendung militärischer Personal- und Materialkomponenten auch eine jeweils eigene Kompetenzerweiterung als Resultat nach sich zieht.[99]

Es wäre also sehr ratsam, den innereuropäischen Integrationsprozess entschieden zu forcieren und durch eine verbesserte und langfristig gesicherte militärische Koordination zwischen den europäischen Staaten, zumindest in Ansätzen, eine nationale Spezialisierung der jeweiligen Staaten zu ermöglichen, ohne die eigene Souveränität zu gefährden und somit den gesamteuropäischen und eigenen Spielraum zu sichern und auszubauen. Für eine konkurrenzfähige Erschließung des Weltrüstungsmarktes liegt der Schlüssel für Europa in der Ablösung der einzelnen nationalen Verantwortungen und Interessen durch eine kollektive Verantwortung und der damit verbundenen Schaffung eines gesamteuropäischen Rüstungssektors zur Bedienung der jeweiligen innereuropäischen Nachfrage.[100]

Für Österreich konkret wären technologische Kapazitäten im Transport- und Primärversorgungsbereich. Beispielsweise wären die MEDIVAC-Lazarettflugzeuge, die bei der deutschen Bundeswehr in Betrieb sind, durchaus sehr sinnvoll, würden derartige Beschaffungen doch der österreichischen Primäraufgabe internationaler Krisenbewältigung und Katastrophenhilfe und der daraus erwachsenden Not-

[99] vgl. Strunz, Herbert; Dorsch, Monique: Sicherheitspolitik und Wirtschaft, Frankfurt/M. u.a. 2003, 156

[100] vgl. Pöcher, Harald: Der Wandel des Bedrohungsbildes als Herausforderung für die europäische Rüstungswirtschaft, in: Österreichische Militärische Zeitschrift 5/2004, 602

wendigkeit einer schnellen Verlegbarkeit und Nachschubsicherung am besten Rechnung tragen. Projekte wie MEADS (Medium Range Extended Air Defence System), welche für den Abfang ballistischer Raketen konzipiert sind, stellen für österreichische Belange eher keine Option dar.

Weiterhin besteht ein zusätzlicher Bedarf in den Bereichen Aufklärung-, Kommunikation-, Computer- und Sensortechnologie, der Waffenpräzisions- und Transporttechnik sowie einhergehender Elektronik und Software. Was den Bereich der einsatzunterstützenden Komponenten angeht, so ist die Entscheidung für die Einführung eines EDV-gestützten Logistiksystems sehr zu begrüßen. Das eingeführte Logistikmanagement beinhaltet folgende Komponenten:

- Transportdisposition
- Transportkostenkalkulation
- Flottenmanagement
- Touren- und Routenplanung
- Transportprozessüberwachung
- Distributionsplanung

Dieses System könnte durchaus noch um weitere, mit einem Einsatz in Verbindung stehende Elemente wie beispielsweise einem truppeninternen Kommunikationssystem zwecks Rückverfolgung von Wehrmaterialbewegungen innerhalb einzelner Verbände, auch während eines Einsatzes, und Materialbewegungspläne für Transportflugzeugbesatzungen erweitert werden.

Es sollte sichergestellt werden, dass generell die für die militärische Führung wichtige logistik-, informations- und kommunikationstechnologische Infrastruktur permanent durch rein militärische Kräfte betrieben werden kann.

„Teurer ist besser"

Eines der derzeit wohl am kontroversesten diskutierten Anschaffungsprogramme in Österreich ist die Beschaffung eines Abfangjägeersatzes für die alternde SAAB J-35 Draken oder eher die Entscheidung der Regierung für den EF-2000 Typhoon (Eurofighter) als selbigen Ersatz und mit einem Projektwert von rund 2,0 Milliarden Euro teuerste Lösung, von der auch befürchtet wird, sie könnte zu Lasten anderer Rüstungsprogramme gehen. Zu diesem Preis kommen noch die Aufwendungen für Steuern, Ausbildung und Logistik. Es wird mit einem Gesamtvolumen von bis zu 2,5 Milliarden ohne Kosten für die Bewaffnung gerechnet. Dabei empfahlen mehrere hohe österreichische Offiziere, unter anderem auch der Kommissionsleiter schriftlich, ausdrücklich dem Produkt mit den geringeren Anschaffungskosten den Vorzug zu geben.

Am 23. Januar 2002 endete die Angebotsfrist der österreichischen Ausschreibung über den geplanten Kauf von erst 24, später 18 Abfangjägern. Neben der schwedischen SAAB-Corporation, die die J-39 Gripen anbot und dem amerikanischen Hersteller Lockheed-Martin, welcher mit der Block-50 Version der bewährten F-16 Fighting Falcon ins Rennen ging, reichte auch die europäische EADS mit dem Eurofighter ein Angebot ein. Insgesamt gingen über 5000 Seiten Angebotsmaterialien ein.

Diese Angebote wurden durch ein Fachgremium und eine Bewertungskommission eingehend geprüft, registriert und ein umfangreicher Bewertungskatalog erstellt. Am 25. Juni des Jahres wurden die beiden europäischen Angebote in die engere Wahl gezogen.

Österreich hat bei der Auswahl des Finanzierungsmodells die Präferenz auf Gegengeschäfte gelegt, da hier bereits „positive“ Erfahrungen gemacht wurden und wohl auch die Haushaltssituation dies zumindest unter der Hand vorgibt. So wurde bereits der Kauf des bisherigen Draken-Jägers 1985 bis 1994 vornehmlich durch Gegengeschäfte abgewickelt. Auch der Kauf von Panzerabwehrlenkwaffen 1989 von der schwedischen Firma Bofors und die Anschaffung französischer Mistral-Raketen von MATRA 1993 wurde durch Kompensationen getätigt.

Auch mit nichteuropäischen Firmen liegen Kompensationsgeschäfte vor. So lieferte der größte amerikanische Rüstungskonzern, United Defence, 1995 54 Panzerhaubitzen für die Verpflichtung zu Gegengeschäften und 2001 wurden durch das ÖBH neun Sikorsky S-70 Black Hawk Multi Role Helikopter angeschafft, worauf sich der Hersteller verpflichtete über eine Zeit von 10 Jahren 200 Prozent des Kaufpreises durch Gegengeschäfte, insbesondere durch Kooperationen mit österreichischen Unternehmen als Zulieferer für den Black Hawk auszugleichen.

Die positiven Folgewirkungen dieser Zusammenarbeit zeigten sich in einem verbesserten Technologietransfer, der Verbesserung des österreichischen Exports und die damit verbundene Schaffung und Erhaltung von Arbeitsplätzen. So wird mittlerweile der Bau amerikanischer Helikopter der Typen Sikorsky S-76, S-92 und UH-60 durch österreichische Zulieferer unterstützt und es gelang auch, Aufträge zu erhalten, zukünftige amerikanische Rüstungsprogramme wie den Joint Strike Fighter oder das Scramjet-Projekt X-47 der NASA betreffend.

Was den Kauf der 18 Eurofighter im Speziellen betrifft, wurden dem Vernehmen nach ca. 5 Milliarden Euro an Gegengeschäften für die heimische Industrie bis 2017 vereinbart, wobei rund die Hälfte dieser Summe aus luft- und raumfahrtfremden Wirtschaftsbereichen kommen wird, sei es ein potentieller Auftrag von MAN für Militärlastkraftwagen, ein Messebau in China oder eine Professur an einer österreichischen Universität. Gerade im Forschungs- und Entwicklungsbereich sieht der EADS-Konzern in Österreich erhebliches Potential. Die inhaltlichen Interessen reichen von der Biotechnologie bis zum Heimatschutz.

Die Wahl des Eurofighters konsumiert jedoch einen erheblichen Teil des Budgets, wobei die zukünftigen Betriebskosten noch nicht mit einkalkuliert worden sind und macht weitere Anschaffungs- und Erneuerungsprojekte somit nur sehr eingeschränkt realisierbar. Zwar ist für die Beschaffung des Eurofighters ein Budgetbegleitgesetz verabschiedet worden, das erforderliche Mittel für die Beschaffung und den Betrieb ermöglicht. Aber dies schränkt andere Bereiche auf die reine Erhaltung der Grundsubstanz, wie etwa die Grundüberholung schweren Gerätes und der Panzerfahrzeuge, Verbesserung der Mannausrüstung, Ersatz der LKW-Flotte, Ersatz im Truppenfunk und punktuelle Verbesserungen in der Ausbildung und Logistik ein.

Nicht realisierbare Vorhaben sind somit die Verbesserung der Aufklärungssensorik als Vorraussetzung für eine schnelle Reaktionsfähigkeit gegen potentielle Bedrohungsbilder, ein dringend erforderliches Kommunikationspaket zur Verbesserung der Führungsfähigkeiten, die Effizienzsteigerung der ARBC-Abwehr und ein erhöhter Schutzgrad und verbesserte Durchsetzungsfähigkeit der Infanterieverbände. Außerdem macht die verspätete Einsatzbereitschaft der neuen Maschinen ein Leasinggeschäft von F-5 Tigers der Schweizer Luftwaffe und diesbezügliches Pilotentraining notwendig, um die Zeit bis zur Truppeneinführung des Eurofighters zu überbrücken.

Nach offizieller Darstellung sollen die ersten Zahlungen für den Eurofighter Typhoon ab 2007 in 18 halbjährlichen Raten erfolgen.[101]

4.4 Projektorganisation und Umsetzung der Ergebnisse

Die vom österreichischen Bundesministerium für Landesverteidigung (BMLV) eingesetzte Bundesheerreformkommmission hatte die grundsätzliche Zielsetzung, allgemeine Grundlagen und Rahmenbedingungen für eine nachhaltige Anpassung des militärischen Verteidigungsschemas an zu erwartende zukünftige Bedrohungs-, Risiko- und Einsatzbilder zu schaffen und über diese zu berichten. Wesentliche Arbeitsgrundlage für die Tätigkeit der Reformkommission war der vom

[101] vgl. Strunz, Herbert; Dorsch, Monique: Sicherheitspolitik und Wirtschaft, Frankfurt/M. u.a. 2003, 69f., 82 ff., 123; Hoeveler, Patrik: So fliegt der Eurofighter, in: Flugrevue 5/1999, 12; Schwarz, Karl: 51 Wochen bis zum Erstflug, in: Flugrevue 1/2001, 63; Simperl, Gerald D.: Felix Austria, in: Flugrevue 8/2001, 50; Schwarz, Karl: Neue Etappe, in: Flugrevue 5/2002, 32; Schwarz, Karl: Österreich wählt Eurofighter, in: Flugrevue 9/2002, 60; Schwarz, Karl: Eurofighter geht in Dienst, in: Flugrevue 9/2003, 36; Strobl, Erich: Nachfolger für Draken gesucht, in: Fliegerrevue 7/2001, 24; Bachner, Michael: Alles, was fliegt ist ein Gegengeschäft, in: Der Standard 11. 08. 2004, 15; Thonke, Christian: Der Preis ist heiß, in: Kurier, 16. 03. 2003, 2; Seidl, Conrad: Preiskampf um Eurofighter, in: Der Standard 18. 06. 2003, 10; o.V.: Eurofighter erhält vierationale Typenzulassung, in: Der Soldat, 09. 07. 2003, 13; Krasser, Oskar: Austrian Fighters, in: Airforce 2/2000, 8; Korrespondenz des österreichischen Parlaments: Diskussion über Abfangjäger geht weiter, in: Ressort II, Nr. 430, 13. 06. 2003.
Die Zahl der bestellten Typhoons wurde angeblich von 24 auf 18 gesenkt, weil die Flutkatastrophe im Jahr 2002 unvorhergesehene Kosten verursacht hatte, welche die Einschnitte notwendig gemacht haben sollen. Allerdings wird von Seiten der Opposition behauptet, dass dies nur ein Vorwand sei, um die steigenden Kosten, welche ohnehin nicht absehbar gewesen seien, zumindest auf ca. zwei Milliarden Euro zu halten. Es sei schon schlimm genug, dass man den Betrieb jetzt für mindestens zwei Jahre mit Hilfe der Schweiz aufrecht erhalten müsse, da die teure Anschaffung im Gegensatz zu anderen Optionen einen späten Bezug und somit eine Lücke in der Umstellung auf die neuen Muster verursacht, die man nun notdürftig schließen musste.

BMLV erarbeitete Entwurf der „Teilstrategie Verteidigungspolitik“, welcher aktuelle Fakten erfasst, analysiert und erwartbare Herausforderungen an die eigene Verteidigungspolitik für den Zeitraum ab 2010 ableitet.

Weitere Zielsetzungen waren:

- Empfehlungen für die Umsetzung der Sicherheits- und Verteidigungsdoktrin inklusive der Überprüfung und gegebenenfalls Weiterentwicklung der Gesamt- und Teilstrategie.
- Definition des Umfangs und der Kapazitäten eines österreichischen Militärbeitrages zum internationalen Krisenmanagement unter Berücksichtigung der Europäischen Sicherheits- und Verteidigungspolitik.
- Vorschläge für eine potentielle Neugestaltung der inneren Führungs-, Koordinations-, Personal- und Verwaltungsstrukturen des ÖBH sowie die Erarbeitung möglicher Kooperationsansätze mit zivilen wirtschaftlichen Institutionen, deren Beitrag für die Eigenentwicklung von Vorteil ist.

Die Kommission wurde so gegliedert, dass alle relevanten Bereiche des politischen und gesellschaftlichen Systems Österreich durch Exponenten vertreten wurden, um eine möglichst umfassende und breite Bearbeitungs- und Diskussionsbasis zu schaffen. Für eine straffe und zielorientierte Vorgehensweise wurde die Kommission in eine Entscheidungsebene und in eine Sach- und Arbeitsebene gegliedert. Die Steuerung des Projektes wurde durch eine Leitungsebene übernommen, welche auch für die administrativen Aufgaben des Präsidiums verantwortlich zeichnete. Eine darüber hinaus eingesetzte Beobachtergruppe verstärkte die inhaltliche Expertise und gab gegebenenfalls Anregungen und Hinweise die Arbeit der Kommission betreffend.

Zur Bearbeitung wurde das Projekt in die angeführten Sachgebiete untergliedert, welche separat durch zugeordnete Arbeitsgruppen bearbeitet und deren Ergebnisse im Rahmen von Informationsveranstaltungen und Workshops vorgestellt wurden. Die einzelnen Phasen und Zwischenschritte wurden in einem Transformationsprogramm festgehalten. Die Reformkommission leistete für die gesamte Projektbearbeitung eine Gesamtarbeitszeit von 107.836 Arbeitsstunden.

Die gefundenen Umgestaltungspotentiale und daraus resultierenden Vorschläge wurden dem BMLV in Form eines Berichtes, bestehend aus Positionspapieren, Empfehlungen und Forschungsergebnissen vorgelegt. Aufgrund der erstellten Analysen wurden zusammenfassend Vorschläge, nachfolgende Maßnahmen zu treffen, gemacht, wobei diese Empfehlungen von der derzeit geltenden Verfassungslage in Österreich ausgehen.

- Die Schaffung von Kapazitäten zu einer permanenten strategischen Situations- und Prospektanalyse in Abstimmung mit alliierten Nationen;
- die aktive politische und gesellschaftliche Mitwirkung bei der weiteren Gestaltung der nunmehr gemeinsamen Außen-, Sicherheits- und Verteidigungspolitik;
- Vorsorge für eine etwaige Mitwirkung österreichischer Kräfte auf der Grundlage der Erklärung des Europäischen Rates vom 25. März 2004 über „Solidarität gegen den Terrorismus" zu treffen;
- Sicherstellung einer angemessenen Mitwirkung an allen durch die EU eingerichteten permanenten und/oder situationsbegründeten militärischen Führungsstrukturen und die Stärkung von Ansätzen zur gesamtstaatlichen Koordination und Entwicklung der Sicherheits- und Verteidigungspolitik, beispielsweise durch Instrumente wie den Nationalen Sicherheitsrat;
- die Prüfung von Kapazitäten, sich an gemeinsamen Rüstungs- und Modernisierungsprojekten sowie gemeinsamen Aufklärungsaktivitäten in Europa beteiligen zu können und im Umkehrschluss den Zugang zu rüstungspolitisch relevanten Informationen bereitzustellen;
- Erstellung von Kooperationskonzepten mit alliierten und benachbarten Staaten und ein erhöhter Grad an Zusammenarbeit mit Partnerstaaten, beispielsweise durch gemeinsame Manöver, Austauschabkommen oder gemeinsam genutzte Bildungseinrichtungen zur Befähigung des Personals zum internationalen Dienst. Die Ko-

operationsbestrebungen sind dabei unbedingt in Einklang mit der Satzung der Vereinten Nationen und anderen völkerrechtlichen Regelungen sowie innerstaatlichen verfassungsrechtlichen Normen, besonders der Regelung der Neutralität im BVG, Artikel 23f. B-VG, KSE-BVG zu halten;

- die grundlegende Neugestaltung der Personal- und Standortstruktur nach vorrangig wirtschaftlichen Gesichtspunkten, ohne Verlust der Einsatzfähigkeit;
- Prüfung, inwiefern eine Auslagerung von Aufgaben, die nicht dem Erhalt der Führung und Durchführung von Einsatzaufgaben sowie der Wahrung der militärischen Sicherheit dienen, möglich und tragbar ist;
- die Reduzierung des zukünftigen Streitkräfteumfangs von 110.000 um rund 55 Prozent auf ca. 55.000 Personen mit einer internen Grobgliederung von ca. 50 Prozent der neuen Truppenstärke in ständiges Personal. Dieses soll wiederum zu je 50 Prozent auf Einsatz-, bzw. auf Grundaufgaben in seinem Tätigkeitsbereich ausgerichtet sein. Weitere 50 Prozent sollen Wehrdienstleistende unter Prüfung einer eventuellen Kürzung des Grundwehrdienstes auf sechs Monate frühestens ab 2007, im Rahmen der bestehenden Heeresgliederung 92 STRAN (Strukturanpassung) sein. Zusätzlich sollte das ständige Personal idealerweise in vier Präsenzbataillone aufgeteilt werden, mit der Möglichkeit für einen geeigneten Rotationszyklus für im Einsatz befindliche Truppenteile und einer Mindestkapazität von 10.000 Mann zur Erfüllung von Inlandsaufgaben. Generell ist die Dimensionierung und Auslegung der Personalstruktur so vorzunehmen, dass eine permanente Durchhaltefähigkeit und Einsatzflexibilität in allen wesentlichen funktionalen Aufgabenbereichen gewährleistet ist;
- die Stärkung der Rolle der Miliz als integraler Bestandteil der Streitkräfte und die Anpassung der milizinternen Strukturen weitestgehend an die des aktiven Militärs;
- die Implementierung einer möglichst einheitlichen und gestrafften Organisationsstruktur mit direkten Kommunikationskanälen;

- Prüfung, in wie weit eine simultane Gewährleistung von sowohl eigener Luftraumüberwachung und -sicherung, als auch aktiver Lüftunterstützung im Einsatzfall, z.B. durch Vereinheitlichung und Multitask-Konzeption bzw. -befähigung neuen und bisherigen Wehrmaterials und der Personalausbildung, zu bewerkstelligen ist;
- Mentoring- und Coachingverfahren nach dem Vorbild der Wirtschaft zur Verbesserung der Führungskompetenz des Legislativ-, Exekutiv- und Ausbildungspersonals unter Berücksichtigung wirtschaftlicher Gesichtspunkte wie Effizienzsteigerung und erhöhter „Wertschöpfung“ des Personals;
- die Bereitstellung von Mitteln, um dem zukünftigen Personal beispielsweise erweiterte Sprachkenntnisse, interkulturelle Kompetenzen sowie Wissen über unterschiedliche militärische Hierarchiesysteme und Führungs- sowie Interaktionsgebaren in anderen Streitkräften zu vermitteln;
- Ermöglichung eines erhöhten Anerkennungsgrades der militärischen Abschlüsse mit dem gleichen Niveau wie in der modernen Erwachsenenbildung und deren staatliche Anerkennung;
- frühzeitige Betreuung beim Übergang vom Wehrdienstleistenden zum Zeitsoldaten und ein effektives Leistungscontrolling mit einem angepassten Kompensations- und Anerkennungskatalog;
- Angleichung der Aufgabenstruktur an andere Streitkräfte, der Verbindungsauf- und -ausbau mit Ländern und Gemeinden und dem zivilen Katastrophenschutz etc., zwecks besserer Koordinierung und Vermeidung von Redundanzen bei einem inländischen Einsatzfall sowie verbesserter Ressourcenverteilung innerhalb des ÖBH;
- ausreichende Gewährleistung eines nationalen Heimatschutzes bzw. der militärischen Landesverteidigung unter dem veränderten Bedrohungsbild durch Bereitstellung strukturierter, gegebenenfalls spezialisierter und optimal ausgebildeter Einsatzkräfte zum Zweck der Abwehr und Bekämpfung vornehmlich subkonventioneller Bedrohungen und der damit verbundenen Institutionssicherung, etwaiger Katastrophenhilfeeinsätze im Inland und der Sicherung, respektive Verteidigung des österreichischen Luftraumes;

- weitreichende Lufttransport- und Luftaufklärungskapazitäten im In- und Ausland zwecks Unterstützung eigener und alliierter Landstreitkräfte bei internationalen Friedenssicherungsmissionen, Hilfseinsätzen, Katastrophenhilfe, Such- und Rettungsaktionen und gegebenenfalls der Terrorabwehr;
- Schaffung von Möglichkeiten des Einsatzes und der Führung sowie der logistischen Sicherstellung einer multinationalen Einsatztruppe mit einer Dauer von bis zu einem Jahr mit Wiederholungsmöglichkeiten in Intervallen von bis zu drei bis vier Jahren (bei Einsatzszenarien mit relativ niedrigem Anforderungsbild auch unbegrenzt) und/oder alternativ den Einsatz von bis zu zwei Bataillonen, auch in von einander getrennten Einsatzräumen, mit der Option der Heranziehung etwaiger zusätzlicher Einsatzkräfte;
- kurzfristige Bereitstellung von Einsatzkräften, mindestens in Kompaniestärke für Katastrophenhilfe, humanitäre Einsätze, Evakuierungsoperationen und für Beiträge zu einer im Rahmen von UN-Friedensmissionen zum Einsatz kommenden EU-Kampfgruppe, wie sie mit dem „Helsinki Headline Goal“ beschlossen wurde;
- Schaffung von Fähigkeiten und Kapazitäten für schnelle unbefristete Einsätze von Spezialkräften in Kompaniestärke für ARBC-Abwehreinsätze, Urban Search and Rescue- oder Aufklärungsmissionen etc., mit einer hohen zeitlichen Verfügbarkeit von 5 bis 30 Tagen, auch zu Lasten anderer Einsatzkonzeptionen;
- Ausrichtung des militärischen Sanitätsdienstes und der militärpsychologischen Betreuung auf die neuen Einsatzbedürfnisse zwecks Erreichens eines Mehrfachnutzens, nämlich Einsatz von Sanitätselementen für Petersberg-Aufgaben, für nationale Einsätze und internationale humanitäre Hilfsaufgaben;
- Förderung und Intensivierung zivil-militärischer und politisch-militärischer Diskussionen zwecks allgemeiner Informationsgabe und Aufklärung sowie verstärkte Öffentlichkeitsarbeit;
- Gesetzes- und Verfassungsänderungen, um den notwendigen Transformationsprozess auch legislativ und vor allem gesellschaftlich festzulegen und zu untermauern;

- Einbeziehung der wirtschaftlichen Komponente in die Vorbereitung, Durchführung und Nachbearbeitung von Auslands- und Kriseneinsätzen oder Wiederaufbaumaßnahmen und die Konzeption eines konstruktiven und gesamtstaatlichen CIMIC-Models in Form von diversen „Civil Deployment Forces";
- eingehende Prüfung aller Investitionen, insbesondere im Beschaffungsbereich auf ihre Einsatzrelevanz und Wirtschaftlichkeit sowie die Überprüfung und gegebenenfalls Erhöhung des Wehretats;
- ausgehend von internationalen Standards, das Budgetvolumen nach Möglichkeit schrittweise so anzuheben, dass die Anteile für Investitionen mindestens ein Drittel der Gesamtausgaben für militärische Landesverteidigung erreichen samt Erstellung langfristiger verbindlicher Ausgabenpläne. Im Falle unvorhergesehener Einsätze muss eine Überschreitung des geplanten Verteidigungsbudgets möglich sein;
- Vermeidung von Redundanzen durch einen Einbezug von Milizverbänden in Planungen zur Wirtschaftlichkeit und die Erwägung strategischer Kooperationen mit regionalen und überregionalen zivilen Verbänden und Institutionen sowie mit benachbarten Partnerstaaten zwecks gemeinsamer Nutzung von Grundstücken, Material und Dienstleistungen;
- verstärkte Einbeziehung der Wirtschaft in die Entwicklung neuer Finanzierungs- und Organisationsmodelle im Sinne des „Public Private Partnership";
- Maßnahmen zur Verbesserung der Dienstbedingungen wie die Schaffung individueller Anreize, z.B. durch Entwicklung eines einheitlichen, jedoch leistungsabhängigen Entlohnungs- und Sanktionsmodells, oder von flexiblen Wochendienstzeitplänen;
- Anerkennung des militärischen Grundwehrdienstes als Praxiszeit bzw. Berufserfahrung;
- ein überdurchschnittlicher Leistungskatalog hinsichtlich medizinischer und sozialer Betreuung sowie rechtlicher Beratung, z.B. in Vermögens-, Schuldner- oder Konsumentenschutzfragen, unter

Umständen auch für Familienangehörige sowie die Anpassung der Entlohnung an die Belastungen durch zukünftige Einsatzaufgaben;

- Verbesserung der Information über das militärische Berufsbild bei weiblichen Kandidaten;
- enger Kontakt zum zivilen Arbeitsmarkt zwecks Unterstützung der Soldaten bei der Wiedereingliederung in das zivile Arbeitsleben durch aktive und frühzeitige Betreuung bei der Arbeitsplatzsuche;
- Modernisierung und Aktualisierung bestehenden Wehrmaterials sowie die Prüfung anstehender Rüstungs- und Beschaffungsprogramme auf ihre Einsatzrelevanz;
- Forcierung der innereuropäischen Koordination bezüglich der Aus- und Umrüstungsvorhaben.

Bei der Erstellung des Empfehlungskataloges wurde Priorität auf die erhöhte Wahrscheinlichkeit von Auslandseinsätzen in Abhängigkeit der augenblicklichen Budgetvorgaben gelegt. Bei einer Umsetzung von Punkten aus diesem Katalog sollten allerdings ausreichende Handlungsspielräume für unerwartete Ereignisse, wie eine Änderung der europäischen Verteidigungsstrategie oder ein ungenügendes Freiwilligenaufkommen, eingeplant werden.[102]

---

[102] vgl. Bundesministerium für Landesverteidigung: Bericht der Bundesheerreformkommission, Wien 2003; Pöcher, Harald: Der Wandel des Bedrohungsbildes als Herausforderung für die europäische Rüstungswirtschaft, in: Österreichische Militärische Zeitschrift 5/2004, 599 ff.; o.V.: Bundesheerreformkommission, in: Österreichische Militärische Zeitschrift 5/2004, 603 ff.; Schönherr, Siegfried (Hrsg.): Streitkräfte, Ökonomie und europäische Sicherheit, Dachau 1999; Pöcher, Harald: Ökonomische Implikationen unterschiedliche Wehrsysteme, Frankfurt/M. u.a. 2004; Griller, Stefan; Weidel, Birgit (Eds.): External Economic Relations and Foreign Policy in the European Union, Wien/New York 2002; Bundesministerium für Landesverteidigung: Das Führungssystem des österreichischen Bundesheeres, Wien 2000; Bundesministerium für Landesverteidigung: Konzeptionsstudie – Wissenschaft und Technologie des VBS für die Armee, Wien 2002; Schnell, Jürgen: Was bleibt im Prozess der Wehrreform noch zu tun? – Von ungelösten Problemen und unklaren Perspektiven (Vortrag), Evangelische Akademie, Neubiberg, 17. 12. 2000; Intellectual Capital Services: Recommendations for an effective Research and Technology Management System within the BMLV, Zürich 2004; Reiter, Erich (Hrsg.): Europas ferne Streitmacht – Chancen und Schwierigkeiten der EU beim Aufbau der ESVP, Hamburg 2002; Forndran, Erhard; Lemke, Hans-Dieter (Hrsg.): Sicherheitspolitik für Europa zwischen Konsens und Konflikt, Baden-Baden 1995; Österreichisches Studienzentrum für Frieden und Konfliktlösung (Hrsg.): Wie sicher ist Europa?, Münster 2001

5 Civil-Military-Cooperation (CIMIC)

Nicht erst seit Ende des Kalten Krieges befinden sich Konfliktbilder in einem schnelleren und qualitativ radikaleren Wandel. So stehen sich nicht mehr einfach nur Nationen und/oder Bündnisse im Sinne eines traditionellen Kriegsbildes gegenüber. Vielmehr sieht man sich mannigfaltigen Konflikten ausgesetzt, die nicht nur instabile Situationen schaffen, sondern meist auch zu humanitären Katastrophen führen. Diese stellen wiederum ein Gefahrenpotential für militärisch bisher nicht involvierte Parteien dar, da diese im Zuge einer immer stärker zu Tage tretenden globalen Vernetzung gegebenenfalls wirtschaftlich, gesellschaftspolitisch oder versorgungstechnisch von den Krisenregionen abhängig sind oder anderweitig in Verbindung stehen. Somit steht also bei der Befriedung von Krisensituationen nicht mehr eine militärische Überwältigung eines Gegners allein im Vordergrund.

Der Schwerpunkt verlagert sich hin zum Konzept der Krisenintervention im Sinne einer regionalen Stabilisierung der Krisengebiete und der Bildung von Verhältnissen, die es ermöglichen, ein idealerweise demokratisches, oder zumindest rechtsstaatlich einigermaßen stabiles Gesellschaftsbild zu schaffen. Mit diesem Wandel und der Diversifizierung von Konfliktbildern und Ansätzen zu deren Bewältigung hat sich auch der Begriff von Sicherheit drastisch verändert und ist um etliches vielschichtiger geworden. Gesellschaftliche Verflechtungen bedeuten auch eine Verflechtung von Gefahrenpotentialen. Langzeiteffekte von regionalen Konflikten auf die Welt sind durch diese zunehmende weltweite Verbindung in vielen Bereichen um ein Vielfaches drastischer und somit wichtiger für die Beurteilung der jeweils eigenen und globalen Sicherheitslage geworden.

Gesellschaftliche Entwicklungen, die individuelle technologische und wirtschaftliche Grundstruktur von Nationen, die jeweilige Situation und Bedarfe von Minderheiten, globale Migrations- und Immigrationsbewegungen, der menschliche Einfluss auf die Umwelt und andere Aspekte wirken sich massiv auf die Sicherheitslage von Staaten und Staatenbündnissen aus. Das Bild, die externe Gefahr durch ein anderes Staatengebilde allein anhand von dessen Truppenstärke bestimmen zu können, ist vor diesem Hintergrund nahezu obsolet geworden. Vielmehr ist die gesamtstaatliche und gesellschaftliche Situation anderer, oft nicht nur benachbarter Nationen für die eigenen Sicherheitsinteressen wesentlich relevanter geworden.

Im Zeitalter von global agierendem Terrorismus, struktureller und gesellschaftlicher Verflechtung, einer zunehmenden wirtschaftlichen Abhängigkeit von Staaten untereinander, bedingt durch den globalen Freihandel und natürlich auch einer zunehmenden Waffenproliferation aus, zwischen und in Ländern der dritten Welt, der Verbreitung von rüstungstechnischem Know-how sowie der zunehmenden Erschwinglichkeit von Mittelstrecken- und selbst Interkontinentalplattformen für instabile und ärmere Länder, wird Sicherheit nicht mehr nur durch rein militärisches Vorgehen im herkömmlichen Sinne erreicht.

Es wird zudem auch ein ziviler Ansatz der Gesellschaftsformung in solchen Krisenregionen und oft auch darüber hinaus notwendig. Gerade dies beugt regionalen Unruhen und Willkürhandlungen in der Bevölkerung sowie der gesellschaftlichen Unterstützung von radikalen Parteien, die sich oft als Initiator und Auslöser regionaler Krisen erweisen, auch langfristig vor.

Bereich	Krisenpotential allgemein – Krisenauslöser
Demographie	• ungleicher Bevölkerungsanstieg • Entstehung einer „neuen Armut" • Polarisierung durch Migration • Ressourcenverknappung • Wanderbewegungen in Industriestaatengebieten
Macht- und Ordnungspolitik	• Auftreten neuer Pluralismen • Entstehung eines neuen Nationalismus und gleichzeitig eines Regionalismus • Hervortreten alter Ethnien („Ethno-Nationalismen") • Religion als „Nische" und Problemlösungshilfe mit einem starken Ideologisierungsgrad • Entstehen einer „Machtlücke", die terroristische und mafiöse Gruppierungen zu füllen versuchen
Ökonomie	• Wissenspoolung führt zu einer Machtkonzentration in den Händen von relativ wenigen Personen • Wissen als Wettbewerbsfaktor im negativen Sinn („Sorting Out")

	• Wissen als Basis für die Entstehung neuer Bedrohungspotentiale • Globaler Innovationsdruck
Ökologie	• Ressourcenkonflikte • Lebensraumverknappung • Umweltmigration • Rohstoffe als Druck- und Kampfmittel armer Staaten
Technologie	• globale Vernetzung • neue Technologien bzw. die unsachgemäße Nutzung bereits existierender Technologien werden als Druckmittel verwendet • Technologisierung als Ersatz menschlicher Arbeitskraft
Militär	• Militärpotential • Änderungen Personalstärke • Änderungen Rüstungsbereich • Dislokation • Ausbildung • Sonderkapazitäten • Prioritätenzuordnung Teilstreitkräfte • verstärkte Proliferationsbestrebungen • Regionale militärische Machtprojektionen

__Tabelle 5-1__ Bereiche, aus denen krisenhafte Entwicklungen resultieren können[103]

Es zeigt sich, dass die Institution des Militärs zunehmend an alleiniger Dominanz bei der Bekämpfung von Gefahren bzw. der Bewältigung von Krisen und der Gewährleistung von Sicherheit verliert. Andererseits hat sich die Zahl und die Intensität der Einflussgrößen auf das Militär wiederum drastisch verstärkt und in viele andere Gesellschaftsbereiche hinein ausgeweitet. Dadurch konzentrieren sich nun auch die Aufgabenprofile von Streitkräften nicht mehr ausschließlich auf die Kriegsführung als exekutives Medium einer der am Konflikt beteiligten Parteien. Moderne Streitkräfte sind zunehmend als Vertreter einer „neutralen" Drittpartei, idealerweise unter Mandat der Vereinten Nationen und somit unter internationaler Sanktion, mit den di-

[103] vgl. Strunz, Herbert; Dorsch, Monique: Sicherheitspolitik und Wirtschaft, Frankfurt/M. u.a. 2003, 136

versen Aufgaben der Konfliktbehebung, Stabilisierung, Schaffung langfristiger friedenssichernder Maßnahmen, regionalen Befriedung und im Bereich der Katastrophenhilfe und Unterstützung bei der Behebung technisch verursachter Notsituationen beauftragt. Das bedeutet demzufolge eine nicht unwesentliche Verbreiterung militärischer Anforderungsprofile.[104]

Langfristig würde die alleinige Betrauung der Streitkräfte mit derartig vielfältigen Aufgaben ohne zusätzliche Unterstützung eine zunehmende Ineffektivität des Militärs bei der Erfüllung der eigentlichen Kernaufgaben nach sich ziehen. Darüber hinaus muss damit gerechnet werden, dass ein Tätigwerden der Streitkräfte nun auch außerhalb des eigentlichen Kernbereichs militärischer Aufgaben nicht nur bei der Bevölkerung einer Krisenregion, sondern auch bei Teilen der eigenen Gesellschaft, potentiell auf Ablehnung und Argwohn stößt.

Die aktuelle Konfliktentwicklung und der stetige Wandel militärischer Einsätze zu lang andauernden Friedensmissionen erfordern gegenwärtig und zukünftig mehr denn je eine zivil-militärische Zusammenarbeit auf einer Vielzahl von Ebenen. Die neue Auffassung von Sicherheit benötigt derzeit und zukünftig auch eine stark ausgeprägte zivile Komponente über die militärische Einwirkung hinaus.

Andererseits ergibt sich aus dem Umstand der regionalen und überregionalen Einbeziehung gesamter Bevölkerungsschichten in kriegerische Auseinandersetzungen, dass humanitäre Hilfe immer öfter in den Krisen- bzw. Kriegsregionen selbst und oft noch während des Krieges, anstelle einer Flüchtlingsbevölkerung in benachbarten, „sicheren" Staaten, von Nöten ist; beispielsweise im Rahmen von Bürgerkriegen wie im Sudan, den Philippinen oder den Auseinandersetzungen im Zuge von Rebellenkriegen wie z.B. auf Haiti (beginnend in den Jahren 2003 und teilweise noch andauernd).

Jedoch ergibt sich gerade aus dieser Wandlungssituation eine neue Notwendigkeit. Nämlich jene, dass Streitkräfte zumindest für Schutzaufgaben auch in das Konzept der humanitären Hilfe mit einbezogen werden. Damit will man das Waffen- und Gewaltmonopol des

---

[104] vgl. North Atlantic Treaty Organisation (Hrsg.): NATO-Handbuch, Brüssel 2001, 148

Staates nicht grundlegend außer Kraft setzen und andererseits zivile Helfer in solchen Krisengebieten nicht der eminenten Gefahr des Verlustes von Leib und Leben, ohne die Möglichkeit einer substanziellen Verteidigung, aussetzen.

Gefährliche Hilfestellung

Eine Vielzahl von Entführungen im Irak verdeutlicht die Problematik. Gerade Mitglieder ziviler Hilfsorganisationen und Akteure aus dem wirtschaftlichen Bereich, die nicht unter militärischem Schutz standen, wurden entführt und teilweise auch getötet. Die in den Medien bekanntesten Opfer waren die italienischen und spanischen MitarbeiterInnen von Hilfsorganisationen Simona Pari und Simona Torretta, die italienische Journalistin Giuliana Sgrena, die unter strittigen Umständen wieder befreit wurde, der amerikanische Unternehmer Nick Berg, welcher medienwirksam getötet wurde, der Erzbischof und Sprecher von Hilfsorganisationen Basile Casmoussa und der Reporter Enzo Baldoni, dessen Hinrichtung selbst arabische Sender nicht mehr ausstrahlten.[105]

Sicher ist es fraglich, in wie fern Streitkräfte jegliche Gefahr eliminieren können. Eine weitestgehende Minimierung solcher Gefahren ist durch aktivere Kooperation mit den Streitkräften jedoch möglich.

Sicher ist sicher?

Natürlich gibt es auch Fälle, in denen das Militär Schutzaufgaben nicht gerecht wird, wie ein Vorfall aus dem Kosovo vom 17. und 18. März 2004 deutlich macht. Im Frühjahr 2004 warfen deutsche UNO-Polizisten der deutschen KFOR-Truppe vor, bei Ausschreitungen albanischer Extremisten ihre Schutzaufgaben nicht erfüllt zu haben. Nach gewalttätigen Ausschreitungen albanischer Nationalisten gegen Serben und deren Beschützer in der Stadt Prizren hatten sich eine Anzahl von UNO-Beamten und Verletzten im dortigen Polizeigebäude verbarrikadiert.

---

[105] vgl. Spörl, Gerhard; von Ilsemann, Sigesmund: Tödliches Abenteuer, in: Der Spiegel 21/2004, 121; Windfuhr, Volkhard: Uns läuft die Zeit davon, in: Der Spiegel 21/2004, 122; Ihlau, Olaf: Faule Äpfel, in: Der Spiegel 22/2004, 97; Ihlau, Olaf; Windfuhr, Volkhard: Mit eiserner Faust, in: Der Spiegel 34/2004, 88; Mühlmann, Sophie; Leersch, Hans Jürgen: Im Visier der Gotteskrieger, in: Die Welt, 31. 01. 2004, 3

Nach einer Bilanz der UNO-Zivilverwaltung wurden bei diesen Unruhen durch die UNO-Polizisten 19 Menschen in Notwehr getötet. Von ca. 900 Verletzten waren 65 Mitarbeiter der Vereinten Nationen. Ungefähr 30 Kirchen und Klöster sowie 800 Häuser wurden zerstört. Mehrere tausend Angehörige der serbischen Minderheit ergriffen die Flucht. Zwar wurde durch das Bundesverteidigungsministerium das besonnene Vorgehen der 3.600 Mann starken deutschen KFOR-Truppe hervorgehoben. Doch laut der Aussage von Augenzeugen wie deutschen UNO-Polizisten, Journalisten, albanischen Menschenrechtsaktivisten und Soldaten anderer Truppenkontingente zogen sich die deutschen Soldaten während der Ausschreitungen in ihre Kasernen zurück, reagierten nicht auf die Notrufe der eingeschlossenen UN-Mitarbeiter und fuhren erst nach Beendigung der Ausschreitungen in gepanzerten Fahrzeugen vor. Nach einer Aufforderung von ca. 200 gewalttätigen Protestbeteiligten an eine deutsche Schutzeinheit, die eine serbische Kathedrale und deren Mönche zu beschützen hatte, sich zurückzuziehen, damit die Kathedrale niedergebrannt werden könne, tat die Schutztruppe dies mitsamt der Mönche auch umgehend. Der verantwortliche Kommandeur wurde wegen seines umsichtigen Verhaltens später ausdrücklich belobigt. Kurz danach forderten die Vorstände der serbischen Kirchen einen Abzug der deutschen Truppen wegen Unfähigkeit. Deutsche UN-Polizisten stellten die Präsenz der deutschen KFOR-Truppen auf dem Balkan ebenfalls in Frage. Man hätte nicht zwangsläufig auf Demonstranten schießen müssen, ein Einsatz von Tränengas und Pfefferspray wäre weitaus sinnvoller gewesen. Jedoch gilt Tränengas beim Militär als chemischer Kampfstoff, dieser ist allerdings international geächtet und der Einsatz für die Streitkräfte verboten. Eine Umrüstung und Anpassung der Streitkräfte erfordert somit erst wieder eine Veränderung von Vorschriften und Gesetzen wie beispielsweise dem internationalen Chemiewaffenübereinkommen.

Nach einer Inspektionsreise am 5. und 6. April 2004 und der Auswertung von Berichten aller Beteiligten kam der Vorsitzende der Bund-Länder-Arbeitsgruppe „International Police Task Force“ zum Schluss, dass die KFOR bei gewalttätigen Unruhen zur Lagebewältigung nicht geeignet sei und eine Zusammenarbeit zwischen KFOR und der UN-Zentralverwaltung praktisch keinerlei Abstimmung und Koordination vorzuweisen hätte. In Prizren sei trotz mehrmaligen Ersuchens um Hilfe keinerlei Militärpräsenz zu Stande gekommen und die KFOR hätte sich bei der Erfüllung der ihr übertragenen Aufgaben als unfähig erwiesen.

Auch der UNO-Polizeichef Stefan Feller gab zu Protokoll, dass die deutschen KFOR-Truppen dem Schutz der serbischen Bevölkerung und der UN-Mitarbeiter nicht gewachsen seien und auch keinerlei Koordinationsbestrebungen existierten. Der Vorfall wird von Seiten diverser NGO's als einer der „unangenehmsten" Fälle seit dem Massaker von Srebrenica bezeichnet. Bei dem Massenmord in Srebrenica konnten die UN-Schutztruppen unter Führung des holländischen Generals Karremans den Mord an ca. 8000 Bosniern durch die serbischen Truppen unter Führung von General Mladic nicht verhindern.[106]

Weiterhin bedarf das erweiterte Konzept der Friedenssicherung durch umfassende Gesellschafts- und Systembildung auch des Einwirkens von wirtschaftlichen und anderen gesellschaftlichen Einflussfaktoren. Diese müssen aber schon während Konflikten oder zumindest direkt in der Endphase wirksam werden, um langfristig auch zu greifen. Somit ergibt sich als relativ einfache Schlussfolgerung, dass Streitkräfte in der neuen Weltordnung bzw. „Weltunordnung" neben einer Vielzahl an gesellschaftlichen, wirtschaftlichen, technischen und sozialen Einflussgrößen heute hauptsächlich die Komponente einer multilateralen Krisenbewältigung darstellen.

Gerade die verstärkte Notwendigkeit der Zusammenarbeit zwischen Militär und den diversen zivilen Bereichen bietet aber auch eine Projektionsfläche für vielfältige latente und unterschwellige Konflikte. Beispielsweise Aggression gegen zivile Helfer aufgrund von Antipathien gegen ausländische Streitkräfte oder im Umkehrschluss etwaige aggressive Handlungen gegen Friedenstruppen als Zeichen einer Ab-

[106] vgl. Szandar, Alexander; Wiedemann, Erich: Im Hass vereint, in: Der Spiegel 13/2004, 122; Beste, Ralf: Wieder ein Pulverfass, in: Der Spiegel 14/2004, 30; Flottau, Renate; Szandar, Alexander: Die Hasen vom Amselfeld, in: Der Spiegel, 19/2004, 24; Wolf, Winfried: Bombengeschäfte – Zur politischen Ökonomie des Kosovokrieges, Hamburg 1999; Rede von Staatssekretär Hans Krings anlässlich „Zehn Jahre Auslandseinsätze der Polizei", 19. 06. 2004, http://www.im.nrw.de, 26. 05. 2005

neigung gegen in einer Region wirtschaftlich tätige ausländische Unternehmen nach einem Konflikt. Die Kooperation zwischen Militär und zivilem Sektor birgt also vor allem die latente Gefahr der negativen Vermischung bzw. Gleichsetzung von Streitkräften und zivilen Personen durch die Bevölkerung einer Region, in der beide Komponenten gleichzeitig tätig sind. Es sind also effektivere Antworten auf regionale Krisenherde und internationale Krisenentwicklungen notwendig, um auch die vielfältigen Potentiale der zivil-militärischen Zusammenarbeit nutzen zu können.

Neben den ohnehin existenten internen, meist organisatorischen Unstimmigkeiten, bedingt durch die unterschiedliche Natur von zivilen und militärischen Herangehensweisen, existieren also eminente und latente Gefahrenpotentiale. Will man derartige Gefahren bei einer zukünftig unvermeidlich scheinenden Zusammenarbeit zwecks Krisenbewältigung wenn nicht vermeiden, dann doch zumindest minimieren, bedarf es zwangsläufig einer völlig neuen und vor allem intensiveren und langfristigeren Zusammenarbeitsfähigkeit zwischen zivilem und militärischem Sektor. Es stellt sich deshalb nicht nur die Frage, wer bei einer punktuellen Notwendigkeit einer Kooperation welche Aufgaben übernimmt, oder welche Partei die Führung einer potentiellen Friedensmission zu tragen hätte. Vielmehr entsteht ein Klärungs- und Koordinierungsbedarf innerhalb der bisherigen zivil-militärischen Kooperation darüber, welche Seite, wie, wo und wann langfristig und generell für welchen Aspekt einer gesamten, gemeinsamen Sicherheitskonzeption verantwortlich ist und wie dieser Sicherheitsbegriff gemeinsam geprägt und vor allem dauerhaft aufrechterhalten werden kann.[107]

Das Konzept CIMIC muss also nicht einfach eine neue Art, sondern eine neue Qualität der Zusammenarbeit vor dem Hintergrund eines immer komplexer und zunehmend interdependent werdenden Sicherheitsbegriffs beinhalten.

[107] vgl. Buck, Robert (Hrsg.): Die Kosten des Friedens, Dachau 2002; North Atlantic Treaty Organisation (Hrsg.): NATO-Handbuch, Brüssel 2001, 148

5.1 Das Konzept CIMIC

CIMIC ist in der jüngsten Zeit nicht nur innerhalb militärischer und mit dem Militär verbundener Organisationen ein wichtiger Begriff geworden. Allerdings ergeben sich mit den sich stark verändernden und äußerst unterschiedlich gestaltenden Bedrohungsszenarien auch unterschiedlichste Krisen- und somit Einsatzgebiete und -potentiale mit einer Vielzahl an Einflussfaktoren und Betroffenen. Demzufolge existieren auch dementsprechend vielfältige Auffassungen und Verständnisse des Begriffs CIMIC, bzw. der diversen Formen einer zivil-militärischen Zusammenarbeit.

Gegenwärtig sind an der Weiterentwicklung von Konzepten einer zivil-militärischen Zusammenarbeit vor allem die NATO und die Vereinten Nationen beteiligt. Jedoch etablieren sich auch andere, sehr unterschiedliche Herangehensweisen und Auffassungen hinsichtlich des Konzeptes von CIMIC. Auf beiden Seiten ist man der Auffassung, dass jegliche Überlegungen hinsichtlich CIMIC vor allem auf Einsatzszenarien die, abgesehen von auftretenden Naturkatastrophen, vorrangig außerhalb der Grenzen des Bündnisgebietes, bzw. außerhalb der Gebiete der ersten und zweiten Welt stattfinden, abzielen. Gegenwärtig ist in dieser Hinsicht sehr oft vom Begriff des „Nationbuilding" die Rede, also des gezielten Aufbaus von stabilen rechtsstaatlichen Strukturen in einer Region nach Beendigung einer Krisen- bzw. Konfliktsituation. Was allerdings das eigentliche Konzept respektive die Auslegung des Begriffs CIMIC bedeutet, herrschen unterschiedliche Auslegungen und Definitionen vor.

So bezeichnet die NATO CIMIC als die zielgerichtete Koordination und Kooperation zwischen NATO-Personal und zivilen Vertretern von Bevölkerungen; einschließlich der nationalen und lokalen Verwaltungen und internationalen und nationalen Nichtregierungsträgern im Zuge der Unterstützung der vorgeblichen militärischen Mission. Des weiteren bezieht die NATO derartige Aktivitäten im wesentlichen auf die Bereitstellung von Sicherheits- und Unterstützungsleistungen, die auf direkte Anforderung durch zivile Institutionen und nach Genehmigung des NATO-Oberkommandos erfolgen sowie die Bereitstellung von materiellen und personellen Ressourcen in expliziten

Notfallsituationen, in denen eine zivile Körperschaft entweder nicht in den betroffenen Regionen vorhanden ist, oder unfähig ist, die notwendigen Aufgaben zu erfüllen.[108]

Innerhalb der Vereinten Nationen wird CIMIC als das Beziehen gegenseitiger Unterstützung, gemeinsamer Planung und konstantem Informationsaustausch auf allen Ebenen zwischen militärischen Institutionen und deren Komponenten sowie humanitären Organisationen, die gemeinsamen Zielsetzungen im Falle einer humanitären Notlage zuarbeiten, bezeichnet.

Trotz dieser Unterschiede lässt sich dennoch eine allgemeine Definition finden, welche die jeweiligen Auffassungen zu einem greifbaren Gesamtbild ergänzt. So kann CIMIC generell als jede Form der zivilmilitärischen Zusammenarbeit im Rahmen einer multidimensionalen, multifunktionalen und multilateralen Bewältigung von Krisenfällen jeglicher Art, aber auch in Friedens- und aktiven Kriegszeiten bezeichnet werden. Ziel ist es, die volle Kooperation und unterstützende Funktionsfähigkeit der zivilen Gesellschaft mit all ihren Bestandteilen in einem Operationsgebiet zu erhalten.[109]

Vor allem sollte sich CIMIC als Auf- und Ausbau sowie Erhalt von strategischen Allianzen zwischen zivilen und militärischen Organisationen, der über eine punktuelle Zusammenarbeit im Falle einer Krise oder eines Einsatzes hinausgeht, begreifen. Derartige Kooperationsbestrebungen können sich in die unterschiedlichsten Bereiche erstrecken und zwischen den verschiedensten zivilen Entitäten und militärischen Organisationen entstehen. Nicht nur in den Bereichen, die mit der humanitären Hilfe bei Krisen in Verbindung stehen oder bei Bedrohungsfällen sind solche Beziehungen vorstellbar, sondern auch und besonders in Bereichen wie Forschung und Entwicklung, diversen Formen der Versorgung und der bezogenen Versorgungstechnik, der Logistik, der Ausstattung von zivilen und militärischen Organisationen und anderen Bereichen. Weitere Möglichkeiten der Kooperation

---

[108] vgl. North Atlantic Treaty Organisation: NATO Military Policy on Civil-military-Cooperation, 18. 01. 2002, http://www.nato.int, 25. 07. 2003; North Atlantic Treaty Organisation (Hrsg.): NATO-Handbuch, Brüssel 2001, 120

[109] vgl. Bundesministerium für Landesverteidigung: Bericht der Bundesheerreformkommission, Wien 2003, 37

finden sich in Gebieten wie dem Gesundheitswesen, der Wasserwirtschaft, der Abfallwirtschaft, dem Verkehrs- und Transportwesen, im Bereich Bau und Entwicklung und selbstverständlich innerhalb von Wissenschaft und Forschung sowie einer Vielzahl anderer Gebiete.

Abgesehen von der Bereitstellung vorwiegend technischer Kapazitäten bei anstehenden Rettungs-, Bergungs- und Transportnotwendigkeiten bleiben die Potentiale der Streitkräfte vieler westlicher Staaten als wichtige unterstützende Komponente beim Aufbau gesellschaftlicher Strukturen in Krisenregionen bisher relativ gering genutzt. Dies stellt nicht nur für zivile Institutionen eine nicht unerhebliche Problematik dar, sondern auch für die Truppen und die Öffentlichkeit allgemein. Denn es entstehen mitunter beträchtliche Opportunitätskosten für die Volkswirtschaften durch nicht in Betracht gezogene Synergieeffekte, etwa auf den Gebieten der Sicherheits-, Wirtschafts- und Aufbau- sowie der Menschenrechtspolitik. Außerdem lassen sich eine Vielzahl von diversen Redundanzen und unnötigen, weil mehrfach gestellten Ansprüchen, beispielsweise in Bereichen der Budgetausnutzung oder der bezogenen Verwaltung, feststellen.

Ein ausgewogenes Konzept von CIMIC kann die jeweils existierenden finanziellen und materiellen sowie substanziellen und strukturellen Defizite ausgleichen und eine eventuelle Doppelbeanspruchung, die sich auch in diversen Budgets niederschlägt, vermeiden.

CIMIC dient aber auch der wirtschaftlichen und politischen Positionierung von Staaten. Sowohl der von einer Krise oder einem Konflikt betroffenen Nation, als auch der von außen einwirkenden Staaten, da zum einen unter CIMIC eine koordinierte Soforthilfe vor Ort zwecks der Schaffung einer selbsterhaltenden Funktionstüchtigkeit des betroffenen Staatengebietes verstanden werden kann und zum anderen diese Soforthilfe effektiv durch zivile, in dieser Betrachtung vorrangig wirtschaftliche Komponenten erfolgen kann. Somit besteht die Möglichkeit zum Aufbau von vielfältigen strategischen Beziehungen, die auf eine zukünftige Zusammenarbeit nach einem Konflikt abzielen.

CIMIC schlägt sich im allgemeinen in zwei Ausprägungen nieder. Die militärische Komponente unterstützt und ergänzt die Tätigkeiten von zivilen Organisationen, welche zum einen NGO's, also Nichtregierungsorganisationen oder eben mit einer Regierung in Verbindung stehende Organisationen sein können. Dies ist vorrangig der Fall bei Interventionen, die durch humanitäre, technische oder Naturkatastrophen notwendig sind. Auf der anderen Seite ist es auch möglich, dass zivile Organisationen und Institutionen der militärischen Seite zuträglich tätig werden, was vorrangig bei militärischen Konflikten der Fall sein dürfte.

Wobei die Wahrscheinlichkeit des Notwendigwerdens einer zivilen Unterstützung mit dem Grad der Involvierung der eigenen Truppenteile in einen Konflikt steigt.

Im Rahmen dieser beiden Ausprägungen bilden sich im allgemeinen drei große Bereiche der Unterstützungsleistungen heraus:

- Die militärische Unterstützung ziviler Organisationen und des zivilen Umfeldes durch Planung und Koordination und eine Unterstützung von Maßnahmen und Aktionen ziviler Organisationen zur Stabilisierung und Hilfeleistung durch die Bereitstellung militärischer Schutz- und Sicherungsleistungen. Dabei kann sich die Hilfeleistung durchaus auf die gesamte materielle und personelle Bandbreite militärischer Ressourcen erstrecken.
- Die Unterstützung militärischer Einsatzverbände durch Nutzung von zivilen Ressourcen in Kooperation mit lokalen und fallweise auch überregionalen politischen Entscheidungsträgern.
- Die Unterstützung ziviler, wirtschaftsorientierter Entitäten, durch gezielte und ausgewogene Mithilfe bei der Koordinierung und Unterstützung von Maßnahmen, die den Auf- und Ausbau der Infrastruktur fördern.[110]

Bei einem CIMIC-Konzept im modernen Sinn kommt zum Prinzip der Unterstützung der Aspekt einer strategisch ausgelegten, im Idealfall gleichberechtigten Kooperation hinzu. Dabei hat der zivile Aufbau unter militärischer Absicherung und Einwirkung als erstes Mittel zu dienen, den Gewaltkreislauf in der betroffenen Bevölkerung während eines Konfliktes oder, bedingt durch eine Krise, direkt im Anschluss

[110] vgl. Bundesministerium für Landesverteidigung: Bericht der Bundesheerreformkommission, Wien 200337

auftretende Aggressionen und Unruhen zu durchbrechen und dauerhaft zu unterbinden. Dabei dient CIMIC vor allem der Verminderung von Belastungen, denen alle an einer Krise Beteiligten ausgesetzt sind und besonders zu einer erheblichen Verminderung der Einsatz- und Verweildauer von militärischen Truppenverbänden. CIMIC ist eine Aufgabe aller Mittel eines Staates bzw. einer Staatengemeinschaft und nicht nur des Militärs, bei der sich ein Staat nicht mehr wie einst beim Einsatz von Streitkräften auch ziviler Ressourcen bedient, sondern nun sämtliche Ressourcen ziviler und militärischer Art kooperativ und strategisch sinnvoll koordiniert und mit einander vereint. Die Intensität und Qualität, mit der CIMIC betrieben wird, ist stark abhängig vom jeweiligen Krisen- respektive Bedrohungsbild und vom jeweils gezeichneten Sicherheitsbild, also den als notwendig erachteten Charakteristika des Begriffs Sicherheit.

Es gilt: je größer und ausgeprägter sich ein Konfliktbild und besonders dessen regionale und überregionale Folgen abzeichnen, desto größer ist der Kooperationsbedarf und schließlich die Intensität der Zusammenarbeit auf allen Seiten. Und je komplexer sich ein Sicherheitsbild zeichnet, desto enger muss auch eine Zusammenarbeit gestaltet werden. Des weiteren hat die konfliktgebundene Entwicklung beispielsweise von Staaten wie Großbritannien oder den USA gezeigt, dass je größer der Anteil von sogenannten Expeditionskräften, also Einheiten mit der Kapazität zur Verlegung ins Ausland, an den eigenen Truppenteilen ist und je stärker ein militärisches Engagement im Ausland ausfällt, desto eher und intensiver entwickeln sich CIMIC-Strukturen.

CIMIC in der Bundeswehr

So will beispielsweise die deutsche Bundeswehr im Zuge eines sich immer stärker entwickelnden globalen Engagements der Bundesrepublik bis 2010 das bereits bestehende CIMIC-Personal verdoppeln. Erste Erfahrungen der Bundeswehr mit dem Konzept CIMIC im modernen Sinne wurden 1995 auf dem Balkan gewonnen. Bis 1997 waren bereits über 500 Soldaten in diesem Bereich tätig. Aktuell werden ca. 1.400 Soldaten stabil verwendet.

Mittlerweile spiegelt sich CIMIC in der Bundeswehr in einer eigenen Stabsabteilung in den Einsatz-Hauptquartieren und in den höheren

Kommandobehörden im Inland sowie in der Aufstellung des CIMIC-Bataillons 100 in Nienburg wieder. Dieses stellt das professionelle Personal für CIMIC-Einsätze, führt aber auch die Ausbildung für CIMIC-Personal durch. Außerdem wurde im Zuge der europäischen Koordination die multinationale CIMIC-Group North in Budel/Niederlande unter deutscher Führung eingerichtet. Sie stellt ebenfalls Personal für die Einsätze und die Stäbe der NATO bereit, um die CIMIC-Aufgaben vorzubereiten und durchzuführen. Weitere Ausbildung diesbezüglich findet an der Akademie für Krisenmanagement, Notfallplanung und Zivilschutz (AKNZ) in Bad Neuenahr-Ahrweiler statt. Stabsoffiziere bilden dort zusammen mit Vertretern des Bundesinnenministeriums zukünftiges CIMIC-Personal aus. Darüber hinaus nehmen deutsche Soldaten regelmäßig an internationalen CIMIC-Ausbildungsangeboten, z.B. der NATO-Schule in Oberammergau teil. Derzeit übersteigt das CIMIC-Kontingent der Bundeswehr in allen Einsatzräumen die Personalstärke der hauptamtlichen CIMIC-Kräfte in der Heimat.[111]

In einer vielschichtigen globalen Struktur, in der nunmehr eine Vielzahl verschiedenster Einfluss- und auch Interessengruppen aufgrund der immer stärker ausgeprägten weltweiten Interdependenzen zunehmend in Zusammenhang mit den auftretenden Konflikten steht, hat CIMIC aber nicht nur eine rein konfliktbehebende und humanitäre Bedeutung. Es ist auch in wirtschaftlicher Hinsicht für Staaten bzw. Volkswirtschaften von nicht unerheblicher Gewichtigkeit. Ist es doch auch die Schere zwischen Haushaltsengpässen und steigendem Investitionsbedarf bei Infrastrukturprojekten, die mit der Bewältigung von Krisen, die zwangsläufig auch Einfluss auf das eigene System haben, in Verbindung stehen. So dient es natürlich auch der Vorbeugung im Sinne einer umfassenden nationalen und besonders internationalen Krisenprävention.[112]

Ein modernes und umfassendes Konzept von CIMIC begreift sich also als Transformation der Formen und Maßnahmen der Zusammenarbeit.

---

[111] vgl. von Großmann, Ariane: Interview mit Generalleutnant Hans Heinrich Dieter zu CIMIC, Reportage vom 20.10. 2004, http://www.streitkraeftebasis.de, 26. 05. 2005

[112] vgl. Thomas, Hans: Gehören Kriege zu den Kosten des Friedens?, in: Buck, Robert (Hrsg.): Die Kosten des Friedens, Dachau 2002, 113

Von der reinen Verteidigungshilfe bzw. der Zivilverteidigung unter militärischer Führung als Teil eines nationalen Konzeptes der Gesamtverteidigung hin zu einer gemeinsam von einer Vielzahl an militärischen und zivilen Komponenten aus allen gesellschaftlichen Bereichen getragenen Entwicklung eines Staates und eines Gesellschaftsbildes im Zuge einer Krisen- oder Konfliktsituation und dessen zukünftiger Beziehungslage in einer globalisierten Welt sowie zu einer vornehmlich internationalen Friedenssicherungsmaßnahme. CIMIC ist nunmehr eine mehrheitlich multilaterale und zunehmend zwischenstaatliche, also bi- und multinationale Konzeption, zu welcher auch die intensive und nicht abgeschwächte Kooperation in Friedenszeiten, unabhängig von Krisen- und Konfliktfällen gehört und die auf möglichst vielen gesellschaftlichen und sozialen Ebenen angewendet werden sollte. Das fördert zudem auch eine Integration der Streitkräfte in die globale Gesellschaft.

War früher also die Verteidigung der vornehmliche Zweck von vereinzelten und konfliktgebundenen Unterstützungs- und Heranzugsaktionen, ist CIMIC heute neben der aktiven gegenseitigen Hilfe und Kooperation sowie der Friedenssicherung und Stabilisierung auch Mittel der Beziehungspflege und der gemeinsamen Einflussnahme auf von einer Krise bedrohte Regionen mit dem Zweck der Konfliktprävention.

5.1.1 CIMIC im Rahmen von internationalem Krisenmanagement und Hilfsaktionen

CIMIC ist in dieser Beziehung der internationalen humanitären und Katastrophenhilfe zwar das kurzzeitige gegenseitige Unterstützen, aber möglichst basierend auf einer langfristigen und dauerhaften gemeinsamen Planung und einem kontinuierlichen Informationsaustausch auf allen mit einbezogenen Ebenen zwischen Militär und humanitären Organisationen und anderen NGO's. Das gemeinsame Ziel sollte dabei sein, der von einer humanitären, technisch verursachten, politisch bzw. militärisch begründeten Krise oder einer Naturkatastrophe betroffenen Bevölkerung zu helfen.

Die beanspruchten, vornehmlich multinationalen militärischen Kräfte stellen dabei Gerät und Personal zwecks Lebensrettungs-, Bergungs- und anderen Nothilfemaßnahmen zur Verfügung. Dabei sollte der Grundsatz gelten, dass mit der zivilen Seite gemeinsam vorbereitet, geplant und koordiniert wird, aber letztlich zivile Hilfskräfte, welche naturgemäß in der Regel eine höhere Akzeptanz bei der Bevölkerung erfahren, lediglich unterstützt, keinesfalls aber durch militärische Kräfte ersetzt werden sollten.

Ist ein Staat bzw. eine Staatengemeinschaft nicht direkt betroffen, sollte diese zivile und insbesondere militärische Hilfeleistung des weiteren nur auf Anfrage und Wunsch des von einer Katastrophe bedrohten oder betroffenen Landes und in Abstimmung mit den Vereinten Nationen erfolgen. So ist auch eher eine Kooperation mit den Streitkräften der Hostnation gegeben.

Internationale Hilfe im Iran

Am 8. Juni 2003 ereignete sich eines der schwersten Erdbeben im Iran in der Stadt Bam, ca. 1.000 Kilometer südlich von Teheran. Bei dem Erdbeben wurde auch die gesamte medizinische Infrastruktur mitsamt den Krankenhäusern in der Region zerstört. Schon kurz nach dem Beben stellten die iranischen Behörden mit dem Roten Halbmond als der zuständigen nationalen Hilfsorganisation ein internationales Hilfeersuchen. Innerhalb von zwei Tagen waren 9.000 Freiwillige des Iranischen Halbmondes vor Ort und begannen zusammen mit dem Militär die Rettungsaktionen und die Evakuierung von etwa 17.000 Verletzten. Ebenfalls 48 Stunden nachdem die iranischen Behörden die Einreiseerlaubnis erteilt hatten, trafen die ersten internationalen Helfer der Rotkreuz-Föderation ein, um die internationale Hilfsoperation mit dem iranischen Partner zu koordinieren.

Die Föderation in Genf hatte für die Soforthilfe ein Feldkrankenhaus mit 240 Betten, drei Basisgesundheitsstationen und Nothilfeeinheiten für Wasserversorgung, Latrinenbau und Abfallbeseitigung zur Verfügung gestellt, um die medizinische Infrastruktur schnell wiederherzustellen und die Notfallversorgung der Bevölkerung zu gewährleisten. Die deutsche Bundeswehr und das französische Militär stellten zu diesem Zweck auch medizinische Geräte und Operationsutensilien zur

Verfügung. Das iranische Militär übernahm Rettungs- und Bergungsaktionen, gemeinsam mit österreichischen und deutschen Rettungshundestaffeln. Eine vollständige Übergabe des Hilfsprojekts an die iranischen Behörden war spätestens nach sechs Monaten vorgesehen.

Die Internationale Föderation des Roten Kreuzes und des Roten Halbmonds haben gemeinsam zwei medizinische Module entwickelt, die in Europa verpackt eingelagert sind. Sie können binnen 24 Stunden an jeden beliebigen Katastrophenort gebracht werden, um dort für vier bis fünf Wochen völlig unabhängig und ohne logistische Unterstützung von außen die medizinische Erstversorgung zu gewährleisten. Die Module bleiben nach dem Ende des Einsatzes im Gastland, damit sie dort bei zukünftigen Katastrophen wieder verwendet werden können.[113]

In dieser Hinsicht ist CIMIC vor allem als Mittel zur Reduktion der Truppenpräsenz und der militärischen Einsatz- und Verweildauer anzusehen. Dabei steht der humanitäre Gedanke dem militärischen Prinzip im Konzept von CIMIC als Mittel zur Zielerreichung nicht im Weg. Es ist vielmehr als Mittel im internationalen Krisen- und Konfliktmanagement zur Stärkung ziviler Strukturen in einem Krisengebiet und folglich zur Entlastung der Streitkräfte zwecks Konzentration auf die militärischen Kernaufgaben anzusehen. Wichtigstes Ziel ist dabei wiederum die Stabilisierung der politischen und wirtschaftlichen Verhältnisse und eine schnelle und vor allem bleibende Wiederherstellung einer funktionsfähigen staatlichen Ordnung, der Aufbau idealerweise rechtsstaatlicher und demokratischer oder zumindest stabiler Strukturen und somit eines angestrebten Zustandes von „Normalität“. Dieser spiegelt sich eben auch in einer Minder- oder gar Nichtpräsenz von militärischen Kräften wider.

Dabei empfiehlt es sich von vornherein, bei Inanspruchnahme von militärischer Präsenz im Falle eines Hilfseinseinsatzes, diese möglichst gering zu halten und wenn möglich, gar nur auf eine CIMIC-Spezialtruppe zu beschränken. Bestehend aus weniger, aber dafür hochausgebildeten Spezialisten, dient sie als Schnittstelle und Reprä-

---

[113] vgl. Munz, Richard; Moch, Thomas; Gardemann, Joachim: Bericht der Rotkreuzvereinigung, 12/2003, http://www.drk.de, 08. 06. 2005

sentanz zumindest in der längerfristigen Aufbauphase nach einem Konflikt oder einer Katastrophe. So sollten Existenzfaktoren wie die Wasserversorgung, Hygiene, Versorgung mit Nahrungsmitteln, Bereitstellung von Unterkunft, Gebäudeplanung, Gesundheitsversorgung einvernehmlich und sekundär durch militärische Kräfte, quasi im Hintergrund, ergänzt und unterstützt werden. Dabei soll die Präsenz von militärischen Kräften nicht vollkommen ausgeblendet werden.

Die Schaffung von Rechts- und Versorgungssicherheit dient der Akzeptanz von demokratischen Strukturen. In so fern sich das Militär positiv und sichtbar an einem solchen Aufbau beteiligt, dient diese Beteiligung eben auch der Verbesserung des militärischen Bildes in der Bevölkerung. Das hätte dann auch die Reduzierung des Streitkräftebildes als potentieller Aggressor gegenüber der Bevölkerung zur Folge. Es muss nur alles Erdenkliche getan werden, um die eindeutige Neutralität von humanitären Organisationen durch oder auch trotz militärischer Präsenz zu gewährleisten.

Generell gilt es, bei sämtlichen Katastrophen- und Hilfseinsätzen außerhalb des eigenen Staatengebietes neben den allgemein menschlichen Belangen auch Bedacht auf interkulturelle Aspekte hinsichtlich der Belange der Bevölkerung und das jeweilige soziokulturelle Umfeld zu nehmen. Denn bei Nichtbeachtung solcher kulturellen Spielregeln treten schnell Aggressionen und Missverständnisse auf, die das eingesetzte militärische Personal und viel mehr noch die zivilen Helfer in Missgunst und somit latent in Gefahr bringen können.

Kulturelle Fettnäpfchen

So kam es kurz nach der offiziellen Beendigung der Kampfhandlungen im Irakkrieg 2003 zu ersten aggressiven Ausschreitungen der irakischen Bevölkerung gegen amerikanische Truppen, nachdem einige U.S.-Soldaten irakische Bürger zwangen, sich vor ihnen auf den Boden zu legen oder hinzuknien, um sie zu durchsuchen. Dies geschah erst, nachdem die Iraker sich trotz mehrmaliger Aufforderung durch die U.S.-Soldaten weigerten. Was die Soldaten nicht wussten war, dass Moslems nur vor Allah und zum Gebet auf die Knie gehen oder sich auf den Boden legen. Jegliches Verlangen anderer dies zu tun, wird als grobe Beleidigung empfunden. Mit derartigen Fällen begannen auch die immer noch anhaltenden, massiver gewordenen Aggressionen der irakischen Zivilbevölkerung gegen die Koalitionsstreitkräfte im Irak.

Im allgemeinen lässt sich eine derartige Wahrung öffentlicher Ruhe und der Akzeptanz der Bevölkerung wesentlich besser und einfacher mit der Unterstützung oder Leitung durch ziviles Personal bewerkstelligen. In der Regel richten sich subversive Tendenzen zu aller erst gegen uniformiertes, speziell militärisches Personal.

Große Bedeutung kommt vor diesem Hintergrund auch dem Kulturgüterschutz zu, da bei Verlusten dieser Art während oder nach einer Krise auch immer die Gefahr eines Identifikationsverlustes und daraus entstehender gesellschaftlicher Orientierungs- und Richtungslosigkeit erwächst. Dies kann eine negative Entwicklung nur begünstigen und mitunter auch zu einem erneuten Aufflammen von Gewalt und gar zu einer Ausweitung einer Krise führen.

In diesem Zusammenhang ist auch die harsche internationale Kritik am Verhalten von U.S.-Truppen im Irak direkt nach dem Ende des letzten Golfkrieges im Frühjahr 2003 zu sehen. Dies geschah, als die Verbände sich nicht dafür verantwortlich sahen, diverse irakische Kulturdenkmäler und Museen vor den einsetzenden Randalen nach dem Sturz des Regimes zu schützen und somit den Verlust von wichtigen Kulturschätzen nicht verhindert haben.

Gerade deshalb sollten auch Spezialisten sowohl von ziviler als auch von militärischer Seite mit in die Durchführung von Krisen- und Hilfseinsätzen auf Basis der Haager Konvention zum Schutz von Kulturgut eingebunden werden. Auch was eine fachlich fundierte Dokumentation von Unrecht während eines politischen oder ethnischen Konfliktes für den internationalen Strafgerichtshof betrifft, ist eine enge Zusammenarbeit von ziviler und militärischer Seite gefragt.

So wurden beispielsweise nach dem Kosovokrieg im Sommer 1999 militärische und zivile Spezialisten gemeinsam bei der Identifikation und Dekontamination von Massengräbern auf dem Balkan tätig. Während die Identifikation und Spurensicherung vorrangig von internationalen Polizeikräften vorgenommen wurde, waren militärische Spezialisten für die Entseuchung, Entlaugung und den keimfreien Verbleib der Fundstellen verantwortlich. Eine Dokumentation für den Gerichtshof in Den Haag wurde von den verantwortlichen NGO's in Zusammenarbeit mit dem Militär und der internationalen Polizei erstellt.

Selbst im Bereich der psychologischen Betreuung von helfendem Personal und der Bevölkerung kann sich eine enge Zusammenarbeit zwischen zivilem und militärischem Sektor als sehr positiv erweisen. So muss beispielsweise die Militärseelsorge nicht nur auf Soldaten eingeschränkt werden. Auch was den Zugang zur Bevölkerung betrifft, könnten zivile Betreuer für militärisches Personal als Mittler von großem Wert sein. Was die eigentliche Ausrichtung der Zielsetzung eines CIMIC-Konzeptes vor dem Hintergrund internationaler Hilfs- und Krisenbewältigungsaktionen betrifft, sollte stets im Vordergrund stehen, Hilfeleistungen zu geben, die eine Selbsthilfe der betroffenen Bevölkerung ermöglichen. Dabei ist natürlich auch zu bedenken, dass humanitäre Probleme mit Hilfslieferungen und diesbezüglichen Programmen und Unternehmungen zwar abgemildert werden können, sich aber nun einmal am ehesten durch das Angehen der wirtschaftlichen Probleme, die sich aus dem etwaigen Zusammenbruch von Strukturen ergeben haben, langfristig und effizient im Sinne einer Selbsterhaltung lösen lassen. Somit darf die wirtschaftliche und eben auch ertragsorientierte Komponente bei humanitären Einsätzen auch nicht ausgeblendet werden. Ganz im Gegenteil stellt gerade diese Komponente einen Schlüsselfaktor zum Aufbau und zur Stabilisierung von aktuellen oder ehemaligen Krisenregionen und ganz besonders zur internationalen Einbindung durch den Aufbau wirtschaftlicher Beziehungen dar. Bei der Frage der Führungsverantwortung von Krisen- und Nothilfeeinsätzen steht vielmehr die Auslegung der Verhältnismäßigkeit zwischen ziviler und militärischer Seite als eine simple Frage nach dem „Wer?“ zur Debatte.

Während der eigentlichen Konflikthandlungen, zwischen welchen Parteien auch immer, den eigentlichen Unruhen in einer Region und während dem aktuellen Geschehen einer Krise, sollte die Führung eines Einsatzes vorrangig der militärischen Seite vorbehalten sein, weil GO's, NGO's und andere zivile Organe in der Regel in einer solchen Situation kaum oder gar nicht effektiv wirksam werden können. Zumal dies eine aktuell stattfindende Gefährdungslage meist nicht ohne erhebliche Gefahren für alle helfenden Beteiligten zulässt.

Ist eine eigentliche Krisensituation erst einmal überwunden oder zumindest soweit abgemildert, dass Hilfsaktionen zunehmend unbehindert anlaufen können, ist in der Regel eine Übergabe der Führungsverantwortung den Hilfs- und Kriseneinsatz betreffend an eine zivile Leitung von Vorteil. So lässt sich auch eine zunehmende und systematische Deeskalation mit wesentlich größerer Unterstützung durch die Bevölkerung bewerkstelligen. Zivile Institutionen verfügen im allgemeinen ohnehin über mehr Erfahrungshintergrund für die Durchführung von Hilfsaktionen und die Bereitstellung von Lebenssicherungsmaßnahmen, als dies in Streitkräften der Fall ist.

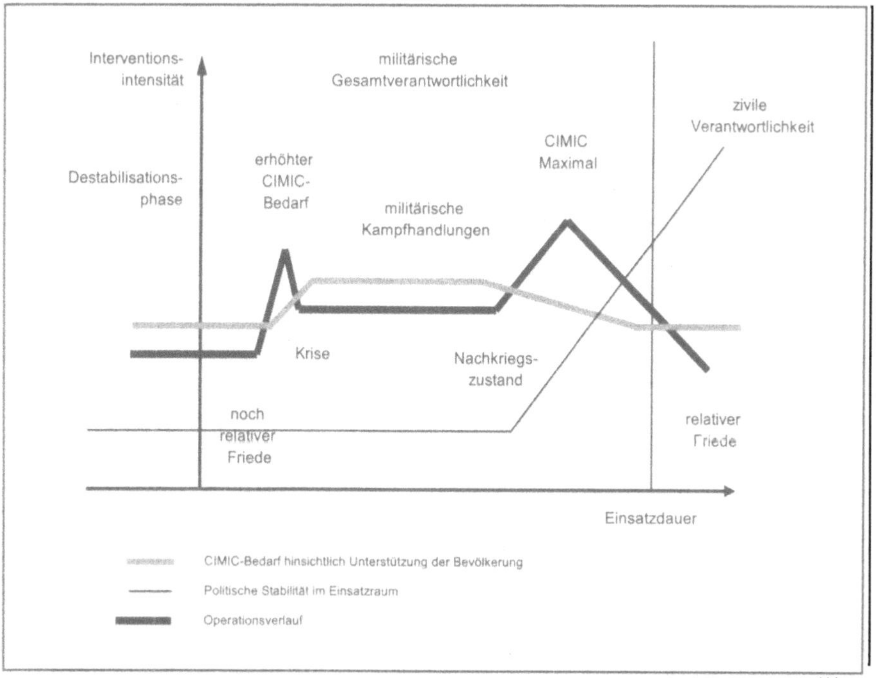

***Abbildung 5-1** Entwicklung des CIMIC-Bedarfes bei internationalen Kriseneinsätzen*[114]

[114] vgl. Bundesministerium für Landesverteidigung: Workshop der Bundesheerreformkommission – Präsentation Ergebnis der AG CIMIC, Wien 28. 09. 2004, durch Herrn Ministerialrat Dr. Erich Link (BMLV), dem die Autoren für wertvolle Hinweise zum Kapitel danken.

Allerdings ist die Übergabe der Führungsverantwortung auch abhängig von der demokratischen Reife oder zumindest der Ausprägung des Akzeptanzgrades in der Bevölkerung, um durch eine Lockerung oder Abstinenz militärischer Sicherungsmaßnahmen nicht ein erneutes Aufflammen von Aggressionen zu begünstigen. Außerdem bedarf es des Vorhandenseins einer gewissen Basisstruktur an innerstaatlichen Koordinationsmechanismen, bevor zivile Hilfe auch ohne Einschränkungen im gesamten Krisengebiet aktiv werden kann. Es lässt sich also nicht vermeiden, dass selbst bei rein humanitären Einsätzen die Streitkräfte eine wichtige Voraussetzung für die Wirksamkeit von NGO's und anderen zivilen Organisationen darstellen. Das verlangt selbstverständlich einen hohen Grad an Akzeptanzfähigkeit seitens des zivilen Personals und gleichzeitig ein Höchstmaß an Koordinierungskapazität und Kooperationsfähigkeit von der militärischen Seite.

5.1.2 Führungsebenen und Schnittstellen

Um die Streitkräfte auch in so fern zu befähigen, dass eine kontinuierliche Interaktion mit der Bevölkerung und den diversen zivilen Organisationen konsequent möglich ist, bedarf es einer ergänzenden Einrichtung von neuen und zusätzlichen Komponenten in der militärischen Organisation. Welche Auswirkungen hat CIMIC also auf militärische Strukturen und die interne Organisation?

Um eine wirklich fundierte Kooperation zu gestalten, bedarf es eigentlich eines gegenseitigen Zuganges von Vertretern der jeweils anderen Partei zur eigenen Organisation. Gerade auf Seiten der Streitkräfte ist aber ein externer Zugang zu militärischen Organisationsstrukturen nur sehr restriktiv möglich, insbesondere im Bereich der notwendigen Prozesse einen Kriseneinsatz betreffend.

Was also am ehesten realisierbar und vor allem am effektivsten zu funktionieren scheint, ohne die jeweils anderen organisatorischen Strukturen zu beeinträchtigen, ist die Schaffung von Schnittstellen- und Kontaktpositionen bzw. gemischte Teams, die zwischen den militärischen und zivilen Organisationen operieren und so eine gemeinsame Vorgehensweise koordinieren können. Dies empfiehlt sich generell in Form einer strategisch ausgelegten Einrichtung von Suborganisationen sowohl in militärischen als auch in zivilen Organisationen, die jeweils auch außerhalb von Anlassfällen für die gegenseitige Aufrechterhaltung von Kontakten und die Beziehungspflege zuständig sind und beispielsweise die Planung und Organisation von gemeinsamen Übungen, Programmen und Projekten vornehmen.

Im Falle eines Krisen- oder Nothilfeeinsatzes ist von militärischer Seite aus die Einrichtung eines speziellen CIMIC-Centers im Einsatzraum zu empfehlen, welches der Kommunikation mit der Bevölkerung und der Sicherstellung von jeweils während oder nach einem Krisenfall auftretenden Grundbedürfnissen sowie der Koordination mit den im Einsatzraum tätigen GO's und NGO's dient.

Derartige Schnittstelleneinrichtungen im Einsatzraum haben demnach folgende Aufgaben:

- Die unmittelbare Kommunikation mit der Bevölkerung und die kontinuierliche Lagebeurteilung vor Ort;
- die Sicherstellung von Grundbedürfnissen der Bevölkerung;
- die Aufrechterhaltung und Stabilisierung der Funktionsfähigkeit der einheimischen Verwaltungselemente;
- die Konsolidierung der Lebensbedingungen;
- die Notsanierung für Schul- und Beraufsausbildungseinrichtungen bis zum Eintreffen weiterer NGO's und GO's bzw. bis zur Möglichkeit der Übernahme der alleinigen Verantwortung durch diese zivilen Organisationen;
- die Planung des möglichen Verbleibs von zivilen und staatlichen Organisationen im Einsatzraum nach Abzug militärischer verbände und die Fest- und Sicherstellung der dafür notwendigen Bedingungen;
- die Unterstützung des wirtschaftlichen Wiederaufbaus.

Gerade im Einsatzfall würde sich dann eine bereits vorher aufgebaute Kooperationsstruktur, welche eben unabhängig von Einsatzfällen existiert, als großer Vorteil erweisen. Denn diese Schnittstellen respektive CIMIC-Centers können mit geeignetem, qualifiziertem und spezialisiertem militärischen und zivilen Personal besetzt werden. Ein solches Team zeichnet sich dadurch aus, dass es – im Idealfall – bereits längere Zeit zusammengearbeitet hat und demnach in der Ausführung, die notwendigen kommunikativen und organisatorischen Abläufe betreffend, ausreichend eingespielt ist.

Im Bereich der Führungsebenen innerhalb des Militärs ergeben sich aus diesen Notwendigkeiten weitere und neue Aufgaben, wie beispielsweise überhaupt die Sicherstellung, dass CIMIC-Konzepte dort dauerhaft integriert, umgesetzt und weiterentwickelt werden, wo die entsprechende Notwendigkeit dafür besteht. Das betrifft nicht nur das Szenario eines expeditionären Kriseneinsatzes, sondern schließt auch Katastrophenhilfedienste und Aufbauprojekte innerhalb des Staaten- bzw. Bündnisgebietes mit ein. Als Basis für derartige Entscheidungen ist zunächst einmal die grundlegende Schaffung von Richtlinien für die Anwendung von CIMIC nötig.

Des weiteren ist eine interne Vernetzung der Führungs-, Informations- und Kommandostrukturen zu fördern, was die Schaffung von differenzierten und somit vielseitig geeigneten Verbindungsknoten für eine weitere Vernetzung mit einer Vielzahl an zivilen Entitäten aus sämtlichen gesellschaftlichen und wirtschaftlichen Bereichen mit einschließt. So besteht die stellenweise auch bereits umgesetzte Möglichkeit zur Errichtung eines Kommandos für internationale Einsätze und Krisenmissionen. Dieses ist innerhalb einer militärischen Organisation für die Implementierung der notwendigen Standards und Rahmenbedingungen und die Koordination der Schnittstellen zwischen Streitkräften und zivilen Organisationen sowie Entitäten aus dem Umfeld der Wirtschaft auf operativer Ebene verantwortlich.

Natürlich stellt sich dabei nicht nur auf der Ebene der Führungsgremien und nicht nur innerhalb des Militärs die Frage nach geeignetem Personal. So sind auch innerhalb von Streitkräften speziell Fachkräfte von Nöten, die Belange von ziviler und im speziellen von wirtschaftlicher und humanitärer Seite einschätzen und gemäß militärischer Einschränkungen orientieren können. Es ist durchaus vorstellbar, dass Reservisten für eine solche Verwendung besonders in Frage kämen, sind diese doch quasi halb Zivilist und halb Soldat und tragen somit das Konzept von CIMIC praktisch in ihrem Status. Als eine Art „Functional Specialists“ würden sie eine Vielzahl unterschiedlichster

Aufgaben wahrnehmen können, wie beispielsweise den Aufbau von Schulen und Krankenhäusern, die Leitung kaufmännischer Schulungen, die Beratung bei Vertragsabschlüssen sowie den kulturell und gesellschaftlich korrekten Umgang mit der Bevölkerung. Solche Aufgaben erfordern neben dem nötigen Fach- und Spezialwissen auch Sprachkenntnisse, interkulturelle Fähigkeiten, kommunikatives Talent, ein hohes Maß an sozialer Kompetenz und interaktiven Fähigkeiten, stark ausgeprägte Flexibilität und die Fähigkeit, sich auf die jeweils regional gegebenen kulturellen und gesellschaftlichen Bedingungen einstellen zu können.

Aus diesen Anforderungen leiten sich somit die neuen Profile für eine gegenwärtige und zukünftige suffiziente Ausbildung ab. Neben der Vermittlung von Fach- und Führungskompetenzen liegen unter anderem auch Schwerpunkte in den Bereichen interkulturelle Kompetenzen und Verständnisbildung, Vermittlung der Arbeitsweise ziviler Organisationen, Projektmanagement, wirtschaftliches Grundverständnis, Kommunikation, Mediation und Verhandlung, eine Heranbildung eines speziellen CIMIC-Rollenverständnisses, Kooperationsprinzipien und natürlich praktischer Erfahrungen durch einschlägige Übungen.

Aufgrund dessen empfiehlt es sich also, nicht nur vor dem Hintergrund von Technologieaspekten, enge Verbindungen zu Bildungs-, Entwicklungs- und Forschungseinrichtungen auf- und auszubauen. Bei einer Entwicklung von Ausbildungskonzepten sollte es dabei nicht nur darum gehen, den Soldaten und Offizieren eigene Vorgehensweisen und Algorithmen für eine zivil-militärische Kooperation zu entwickeln, sondern auch mit anderen Partnern gemeinsame Ansätze und Strategien für eine Kooperation mit zivilen Organisationen jeglicher Art und somit quasi neben der Aufklärung auch eine Ermunterung zur Kooperation und zum Erfahrungsaustausch mit zivilen Trägern zu vermitteln.

Es bedarf bei einer solchen Auslegung der Ausbildung logischerweise auch der Einbeziehung ziviler Kräfte in einen gemeinsamen Lern- und Lehrprozess. also neben dem Geben auch das gezielte Suchen von Hilfestellung auf militärischer Seite auszuprägen.

Dies zöge eine wesentliche Verbesserung der CIMIC-Fähigkeiten in den einzelnen Truppenteilen und eine zukünftig bessere, schnellere und wesentlich abgestimmtere Entwicklung von Kooperationskonzepten und CIMIC-Plänen nach sich.

Da sich auch weiterhin Krisen- und Konfliktsituationen dauernd verändern und neu gestalten werden, bedarf es einer ständigen und kontinuierlichen Verbesserung und Aktualisierung der CIMIC-bezogenen Koordination in und vor allem zwischen den militärischen bzw. zivilen Einsatzkräften. Die Ausbildung von CIMIC-Personal sollte so auch darauf ausgerichtet sein, dass Kommandeure nicht nur auf operativer, sondern auch auf strategischer Ebene die Fähigkeit besitzen, bei der Truppendirigierung und geeigneten Personalzusammenstellung für Teams und Taskforces im Sinne von CIMIC auch auf die Bedarfe der jeweils betroffenen Bevölkerung und der kooperierenden zivilen Institutionen Bezug zu nehmen, ohne dabei natürlich das Prinzip der militärischen Auftragserfüllung und Zielerreichung zu gefährden.

Eine derart ausgerichtete militärstrategische Führungsebene erfasst sämtliche gesellschafts-, kultur- und wirtschaftspolitischen Entwicklungen aus militärischer Sicht und veranlasst notwendige Maßnahmen zur effektiven Durchführung von Einsätzen. Das erfordert einen hohen Grad an Koordinations-, Kooperations- und Dialogfähigkeit. Gerade das militärische Personal in zivil-militärischen Schnittstellen und Taskforces steht dabei neben den bisherigen militärischen Aufgaben zukünftig auch wesentlich breiteren Aufgabenstellungen gegenüber. Dies beinhaltet unter anderem Tätigkeiten bei der Vermittlung in Problemfällen jeglicher Art, Aufgaben zur Ressourcenfeststellung, Kontroll- und Überwachungsaufgaben sowie eine ständige Leistungsbeurteilung.[115]

Was die militärische Koordination und Konzeption bei der Durchführung konkreter Einsätze betrifft, existiert die Praxis, dass bei internationalen Kontingenten die jeweils nationale Truppenführung in bestimmten Intervallen wechselnd einer Leadnation, also einer Partnernation, deren Truppen zeitweise die Führungsverantwortung übernehmen, in Form einer gesamten Einsatzführung unterstellt und unter den Einzelkontingenten abgestimmt wird. Legt man Wert auf eine

---

[115] vgl. North Atlantic Treaty Organisation: NATO Military Policy on Civil-military-Cooperation, 18. 01. 2002, http://www.nato.int, 25. 07. 2003

Verstärkung des Konzepts der Staatenbildung und des Wiederaufbaus zwecks Konfliktbeilegung, sollte in dieses Prinzip auch der zivile Sektor konkret mit eingebunden werden. Zwar kann dies nicht bedeuten, dass zivile Institutionen für die Führung von Truppenteilen verantwortlich sind, jedoch sollte unabhängig von der jeweiligen Leadnation Personal aus zivilen und humanitären Organisationen in die Entscheidungsprozesse mit eingebunden werden. Wiederum zeigt sich bei dieser Konzeption die Notwendigkeit und der Vorteil einer langfristigen und strategischen Zusammenarbeit bereits im Vorfeld und der Heranbildung von kooperationsfähigem Personal sowie der Entwicklung von gemeinsamen Durchführungsabläufen und Prozessen.

So werden Reibungsverluste und interne Konflikte bei der eigentlichen Durchführung von Einsätzen nach diesem Prinzip minimiert, wenn nicht gar vermieden. Innerhalb der einzelnen Kontingente entwickelt die jeweilige Führungsebene eigene CIMIC-Maßnahmen im Rahmen des jeweiligen staatlichen Krisenmanagements und die übergestellte Einsatzführung koordiniert diese dann mit den Tätigkeiten ziviler Hilfskräfte im Rahmen des durchzuführenden Einsatzes. Dies bedeutet also auf beiden Seiten, sowohl auf der militärischen als auch auf der zivilen, eine Hinentwicklung von der jeweils rein funktionalen zur an den Erfordernissen des Einsatzes und der Bevölkerung orientierten prozessualen Struktur.

5.1.3 Gemeinsamer Einsatz von zivilen und militärischen Kräften

Grundsätzlich erfordert ein gemeinsamer Einsatz im Rahmen von CIMIC auch eine weiterführende gemeinsame Organisation. Das beinhaltet unter anderem Aspekte wie Führung, Strukturentwicklung und Ausbildung. Somit muss ein gemeinsamer Einsatz auch durch ein gemeinsames Fundament der Zusammenarbeit unterfüttert sein.

So sollten also auch außerhalb von Einsatzfällen gemeinsame Aktionen, Projekte und Programme nicht nur zum Zweck der Partnerschaftspflege, sondern auch zwecks Entwicklung eines gemeinsamen stabilen organisatorischen Fundaments als Voraussetzung für ein effektives Wirksamwerden im Einsatzfall unternommen werden. Ein gemeinsames Vorgehen sollte vor allem durch Synergieeffekte und nicht durch Reibungsverluste wegen mangelnder Kooperationsfähigkeit aufgrund von Unwissen, Mangelkoordination und einer ungenügenden vorhergehenden Abstimmung und Nichtexistenz einer gemeinsamen Basis für die Zusammenarbeit gekennzeichnet sein.

Die Konfliktbehebung durch Staaten- und Gesellschaftsbildung erfordert ein enormes Fachwissen aus allen erdenklichen gesellschaftlichen, technischen, wirtschaftlichen und sozialen Bereichen. Das ist durch ein gemeinsames Vorgehen nebeneinander anstelle miteinander eigentlich nicht zu bewerkstelligen und nur äußerst ineffektiv einsetzbar. Gerade deshalb erfordert die Einsatzführung diverse Anlauf- und Koordinationsstellen, die selbstverständlich mit dem geeigneten Personal zu besetzen sind, um nicht nur einem Personenkreis aus dem Militär und den zivilen Partnern, sondern auch eventuell hilfesuchender Bevölkerung zur Verfügung zu stehen.

Es bedarf militärischer und ziviler Kontaktpersonen, die untereinander vernetzt sein sollten und jeweils genaue Kenntnis vom betreffenden Einsatzgebiet und den Interessen und Anforderungen der jeweils anderen Partei haben. Eine solche eng miteinander verwobene Struktur mit festgelegten Kompetenzen vermeidet speziell das besonders eminente und paradoxe Problem der Überkoordination und gegenseitigen Konkurrenz bei humanitären Einsätzen, an denen sich meist eine Vielzahl von internationalen Helfergruppen und militärischen Verbänden beteiligen und das grundsätzlich einen erheblichen und in der Regel völlig unnötigen Kostenfaktor darstellt.

Zuviel des Guten

Nach der Tsunami-Katastrophe in Süd-Ostasien im Dezember 2004 entsandte die deutsche Bundesregierung ohne Absprache und vorherige Koordination das Lazarettschiff „Berlin" der Bundeswehr und mehrere Hospitalschiffe nach Indonesien.

Diese verursachten aber bei der Einfahrt in die indonesischen Hoheitsgewässer Unruhe beim indonesischen Militär. Auch die Weltgesundheitsorganisation bezeichnete das Lazarettschiff und die schwimmenden Hospitäler als unnötig. Was die Verwendung internationaler Entwicklungshilfegelder angeht, wurde bereits im März 2005 gegenüber der Weltbank veranschlagt, dass bis zu 30 Prozent der Gelder durch Korruption zweckentfremdet worden seien. Hingegen fließt von den privaten Spendengeldern ein großer Teil in die Soforthilfe.

Dort besteht weitaus weniger Gefahr, dass diese quasi versanden, denn eine Verwendung hängt stark von dem Weg ab, den die Hilfe nimmt. So ist die Arbeit privater und kirchlicher Hilfsorganisationen weitgehend effektiver gestaltet als die von internationalen Regierungsorganisationen. Gerade diese zeichnen jedoch sehr oft dafür verantwortlich, Maßnahmen in Gebieten zu ergreifen, wo NGO's bereits tätig sind. Weiterhin ist es sehr wichtig, ob eine Organisation bereits vor Ort Strukturen hat oder alles teuer aufbauen muss.

So greift beispielsweise Caritas International im Gegensatz etwa zur UNESCO auf über 800 einheimische Helfer in Indonesien zurück, die bereits lange in der Krisenregion arbeiten.[116]

Gerade deswegen ist es nicht nur auf einzelstaatlicher, sondern besonders auf internationaler Ebene besonders wichtig, strategisch ausgerichtete gemeinsame Taskforces in modularer Zusammensetzung einzurichten, deren Personal explizit mit Koordinierungsaufgaben im Einsatzfall betreut werden sollte. Es ist durchaus zu empfehlen, dabei auch zivilem Personal eine militärische Ausbildung zukommen zu lassen und im Umkehrschluss die Ausbildung des militärischen Personals nicht nur auf rein militärische Aspekte zu beschränken.

Einerseits können zivile Institutionen aufgrund der oft schon längeren Tätigkeit in einem bestimmten Gebiet oder aufgrund von Personalbeständen aus einer betreffenden Region oder einem bestimmten kulturellen Umfeld die jeweiligen sozialen, kulturellen und gesellschaftlichen Hintergründe wesentlich besser abschätzen. Sie verfügen somit über einen für die Streitkräfte enorm wichtigen Erfahrungsschatz vor dem Hintergrund neuer militärischer Ansätze zur Einsatzdurchführung. Sie haben aber in der Regel weniger Erfahrung, was eine taktisch und operativ kluge Vorgehensweise bei der Führung von Kriseneinsätzen betrifft, und welche potentiellen Auswirkungen ihre Aktivitäten während eines Einsatzes nach sich ziehen können. Das Militär verfügt wie-

[116] Heinen, Guido: Deutsche Hilfe stößt nicht auf Begeisterung, in: Der Stern, 11. 01. 2005, 22; Deutsches Rotes Kreuz, http://www.drk.de, 08. 06. 2005

derum über einen großen Erfahrungsschatz, was die Planung, Vorbereitung und Durchführung von Einsätzen jeglicher Art betrifft und in der Regel auch über größere Kompetenzen bei der Abschätzung von möglichen Folgen eigenen taktischen und operativen Vorgehens.

Auch was die materiellen Kapazitäten betrifft, sind militärische Kräfte in der Regel umfassender ausgestattet. Im allgemeinen lassen sich die jeweiligen Herangehensweise so beschreiben, dass militärische Organisationen dazu neigen, sich auf die Aspekte zu konzentrieren, die wichtig für die Missionserfüllung sind, während zivile Organisationen in Krisenfällen danach fragen, was eminent benötigt wird. Die militärische Planung neigt also eher dazu, vom angestrebten Ergebnis rückwärts auf die notwendigen Maßnahmen zur Erreichung dieser Zielsetzung zu schließen, wobei diese Maßnahmen dann allerdings von den eigentlichen Bedürfnissen der Bevölkerung abweichen können.

Zivile Helfer tendieren zu einer Initialplanung ausgehend von der eigentlichen Situation bzw. Problemstellung, allerdings oft ohne überhaupt Klarheit über das angestrebte Ergebnis zu haben, respektive ohne sich der eigentlichen Richtung, in die angedachte Aktionen gehen, bewusst zu sein. Beide Ansätze bieten jeweils ein nicht unerhebliches Potential, die Effektivität der Einsatztätigkeit der jeweils anderen Seite zu steigern, bergen aber auch die Gefahr von Konflikten und Unvereinbarkeiten.

Es benötigt also wiederum eine zukünftige Civil-Military-Taskforce (CMT), welche modulartig konstruiert sein sollte, um schnell und flexibel einsatzfähig sein zu können und vor allem, in welcher militärisches Personal vornehmlich als Helfer auftritt und auch angesehen wird.

Dazu braucht es allerdings die Einsicht von gegenseitiger Nützlichkeit auf beiden Seiten, was eben einen langanhaltenden und konstruktiven Erfahrungsaustausch über die reine Durchführung von Einsätzen hinausgehend benötigt. Schließlich lassen sich so am ehesten Synergieeffekte erzielen und vor allem auch ausnutzen. Merkmale einer solchen CMT wären unter anderem:

- Eine gemeinsame Führungsorganisation;
- gemeinsame Strukturen;

- zumindest teilweise gemeinsame Ausbildungskonzepte;
- eine ausgeprägte Interoperabilität in den Einsatzverfahren;
- eine rasche Einsatzbereitschaft unabhängig von der Einsatzbereitschaft der verbundenen Streitkräfte oder zivilen Gremien;
- eine langanhaltende gemeinsame Durchhaltefähigkeit;
- gemeinsame logistische Systeme;
- eine gemeinsame Einweisung bei Einsatzfällen und Verlegungen;
- interoperables und kompatibles Gerät und technische Systeme.

Dabei beschränkt sich die Kooperation mit der zivilen Seite nicht nur auf NGO's und humanitäre Einrichtungen. Die Zusammenarbeit für und während Einsätzen erstreckt sich auch auf andere Akteure wie beispielsweise diverse Regierungsabteilungen, internationale Organisationen, eventuell auch Spender, andere Sicherheitsdienste, internationale Polizeikräfte, Akteure aus dem Wirtschaftssektor, lokale Ämter und Verwaltungen (sofern im Krisen- und Hilfsfall noch aktiv). und natürlich die Bevölkerung. Dabei findet der Kontakt sicherlich in unterschiedlicher Intensität statt, da alle Organisationen auch verschiedene Interessengruppen und Zielsetzungen haben.

Trotz allem sollten militärische Kräfte auch weiterhin vornehmlich als Sicherungseinheiten verstanden werden. Doch gerade im Bereich der Katastrophenhilfe, wo es also nicht um die Lösung von aggressiv geführten Konflikten geht, ist eine verstärkte Kommunikationsfähigkeit des Militärs mit der betroffenen Bevölkerung gefragt.

Sind doch vor allem die Streitkräfte meist als einzige aufgrund eigener technologischer und materieller Kapazitäten in der Lage, direkt bzw. noch während einer Katastrophe, z.B. bei Bergungs- und Rettungsmissionen, aktiv zu werden, noch bevor zivile Helfer tätig werden können. Sie stellen somit oft auch den ersten und sensibelsten Kontakt mit der Bevölkerung her.

Beispielsweise konnten nach der Flutkatastrophe in Südostasien im Dezember 2004 nur Blackhawk- und Chinook-Helikopter der amerikanischen Marine von Flugzeugträgern aus durch Zerstörungen abgeschnittene Dörfer im Hinterland und auf Inseln erreichen und mit Nahrungsmitteln und Medikamenten versorgen. Somit waren Soldaten die ersten, die einen Kontakt mit der Bevölkerung herstellen mussten.

Grundsätzlich sollten jedoch sämtliche militärischen Aktivitäten so ausgelegt werden, dass zwar das Prinzip der militärischen Zielerfüllung für die Streitkräfte weiterhin im Vordergrund steht, diese Ziele aber möglichst mit einer frühen Übergabe der Verantwortung für diverse Aufgaben an zivile Organisationen verbunden sind.

Das sollte allerdings nicht bedeuten, dass militärische Kräfte unter das Kommando lokaler ziviler Verwaltungen gestellt werden dürften. Die Truppenführung sollte konsequent der jeweiligen staatlichen Obrigkeit vorbehalten sein, inklusive der koordinierten Verantwortung einer Leadnation.

Bei sämtlichen Anstrengungen hinsichtlich einer gemeinsamen zivilmilitärischen Einsatzführung auf nationaler und internationaler Ebene steht die Schaffung demokratischer Strukturen im Vordergrund. Deren Grundsteinlegung kann nun einmal am ehesten über die gezielte Unterstützung im humanitären Bereich und einer psychologischen und religiösen Dialogführung bewerkstelligt werden.

Dabei hat aber das Militär neben der Bereitstellung von reinen Sicherungs- und Schutzleistungen enormes Potential zu einer wichtigen Beitragsleistung hinsichtlich der Staatenbildung. Dies besteht allein schon durch die Möglichkeit, Dual-use-Kapazitäten aufzubauen, also eigene technologische Kapazitäten so einzusetzen, dass eine Basis für eine suffiziente technische Entwicklung nach einer Krisensituation geschaffen werden kann. Die ist wiederum Basis für eine weitere wirtschaftliche und gesellschaftliche Entwicklung. Es ist also auch anzuraten, von vorne herein auf nationaler und internationaler Ebene zwischen zivilen sowie militärischen Organisationen und Bündnissen gemeinsame politische Linien zu entwickeln, um die gemeinsame Einsatzführung in Anlassfällen auch ausreichend zu mandatieren und zu fördern.[117]

[117] vgl. o.V.: NGO's und Streitkräfte – Möglichkeiten und Grenzen der Zusammenarbeit im Einsatz, in: Truppendienst 269/2003, 112 ff.

5.1.4 Leistungen der Militärlogistik

In Hinsicht auf Bereiche in Verbindung mit CIMIC stehen für die militärische Logistik vor allem sämtliche Aufgaben zur Abstimmung der militäreigenen Planungen, Prozesse und Verfahren mit den logistischen Anstrengungen auf Seite der zivilen Partner im Vordergrund. Dies sollte wiederum idealerweise unabhängig von Einsatzfällen geschehen oder bei konkreten Anlassfällen bereits vor einer Entsendung von Einheiten begonnen werden. So ließen sich etwaige Konkurrenzbewegungen, Redundanzen und gegenwirksame Aktionen, die eine effektive und nachhaltige Einsatzführung letztendlich behindern, vermeiden oder zumindest minimieren.

Durch die Ermöglichung von gemeinsamen Übungen und der Etablierung und Koordination überschneidender Ausbildungsgänge, eventuell in gemeinsam genutzten Bildungsinstitutionen, oder durch gemeinsame Ausbilderteams, lässt sich der logistische Aufwand in Einsatzfällen allein schon durch gut miteinander interagierende CIMIC-Teams und mobile Logistikabteilungen, die über eine ausreichende Trainingsgrundlage verfügen, mit Sicherheit minimieren.

Bei Einsätzen außerhalb der Bündnisgrenzen verbleibt die militärlogistische Basis innerhalb der Grenzen des Bündnisgebietes. Jedoch empfiehlt es sich, eine weitere logistische Basiseinheit im Einsatzraum zu etablieren, die dann eigene Logistikdienste direkt vor Ort koordiniert und mit den logistischen Anforderungen der zivilen Komponente so weit wie möglich in Einklang bringt; idealerweise auch unter Mithilfe von zivilen Vertretern innerhalb der eigenen Einheiten. Die Herstellung der personellen und materiellen Einsatzbereitschaft erfolgt vorrangig im Inland. Wiederum stellt dabei eine bereits langfristig etablierte Kooperation mit dem zivilen Sektor eine erhebliche Erleichterung solcher Maßnahmen dar.

Aktuelle und zukünftige Kriseneinsätze sind mehrheitlich international geprägt. Somit ist eine jeweils nationale Abstimmung auf multinationale Logistikebenen bzw. die Etablierung gemeinsamer logistischer Zentren, beispielsweise auf Ebene der NATO oder UNO, zumindest aber eine engere transnationale Kooperation auf diesem Gebiet zu forcieren. Denn so ließe sich trotz der Vielzahl verschiedener Teilnehmergruppen mit unterschiedlichen Vorraussetzungen und Kapazitäten dennoch eine möglichst schnelle Bereitstellung von Transportsystemen und anderen technischen Komponenten ermöglichen und eine potentielle Überlagerung von Koordinierungsanstrengungen vermeiden. Diese führt oft zu einer einseitigen Versorgungsüberlastung im Einsatzgebiet.

Bei Katastrophen oder anderen Krisenfällen ist meist eine genaue Einschätzung der Situation und der daraus erwachsenden Folgewirkungen und Bedarfe erst verhältnismäßig spät möglich. Militärische Kräfte können jedoch im allgemeinen recht frühzeitig vor Ort sein. So liegt auch der Fokus militärischer Hilfsaufgaben vorrangig auf der Sicherstellung des Überlebens der betroffenen Bevölkerungsteile durch materielle und versorgungs- sowie bergungstechnische Sicherungsanstrengungen, solange NGO's, GO's und andere zivile Helfergruppen noch nicht im betroffenen Einsatzraum sind oder dort tätig werden können. Dies wirkt sich auf Seiten der militärischen Logistik vor allem in den Bereichen der Hilfsgüterbereitstellung und der damit verbundenen Transport-, Lager- und Verteilungserfordernisse aus und erfordert weiterhin eine verbesserte und breiter ausgelegte Beschaffungsplanung.

Denn mitunter können anfangs über die Art und die Menge des Bedarfs an Hilfsgütern lediglich Schätzungen angestellt werden. Somit müssen auch Versorgungsgüter über die anfänglichen Erwartungen als Reserven, die später auch zivilen Hilfskräften zur Verfügung stehen müssen, zusätzlich eingeplant werden.

Eventuell ist es auch möglich, die eigenen Anstrengungen hinsichtlich der Beschaffungsplanung gar mit denen ziviler Organisationen zusammenzulegen und so etwaiges Personal für logistische Aufgaben vor Ort freizusetzen. Eine frühzeitige Kooperation durch zivile Entitäten im Bereich der Transportlogistik, vorrangig durch Informationsaustausch, kann sich in dieser Hinsicht als Vorteil erweisen. Denn mitunter können bereits eingehende Kenntnisse über lokale Verkehrsnetze und Transportwege, deren Beschaffenheit und logistische Relevanz und somit deren Nutzung, die Hilfsgüterversorgung immens erleichtern und beschleunigen.

Was die medizinische Versorgung, die psychologische Betreuung der eigenen Hilfskräfte und der Betroffenen sowie andere sanitätstechnische Aspekte betrifft, ist die Koordinierung mit zivilen Versorgungseinheiten, abgesehen von der Versetzung militärseelsorgerischer Kräfte und deren gemeinsamer Wirkung mit zivilen Psychologen und Betreuern, zwar keinesfalls außer acht zu lassen, aber in der akuten Krisenphase vorerst sekundär. Denn militärische Sanitätsdienste sind ohnehin frühzeitig vor Ort bzw. können über militärtechnische Transportmittel als Erste an eventuell schwer zugängliche Stellen vordringen.

Vielmehr ist hier in erster Linie auf ausreichende Ressourcen vor Ort und im Falle eines sich abzeichnenden Mangels auf eine frühzeitige Rückmeldung an die logistische Basis zu achten. Weiterhin sollte in Betracht gezogen werden, dass medizinische Einrichtungen und Gerätschaften, wie z.B. Versorgungszelte, Transporthubschrauber und -flugzeuge sowie anderes Gerät in einer weiteren Phase auch zivilem medizinischem Personal zugänglich gemacht werden können und mit anderen zivilen Geräten kompatibel sind.

Bezüglich des Ausbaus der eigenen Kooperationsfähigkeiten in den Streitkräften wäre es gerade Aufgabe der Militärlogistik, den Auf- und Ausbau sowie die Besetzung der wichtigen Schnitt- und Anlaufstellen innerhalb des eigenen Staaten- oder Bündnisgebietes und im Einsatzraum zu den diversen zivilen Entitäten auf nationaler, internationaler aber vor allem auf lokaler Ebene zu koordinieren und diesbezügliche Positionen zu schaffen, um das eigene Logistikpersonal nebst zivilen Vertretern in diese Schnittstellen selbst zu integrieren. Bei längerer Verweildauer hat die militärische Logistik im Falle von Personalwechseln oder zusätzlichen Versetzungen nicht nur deren ordnungsgemäßen Dienstantritt zu planen.

Sie ist auch zuständig für eine gemeinschaftliche Lageeinweisung und Informationsauswertung mit zivilen Kräften und hat deren ausführliche Kenntnis über die eventuell mittlerweile veränderten örtlichen Verhältnisse zu gewährleisten. Denn dies kann sich auch auf eine weiterführende gemeinsame Abstimmung mit bereits länger im Einsatzraum tätigen Hilfsorganisationen über eine weitere Vorgehensweise auswirken.

Bei sämtlichen Unternehmungen und ausführenden Tätigkeiten der Militärlogistik in Zusammenarbeit mit zivilen Institutionen vor Ort und innerhalb der eigenen Grenzen hat jedoch grundsätzlich der

Aspekt der Wirtschaftlichkeit zumindest so lange Vorrang zu genießen, wie die Bedrohung für die betroffene Bevölkerung kalkulierbar bleibt bzw. die Notsituation der Menschen es erfordert. Also beispielsweise etwaige Notevakuierungen erforderlich wären, deren rasche und reibungslose Durchführung in jedem Fall absolute Priorität vor jeglichen wirtschaftlichen Gesichtspunkten hätte.

5.1.5 Entwicklungspolitische Rahmenbedingungen

Um eine wirksame Zusammenarbeit auf operationeller und taktischer, bzw. Einsatzebene zu ermöglichen und zu unterstützen, ist auch eine enge politische Kooperation in Hinsicht auf Aspekte die Sicherheitspolitik betreffend und insbesondere auf Seiten der Entwicklungspolitik gefragt. Gerade die Lösung von Konflikten durch eine stärkere Vernetzung des militärischen und diversen zivilen Ressorts bedingt auch eine ansteigende Komplexität und wachsende Unsicherheiten des im Einsatz befindlichen Personals über die eigenen Handlungsspielräume. Deswegen müssen auf politischer Ebene Rahmenbedingungen als Richt- und Orientierungsgrößen geschaffen werden.

Auch ist man mittlerweile zur Erkenntnis gelangt, dass die globale Entwicklung, gerade in den heutigen Industriestaaten, auch aus der Not gedrungene Massenmigrations- und Immigrationsbewegungen in Anrainer-, Schwellen- und Dritte-Welt-Staaten in Gang setzt, die jedenfalls eine erhebliche soziale und kulturelle Entwurzelung der Bevölkerung bedeutet. Verbunden mit dem entstehenden Problem von hoher regionaler Arbeitslosigkeit kann dies somit regionale Konflikte mit überregionalen Auswirkungen fördern, was es zu beenden oder von vornherein zu verhindern gilt. Auch was ein Engagement nach einer Krisen- oder Konfliktsituation betrifft, müssen rechtliche Grundlagen einen längerfristigen humanitären Einsatz von zivilmilitärischen Kräften untermauern, da sonst regionale Konflikte wieder aufzubrechen und andere Staaten oder Bündnisse mit in diese Konflikte hineinzuziehen drohen.

Die Kriegstraumatisierungen oder die Schockzustände nach einer Katastrophe, unter denen eine Bevölkerung regelmäßig noch lange leidet, müssen kontinuierlich behandelt werden. Denn eine fehlende Versorgung kann solche Traumata noch verschlimmern, was in der Regel in der mindesten Ausprägung zu einem beobachtbaren Ansteigen von Drogenabhängigkeit, Alkoholismus und Verbrechen führt. So würde eine Region erneut oder weiter destabilisiert und gerade in Zeiten einer grenzüberschreitenden Bedrohung durch Terrorismus den Einfluss von destruktiven Anwerbern auf die lokale Bevölkerung fördern. Wiederaufbaumaßnahmen sind auch immer mit einem hohen Grad des Eingriffs in bereits oder noch bestehende gesellschaftliche Strukturen in einem Einsatzgebiet durch intervenierende Staaten verbunden. So etwa bei Zugriffen auf versorgungstechnisch vitale Systeme wie der Trinkwasserwiederaufbereitung oder beim Eingriff in zivile Regelstrukturen, etwa bei der Klärung von Besitzverhältnissen im Einsatzgebiet, bei Ausschreibungen von Bauaufträgen oder der Inanspruchnahme von Dolmetscherdiensten durch einheimische Vertreter. So sind auch Grundlagen zu schaffen, die das Einsatzpersonal vor Ort dazu befähigen, eine durch allgemein gültige Regelungen gesicherte Zusammenarbeit mit einer lokal existierenden oder neu gebildeten Regierung aufzunehmen.

Mittlerweile existieren bereits einige Ansätze für eine politische Umsetzung dieser Erkenntnisse sowie hinsichtlich der Notwendigkeit geeigneter und stabiler Rahmenbedingungen. Ein Beispiel für derartige Bestrebungen ist das Weißbuch der Europäischen Kommission für Wachstum, Wettbewerbsfähigkeit und Beschäftigung. Dort wird formal gefordert, in erster Linie auch Priorität auf eine engere Zusammenarbeit zwischen staatlichen Ministerien sowie europäischen Gremien und internationalen Organisationen und anderen vornehmlich humanitären Institutionen zu legen. Weiterhin wird eine verstärkte Einbindung von Hilfsorganisationen in die Diskussionen bei Hilfs- und Geberkonferenzen vorgeschlagen sowie gezielte Maßnahmen der gemeinsamen Entwicklungszusammenarbeit zu schaffen. Auch aus militärischer Sicht sind solche Maßnahmen unbedingt zu unterstützen. Denn ein schleppender oder unausreichender Aufbauerfolg verursacht sehr schnell einen Vertrauensverlust der regionalen und auch der eigenen Bevölkerung in den Zweck einer Mission und konsequenterweise auch eines militärischen Unterfangens. Es wächst Unzufriedenheit, Enttäuschung und als Folge Subversion. Als Folge davon erhöhen sich auch die Kosten des militärischen Einsatzes beträchtlich.

So wuchsen die Kosten des Irakeinsatzes nach Beendigung der offiziellen Kampfhandlungen im Frühjahr 2003 von ursprünglich eingeplanten 100 Milliarden Dollar auf nahezu 300 Milliarden Dollar im Jahr 2004. Als wesentliche Begründung wird durch den amerikanischen Verteidigungsausschuss eine unkooperative Bevölkerung und deren Unterstützung von Anschlägen gegen die U.S.-Truppen mit genannt.

Um das europäische Militär im Hinblick auf die Entwicklungszusammenarbeit in der Transition hin zu einem Zustand der erhöhten Kooperationsfähigkeit auch und gerade in Hinsicht auf die wirtschaftliche Komponente in Fragen des wirtschaftlichen Wiederaufbaus einer Krisenregion zu unterstützen, ist die Schaffung von rechtlichen Voraussetzungen, die einen Einsatz von zivilem Personal mit fundierter Wirtschafts- und Finanzexpertise ermöglichen, gefordert.

Die Forderung nach speziellen CIMIC-Kräften zur Unterstützung der NATO-Kommandeure bei Friedensmissionen und Out-of-area-Einsätzen besteht seitens politischer Gremien bereits seit einigen Jahren. Das Military Committee hat diese Forderung mit der MC 411 – NATO CIMIC Policy aufgegriffen. Diese beschreibt die Zielrichtung und den künftigen Handlungsrahmen der NATO auf dem Gebiet der zivil-militärischen Beziehungen und wurde Anfang 1998 in eine Direktive mit dem Titel CIMIC 2000 umgesetzt, die seitdem die Planungs- und Handlungsgrundlage im Kommandobereich für Europa bildet.

Zielsetzung des Konzepts ist die politische Unterstützung der NATO-Kräfte im Einsatz und deren Zusammenarbeit mit dem zivilen Bereich unter anderem durch:

- Schaffung bestmöglicher Bedingungen im Stationierungsraum,
- Maßnahmen zur Akzeptanzerhöhung der Streitkräfte im Einsatzgebiet,
- Informationsgewinnung und Beurteilung der zivilen Lage,
- Einrichtung von Verbindungsbüros,
- Unterstützung ziviler Organisationen und Behörden und

- Unterstützung ziviler Implementierungsmaßnahmen.[118]

Die diversen CIMIC-Konzepte von Organisationen wie den Vereinten Nationen, der NATO und der Europäischen Union müssen soweit in Einklang gebracht werden, dass durch jeweils verbindliche Regel- und Gesetzeswerke ein gemeinsam gestalteter Einsatz von NATO- und UN-Truppen mit internationalem Zivilpersonal auch auf einer einheitlichen, generell verbindlichen und stabilen Grundlage stattfinden kann.

Im Jahr 2000 trat das von der Europäischen Kommission vorgeschlagene Gemeinschaftsverfahren zur Förderung einer verstärkten Zusammenarbeit bei Natur-, technisch bedingten und Umweltkatastrophen in Kraft. Es beinhaltet unter anderem auch die abgestimmte Bereitstellung von gemeinsamen Einsatzteams, Experten und medizinischen Ressourcen. Des weiteren werden gesetzliche Grundlagen für ein standardisiertes Ausbildungsprogramm auf den nationalen Ebenen und auf internationaler Basis gefordert. Maßnahmen für ein derartiges Ausbildungskonzept befinden sich noch immer in Entwicklung.

1998 wurde von der NATO als Pendant zum United Nations Office for the Coordination of Humanitarian Affairs (UNOCHA) das Euro-Atlantic Disaster Response Coordination Center (EADRCC) etabliert. Es wurde mit der Aufgabe betreut, Konzepte für eine Zusammenarbeit mit der UNOCHA zu entwickeln und zu koordinieren und im Anlassfall die Verwendung von der NATO zur Verfügung stehenden Ressourcen unter der Führung der UNOCHA zu koordinieren und mit den Erfordernissen der zivilen Hilfsgruppen abzustimmen.

Für einen Einsatz innerhalb des Bündnisgebietes der NATO wurde die Euro-Atlantic Desaster Response Unit (EADR) gegründet, die auch die Koordinierung aller einzelstaatlichen Organisationen im NATO-Verbund übernimmt. Dies stellt einen wichtigen Schritt zur bereits geforderten Vermeidung unterschiedlicher Denkmuster, verschiedener Leitungsansätze und Führungsverfahren sowie einer redundanten und letztendlich kontraproduktiven Ausbildung dar.

[118] vgl. North Atlantic Treaty Organisation: Military Policy on civil-military-cooperation, 18. 01. 2002, 4, http://www.nato.int, 25. 07. 2003; Braunstein, Peter: CIMIC 2000 – Zivil-Militärische Kooperation, Referat des BMVG, http://www.bmvg.de, 08. 06. 2005

1991 wurden bei einem Treffen in Österreich die sogenannten „Vier Protokolle" verabschiedet, welche die Verantwortlichkeiten eine betroffenen Landes, die eines helfenden Landes und die Aufgaben von Hilfezentren festschreiben. Dort wurde auch die Anregung zur Bildung einer Grundlage für die gemeinsame internationale Katastrophenhilfe in Form einer übergreifenden Fachinstitution gegeben. Nach dieser Initiative zwischen Deutschland, Österreich und der Schweiz wurde 1991 die International Search and Rescue Advisory Group (INSARAG) gegründet, die sich mittlerweile zu einem weltweit tätigen Netzwerk von Spezialisten aus einer Vielzahl unterschiedlichster gesellschaftlicher, technischer und wirtschaftlicher Bereiche entwickelt hat.

Es werden Teams stellvertretend für die Vereinten Nationen bereitgehalten und die Entwicklung von internationalen Koordinationszentren übernommen und vorangetrieben. So wurde 1999 nach dem Erdbeben in Taiwan ein internationales Kontingent entsandt, welches auch die Koordinierungsaufgaben zwischen den einzelnen Hilfsorganisationen übernahm. Weiterhin stellt INSARAG eine Liste von diversen internationalen Search- und Rescue-Teams bereit und dient auch als Anlaufstelle für eine Kontaktaufnahme. Ein Katalog mit internationalen Richtlinien zur Einsatzführung bei Katastrophen- und Hilfseinsätzen wurde erarbeitet und ein Trainingssystem entwickelt, das eine gemeinsame Ausbildungsgrundlage für zivile Hilfsdienste bietet und auch für die Einweisung von militärischem Personal bereitsteht.

Die Spezialisten der INSARAG haben es sich zur Aufgabe gemacht, die internationale Katastrophenhilfe weiter zu entwickeln und zu gestalten und unterstützen besonders den Koordinierungsauftrag der UNOCHA. Jedoch muss festgestellt werden, dass abgesehen von diversen Ausbildungskonzepten, ein weiterer und tiefgreifender Kooperationsansatz mit militärischen Kräften, vornehmlich den Streitkräften der EU und der NATO, noch aussteht.

Seitens der Vereinten Nationen wurden auch noch weitere Anstrengungen bezüglich einer formellen Untermauerung von Krisen- und Hilfseinsätzen unternommen. So wurde am 16. Dezember 2002 die Resolution 57/150 über die Stärkung der Effektivität und Koordination von internationalen Such- und Rettungsdiensten erlassen, welche auch die Vorantreibung und Angleichung eines CIMIC-Konzeptes mit entsprechenden Institutionen beinhaltet.

Eine weitere Entwicklung ist das UN-Projekt DPR 213/3 „on the use of military and civil defense assets“ (MCDA-Projekt). Dieses Projekt startete bereits 1992 aufgrund der Erkenntnis des Doppelnutzens von militärischen Kräften und versucht durch technische Standards und gemeinsam festgelegte Normen den koordinierten Einsatz von Militär und zivilen Kräften bei Katastrophenhilfeeinsätzen effizienter zu gestalten. Als Resultat wurden in den Oslo-Guidelines die ersten diesbezüglichen gemeinsamen Standards und Verfahren festgeschrieben. Allerdings beschränken sich diese nur auf Einsätze nach Natur- und technischen Katastrophen und beziehen sich noch nicht auf den gemeinsamen Einsatz bei oder nach Konfliktfällen.

Ein sehr aktueller politischer Ansatz für eine bessere internationale Koordination ist der am 17. Mai 2005 erstmals stattgefundene europäische Katastrophenschutzkongress in Bonn. Dort trafen sich über 600 Vertreter aus 17 Nationen unter der repräsentativen Leitung des deutschen Innenministers Otto Schily und berieten gemeinsam über eine Verbesserung der internationalen Koordination und die abgestimmte Einbeziehung wirtschaftlicher, sozialer und militärischer Komponenten. Die aktuellen Katastrophenfälle, wie das Elbehochwasser 2002, das Erdbeben im Iran 2003 und besonders die Flutkatastrophe in Südostasien im Winter 2004/2005 haben deutlich gemacht, wie nötig eine verbesserte internationale und interinstitutionelle Koordination in Zukunft ist und wie groß der diesbezügliche Mangel bisher ist. Der Bundesinnenminister hob weiterhin besonders die Notwendigkeit eines intensiveren militärischen Einbezugs im Angesicht neu aufkommender Gefahren wie Terrorismus oder lokaler Bürgerkriege, die neben der Bevölkerung auch internationale Investitionsströme bedrohen, hervor.[119]

[119] vgl. o.V.: Bericht über den ersten Katastrophenschutzkongress in Bonn, ZDF, 18. 05. 2005

5.1.6 Wirtschaftliche Koordination, Kooperation und internationaler Bildungstransfer

Entwicklungszusammenarbeit hat auch und ganz besonders wirtschaftliche Gesichtspunkte, die nicht außen vor gelassen werden dürfen. Denn ein verstärkter Einbezug der wirtschaftlichen Komponente ist auch für die eigene Entwicklung im Bezug auf die Verbindung zu den betroffenen Regionen von großem Vorteil:

- So kann die Förderung einer Etablierung eigener Wirtschaftsvertreter nach Krisenfällen auch eine deutliche Entlastung von Staatshaushalten bedeuten, weil der militärische Einsatzumfang zurück gefahren werden kann.
- Durch die Möglichkeit einer wirtschaftlich gewinnbringenden Unternehmensansiedlung im Einsatzraum lässt sich auch das positive Wachstum dieser Regionen dauerhaft beeinflussen, denn diese Leistungen haben wiederum positive Auswirkungen auf die wirtschaftlichen und gesellschaftlichen Verhältnisse im Einsatzraum.

Weitere Themen eines solchen teilweise gesteuerten Wiederaufbaus wären neben der regionalen Wirtschaftsentwicklung auch eine Perspektivenschaffung für die Jugend, eventuelle Minderheiten und unterrepräsentative Gesellschaftsklassen durch die Förderung von integrierten Programmen und Projekten zwischen Wirtschaft und Hilfsorganisationen sowie Einfluss nehmenden Staaten. Dazu braucht es allerdings ein abgestimmtes Zusammenspiel aller dieser Einflussgrößen und den möglichst ungehinderten Fluss von Fachwissen und Kernkompetenzen, welcher in den jeweiligen Ressorts vorhanden ist.

Das wesentliche Problem bei internationalen Einsätzen mit unterschiedlichen Teilnehmern ist nicht ein Mangel an Know-how oder Fachwissen an sich, sondern die Fragestellung wie, wann und wo das notwendige Wissenspotential so abgerufen wird, dass es auch ein effektives und effizientes Führen eines Einsatzes ermöglicht. Das Hauptproblem liegt also bei der Koordination oder überhaupt erst der Ermöglichung des Wissenstransfers unter und zwischen den unterschiedlichen Akteuren.

Es ist nicht nur eine Abstimmung separater Bildungsprogramme zwischen den einzelnen Institutionen nötig. Es müssen Möglichkeiten geschaffen werden, beispielsweise durch diverse Austauschprogramme, dass latent vorhandenes Wissen zwischen den Akteuren quasi multipliziert wird.

Die Kommunikationsfähigkeit des eingesetzten Personals spielt bei diesem Transferprozess ebenso eine große Rolle, auch bei der Vermittlung von Wissenspotential in Richtung von Bevölkerungsgruppen, da die gegenseitige Vermittlung von Fähigkeiten und ein gemeinsamer Transport von Wissenspotential auch eine einheitliche kommunikative Struktur, wenn nicht gar „Fachsprache" benötigt. Denn sonst besteht auch die Gefahr, dass Begrifflichkeiten zwar gleichsam genutzt, aber in einem unterschiedlichen Zusammenhang verwendet werden. Das erschwert die Zusammenarbeit gerade bei komplexen Wiederaufbaumaßnahmen erheblich. Bei internationalen Aufbaumaßnahmen müssen die vielfältigen Akteure aus den humanitären, wirtschaftlichen, technisch-wissenschaftlichen, politischen und militärischen Feldern konstruktiv und realistischerweise mit so wenig wie möglich Konflikten und Reibungsverlusten wirksam werden.

Dafür ist der jeweilige Schnittstellenaufbau und die Einrichtung gemeinsamer Teams aus idealerweise bereits eingespielten Vertretern sicherlich der effektivste Ansatz. Will man bei der Einsatzbewältigung möglichst viele Interessen- und Einflussgruppen berücksichtigen, läuft man allerdings Gefahr, dass die Einsatzgruppen eine Größe erreichen, die den Wirkungsgrad der geplanten Maßnahmen negativ beeinflussen kann. Denn selbst bei untereinander eingespieltem Personal ist ein ständig wachsender Aufwand allein für Koordination und interne Abstimmung und der damit verbundenen organisatorischen Notwendigkeiten abzusetzen.

Mitunter ist also eine jeweils separate Abstimmung der einzelnen Bereiche durch Schnittstellen, welche dann in ihrer Gesamtheit praktisch ein Netzwerk aus unterschiedlichen Verbindungsknoten ergeben, die womöglich effektivere Lösung. Sie beschränkt die Einsatzteams auf Vertreter aus nur zwei bis drei Bereichen und kann so die Teams relativ überschaubar halten.

Zwar erhöht sich innerhalb der einzelnen Institutionen der organisatorische Aufwand. Da aber die Schnittstellen beispielsweise zwischen Militär und Wirtschaft oder zwischen Wirtschaft und humanitären Organisationen in ihrer Arbeit, abgesehen von den Verantwortlichkeiten gegenüber der jeweils eigenen Führungsebene, ohnehin auf eine weitestgehende Autonomie ausgerichtet sein sollten, dürfte sich dieser Anstieg des Aufwands doch relativ in Grenzen halten und vor allem nicht die Effektivität des Einsatzes beeinflussen.[120]

Bewältigung der Jahrhundertflut in Österreich

Ein Beispiel für eine funktionierende Kooperation zwischen Streitkräften und Wirtschaft, zumindest auf nationaler Ebene, stellt die Zusammenarbeit zwischen dem Militärkommando Niederösterreich und der Raiffeisen-Holding beim Aufbau des gemeinsamen Katastrophenhilfsprogramms „Schutz und Hilfe“ dar. Die Zielsetzung war es, einen wertmäßigen Beitrag für Land und Leute durch eine rasche und unbürokratische Hilfe zu gewährleisten und bereits präventiv eine effiziente Organisationsstruktur für einen eventuellen Anlassfall zu implementieren.

Im August und September des Jahres 2002, während der großen Flut in Österreich, der Tschechischen Republik, Deutschland und Holland wurde das gemeinsame Konzept erstmals praktisch gefordert. Die eingeleiteten Hilfemaßnahmen wurden durch einen permanenten Kontakt zwischen dem Militärkommando und der Holding sowie einem gemeinsamen Krisenstab bewältigt. Dabei stellten Raiffeisen und angegliederte Unternehmen dem Militär im wesentlichen sämtliche Geräte und Maschinen für bauliche Einsätze sowie die notwendigen logistischen Dienste zur Verfügung. Ein Krisenstab koordinierte deren Einsatz, während das militärische Personal für den eigentlichen Einsatzdienst verpflichtet wurde. Die Raiffeisen Holding ermöglichte außerdem die Freistellung von Mitarbeitern für Hilfsdienste. Was die diesbezügliche Öffentlichkeitsarbeit betraf, wurde eine Informationsoffensive über sämtliche Aktivitäten des Projektes zum einen per E-Mail

120 vgl. Bundesakademie für Sicherheitspolitik (Hrsg.): Sicherheitspolitik in neuen Dimensionen, Hamburg 2001, 830 ff.

gestartet und Berichte in den Printmedien und im TV geschaltet. Weiterhin wurden Informationstage und Spendenaktionen veranstaltet. Insgesamt wurden über 300 Personalstunden und 875 Geräteeinsatzstunden getätigt.[121]

Grundsätzlich ist ein Einbezug der Wirtschaft auch von Seite der humanitären Organisationen zu begrüßen, auch wenn sich diese beiden Bereiche auf den ersten Blick zu konterkarieren scheinen. Was humanitäre Einsätze in ihrer Wirksamkeit oft stark einschränkt, ist die simultane Nutzung von mehrfach vorhandenem Gerät, oft auch konträr zu einander, durch eine Vielzahl vereinzelt tätiger Hilfsorganisationen.

Im Bereich der Wirtschaft ist ein reicher Erfahrungsschatz vorhanden, was die Effizienz- und Effektivitätssteigerung durch Abschaffung unnötiger Redundanzen durch Mehrfachnutzungen und eine untereinander koordinierte Materialverwendung betrifft. Was also die Leistungsvergabe im Einsatzraum angeht, ist eine gemeinsame Auftragserteilung oder andere Formen der gebündelten Zusammenarbeit mit Unternehmen durchaus auch für humanitäre Organisationen erstrebenswert.

Wie bezahlt man einen Mord?

Jegliche Form der Kooperation würde auch eine effektivere Verwendung von etwaigen Spendengeldern nach sich ziehen. Gerade die Streitkräfte könnten in dieser Beziehung als verlässlicher Mittler und Kommunikationsführer agieren. Zumal eine mangelnde Übersicht und Kontrolle über die Verwendung von Spendengeldern auch fatale Folgen haben kann, wie der Genozid in Ruanda 1994 zeigt. Dort wurden vom ansässigen Stamm der Hutu über vier Millionen Dollar allein an europäischer Entwicklungshilfe abgezweigt, weil insgesamt 26 Hilfsorganisationen eine separate Geldmittelplanung und Geldmittelverfolgung anstellten, deren Nachvollziehbarkeit durch die Vereinten Nationen und die Europäische Union quasi nicht mehr möglich war.

Die vier Millionen Dollar wurden zum Kauf von Waffen aus dem Sudan und aus Syrien verwendet. Mit diesen Waffen wurden anschlie-

[121] vgl. Fischer, Timo: Volkswirtschaftliche Evaluierung der Bundesheer-Partnerschaft zwischen der Raiffeisen-Holding Niederösterreich-Wien und dem Militärkommando Niederösterreich, Wien 2003; Dorsch, D.: Raiffeisenhilfe Hochwasser August 2002 – Dokumentation, Wien 2004

ßend im Grenzland zwischen Uganda und Ruanda ca. 800.000 Angehörige des Tutsi-Stammes ermordet. Die dort begangenen Kriegsverbrechen werden als der schlimmste Vorfall von Völkermord seit dem II. Weltkrieg bezeichnet.[122]

Der internationale Bildungstransfer und der gemeinsame Einsatz von jeweils in den Ressorts vorhandenem Fachwissen ist überhaupt erst die Grundlage für eine erfolgreiche Arbeit bei Krisen- und Hilfseinsätzen. Auch für die Wirtschaft stellt eine engere Zusammenarbeit und vermehrte Koordinationsanstrengungen ein erhebliches langfristiges Potential dar. Allein schon dadurch begründet, dass ein so umfassender Austausch von Know-how auch hoch qualifiziertes, kooperationsfähiges, flexibles und vor allem bereits an ein internationales Arbeitsklima in einem bestimmten Einsatzraum angepasstes Personal bedeutet. Die aus einer stärkeren Kooperation entstehende Vernetzung von Handlungsmöglichkeiten und Bildungsangeboten dient langfristig auch der Vermeidung von Massenarbeitslosigkeit als gesellschaftspolitischem Sprengstoff, was für die betreffenden lokalen Regierungen von großer Wichtigkeit ist.

Auch im Bereich des sogenannten Host Nation Support, also der Unterstützung von intervenierenden Staaten durch ein Bündnisland oder das von einer Krise betroffene Land, ist eine stärkere Beanspruchung von Wirtschafts- und Bildungseinrichtungen, beispielsweise im Rahmen von festgelegten Kooperationsprogrammen oder anderen Schemata, von Vorteil. So können bereits vor Ort existierendes Fachwissen und regionale Kenntnis der spezifischen Umstände in die Bewältigung einer Krise und den Strukturaufbau mit einfließen. So besteht wiederum das Potential, langfristige Beziehungen aufzubauen.

Wirtschaft und Bildung und deren Zusammenwirken ermöglichen erst das Wirksamwerden von militärischen und zivilem Aufbau sowie Hilfsmaßnahmen im Einsatzraum, und damit auch die notwendige Nachhaltigkeit.

---

[122] vgl. Die Reportage: Das Jahrhundert der Völkermorde, N-TV, 26. 05. 2005; o.V.: Grausames Jubiläum, in: Die Zeit, 11. 03. 2004, 8

5.1.7 CIMIC und Öffentlichkeitsarbeit

Sobald Institutionen aus unterschiedlichen Gebieten, die normalerweise in keinem direkten Bezug zueinander stehen, sich in irgendeiner Form zusammentun oder anderweitig kooperieren, erzeugt dies immer auch Skepsis in der Gesellschaft. Besonders dann, wenn damit nicht nur eine Ausweitung der Verantwortung, sondern auch eine Vergrößerung von Einfluss und Kompetenz verbunden ist.

Gerade im Bezug auf das Militär und dessen Übernahme von weiteren Aufgaben, nicht nur bezüglich etwaiger Krisen- und Hilfseinsätze, sondern auch auf den Gebieten der Forschung, Entwicklung, Ausbildung und natürlich der Wirtschaft und der damit verbundenen engeren Zusammenarbeit mit zivilen Organisationen, ist auch immer ein gewisses Mistrauen zu erkennen. Das muss mitunter nicht immer unberechtigt sein.

Auch die Einstellung gegenüber dem Einfluss, den viele Konflikte in der Welt auf die eigene Gesellschaft haben, hat sich verändert. Die Reaktion der eigenen Regierungen auf derartige Konflikte wird differenzierter, kritischer, aber auch emotionaler wahrgenommen.

Deshalb ist auch, was das Gebiet von CIMIC angeht (in dieser Beziehung besonders im Hinblick auf die Kooperation bei der Krisenbewältigung), das Verständnis der Bevölkerung über Ursachen, Motive und Auswirkungen von Konflikten zu fördern, bzw. ein Verständnis für die Notwendigkeit und Formen einer militärischen Einbindung zu entwikkeln. Dies gilt auch bei Aspekten der Krisenbewältigung abseits von den Tätigkeiten zur Befriedung von Konfliktparteien, wozu sich die Förderung eines informativen Auftritts in den Massenmedien wie Fernsehen, Radio, Printmedien und natürlich dem Internet empfiehlt. Letztlich bietet CIMIC besonders für die Streitkräfte auch die Möglichkeit, ein besseres Streitkräftebild in der Bevölkerung durch ein offensichtlich nicht auf Kampfführung ausgelegtes Engagement zu erzeugen.

Ein potentieller Ansatz über Massenmedien ist allerdings nicht nur zwecks Meinungsbildung wichtig, sondern sollte vorrangig der Information dienen und vor allem eine verstärkte Sensibilisierung der Bevölkerung in den Mittelpunkt stellen. Schließlich sind besonders Hilfs- und Kriseneinsätze zu einem nicht unwesentlichen Anteil auch durch Spendengelder gedeckt. Es ist letztlich nur das gute Recht der Gesellschaft zu erfahren, wie und wo diese Gelder eingesetzt werden. Gerade die Streitkräfte als eine öffentliche Organisation ohne gewinnorienten Zweck können in dieser Beziehung durchaus als eine Art Garant angesehen werden, was auch der Schaffung von Vertrauen gegenüber dem Militär dient.

Politische Entscheidungen über die Entsendung sollten nicht nur öffentlich gefällt werden, sondern auch durch die Betroffenen, nämlich die Streitkräfte in Verbindung mit zivilen Organisationen, in die Gesellschaft getragen werden. Bei einem verstärkten internationalen Engagement in der Zukunft, so wie dies derzeit in der Europäischen Union stattfindet, ist eine breite Diskussion über die Themengebiete im Zusammenhang mit CIMIC wichtig. Es bedarf der Nachweisführung in einer hoch sensiblen und kritischen Öffentlichkeit, dass ein künftig stärkeres Auftreten außerhalb der Bündnisgrenzen unbedingt vereinbar mit modernen, europäischen, völker- und menschenrechtlichen Grundsätzen bleibt.

Auch die eigentlichen Akteure, das militärische und zivile Einsatzpersonal, verdienen Information und Aufklärung über positive und sicherlich auch kritische Berichterstattungen zum Einsatz und der aktuellen Gesamtentwicklung. Dies fördert auch die Motivation des Personals vor Ort zur weiteren und intensiveren Zusammenarbeit. Das lässt sich zwar auch durch militäreigene Medien bewerkstelligen, wie beispielsweise das eigene Fernsehen der U.S.-Streitkräfte. Allerdings ist die Informationsgabe in Zusammenarbeit mit zivilen, öffentlichen Medien wesentlich fundierter und vor allem nach außen glaubwürdiger.

Besonders wichtig ist die Öffentlichkeitsarbeit in Verbindung mit CIMIC in den betroffenen Gegenden. Denn eine umfassende Information der betroffenen Bevölkerung darüber, dass Streitkräfte nicht allein in einem Gebiet operieren, sondern gemeinsam mit zivilen und neutralen Helfern einen positiven und unterstützenden Beitrag leisten wollen, kann ungemein zur Beruhigung und Konfliktbeilegung dienen. Außerdem wird so auch in der Region ein positives Image einer ganzen Organisation oder eines Staates erzeugt, was einer späteren politischen und wirtschaftlichen Zusammenarbeit nur förderlich sein kann.

Die Bundeswehr in Afghanistan

Am Beispiel des Bundeswehreinsatzes im afghanischen Kabul und Kandahar zeigt sich, wie sich das Gesamtbild einer ganzen Nation durch das positive Einwirken der Streitkräfte beeinflussen lässt. So wird von der Bevölkerung in Kabul ausdrücklich erwähnt, das die Deutschen an sich „sehr gute Menschen" sein müssen, da deren Soldaten „ja auch immer freundlich sind und im Gegensatz zu den Amerikanern den Afghanen helfen würden."

Die Bundeswehr betreibt dort neben den Schutz- und Aufbaumaßnahmen auch eine intensive Öffentlichkeitsarbeit. So werden regelmäßig bunte Flugblätter mit den neuesten Nachrichten verteilt. Es wird gemeinsam mit Einheimischen ein Radiosender betrieben, der über die Bundeswehr verteilte Kleinradios und auch über Lautsprecherfahrzeuge der Bundeswehr in den Strassen Kabuls ausgestrahlt wird.[123]

Auch für die zivile Seite ist ein verstärkter öffentlicher Auftritt zu begrüßen und dies nicht nur zum Zwecke des Aufmerksammachens über „die eigene Sache" oder zwecks Spendenwerbung. Solche „Public Relations" sind auch wichtig, um zu zeigen, dass das eigene Handeln staatlich, international und völkerrechtlich, selbst durch einen unterstützenden Einsatz von Streitkräften abgedeckt, gesichert und unterstützt wird. Gerade für zivile Helfer ist die Legitimität der Hilfsaktionen in der eigenen Bevölkerung sehr wichtig, werden diese doch direkt über Spenden oder bei NGO's indirekt über Transferleistungen gedeckt. Des weiteren würde sich auch für die Bevölkerung ableiten, dass etwaige Spendengelder oder öffentlich gedeckte Entwicklungshilfen sogar unter militärischem Schutz stünden und so deren Verwendung in den Augen der Gesellschaft auch eine gewisse Sicherheit erfahren würde.

Für Partner aus der Wirtschaft stellt das Bekanntmachen des eigenen Engagements im Sinne von CIMIC einen wesentlichen Bestandteil des gesamten Konzeptes der Zusammenarbeit dar, ist es doch ein wichtiger Marketingaspekt. Natürlich bietet es auch einen gewissen Grad an

[123] vgl. Streitkräftebasis: Informationsseite der Bundeswehr, http://www.bundeswehr.de/cimic, http://www.streitkräftebasis.de, 08. 06. 2005

Sicherheit, mit positiv wahrgenommenen Helfern aus Militär und zivilem Bereich in Verbindung gebracht zu werden. Für privatwirtschaftliche Unternehmen stellt CIMIC nicht nur die Möglichkeit der zukünftigen Markterschließung dar, sondern zeigt potentiellen Kundenschichten ein positives Engagement, hebt den Bezug und die Nähe eines Unternehmens zum eigenen Land und dessen Gesellschaft hervor und demonstriert Verantwortungsgefühl des Unternehmens gegenüber der eigenen Belegschaft und der Allgemeinheit. Dies alles stellt wertvolle, wenn auch schwer bewertbare Imageeffekte für ein Unternehmen dar.

Positive Resonanz

So lobt beispielsweise die „Deutsche Humanitäre Stiftung" in ihren Jahresberichten ausdrücklich die Unternehmen, welche sich an Hilfsaktionen beteiligen oder diese anderweitig unterstützen.

Durch Vertreter der deutschen Wirtschaft wurde der Seniorenexpertenservice (SES) gegründet und erfährt in der Öffentlichkeit ausdrücklich positive Wahrnehmung. Der in Bonn ansässige SES ist der „Ehrenamtliche Dienst der Deutschen Wirtschaft für internationale Zusammenarbeit". Die Gesellschafter dieser Organisation sind der Bundesverband der Deutschen Industrie, der Deutsche Industrie- und Handelstag, der Zentralverband des Deutschen Handwerks und die Bundesvereinigung der Deutschen Arbeitgeberverbände.

Seine genaue Aufgabe wird wie folgt formuliert: „Der SES fördert mit aus dem Berufsleben ausgeschiedenen Fachkräften (Senior-Experten) die beruflich-fachliche Ausbildung, Fortbildung und Qualifizierung von Fach- und Führungskräften im In- und Ausland." Der Seniorexpertendienst nutzt also das Fachwissen von aus dem Arbeitsleben geschiedenen Fachkräften und Spezialisten für die internationale Wirtschaftshilfe.[124]

Neben Berichten in den Printmedien und im TV nehmen im Rahmen derartiger Öffentlichkeitsarbeit auch Aktivitäten wie Informationstage,

[124] vgl. Deutsche Industrie und Handelskammer, http://www.ihk.de, 22. 05. 2005; Deutsche Humanitäre Stiftung: Jahresabschlussbericht 2001, http://www.dhs.de; http://www.nothilfe.de, 11. 04. 2004

Mitarbeiterfreistellungen, öffentliche Spendenaktionen, Freiwilligenprogramme oder andere Formen der Gesellschaftseinbindung einen wichtigen Platz ein. Dabei ist es einerseits von Bedeutung, zu informieren, wer mit wem und zu welchem Zweck Partnerschaften eingeht, und dass man dies nicht nur aufgrund von reiner Interessenverfolgung anstrebt, sondern auf Basis gleicher Wertvorstellungen und Grundwerte tut.

Für das Militär im speziellen heißt es zu vermitteln, dass die Streitkräfte über die reine Landesverteidigung hinaus an Bedeutung gewonnen haben und ein wichtiger Faktor auch bei der nachträglichen Stabilisierung von Krisen- und Katastrophengebieten geworden sind. Allerdings ist eine Aufklärung darüber nötig, dass dies nur wenig mit einem Kampfführungskonzept in Verbindung steht, was zu aller erst bedeutet, der Öffentlichkeit begreifbar zu machen, was CIMIC denn überhaupt heißt und auf welche Bereiche sich dieser Ansatz erstreckt. Derzeit stellen viele Streitkräfte eigens ausgebildete Informationsoffiziere bereit. Jedoch erführe die militärische Informationsweitergabe eine erhebliche Steigerung der eigenen Glaubwürdigkeit, wenn dies auch frequentiv durch zivile Informationsbeauftragte, beispielsweise aus NGO's oder Wirtschaftsverbänden, untermauert würde.

5.2 CIMIC – Umsetzung und praktische Aspekte

CIMIC kann auf einer Vielzahl von Ebenen stattfinden, von Bereichen der Forschung und Entwicklung, über Aufbau- und Entwicklungsarbeit bis hin zu Kooperationen im wirtschaftlichen und technischen Bereich. Für die Streitkräfte selbst stehen neben Kooperationen bei Kriseneinsätzen mit Sicherheit wirtschaftliche und wissenschaftliche Kooperationen besonders im eigenen Fokus. Zwar sind Streitkräfte nicht einem gewinnorientierten Zweck untergeordnet, jedoch erfüllen gerade wirtschaftliche und wissenschaftliche Kooperationen am ehesten die Voraussetzungen zur Schaffung und Verbesserung der eigenen Möglichkeiten des Wirksamwerdens. Außerdem wird in das Militär diesem Zusammenhang beim Aufbau und der Staatenbildung wohl am wirksamsten eingeschätzt. Dabei übernehmen Streitkräfte im Kontext von CIMIC unter anderem Aufgaben wie:

- regionale Einsatzaufgaben,
- Beratungsaufgaben in Forschung und Entwicklung,
- medizinische Aufgaben,
- Informations- und Ausbildungsaufgaben,
- humanitäre- und soziale Aufgaben,
- wirtschaftliche Aufgaben.

CIMIC-Tätigkeitsfelder	Konkrete Einsatzgebiete (Beispiele)
Öffentliche Angelegenheiten	• Gesundheitswesen • Bildungswesen • Verkehrswesen • Entsorgung • Wasserversorgung • Abwasserentsorgung • Energieversorgung • Sicherheitsvorsorge • nationale/regionale Verwaltung • Kommunalverwaltung, Rechtsangelegenheiten • Vollzugswesen • Polizei-, Zoll-, Grenzaufgaben • Umweltschutz • Brandbekämpfung • Rettungsdienste • Flüchtlingslager • unmittelbare Hilfestellung
Religiöse und kulturelle Gegebenheiten	• Ethnien • Religionsgemeinschaften • Kulturvereine • Sportvereine • Clanstrukturen
Wirtschaft und Handel	• Banken und Versicherungen • Ernährung und Landwirtschaft • Industrie und Handel Geldtransfers • Agrargenossenschaften • Handwerksverbände • Kaufmannschaften
Zivile Infrastruktur	• Post • Telekommunikation

	• Medien • Binnenwasserstrassen • Binnenhäfen • Flughäfen und Luftverkehr • Straßennetz und Brücken • Seehäfen und Seewege • Eisenbahnnetz • historische Bauten • Denkmäler und Kulturgüter

***Tabelle 5-2** CIMIC-Tätigkeitsfelder*[125]

Zwar sind bisher bei der Umsetzung von CIMIC gerade wirtschaftliche Kooperationen am weitesten entwickelt und umgesetzt. Jedoch werden gerade auf internationaler Ebene, also vorrangig bei international zusammengesetzten Einsätzen, militärisch-wirtschaftliche Kooperationen oft mit Skepsis wahrgenommen, da oft bezweifelt wird, in wie fern diese Formen der Zusammenarbeit direkt auf die Sicherung des Überlebens von betroffenen Bevölkerungsschichten abzielt. Die wirtschaftliche Komponente sollte, allein schon aus Gründen von Wiederaufbauvorhaben, keinesfalls unberücksichtigt bleiben, aber gerade die militärische Zusammenarbeit mit NGO's steht wirtschaftlichen Kooperationen tatsächlich noch nach.

Sicherlich lassen sich internationale Kooperationen einzelner Streitkräfte mit NGO's und GO's nicht leicht gestalten. Aber gerade die Zusammenarbeit von internationalen Organisationen wie den Vereinten Nationen oder beispielsweise der Weltbank und dem Internationalen Währungsfonds mit einer militärischen Dachorganisation wie der NATO sollte weiter ausgebaut und koordiniert werden, was sicherlich immer noch an vereinzelten Ressentiments scheitert. Beispielsweise könnte man Überlegungen anstellen, ziviles Personal zeitweise in einem militärischen Verhältnis, eventuell durch Austauschprogramme oder Ähnliches, zu beschäftigen, was sich aber wie bereits erwähnt immer noch schwierig gestaltet.

[125] vgl. Bundesministerium für Landesverteidigung: Workshop der Bundesheerreformkommission Präsentation Ergebnis der AG CIMIC, Wien 28.09.2004

5.2.1 Aktuelle Bedrohungsszenarien

Die Globalisierung, die noch immer nicht ihren Höhepunkt erreicht hat und das damit verbundene anhaltende Aufbrechen staatlicher Strukturen stellt sämtliche Staaten, internationale Bündnisse und Organisationen auch vor neue Herausforderungen bzw. vor Probleme mit einer völlig veränderten Qualität. Aspekte wie:

- Eine weltweite Beschaffung von Gütern,
- die gesteigerte Bedeutung von Rohstoff- und Energiebezügen aus anderen Ländern,
- ein grenzüberschreitender Zahlungsverkehr und internationale Finanzierungen,
- der weltweite Arbeitskräfte- und Güterverkehr sowie
- transnationale Verkehrs- und Infrastrukturnetze.

erfordern auch neue Ansätze in Sicherheits-, Entwicklungs- und Bündnispolitik. Mit der Vernetzung nimmt auch die Bedeutung von Konflikten und Gefahren jenseits der Grenzen zu. Krisen und Rivalitäten machen entweder nicht vor den eigenen Grenzen halt. Oder es wirken sich eingetretene Katastrophen direkt oder indirekt auf die Sicherheit und Stabilität eigener wirtschaftlicher und gesellschaftlicher Systeme aus. Zweifelsohne wird der global agierende Terrorismus von den meisten Seiten in seinen verschiedenen Ausprägungen als wohl eminenteste Gefahr identifiziert.

Offene Gesellschaften und Märkte bieten ein leichtes, weil nahezu uneingeschränkt zugängliches Ziel. Wie empirisch von allen Seiten festgestellt wird, kommen die meisten Attentäter aus Regionen mit einer unsicheren oder nicht existenten Stabilitätslage und hohen Graden an Armut, inneren Konflikten und sozialen Umbrüchen.[126]

[126] vgl. Graf, Wilfried: Der Mythos der umfassenden Sicherheit, in: Österreichisches Studienzentrum für Frieden und Konfliktlösung (Hrsg.): Wie sicher ist Europa?, Münster 2001, 45 ff.

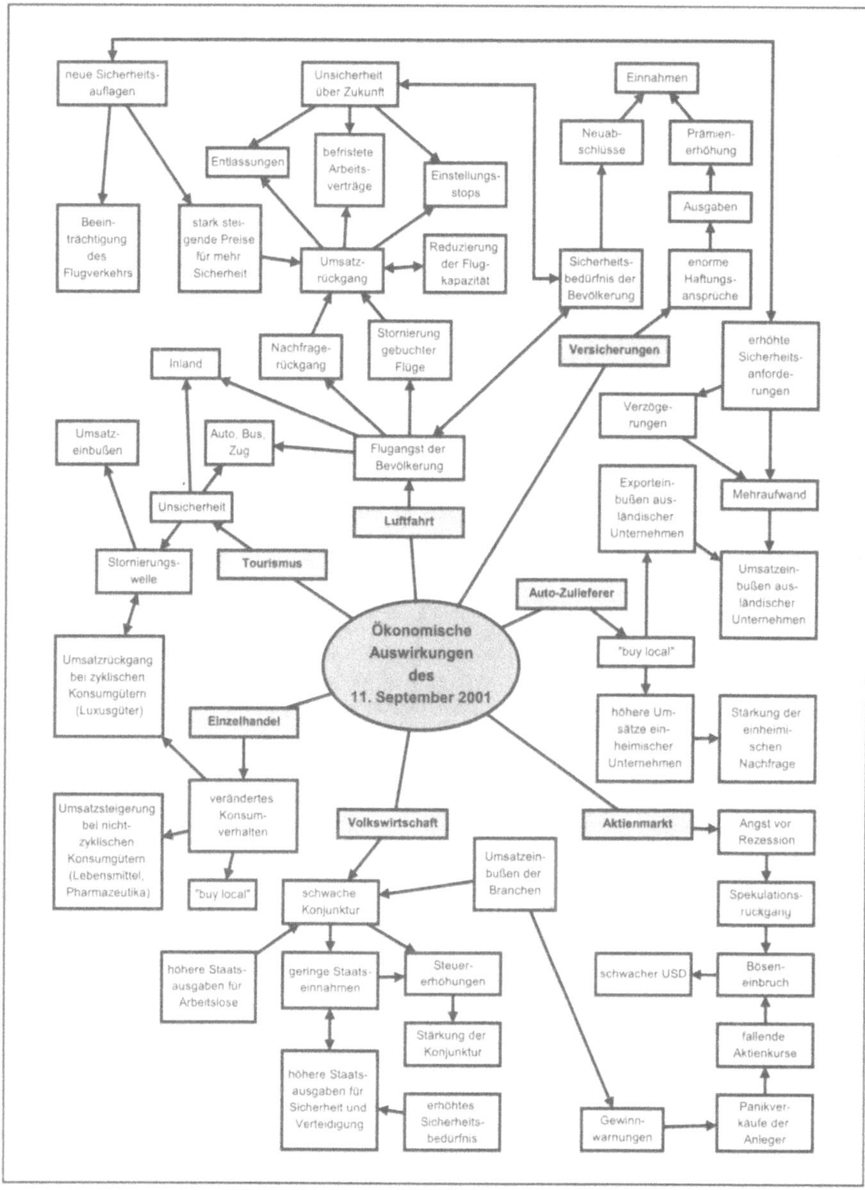

Abbildung 5-2 *Beispiel: Überregionale Folgen eines Einzelereignisses*[127]

[127] Strunz, Herbert, Dorsch, Monique: Sicherheitspolitik und Wirtschaft, Frankfurt/M. u.a. 2003, 19

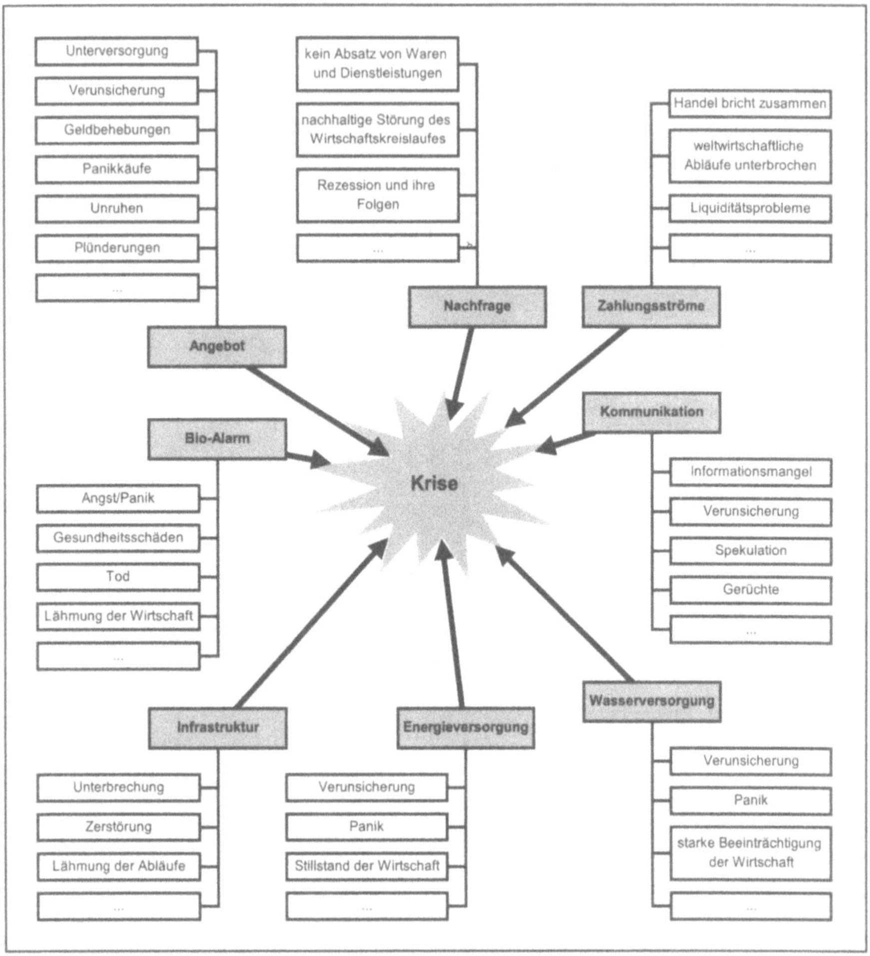

Abbildung 5-3 *Diverse Bedrohungsszenarien*[128]

Der internationale Personenverkehr im Zuge von stark anwachsenden Tourismusbewegungen und verstärkten globalen wirtschaftlichen und Handelsbeziehungen machen ganze Personengruppen zu leichten Zielscheiben für symbolische Angriffe auf ein Land oder eine Kultur, wie etwa die Attentate auf deutsche Touristen auf Djerba oder die Attentate auf israelische und amerikanische Bürger in afrikanischen Staaten im Jahr 2002 zeigen. Durch Krisen und überdimensionales Bevölke-

[128] Strunz, Herbert; Dorsch, Monique: Sicherheitspolitik und Wirtschaft, Frankfurt/M. u.a. 2003, 10

rungswachstum beförderte illegale Migrationsströme legen den Boden für organisierte Kriminalität hinein in westliche Staatenbündnisse und befördern Finanzströme zur Initiierung und Aufrechterhaltung von lokalen Konflikten. Die durch die Globalisierung maßgeblich bewirkte, wenn auch sicherlich virtuelle Vergrößerung der Kluft zwischen Arm und Reich befördert solche Wanderungsströme. Viel wichtiger: Die wachsende Aggression wird in Form von zunehmender Radikalisierung, regionalem Separatismus, wachsendem Nationalismus und schließlich Fremdenfeindlichkeit gegenüber den sogenannten Gewinnerkulturen der Globalisierung unterstützt. Allerdings sind solche Tendenzen auch innerhalb moderner Gesellschaften wieder verstärkt feststellbar.

Moderne Industriestaaten und Bündnisse sind heute, was die Versorgung mit immer knapper werdenden Rohstoffen und Energie betrifft, in hohem Maße abhängig von Regionen mit einer unsicheren politischen Lage wie beispielsweise der Nahe Osten, Zentralasien und Teilen Afrikas. Dort stattfindende Konflikte betreffen also nicht nur indirekt westliche Nationen, sondern haben direkte Auswirkungen auf den Zustand und die Entwicklung industrieller und gesellschaftlicher Systeme.

Projekte wie die moderne Seidenstrasse, ein Verkehrsnetz, das sich in mehreren Routen von Europa über den asiatischen Kontinent bis an die Pazifikküste und Ozeanien erstrecken soll, machen den immer intensiver werdenden globalen Vernetzungsgrad deutlich, der unsichere Krisengebiete nicht ausschließen kann und darf.

Bewaffnete Konflikte in Ländern wie Albanien, Abchasien, Südossetien, in Aserbaidschan, Bosnien-Herzegowina, in Serbien und im Kosovo, in Kroatien, Tschetschenien und Zypern betreffen Staatenbündnisse wie Europa. Deren kulturelle Unterscheide treten nicht nur zwischen, sondern auch innerhalb der Ländergrenzen deutlich und aggressiv hervor.

Die Entwicklung in diesen Regionen stellt eine immanente Gefahr für Europa dar. Nicht nur wegen deren unmittelbarer Grenzlage, sondern auch im Sinne eines instabilen Wirtschaftsfaktors und einer, trotz vielfachen Wunschdenkens, schwer vorstellbaren baldigen Demokratisierung und in diesem Zuge idealerweise folgenden Befriedung derartiger Gebiete. Entscheidende Gründe dafür finden sich in einem erheblichen Mangel von allgemein anerkannten Grundwerten als Voraussetzung für stabile demokratische Strukturen.

Es wird zweifellos ein sehr starkes internationales (auch militärisches) Engagement notwendig sein, um die neuen Handelswege in geopolitischen Erdbebengürteln wie etwa den zentralasiatischen Staaten zu sichern; bieten solche Handelswege doch auch eine ideale Möglichkeit für illegale Proliferation in die Industrienationen. So ist ein verstärktes politisches und humanitäres Auftreten in den betreffenden Staaten eine wesentliche Grundlage, mit dem Ziel, dass Schutzmaßnahmen künftig weniger notwendig werden.

Die zunehmende Weiterverbreitung von konventionellen Waffenkomponenten und/oder sogar Massenvernichtungswaffen unterstützt einen transnational agierenden Terrorismus und bildet illegale Finanzströme in einer Schattenglobalisierung, die regionale Konflikte mit internationalem Bezug hervorbringen. Neben politischen, gesellschaftlichen und sozialen Spannungen und Unwägbarkeiten zeigt sich, dass vor allem natürlich und technisch bedingte Katastrophen in einer eng vernetzten, stark bevölkerten und teilweise hochgradig technisierten Welt einen erheblichen und vor allem nicht bekämpfbaren Bedrohungsfaktor darstellen. Gegen diesen können und müssen aber zumindest präventive Maßnahmen, auch im Zuge von CIMIC, ergriffen werden.

All diese Gefahren bedrohen weder einen Staat allein, noch sind sie durch einen Staat allein zu bewältigen. Ein militärischer Einsatz ist allerdings nur sehr beschränkt wirksam. Ist doch der beste Weg, um internationalem Terrorismus und ausschreitender Gewalt die Basis zu nehmen die Befriedung von Gewaltherden, aus denen fundamental und ideologisch bedient wird. Gewalt wird oft durch Notstand begründet, was also ein frühes Agieren im Zuge von Krisen-, Hilfs- und etwaigen Katastropheneinsätzen zweifellos als oberste Priorität bedingt.

5.2.2 Konzeption von CIMIC-Entscheidungen

Bei der Konzeption von Entscheidungspaletten ist vor allem eine Klärung der jeweiligen Autoritäten und Verantwortlichkeiten von Nöten.

Als Basis für die Entwicklung solcher Konzepte ist eine kontinuierliche Analyse und Beurteilung von potentiellen Einsatzräumen und deren Bedingungen gefordert. Aufgrund dessen lassen sich überhaupt erst etwaige militärische oder zivile Entscheidungskompetenzen zuordnen. Allerdings besteht selbst bei bereits eindeutig geklärten Entscheidungskonzepten zwischen militärischen und zivilen Organisationen immer noch die Gefahr von internen Reibungen.

So ist für die Ermittlung von effektiven Entscheidungsfindungsprozessen im Zuge von CIMIC eine ausgedehnte und langfristige Zusammenarbeit bereits im Vorfeld von potentiellen Einsatzplanungen nötig, die auch die Einbringung neu gewonnener Erfahrungen von aktivem Personal beider Seiten ermöglicht.

Joint Military NGO Planning Exercise

Ein Beispiel dafür ist das am 13. und 14. September 2002 in Großbritannien durchgeführte Joint Military NGO Planning Exercise. Dieser Workshop hat Methoden untersucht und diskutiert, wie man zukünftige gemeinsame Operationen und Beziehungen verbessern kann. Es wurden erste Konzepte und Versuche für einen gemeinsamen praktischen Unterricht und Veranstaltungen für einen grundlegenden Erfahrungsaustausch angestellt.

Das Resultat war die Aufstellung einer Steuerungsgruppe für NGO's und Streitkräfte, die mit der Aufgabe betreut wurde, neue Trainingsmethoden für einen gemeinsamen Einsatz zu entwickeln. So waren generelle Zielsetzungen, die sich aus einer gemeinsamem Ausbildung ergeben:

- Die Vermittlung eines verbesserten Verständnisses für das militärische Personal von NGO-Planungsprozessen und von deren Prioritätensetzungen, Sichtweisen und Ansprüchen hinsichtlich der Einsatzerfüllung.
- Die Vermittlung eines verbesserten Verständnisses für das zivile Einsatzpersonal über militärische Planungsprozesse, deren Prioritätensetzungen und Zielsetzungen hinsichtlich der Missionserfüllung.

- Flexible und kompatible Herangehensweisen und Informationen zu identifizieren, die jeweils austauschbar sind und gegenseitige Prozesse und das Verständnis dafür verbessern.
- Die Befähigung von Schlüsselpersonal zum Aufbau von Kontaktnetzwerken innerhalb der Militär- und NGO-Gemeinschaft.
- Der gezielte Vertrauens- und Verständnissaufbau untereinander.[129]

Bei der Konzeption von Entscheidungen im Rahmen von CIMIC ist es also zunächst wichtig festzustellen, wie militärische und wie zivile Entscheidungsfindungsprozesse ablaufen, wo Unterschiede liegen und wie diese letztlich minimiert, bzw. gekonnt umgangen werden können.

Entscheidungssysteme von Streitkräften sind überwiegend missions- und auftragsgebunden. Entscheidungen werden in Form von Auftragsvorgaben hierarchisch an die jeweiligen Exekutiv- und Fachkompetenzbereiche zwecks Ausführung übermittelt. Taktische, also einsatzgebundene Entscheidungen selbst, werden auf Basis von politischen Vorgaben getroffen und legen die Prinzipien der Auftragserfüllung zu Grunde.

Zivile Entscheidungsfindungsprozesse sind eher paritätisch ausgeprägt und orientieren sich an den jeweiligen Notwendigkeiten der betroffenen Bevölkerungs- und Gesellschaftsgruppen. Weiterhin sind zivile Einsatzteams auch einer gewissen Konkurrenz untereinander ausgesetzt und unterliegen den Limits eigener finanzieller Möglichkeiten. Das erfordert eine Planung, die viel mehr auf Wirksamkeit der eigenen Handlungen als auf Zielerreichung ausgerichtet ist.

Um beide Entscheidungskonzepte miteinander verträglich zu machen, ist es notwendig, entweder eine einheitliche Gesamtplanung aufzustellen, was sich mitunter als sehr schwerfällig erweisen kann, oder die jeweiligen Planungsansätze mit den anstehenden Aufgaben zu koordinieren. So ließe es sich bewerkstelligen, dass beispielsweise militärische, zielgerichtete Planung eben auf Einsatzaspekte ausgerichtet

[129] vgl. Verteidigungsministerium des Vereinten Königreichs: Civil-Military Co-operation Philosophy, Joint Military/NGO Operational Planning Exercise Report, 25. 07. 2003, http://www.mod.uk, 25. 07. 2003; Schwedisches Verteidigungsministerium: Report On Cimic-Viking-99-Exercise, 29. 10. 1999, http://www.mil.se, 08. 03. 2005

ist, eine langfristige Wirksamkeit des gemeinsamen Einsatzes bewerkstelligt wird und zivile Planung auf direkte und schnell wirksame Maßnahmen abgestimmt wird.

Bei den jeweils anstehenden Entscheidungen im Rahmen von CIMIC ist es dann erforderlich, die Kompetenzträger für solche Entscheidungen auf die erforderlichen Aufgaben abzustimmen, also beispielsweise zivilem Personal die Entscheidungsverantwortung über Mittelverwendung zu übertragen. Während dessen hat militärisches Personal eventuell die Entscheidung über Ressourcenplanung und strategische Einsatzentwicklung inne, bis etwaige Gefahrenpotentiale eliminiert sind.

Grundsätzlich ist aber bei der Konzeption von CIMIC-bezogenen Entscheidungen die normative Ebene, also neben der Politik die militärstrategische Ebene und etwaige Führungsebenen von nationalen und internationalen Organisationen gefragt, um überhaupt Grundlagen für eine Zusammenarbeit zu schaffen. Allein die Konzeption der jeweiligen Führungsverantwortungen über Einsätze jeglicher Art hat in diesen Gremien Auswirkungen auf die Auslegung von einsatzeminenten Entscheidungen vor Ort und in unterstützenden Tätigkeitsbereichen.

5.2.3 Umfeld-, Sektoren- und Partneranalyse

Um effektiv im Bereich zivil-militärischer Kooperation tätig zu sein, bedarf es sowohl von ziviler als auch von militärischer Seite einer intensiven und genauen Analyse, da CIMIC-Einsätze meist in einem ständig und rapide sich wandelndem Umfeld stattfinden und selbst durch hohe Fluktuationsraten gekennzeichnet sind. Nachstehende Grafiken sollen die Komplexität solcher Analysen und folglich des Charakters von CIMIC-Einsätzen verdeutlichen.

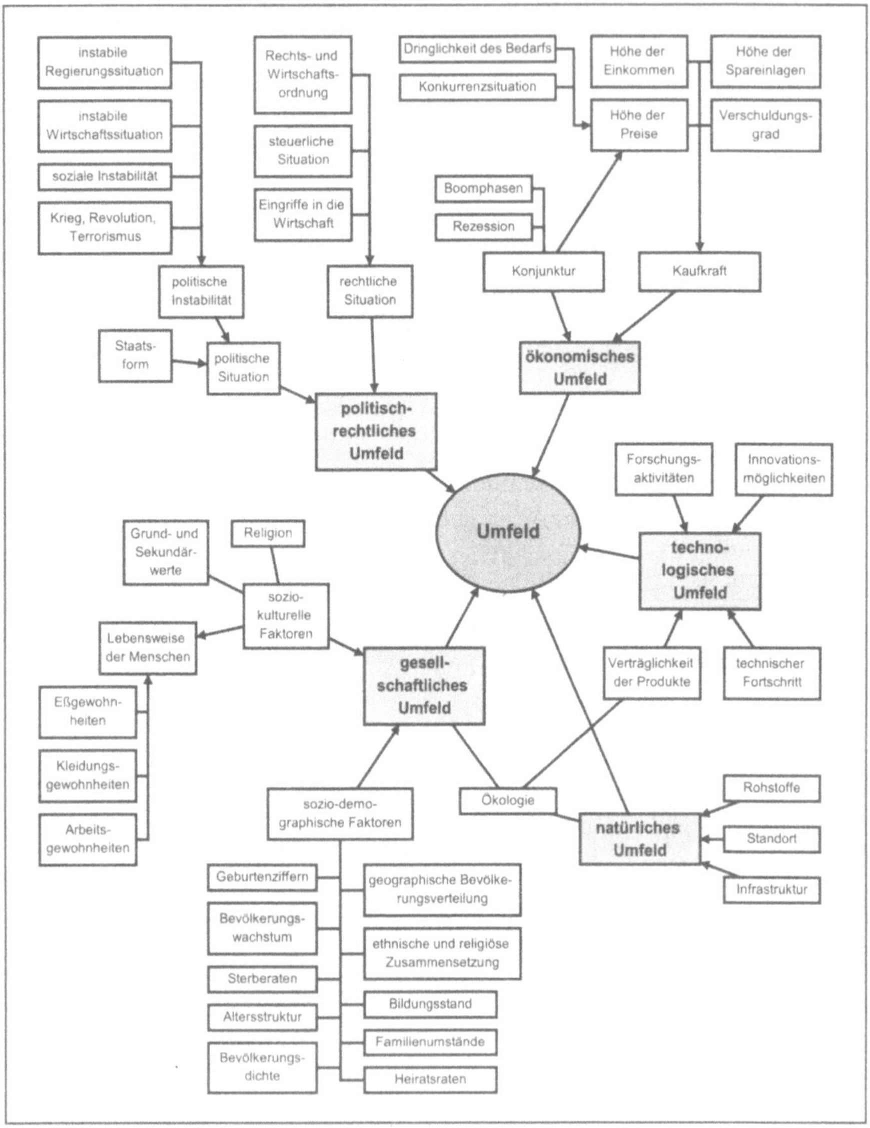

Abbildung 5-4 *Kriterien der Umfeldanalyse*[130]

[130] vgl. Strunz; Dorsch: Sicherheitspolitik und Wirtschaft, Frankfurt/M. u.a.2003, 31

Umfeld	Trends und Veränderungen
Ökonomischer Bereich	• Zunahme der internationalen Konkurrenz (neben USA und Japan besonders auch Schwellenländer), Verschiebung der internationalen Arbeitsteilung • Tendenzen zunehmender protektionistischer Maßnahmen (bei steigender Exportabhängigkeit) • Währungsturbulenzen (z.B. enorme Ausschläge des USD als zentrale Währung), Instabilität (Börsencrashs) • Zuspitzung der Schuldenkrise in den Entwicklungsländern • ungebrochene Konzentrationsprozesse • verstärkte Verflechtung (Kooperation, strategische Allianzen, Beteiligungen, Aufkäufe) • Globalisierung, europäischer Binnenmarkt • neue Betriebsformen • Marktsättigungstendenzen auf traditionellen Märkten, Entstehung neuer Wachstumsmärkte, Suche nach Marktnischen, Erschöpfung und Verknappung einiger Rohstoffe, unsichere Preisentwicklung bei Rohstoffen • Grenzen des quantitativen Wachstums bei gleichzeitig steigender Umweltbelastung (Überlegungen ex-ante, statt Maßnahmen ex-post) • Zunahme des langfristig (in Forschung und Investition) gebundenen Kapitals • strukturelle Flexibilisierungsüberlegungen (selbständige Teileinheiten, flache [„lean"], dezentrale, netzwerkartige, temporäre Strukturen, flexible Arbeits- und Sozialleistungsmodelle)
Technologischer Bereich	• Innovationsschübe durch neue Basistechnologien • durchgängiger Einsatz der Mikroelektronik • Zusammenwachsen von Daten- und Nachrichtentechnik • Informations- und Technologiemanagement als Schlüsselfaktoren • neue Zahlungsformen
Politisch-rechtlicher Bereich	• Erweiterung der ordnungspolitischen Rahmengesetzgebung • zunehmende Bedeutung der EU • Erweiterung im Bereich der Rechtsvorschriften und des Arbeitnehmerschutzes • zunehmende Verrechtlichung des gesellschaftlichen Lebens, Bürokratisierung
Gesellschaftlicher Bereich	• rasch wachsendes Umweltbewusstsein breiter Bevölkerungskreise, Erkennen der industriellen Umweltbelastung (Ökonomie versus Ökologie) • aktives Steuern gegen (oder Blockieren von) Unternehmensaktivitäten durch Verbände, Bürgerinitiativen usw.

	• Forderung nach stärkerer Erfüllung der gesellschaftlichen Verantwortung der Unternehmen (vgl. soziale Standards)
	• Arbeitszeitverkürzung, Arbeitszeitflexibilisierung
	• Folgen der demographischen Entwicklung (stagnierende Geburtenrate, Zunahme älterer Jahrgänge)
	• gesellschaftlicher Wertewandel/Wertedynamik
	    • Autoritätsverfall traditionell „sinnstiftender" Institutionen
	    • Verlust von Orientierung
	    • Zunahme der Ansprüche, „postmaterielle" Werthaltung
	    • „gespaltene Gesellschaft", alternative Lebensformen, Hedonismus
	    • Wandel in der Einstellung zur Arbeit/Leistung
	    • Freizeit als Lebensmittelpunkt
	    • sinkende Fortschrittsgläubigkeit
	    • zunehmende vs. abnehmende Ideologisierung
	• strukturell hohe (Dauer-)Arbeitslosigkeit

Tabelle 5-3 *Analyse der Trends und Veränderungen*[131]

Kriterien für die Beurteilung des politischen Länderrisikos	**Gewichtung**	**Bewertung**					**Wert**	**Wert max.**
		1	**2**	**3**	**4**	**5**		
Fade Signals								
Demographie								
Bevölkerungsstruktur (Alterspyramide)								
Geographische Verteilung der Bevölkerung nach Ethnien								
Macht- und Ordnungspolitik								
Abgespaltetsein von anderen Systemen								
Grundlegende Divergenzen in Schlüsselfunktionen								
Clanismus und Klientelismus								
Ökonomie								
Know-how-Defizite								
Monolitische Strukturen								
Ökologie & Technologie								
Know-how-Defizite								
Militär								

[131] vgl. Strunz; Dorsch: Sicherheitspolitik und Wirtschaft, Frankfurt/M. u.a. 2003, 118 f.

Änderung der Häufigkeit von Übungen								
Installierung neuer Waffensysteme								
Schulungen								
Quotenregelung (z.B. nach Ethnien)								
Alternativdienst								
Weak Signals								
Demographie								
Überdurchschnittlicher Anstieg einer ethnischen Minderheit								
Binnenmigration								
Emigration/Immigration								
Minderheitenschutz in der Verfassung								
Verdrängungsängste der ethnischen Bevölkerungsmehrheit								
Geographische Ghettobildung								
Macht- und Ordnungspolitik								
Multidimensionaler Dualismus in einem Staat (d.h., es existieren zwei oder mehrere Institutionen in einem Staat, die Schlüsselfunktionen parallel einnehmen und so zu einer Teilung des Staates beitragen)								
Unterminierung über mittelbare Instrumente								
Unangekündigte Umbesetzungen in Schlüsselfunktionen								
Ökonomie								
Strukturelle Defizite in Kombination mit Know-how-Defiziten								
Ökologie & Technologie								
Ressourcenverknappung								
Einschaltung internationaler Organisationen in Problemlösungen								
Militär								
Waffensystemänderungen								
Verstärkung existierender Anlagen/ Positionen								
Veränderungen im Integrationsgrad der Armee								
Veränderung in den Regelmechanismen								
Erweiterung der Wehrpflicht								

Rekrutierungsprobleme								
Ethnisch-proportionale Verteilung im Offiziers- und Unteroffizierskorps								
Änderungen der Aufgabenzuordnung								
Aufstellung von Spezialverbänden								
Änderungen bei der internen Budgetverteilung								
Strong Signals								
Demographie								
(Starkes) Bevölkerungswachstum								
Macht- und Ordnungspolitik								
Instrumentalisierung von Minderheiten								
Permanente und persönliche Attacken zwischen Spitzenpolitikern								
Presse- und Medieninstrumentalisierung								
Unterdrückung von Minderheiten								
Autonomiebestrebungen von Minderheiten								
Grenzüberschreitende Vereinigungsbewegungen								
Entscheidungsschwächen der Eliten (bewußte Verzögerungen, Koordinationsschwäche)								
Ökonomie								
Rapide Verschlechterung der ökonomischen Rahmendaten ohne konkrete Gegenmaßnahmen der Regierung								
Ökologie & Technologie								
Konkrete Auswirkungen von Ökologie- und Technologiedefiziten auf die Bevölkerung								
Militär								
Waffensystemänderungen								
Änderung des Wehrsystems								
Aufmarsch an den Grenzen								
Aufrüstungsprogramme								
Antrag bzw. Beitritt zu Sicherheitsorganisationen								
Abschlußhäufung von bilateralen Abkommen								
Änderungen in der Mittelzuteilung								

Hyper Signals								
Demographie								
Gezielte und politisch motivierte Zwangsumsiedelungen								
Genozide								
Bevölkerungsaustausch (Flüchtlingsströme)								
Macht- und Ordnungspolitik								
Dezidierte Abspaltungsankündigungen von Minderheiten								
Armee- und Polizeieinsatz gegen Proteste, Minderheiten								
Wahlverhinderungen								
Gezielte Wahlbeeinflussungen								
Ökonomie								
Einstellung von internationalen Krediten								
Permanente Proteste der Bevölkerung gegen Belastungen								
Ökologie & Technologie								
Umweltkatastrophen								
Zwangsumsiedelungen wegen Umweltprogrammen								
Militär								
Waffensystemänderungen								
Stationierung fremder Truppen im Inland								
Austritt aus bilateralen Abkommen								
Ausschluß bzw. Rücktritt aus internationalen Organisationen								
Beschaffung von ABC-Systemen								
Auftreten von Söldnertruppen								
Summe (Vergleichsbasis)								
Bewertungskriterien von 1 (hohe Eintrittswahrscheinlichkeit) bis 5 (geringe Eintrittswahrscheinlichkeit)								

Tabelle 5-4 *Evaluierung des politischen Länderrisikos*[132]

[132] vgl. Strunz, Herbert; Dorsch, Monique: Sicherheitspolitik und Wirtschaft, Frankfurt/M. u.a. 2003, 137 ff.

5.2.4 Analyse der Chancen und Risiken von CIMIC-Projekten

CIMIC ist eigentlich ein aus Notwendigkeit heraus entstandenes Paradigma. Konflikt- und Krisensituationen und deren Auswirkungen sind derart komplex geworden, dass eine jeweils militärische oder rein zivil-humanitäre Einwirkung allein nicht ausreicht, um wirklich stabile Zustände zu gewährleisten. Allgemein stehen derartige „Zwangsgemeinschaften“ unter keinem guten Stern. Gelingt es aber, ein ausgewogenes Konzept von CIMIC auf Dauer zu implementieren, bieten sich wesentliche Möglichkeiten für eine um vieles effektivere und vor allem akzeptiertere Einwirkung bei Konflikten, Krisen oder Katastrophenfällen.

Eine Zusammenarbeit zwischen Streitkräften und zivilen Institutionen birgt enormes Synergiepotential, welches in seinen Ausmaßen und Möglichkeiten zwangsläufig noch längst nicht ausgeschöpft und erfasst ist. Für das Militär kann das regionale Know-how von NGO's sehr wertvoll sein, da diese oft schon länger in einem Gebiet tätig sind und so auch bereits eine intensivere Kenntnis regionaler Umstände mit einbringen. Dies macht eine Zusammenarbeit gerade im Bereich der Kontaktanbahnung zu regionalen Institutionen und Einflussgrößen prädestiniert möglich. Außerdem besteht nicht selten die Chance, sich bereits in etablierte Netzwerke, die zwischen einzelnen NGO's und eventuell regionalen Verwaltungen entstanden sind, einzubinden.

Militärs bringen Grundvoraussetzungen für den Aufbau einer einheitlichen Struktur und Ordnung mit, was den bei zivilen Organisation oft nicht ausgereizten Grad an Effektivität erhöhen kann. Abgesehen davon stellen Streitkräfte einen unverzichtbaren Sicherheitsfaktor in instabilen Regionen dar und könnten des weiteren auch eine geeignete Schnittstelle zur Wirtschaft bilden, deren Einbindung schließlich auch für NGO's und GO's nicht nur finanzielle Unterstützung bedeuten kann, sondern auch positive Auswirkungen auf die eigene entwicklungspolitische Arbeit hätte.

Ein wesentlicher Vorteil ist also die gegenseitige materielle und idealerweise auch ideelle Unterstützung. Ein weiterer, noch viel wichtigerer Pluspunkt für eine zivil-militärische Kooperation ist die Möglichkeit zur Bündelung von strategischen Ressourcen. Was Kriseneinsätze trotz der Schwierigkeiten einer objektiven Leistungsfeststellung offensichtlich verhältnismäßig teuer erscheinen lässt, ist die Tatsache, dass ein oft unkoordinierter, punktueller und somit redundanter Einsatz von Ressourcen erfolgt, der nicht selten falsch platziert und deswegen ineffektiv ist. Die Schaffung von Möglichkeiten zur gemeinsamen Planung und Verwendung dieser Ressourcen verspricht eine intensivere Bedienung der lokalen Bedürfnisse und daneben die Freisetzung von Ressourcen für andere Einsatzfelder.

Aber CIMIC-Einsätze bergen auch ein enormes Konflikt- und Risikopotential, das fast ausschließlich durch den charakterlichen Unterschied zwischen Militär und zivilen Organisationen begründet ist.

Dies beginnt schon bei der Terminologie, denn gleiche Begrifflichkeiten können jeweils im militärischen und im zivilen Gebrauch eine unterschiedliche Bedeutung haben. Allein, was die Auffassung über den Begriff CIMIC angeht, wird dies schon deutlich.

Jener Problemfaktor, der von Anfang an eine positive Zusammenarbeit erschweren kann (und dies derzeit mitunter auch tut), ist eben der grundsätzliche Unterschied des Bedeutungsgrades, den jeweils militärische und zivile Organisationen dem Konzept CIMIC beimessen. Militärische Institutionen, allen voran die Streitkräfte der Vereinigten Staaten, haben CIMIC als ein exekutives Prinzip zur Einfluss- und Kompetenzgewinnung erkannt und mehrheitlich bereits ein konkreteres CIMIC-Bild entwickelt. Allerdings agieren Streitkräfte und militärische Bündnisse sehr viel hierarchischer als dies zivile Organisationen allgemein tun und im übrigen auch anstreben. So ist auch das entwickelte CIMIC-Bild eher einseitig auf militärische Einsatzbedürfnisse ausgerichtet. Dies kann eine tatsächliche Einbindung unabhängiger ziviler Organisationen im Anlassfall so erschweren, dass die gesamte Auftragserfüllung ins Stocken geraten kann.

Die zivil-humanitäre Auftragsbearbeitung ist aber im Gegensatz zu militärischen Strukturen eher konsensgerichtet. Das heißt, dass Entscheidungsfindungsprozesse, mitunter Anweisungen verstärkt horizontal oder gar von unten nach oben verlaufen können. Allein schon dieser Unterschied in der Verfahrensweise macht eine Zusammenarbeit nicht unkompliziert. Weiterhin sehen zivile Organisationen die

Streitkräfte oft auch als eine Art staatlichen Gegenspieler an, der durch seine Präsenz ein humanitäres Einwirken behindert, und eventuell auch Ressourcen beansprucht, die vormals für reine Hilfszwecke gedacht waren. Oft wird gerade von NGO's und Hilfsorganisationen befürchtet, dass eine Einbindung der Wirtschaft, auch unter Zuhilfenahme militärischen Einflusses, zu Aufbauzwecken, quasi die Gefahr einer schleichenden Übernahme des Entwicklungsprozesses durch wirtschaftliche Einflussgrößen bergen kann. Das tangiert auch das Prinzip des Hostnation-Support, hängt die zivile Einsatzbewältigung doch auch oft wesentlich stärker von der Unterstützung einer Regierung oder regionalen Behörden ab, als dies unter Umständen für die militärische Komponente der Fall ist. So entstehen Befürchtungen, dass diese Unterstützung eventuell zu einseitig ausfallen kann.

Auf Seiten militärischer Einsatzteilnehmer wird oft moniert, dass zivile Organe Krisenfälle zu isoliert betrachten und deswegen die Auswirkungen ihrer Handlungen nur eingeschränkt einschätzen können und weiterhin häufig zu Informationslücken und zu vielen Querverbindungen tendieren. Dies macht eine Feststellung von Personal mit Führungs- und Entscheidungsverantwortung schwer und beeinträchtigt somit auch die Einsatzorganisation. Über das Militär besteht die Auffassung, es sei zu unflexibel und zu rigide im Umgang. Dies würde die Arbeit mit der Bevölkerung erschweren und Abneigungen gegen eine Präsenz im Einsatzraum erzeugen. Auch was die jeweilige Zielsetzung betrifft, besteht Konfliktpotential. So ist das wesentliche Ziel zivil-humanitärer Organisationen die Bedarfsdeckung; jene des militärischen Sektors die Schaffung eines militärisch sicheren Einsatzraumes. Was sich aus diesen Zielsetzungen ableitet, ist auch eine unterschiedliche Auffassung über den Charakter von Bedrohungspotentialen. Humanitäre Organisationen sehen vor allem im Ausbruch von Krankheiten, Seuchen, sozialer Armut, Vergewaltigung und Ähnlichem große Gefährdungspotentiale, während Streitkräfte eher auf die Bekämpfung von greifbareren Bedrohungen, wie vorhandenem Waffenpotential oder feindlichen Armeen ausgerichtet sind. Das schafft somit auch unterschiedliche Ansätze und Auffassungen darüber, wie man gegen potentielle Bedrohungen vorzugehen hat. Es entsteht also eine Diskussion, bei dem sich „die Katze in den Schwanz zu beißen" droht: Soll vornehmlich militärisch Sicherheit geschaffen werden, um einen Aufbau möglich zu machen, oder sollte man gerade den Aufbau zuerst fördern, da dieser die Vorraussetzung für die Schaffung von öffentlicher Sicherheit ist?

Selbst wenn sich bereits zivil-militärische Netzwerke herausgebildet und etabliert haben, können solche verschiedenen Herangehensweisen an die einen Konflikt bestimmenden Problemstellungen wiederum eine oft unnötige Doppelbelegung von Schlüsselpositionen und letztenendes Überorganisation und -steuerung bedeuten. Dies fördert unter Umständen auch interne Korruption und die missbräuchliche Verwendung von Ressourcen.

Allein bei den Hilfslieferungen für die Bevölkerung während der Flutkatastrophe in Südostasien im Jahr 2004 wurden bereits ungeklärte Fehlbeträge von über 20 Millionen Dollar bestätigt. Während des Hilfseinsatzes in Somalia in den Jahren 1993 und 1994 wurden Lieferungen im Wert von über 15 Millionen Doller durch lokale Akteure veruntreut. Dies wurde erst 1996 bemerkt, da das pakistanische Militär den Transport der Hilfslieferungen übernahm und diesen einseitig verbuchte, aber die eigentliche Verwendung durch zivile Hilfsgruppen stattfand, was allerdings nirgendwo aufschien. Somit konnte auch der letztendliche Verbleib der Mittel nicht nachvollzogen werden. Die Nichtverwendung wurde eigentlich nur ersichtlich, weil die Versorgung in Gebieten außerhalb der somalischen Hauptstadt Mogadischu zunehmend abriss.[133]

Für die Streitkräfte selbst ist eine Integration von zivilem Personal, auch aus NGO- und GO-Gremien in so fern eine heikle Angelegenheit, als durchaus durch die Gefahr der Spionage vorhanden ist.

So gab es Beschwerden der US-Marine während des Bosnien-Krieges 1994 und 1995, dass ukrainische und russische NGO-Vertreter bei dem Versuch, eine gemeinsame Koordination des Verbleibs der bosnischen Flüchtlinge zu etablieren, versucht hätten, auf militärische Rechnersy-

[133] vgl. Blasberg, Anita; Kneip, Ansbert: Protokoll einer Katastrophe, in: Der Spiegel 7/2005, 142; Jarecke, Eugene: Why we fight, Reportage, ARTE, 25. 01. 2005

steme Zugriff zu nehmen.[134] Es besteht also auch durchaus die Gefahr der Penetration militärischer Systeme und Subkomponenten.

Eine zivile Mitsprache in militärischen Organisationen wie beispielsweise der NATO bei der Einsatzvorbereitung, -planung und -koordination ist zwar durch GO's bereits praktikabel. Was aber den Einfluss von nicht minder wichtigen NGO's bei der militärischen Abstimmung in Zusammenhang mit CIMIC betrifft, herrschen eben noch immer Ressentiments, welche durchaus ihre Begründung haben können. Allerdings ist eine militärische Mitsprache in nationalen und internationalen zivilen Organisationen allein schon aus dem Grund schwer zu bewerkstelligen, als Streitkräfte immer nur ein exekutives Medium nationaler und internationaler Interessenverfolgung sein können und unter internationaler Führung auch eher zu einer gefährlichen Ineffektivität neigen.

Der Begriff CIMIC fokussiert derzeit vor allem auf gemeinsame Einsatzbewältigung in Regionen, die durch eine starke soziale und gesellschaftliche Imbalance und Instabilität gekennzeichnet sind. So verwundert es nicht, dass zivile Helfer sehr oft zu bedenken geben, dass eigene Bestrebungen bei Hilfseinsätzen durch das Militär unterminiert werden könnten, weil bei einem ohnehin instabilen Gesellschaftsbild die Präsenz von militärischem Personal ein Grund für Aggressionen in der Bevölkerung, die sich nicht selten gegen zivile Helfer richten, sein kann.

Es besteht also auch die Gefahr, dass selbst ziviles Personal bei einem CIMIC-Einsatz Gefahr läuft, auf eine unruhige und verängstigte Bevölkerung zu wirken wie Besatzer oder Vertreter einer Militärregierung. Letztlich ergibt sich, dass viele Gefahren bei der zivilmilitärischen Kooperation eliminiert werden können, wenn es gelingt, gegenseitige Ressentiments abzubauen und gemeinsam grundlegenste Herangehensweisen zu entwickeln. Denn der Grund für die massivsten Probleme ist immer noch die mangelnde Koordination zwischen militärischen und zivilen Aktivitäten während gemeinsamer Bestrebungen, einen Einsatz zu bewältigen.

[134] vgl. o.V.: Accusations Against Russian Coordinators, in: Jane's Intelligence Review, 10/1995, http://www.jdw.janes.com/archive/1995, 26. 05. 2005

(Keine) Koordination kostet (mehr)

So wurde 1999 in Prizren im Kosovo durch die Deutsche Bundeswehr für fast drei Millionen Mark ein Auffanglager für bosnische Flüchtlinge errichtet. Ungefähr acht Wochen nach Inbetriebnahme quartierten die Vereinten Nationen ca. 400 Serben in diesem Lager ein. Es kam zu kaum kontrollierbaren Gewaltakten und Ausschreitungen unter den verfeindeten Flüchtlingen; nach etwa zwei Monaten musste das Lager aufgegeben werden.

Das Kriegsverbrechertribunal in Den Haag konnte teilweise nur eingeschränkt Anklage gegen serbische Kriegsverbrecher mittleren Ranges erheben, weil eine doppelte, jedoch in vielen Punkten nicht mehr übereinstimmende Bestandsaufnahme von Kriegsverbrechen nach der Inaugenscheinnahme von Massengräbern im Kosovo durch militärische und zivile Vertreter Bedenken aufkommen ließ, was die Verwertbarkeit dieser Beweise betraf. Eine verbesserte Koordination hätte nicht nur Ressourcen freisetzen können, sondern auch die unnötige Behinderung von Erfolgen durch bereits effektiv eingesetzte Ressourcen erübrigt.

Letztlich bleibt, dass CIMIC nur dann Chancen bietet, wenn es gelingt, dieses Konzept als einen integralen Bestandteil nicht nur von etwaigen Operationen, sondern von sowohl zivilen als auch militärischen Grundstrukturen zu etablieren und es nicht nur als eine weitere separate Teilkonzeption oder einen gemeinsamen Übungsinhalt zu sehen.

Bereits jetzt und sicherlich auch in Zukunft wird ein ziviler Einsatz ohne militärischen Beistand nicht zu bewältigen sein. Im Zeitalter sogenannter asymmetrischer Bedrohungen muss es allgemeine Erkenntnis sein, dass eine nachhaltige Bekämpfung solcher Gefahren nicht mehr allein auf einer rein militärischen Vorgehensweise fußen kann. Eine System- und Gesellschaftsbildveränderung und -prägung macht die Bekämpfung solcher Bedrohungen durch eine Wegnahme der fördernden Basis in der Bevölkerung erst möglich.

5.2.5 Umsetzung und Management von CIMIC-Projekten

Bei der Umsetzung von CIMIC-Projekten sind gemeinsame frühzeitige Planungs- und Ablaufkonzeptionen von großer Wichtigkeit, um Doppelkoordinationen, eventuell einseitig entstehende Engpässe und Schwierigkeiten bei der Nutzung gemeinsamer Ressourcen zu vermeiden. Zwar ist es kaum möglich, jede Form von Kriseneinsätzen so zu planen, dass jegliche Hindernisse und Unwegsamkeiten vollkommen berücksichtigt und kalkuliert werden können. Eine nachhaltige Umsetzung von CIMIC bedeutet aber vor allem eben ein frühzeitiges und krisenunabhängiges Management, nicht nur von einzelnen Projekten oder Einsätzen, sondern des gesamten Konzeptes einer Zusammenarbeit. Beispielhaft dafür steht wiederum die Umsetzung der Kooperation zwischen österreichischem Militär und der Raiffeisen-Holding.[135]

Legt man also ein von einem Anlassfall unabhängiges Management von CIMIC zugrunde, das nicht nur auf der Ebene der eigentlichen Einsatzführung, sondern auch auf politischer Ebene stattfindet, so ergeben sich für die Umsetzung von CIMIC-Projekten unter anderem folgende Erfordernisse:

- Die Erstellung eines gesamtstaatlichen und internen CIMIC- Konzeptes.
- Die Entwicklung von gemeinsamen Ausbildungsgängen und Organisationsmaßnahmen.
- Die Entwicklung von Kooperationskonzepten mit Akteuren aus der Wirtschaft und mit Hilfsorganisationen.
- Die Einrichtung von Kompetenzzentren und Kontaktknoten.
- Die gemeinsame Erstellung eines Finanzierungskonzeptes unter Einbeziehung ziviler und militärischer Budgetvorgaben.

---

[135] vgl. Dorsch, D.: Raiffeisenhilfe Hochwasser August 2002 – Dokumentation, Wien 2004, 6; Militärkommando Niederösterreich: Das Katastropheneinsatzkonzept, in: Truppendienst 269/2003, 125

S.C.O.U.T.

Ein Beispiel für derartige Überlegungen stellen die Anstrengungen im Rahmen des österreichischen S.C.O.U.T.-Projektes dar (Searching for Commercial Opportunities and Underlying Transactions). Aufgabenstellung ist es, Kooperationen zwischen dem Österreichischen Bundesheer und der Wirtschaft zu ermöglichen, mit dem Ziel, Wirtschaftscluster in Gebieten aufzubauen, wo das ÖBH einsatztätig ist. Dies soll durch die Heranbildung von militärischen „Wirtschaftskundschaftern" erreicht werden, welche während und direkt nach einer Einsatzbewältigung Ausschau nach geeigneten Investitionsmöglichkeiten halten.

Jedoch müssen die jeweiligen Bedürfnisse und Engpässe der betroffenen Bevölkerung bei der Suche nach Absatzmöglichkeiten unbedingt berücksichtigt werden. Das könnte wiederum eine Einbindung von zivilen Unterstützern bedingen. Letztlich soll selbst die wirtschaftsnahe Tätigkeit der Streitkräfte in Krisenregionen in erster Linie eine Form der Hilfe zur Selbsthilfe ermöglichen und nicht ausschließlich der Erschließung von Absatzmärkten dienen, was sicherlich auch moralisch fragwürdig wäre.

Es ergeben sich also auch Fragestellungen, inwiefern etwaige Unternehmensgründungen durch die jeweilige Bevölkerung, nicht nur als potentielle Partner für zukünftige Joint Ventures, sondern auch als Aufbau-, Beschäftigungs- und Wirtschaftsfaktor, für eine Gesellschaft in Frage kommen. Zivil-militärische „Scouts" agieren hier quasi als Türöffner für schwierige Märkte.

Dieses Aufgaben- und Anforderungsprofil erfordert selbstverständlich auch ein hohes Kompetenzniveau und eine komplexe Ausbildung des Personals. Aspekte die eine gemeinsame Ausbildung und adäquates Vorgehen im Einsatzraum begünstigen, wären unter anderem:

- Training der Fähigkeiten, persönliche Beziehungen zu entwickeln;
- integrierte Seminare, Konferenzen und Workshops;
- gemeinsame Ausbildungs- und Trainingskurse;
- zivil-militärisches Training;

- gemeinsame Übungen sowie
- umfassender Informations- und Personalaustausch.

Dabei sollte ein CIMIC-Scout fähig sein, folgende Aufgaben zu erfüllen:

- Kontaktaufnahme mit der Bevölkerung;
- Auf- und Ausbau eines informellen Netzwerkes mit lokalen Behörden und internationalen Organisationen;
- Feststellung und Einschätzung von Engpässen;
- Erkundung von Marktchancen;
- Identifikation von bereits bestehenden Wertschöpfungsketten;
- eingehende Konkurrenzbeobachtung und die Analyse über die potentielle Einbindung dieser Konkurrenten in die Aufbauanstrengungen sowie die jeweilige Chancenbeurteilung;
- kontinuierliche Aufrechterhaltung des Kontaktes zu örtlichen Interessen- und Einflussgruppen und zur Einsatzleitung im Heimatland;
- Kontaktanbahnung und -vermittlung;
- Vorschläge über Finanzierungsmaßnamen und -möglichkeiten.

Eine weitere praktisch anwendbare Form der zivil-militärischen Zusammenarbeit im wirtschaftlichen Zusammenhang ergäbe sich aus den sogenannten Public Private Partnerships. Solche „PPP-Modelle" sind im allgemeinen eine Form der Zusammenarbeit zwischen der öffentlichen Hand und der Wirtschaft, die meist in eine eigenständige Organisation münden und mit gesellschaftsrechtlicher Bindung etabliert werden.

Sie sind als eine Art Joint Venture zwischen öffentlichen Einrichtungen und der Privatwirtschaft zu verstehen und umfassen teils vollständige Privatisierungen vormals staatlicher Versorgungsbetriebe, ebenso wie private Beteiligungen an teilöffentlichen Unternehmen. Solche Modelle finden häufig Anwendung bei Infrastrukturprojekten oder bei regionaler Aufgabenwahrnehmung. Gerade bei Wiederaufbauprojekten in Krisenregionen, welche auch langfristig für die Wirtschaft von

Interesse sind, erweisen sich PPP-Modelle als eine vielversprechende Möglichkeit der Kooperation mit dem Militär.

Für die Unternehmensseite stellt dies eine Investition in Gewinn-, Rentabilitäts- und Imagegesichtspunkte dar. Die Streitkräfte haben die Möglichkeit, vom umfassenden Know-how der Wirtschaft zu profitieren sowie eine gemeinsame und besser angepasste Beschaffung von Einsatzmaterial. Dies erfordert jedoch einen Abbau von Konkurrenzdenken zwischen zivilem und militärischem Personal und die Ausprägung von wechselseitiger Kommunikationsfähigkeit. Außerdem ist bei jeder Form der Kooperation eine eindeutige Klärung der jeweiligen Zuständigkeiten erforderlich. Akteure aus dem Umfeld der Wirtschaft werden auch durch Formen des Corporate Citizenship „uneigennützig" tätig, übernehmen also beispielsweise auch auf freiwilliger, nicht unbedingt durch Verträge untermauerter Basis Verantwortung bei Notfällen oder Hilfseinsätzen und Ähnlichem. Gründe für ein solches Engagement sind unter anderem ein wechselseitiger Vorteil für Unternehmen, deren Partner und idealerweise natürlich für die Gesellschaft.

Neben altruistischen Aspekten verspricht man sich aber in der Wirtschaft auch Auswirkungen auf die Ertragslage, allein schon durch eine Imageaufwertung. So ist ein derartiges Engagement von jeder Seite als Querschnittsfunktion anzusehen, die zur Wertschöpfung eines Unternehmens beiträgt. Zwar spielen für Akteure aus der Wirtschaft angeblich vor allem ethisch moralische Überzeugungen die Hauptrolle, was sich nicht bestreiten lässt. Doch natürlich spielt sicherlich auch ein gewisser öffentlicher Druck eine wichtige Rolle. Außerdem haben Unternehmen auch erkannt, dass sich Vorteile bei der Rekrutierung von Personal ergeben können.

Ein gelungenes Beispiel für derartiges Corporate Citizenship ist die bereits angeführte Zusammenarbeit zwischen dem Militärkommando Niederösterreich und der Raiffeisen-Holding. Um bei Aufbaumaßnahmen und langfristigen gemeinsamen Engagements effektiv und vor allem unter Vermeidung unnötiger Redundanzen und Konflikten tätig zu werden, ist zwar ein koordiniertes, aber auch konzentriertes Auftreten und Wirksamwerden aller beteiligten zivilen und militärischen Akteure von Vorteil. Denn Koordination allein lässt sich erheblich schwerer gestalten, wenn die diversen Akteure vereinzelt und selektiv tätig werden.

Vor diesem Hintergrund stehen auch Bestrebungen von vereinzelter Clusterbildung. Dies ist eine räumliche Konzentration von Ressourcen aller Art, wie beispielsweise Kapital, Fachwissen, Arbeitskraft etc., die sich optional kombinieren lassen. Cluster stellen Netzwerke und diverse Kooperationen dar, mit dem Ziel der Regionsentwicklung, unter Verfolgung von humanitären, entwicklungspolitischen und auch wirtschaftlichen Zielen. Solche regional etablierten Netzwerke verursachen geringere Transaktionskosten, bieten langfristig die Möglichkeit für eine Einbeziehung und Entwicklung regional entstehender Organisationen und Unternehmen und haben des weiteren folgende Merkmale:

- Kooperationswille und Freiwilligkeit aller Partner.
- Bündelung von unterschiedlichen Interessen und Ausrichtung auf ein gemeinsam anvisiertes Ziel.
- Zusammenarbeit vorwiegend im strategischen und operativen Management.
- Staatliche und internationale Unterstützung beschränkt sich entweder nur auf noch verbleibende militärische Komponenten, welche lediglich für anstehende Sicherungsaufgaben oder die Kontaktbildung zuständig sind, oder stellt lediglich eine Anschubfinanzierungen dar.
- Gemeinsame Entwicklung eines Kommunikations- und Netzwerkmanagements.

Generell sollte bei sämtlichen Ansätzen zur Umsetzung von zivil-militärischen Projekten auf eine Handlungsweise geachtet werden, die sich vorrangig nach Kriterien der Effizienz, Effektivität und Nachhaltigkeit ausrichtet. Dass bedeutet auch die Erkenntnis, Projekte der Entwicklungshilfe mit Konzepten für einen wirtschaftlichen Wiederaufbau, der eben vor allem durch Akteure aus der Wirtschaft geleistet werden kann, verbinden zu müssen und zu können.

Dabei steht eben auch die schwierige Aufgabe an, zivile Sicht- und Herangehensweisen, also vorrangig die Prioritätensetzung auf eine Aufgabenerfüllung, welche sich an Aspekten der Notstandsbeendigung als Grundlage für eine Konfliktbeendigung orientiert, mit militärischen Grundhaltungen, nämlich der vorrangigen Orientierung auf die Ziel- und Auftragserfüllung als Basis für Sicherheit und Stabilität, zu verbinden.

5.2.6 Ressourcenbedarfe

Wiederum ist bei der Feststellung der notwendigen Einsatzmittel und Ressourcen eine frühzeitige, gemeinsame Koordination der Schlüsselfaktor. Haben doch gerade die aktuellsten Einsatzszenarien gezeigt, dass ein genereller Mangel weniger ein Problem darstellt, als viel mehr ein einseitiger oder fehlgeleiteter Überbestand an Einsatzmitteln oder Personal.

Wer will noch mal – wer hat noch nicht?

Bei der Flutkatastrophe in Südostasien wurden durch die zivilen Helfer und von den Militärs jeweils separate Ressourcenplanungen angestellt. Das führte dazu, dass beispielsweise zu viel Entlaugungsmittel in Orten wie Phuket oder an der Küste vorhanden war und die Bestände in der Sonne durch zu lange Lagerung schädliche Gase entwickelten. In Dörfern im Hinterland konnte mit den Mitteln wiederum kaum agiert werden. Auch was die Nahrungsmittelversorgung betraf, waren benötigte Stärkemittel zwar vorhanden, aber keine geeigneten Transportmittel, um diese zu unerreichbaren Dörfern zu befördern.

Die Streitkräfte verfügten über Helikopter, doch durch die mangelnde frühzeitige Koordination wurde ein Abtransport der Nahrungsmittel so lange verzögert, bis diese nahezu verrottet waren.[136]

Während des Elbehochwassers stellte die Deutsche Bundeswehr im Raum Dresden Sandsäcke zur Verfügung, konnte diese jedoch nicht füllen, weil erst eine Genehmigung erteilt werden musste, um Strandsand zu verwenden. Bis dahin wurde eine Kiesfirma gefunden, die notwendigen Sandausschuss bereitstellte. Dies machte allerdings auf Seiten der Bundeswehr wiederum erforderlich, dass Transporter bereitgestellt werden mussten, die Sand und Säcke zueinander brachten.

[136] vgl. Blasberg, Anita; Kneip, Ansbert: Amoklauf des Meeres, in: Der Spiegel 7/2005, 138

Da die geografische Koordination von einer zivilen Einsatzstelle ohne Beteiligung der Bundeswehr durchgeführt wurde, waren an einigen Stellen zu viele Sandsäcke vorhanden und an anderen Stellen praktisch gar keine.

Bei der Ressourcenfeststellung für CIMIC-Einsätze geht es also nicht nur darum, notwendige Bedarfe im Sinne von: Was wird gebraucht? festzustellen, sondern auch zu berücksichtigen, was von wem, wann und wo bereitgestellt werden kann und muss. Dabei ist zu beachten, dass bei heutigen und zukünftigen Einsatzbildern nicht nur eine Koordination zwischen militärischen und zivilen Komponenten zu bewerkstelligen ist, sondern die Ressourcenverteilung neben der nationalen auch zunehmend auf internationaler Ebene stattfinden muss. Dies würde Bestrebungen hinsichtlich der Planung von Ressourcenbedarfen nicht gerade vereinfachen.

So ist also durchaus zu prüfen, ob ein einheitliches Gremium, eventuell auf Ebene von Organisationen wie der NATO oder den Vereinten Nationen, für die Ressourcenfeststellung und -planung zuständig sein kann. Mit Sicherheit wird sich ein solches Unterfangen als äußerst schwierig erweisen. Allein schon, weil bei jedem Einsatzfall eine Vielzahl anlassabhängiger und deswegen verschiedenster Einsatzmittel, angefangen von Grundnahrungsmitteln bis zu hochkomplexen technischen Systemen, bei der Bereitstellung auch den Einsatz dementsprechend vieler unabhängiger Organisationen mit individueller Eigenverantwortung erforderlich macht. Dieser wäre wiederum untereinander zu koordinieren, die Streitkräfte können die Bedarfsmittelverwendung besonders im technischen und technologischen Bereich nur schwerlich aus der Hand geben.

Ein weitaus günstigerer Ansatz wäre die Etablierung eines gemeinsamen und für alle zugänglichen Ressourcenkontos, aus dem sämtliche an einem CIMIC-Einsatz beteiligten Akteure ihre Ressourcen und Möglichkeiten bereitstellen könnten und diese über diversifizierte Netzwerke für alle nachvollziehbar abgerufen werden könnten. So könnten die benötigten Güter im Bedarfsfall jeweils bereitgestellt werden. Das wichtigste Resultat wäre die Minimierung oder gar Beseitigung des erheblichen Problems der Einsatzmittelredundanz und der oft einseitigen Verwendung. Außerdem könnten so vielerorts Kosten für Material, diverse Hilfsmittel und Gerätschaften sowie eine übermäßige oder falsch platzierte Personalverwendung reduziert und für andere Einsatzbereiche frei gemacht werden.

Bei der Ressourcennutzung ist auch zu bedenken, dass zivile Ressourcen im Einsatzgebiet in der Regel schneller und günstiger zur Verfügung stehen, während militärische Einsatzmittel zwar erst langfristiger einsetzbar sind, jedoch über einen langen Zeitraum nachhaltig wirksam werden können. Bei technischen Geräten ist auf eine Mindestkompatibilität zu achten, da unterschiedliche Standards den gesamten Mitteleinsatz oft behindern.

Während des Einsatzes nach den kriegerischen Auseinandersetzungen im Kosovo 1999 wurde ein koordinierter Wiederaufbau erschwert und verzögert. Das von den Vereinigten Staaten benutzte hochmoderne Digitalfunknetz überlagerte die analogen Kommunikationsnetzwerke der Alliierten Streitkräfte und zivilen Einsatzkräfte. So wurde die Kommunikation in einem Maße erschwert, dass schließlich die USA ihr Kommunikationssystem einschränken und zeitweise auf den analogen Standard zurückgreifen musste.

Weiterhin erfordert die Planung insbesondere von technologischen Komponenten bei einem CIMIC-Einsatz auch den Einbezug von Know-how-Transfer und Personal. Schlicht die Frage: In wie fern ist es möglich und nötig, zivilem Personal den Umgang mit militärischem Einsatzgerät zu gewähren, ohne dabei Sicherheitsaspekte und -richtlinien zu gefährden?

So wurde nach dem Kosovokrieg mitunter der Einsatz der ersten deutschen MEDIVAC-Transportflugzeuge und der aus der Ukraine angemieteten Transporter erschwert, weil militärmedizinisches Personal nicht ausreichend bzw. nicht schnell genug zur Verfügung stand. Ziviles Ärztepersonal war aber im Umgang mit den Spezialgeräten, die auch während eines Fluges die medizinische Versorgung ermöglichen und von militärischen Subsystemen abhängig sind, entweder nicht ausreichend vertraut, oder ihnen konnte eine Verfügung nicht schnell genug eingeräumt werden.

Personelle Ressourcen müssen über Krisenstäbe gedeckt werden, der suffiziente Einsatz von Fachkompetenzen ist aber in der Regel abhängig von einer zentralen Einsatzplanung. Ein übermäßiges Vorhandensein von Kompetenzträgern an einem Einsatzort führt sehr leicht zu Konflikten, welche die Einsatzbewältigung ungemein behindern können. Das heißt somit, dass die jeweiligen Verantwortlichkeiten innerhalb eines gemeinsamen Krisenstabes und durch diesen selbst geklärt sein müssen.

An das eingesetzte CIMIC-Personal selbst stellen sich eine Vielzahl von Forderungen an interdisziplinäre Fähigkeiten wie beispielsweise:

- Diverses Fachwissen sowie fachübergreifende Kenntnisse und Aufnahmefähigkeit;
- Kommunikationsgeschick und interkulturelle Sensibilität;
- ausgeprägtes Vermittlungsgeschick;
- fundierte Kenntnis über die Fähigkeiten, Grenzen und Ressourcen eigener und verbündeter Institutionen;
- Fähigkeit zur Kooperation und zur Öffentlichkeitsarbeit.

Letztlich stellt auch die wirtschaftliche Komponente einen wesentlichen Faktor bei der Kalkulation und Verwendung von benötigten Ressourcen dar. Zum einen steht auf der wirtschaftlichen Seite oft der Grundstock für die Bereitstellung der benötigten Einsatzmittel bzw. für deren Betrieb und Unterhaltung. Zum anderen verfügt gerade die einem ständigen Konkurrenzdruck ausgesetzte Wirtschaft über substanzielles Wissen im Bereich der effizienten Ressourcenverwendung und der diesbezüglichen Koordination der zum Einsatz bereitgestellten Mittel. Jedoch sollte darauf geachtet werden, dass sich die wirtschaftliche Beratung auch auf Engpässe der Bevölkerung konzentriert. Dabei spielt auch der Versicherungssektor eine nicht unwesentliche Rolle, da in Krisenfällen auch ein unvorhergesehener Ressourcenschwund einsetzen kann. Sei dies durch die gewaltsame Beschaffung von Versorgungsgütern durch die Bevölkerung oder bei Naturkatastrophen durch ein weiteres Auftreten der verursachenden Umstände. Deshalb sollte die finanzielle Nachversorgung besonders auf der zivilen Seite ausreichend gedeckt sein.

5.2.7 Leistungsfeststellung

CIMIC ist ein Instrument mit strategischer Reichweite. Deshalb ist die im Rahmen von CIMIC-Einsätzen erbrachte Leistung, also vorrangig die Beendigung und langfristige Vermeidung von offen ausgetragenen Aggressionen, der Wiederaufbau nach Konflikten oder Katastrophen und der Aufbau von gesellschaftlichen Strukturen in einer Region erst langfristig sichtbar und muss natürlich auch eine gewisse Nachhaltigkeit entwickeln. Dadurch haben auch sämtliche Ansätze und Bemühungen einer eingehenden Bewertung Grenzen. Außerdem sind Aspekte wie beispielsweise die Rettung von Leib und Leben der Betroffenen oder vermiedene Schäden nicht wirklich quantifizierbar. Dennoch werden im wesentlichen zwei Methoden ins Auge gefasst, um überhaupt eine Aussage über den Wert von erbrachten Leistungen im Rahmen eines gemeinsamen Einsatzes zu ermöglichen: die inputorientierte und die outputorientierte Betrachtungsweise von CIMIC-Einsätzen.

Eine Bewertung durch die inputorientierte Betrachtungsweise erweist sich in so fern einfacher, als nur die angefallenen Kosten für den tatsächlich getätigten Einsatz von Personal, Finanz- und Sachmitteln, Gerätschaften und anderer Einsatzmittel, oder die eingesetzten Mittel zu ihren Marktpreisen betrachtet werden.

Eine Variante dieser Input-Betrachtung ist die Bewertung unter Heranziehung der Opportunitätskosten, also der Kosten, die bei der bestmöglichen alternativen Verwendung angefallen wären. Das Problem bei der Anwendung der inputorientierten Methode ist aber, dass sie zu wenig Details, wie etwa Abschreibungsmöglichkeiten, den Verlust von Arbeitstagen, den Wert von Fachwissen oder etwaige Verzinsungen als Kostenkomponenten berücksichtigt, um eine objektive Bewertung zu bieten.

Die outputorientierte Betrachtungsweise versucht demgegenüber, den Wert zu bemessen, der erhalten oder gesichert wurde bzw. den Wert, der durch ein intensiveres Engagement neu geschaffen wird. Da aber wie gesagt Aspekte wie Leben und Gesundheit oder ein aufrechterhaltenes soziales und gesellschaftliches System nur schwer zu bemessen sind und auch nicht anhand von gesicherten Sachwerten ermittelt werden können, sondern lediglich dem simplen Fakt der Nichterhaltung im Falle eines Nichteingreifens gegenübergestellt werden können, greift auch diese Form zu kurz.

Am ehesten geeignet scheint die Variante der Bemessung oder eher Einschätzung der potentiell entstandenen Schäden zu sein, die durch ein Nichtwirksamwerden verursacht worden wären. So etwa die Kosten für einen wirtschaftlichen Wiederaufbau anstelle eines System- und Wirtschaftserhalts und Ausgaben für denkbare Schadensbeseitigungsmaßnahmen. Jedoch ist und bleibt es eigentlich unmöglich, gesellschaftliche Effekte zu bemessen, da sich diese oft erst Jahre später entfalten und ohnehin zahlenmäßig kaum oder gar nicht einzuordnen sind. Auch was eine Umwegrentabilität militärischer Einsätze betrifft, wird eine Bemessung schwer durchzuführen sein. Allenfalls ergäben sich Möglichkeiten auf politischer Ebene, da dort eine Einstufung des jeweils vorliegenden nationalen Interesses möglich wäre, und somit auch eine Diskussion über den diesbezüglichen finanziellen Aufwand für eine militärische Zielerreichung, so denn das militärische Ziel auch erreicht wurde.[137]

[137] vgl. Vorhofer, Peter: CIMIC – Zur Evolution einer neuen Aufgabe in der Krisenbewältigung, in: Österreichische Militärische Zeitschrift 6/2003, 14; Meyer, Christian-Wilhelm; Vogt, Marcus-Jurij: Zivil-militärische Zusammenarbeit der Bundeswehr im Balkaneinsatz, in: Die Welt, 31. 05. 2005, http://www.welt.de, 08. 06. 2005; Deutsche Bundeswehr: Informationen zu CIMIC, http://www.bundeswehr.de/cimic, 26. 05. 2005

6 Wirtschaftliche Implikationen sicherheitspolitischer Entscheidungen – ausgewählte Aspekte

Sicherheit ist das Resultat aus vielen Faktoren, wie z.B. politische, psychologische, ökologische und soziale sowie gesellschaftliche Aspekte. Somit ist Sicherheitspolitik eine gesamtstaatliche Aufgabe und nicht nur bloße Maßnahme zur Landesverteidigung.

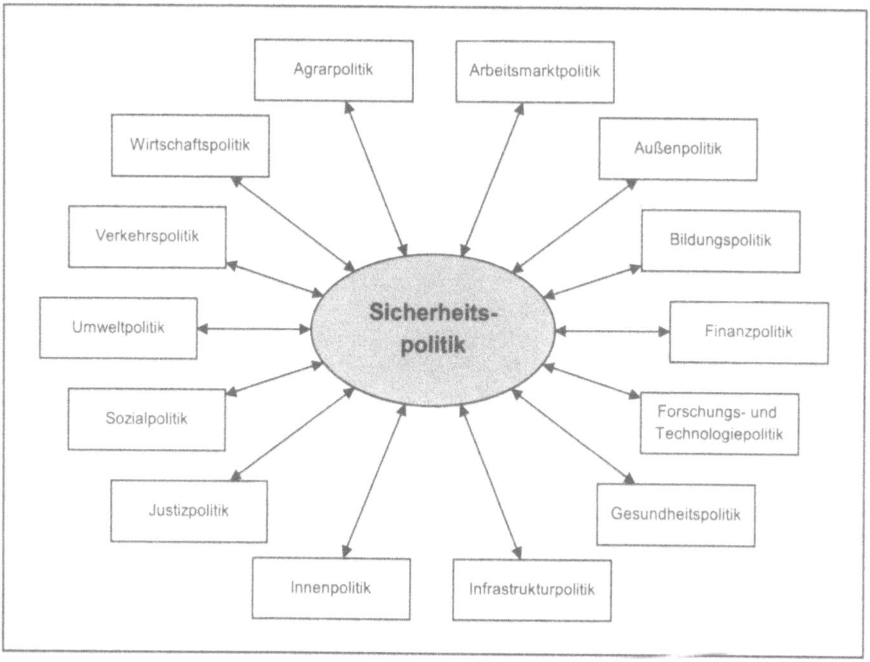

Abbildung 6-1 *Zusammenwirken der Sicherheitspolitik mit anderen Politikbereichen*[138]

„Sicherheit ist das Produkt vieler Faktoren und hat nicht nur eine militärische, sondern auch eine politische, eine psychologische, ökonomische und soziale Dimension.“[139]

[138] Vgl. Strunz, Herbert; Dorsch, Monique: Sicherheitspolitik und Wirtschaft, Frankfurt/M. u.a. 2003, 21

[139] vgl. ebd., 109; Reiter, Erich; Schöpfer, Gerald (Hrsg.): Wirtschaft und Sicherheitspolitik, Graz/Wien/Köln 1999, 99; Kirchhoff, Günter (Hrsg.): Handbuch zur Ökonomie der Verteidigungspolitik, Regensburg 1986, 31

Jedoch wie kaum andere Aspekte gesamtstaatlichen Wirkens sind Sicherheitspolitik und Wirtschaftspolitik miteinander verwoben im Sinne eines gegenseitigen Ursache-Wirkungs-Verhältnisses, gegenseitiger Abhängigkeit bzw. gegenseitiger Ergänzung. Die relative Stellung eines Staates im internationalen Gefüge wird durch seine wirtschaftliche und militärische Potenz bestimmt. Wirtschaftspolitische Entscheidungen zielen immer auf stabile Rahmenbedingungen und sichere Standorte für eine optimale wirtschaftliche Eigenentwicklung ab. Sicherheitspolitische Entscheidungen stellen somit die eigentliche Basis wirtschaftspolitischen Handelns dar. Allerdings ist eine optimale sicherheitspolitische Aktion einerseits ohne wirtschaftliches Fundament überhaupt nicht möglich. Sie würde andererseits ohne eben dieses Grundgerüst aus wirtschaftspolitischen Interessen einen wesentlichen Teil der eigenen Existenzberechtigung verlieren.

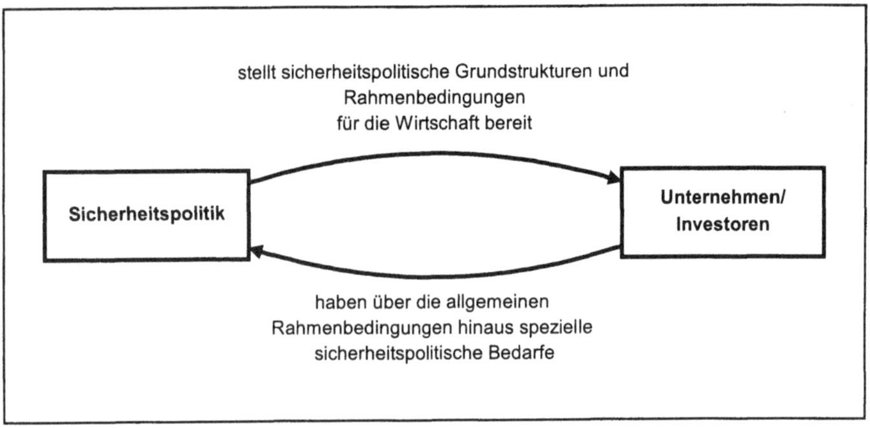

Abbildung 6-2 *Zusammenhänge zwischen Sicherheitspolitik und Unternehmenstätigkeit*[140]

Um öffentliche Sicherheit im Inneren und Äußeren zu gewährleisten, dienen öffentliche, meist staatliche Organe. Sie „produzieren“ Sicherheit, die natürlich von vielfältigen Umständen und äußeren Einflüssen abhängt. Der Zweck insbesondere des Militärs ist es, als exekutives Instrument eines Staates Gewährleistungen sowie Dienstleistungen abzu-

[140] vgl. Strunz, Herbert; Dorsch, Monique: Sicherheitspolitik und Wirtschaft, Frankfurt/M. u.a. 2003, 124

geben, die dem Schutz von materiellen wie immateriellen Werten vor Beeinträchtigungen oder Zugriff – von innen oder außen – dienen, wobei eine Orientierung an den jeweiligen Rahmenbedingungen erfolgt.

Analysiert man die möglichen Auswirkungen von sicherheitspolitischen Entscheidungen auf die Wirtschaft und vice versa, zeigen sich neben den rein politischen Aspekten besonders zwei Themenkreise:

- zum einen gesamtwirtschaftliche Auswirkungen bzw. Aspekte, die auch in sehr engem Zusammenhang zu politischen Fragen und Problemen zu sehen sind;
- zum anderen Wirkungen, die ihren Niederschlag stärker auf einzelwirtschaftlicher Ebene finden.

Gesamtwirtschaftlich sind sicherheitspolitische Entscheidungen vor allem auch im Kontext der, nunmehr zunehmend global orientierten Wirtschaftspolitik und ihrer Instrumentalfunktion zu betrachten. Eine wesentliche Frage ist hierbei die stimulierende oder dämpfende Wirkung von Militärausgaben jeglicher Art. In diesem Zusammenhang ist es interessant, den Einfluss militärischer Planungen auf die volkswirtschaftlichen Produktionsfaktoren und die damit in Zusammenhang stehenden Kenngrößen sowie deren Bild in der Gesellschaft transparent zu machen.

Betrachtet man die Gesamtzusammenhänge im einzelwirtschaftlichen Kontext, ist die Rolle von Streitkräften als Nachfrager zunächst besonders relevant. Dabei kann sich diese in unterschiedlichen Facetten darstellen, gerade vor dem Hintergrund zunehmend multinationaler Anforderungs- und Einsatzprofile und eines nicht mehr rein staatlichen Anbieterprofils. Diese Nachfrage bestimmt nicht zuletzt auch die Entwicklung und Ausrichtung der Rüstungsindustrie im weitesten Sinne, z.B. durch globale Zulieferketten, Dual-Use-Güter und zunehmende Exportquoten sowie Spin-off-Potentialen militärischer Forschung und Entwicklung auf andere Bereiche.

Gerade in Zeiten, in denen sich die zunehmende Globalisierung massiv auf einzelstaatliche sicherheitspolitische Konzepte auswirkt und somit auch direkt die Aufgabenstruktur moderner Streitkräfte von der Wahrung staatlicher Integrität und Souveränität hin zur globalen Interessendurchsetzung beeinflusst, ist eine eingehende Auseinandersetzung mit dieser Thematik durchaus wichtig. Letztendlich verändert die Globalisierung der Wirtschaft auch die Stellung der Streitkräfte zum Staat, was wiederum zur Folge hat, dass bisher nationale Militärökonomien global werden. Neue und alte Militärmächte wie Indien und Russland, aber vor allem die chinesische Volksrepublik, die mittlerweile der größte Importeur von Rüstungsgütern ist, treten derzeit und zukünftig neben bereits etablierten militärischen Blöcken wie den Vereinigten Staaten und einem in wesentlichen Teilen immer noch ineffektiven Europa verstärkt auf der politischen Weltbühne und natürlich als Nachfrager und Anbieter von wehrtechnologischen Gütern auf; wenn dies auch zunächst nur in Form regionaler Einflussgrößen geschieht.

Zu den generellen Folgen dieses Prozesses gehört eine Zunahme der Interdependenzen und zugleich eine zunehmende Empfindlichkeit und Anfälligkeit dieser neu entstehenden überregionalen wirtschaftlichen Zusammenschlüsse gegenüber Störungen und zahlreichen konfliktträchtigen Entwicklungslinien. Daraus erwächst die Frage, ob und wie sich eine notwendige globale Ausrichtung der Sicherheitspolitik mit der Wahrnehmung ökonomischer Interessen vereinbaren lässt. Die zunehmende Verflechtung z.B. Europas mit China und anderen asiatischen und pazifischen Staaten steht exemplarisch für diesen Problemkreis.

Einen erheblichen Einfluss auf die resultierende Nachfrage nach Sicherheit lässt somit die Rüstungs- und Dual-Use-Güter-Industrie erwarten. Mit den Argumenten des internationalen Wettbewerbs, der technologischen Spill-over-Effekte auf andere Sektoren und der von diesem Bereich insgesamt abhängigen hohen Zahl von Arbeitsplätzen wird somit – durchaus erfolgreich – auf die politischen Entscheidungsträger mit dem Ziel einer Erhöhung oder zumindest Verstetigung der Verteidigungsausgaben und der Unterstützung bei der Erschließung neuer Märkte eingewirkt. Auch hier besteht jedoch das ungelöste Problem, den Einfluss dieser Industrien kenntlicher werden zu lassen. Dass dies sehr realistisch ist, zeigt Europa, wo Projekte wie der Eurofighter oder der A-400M Transporter durch einen europäischen Staat nicht mehr zu bewältigen sind. Andere Beispiele sind US-amerikanische Projekte wie der Joint Strike Fighter, an dem eine Vielzahl internationaler Unternehmen aus Ländern wie beispielsweise

Großbritannien, Österreich, Türkei, Spanien und andere beteiligt sind. Mehr noch: die Rentabilität dieser Entwicklungen hängt ausschließlich am Export. Ähnliche Probleme treten somit auch in den abhängigen Handelsverflechtungen und der Rohstoffversorgung auf. Auch hier erscheint es überaus plausibel, dass gerade hochindustrialisierte Staaten und Schwellenländer einen hohen Abhängigkeitsgrad vom internationalen Handel einerseits und der Versorgung andererseits besitzen. Diese internationale ökonomische Abhängigkeit wiederum wirkt sich durch die damit notwendigen Ziele der Rohstoffsicherung und der Sicherung wichtiger Absatzmärkte steigernd auf die Nachfrage nach Sicherheit durch Rüstung und dem damit verbundenen Niveau der Verteidigungsausgaben aus.

Natürlich dient Sicherheitspolitik in erster Linie der Aufrechterhaltung und dem Schutz öffentlicher Sicherheit. Jedoch wird eben diese in einer global, im wesentlichen wirtschaftlich vernetzten Welt mit einem erheblich auf marktwirtschaftlichen Prinzipien basierenden Gesellschaftsbild zu einem nicht unwesentlichen Teil durch wirtschaftspolitische Entscheidungen und Aktionen gewährleistet. Das traditionelle Prinzip des Zusammentreffens von Angebot und Nachfrage auf internationalen Märkten ist um etliches komplexer, diffiziler und somit auch sensibler und störungsanfälliger geworden. Pufferzonen sind durch immer noch ungenügende internationale staatliche Kooperationen äußerst schmal beschaffen. Somit ist wiederum ein wirtschaftliches System stark abhängig von globalen und nationalen sicherheitspolitischen Implikationen. Im Zuge eines somit auch notwendigerweise erweiterten Sicherheitsbegriffes kommt auch modernen Streitkräften neben dem eigentlichen Zweck der Bereitstellung ständiger Dienst- und Einsatzbereitschaft zwecks Schutzes von materiellen und immateriellen Werten vor Fremdeinwirkung von innen und außen eine neue Bedeutung als exekutive Kraft zur Sicherung und Durchsetzung von wirtschafts- und somit auch sicherheitspolitischen Interessen zu.

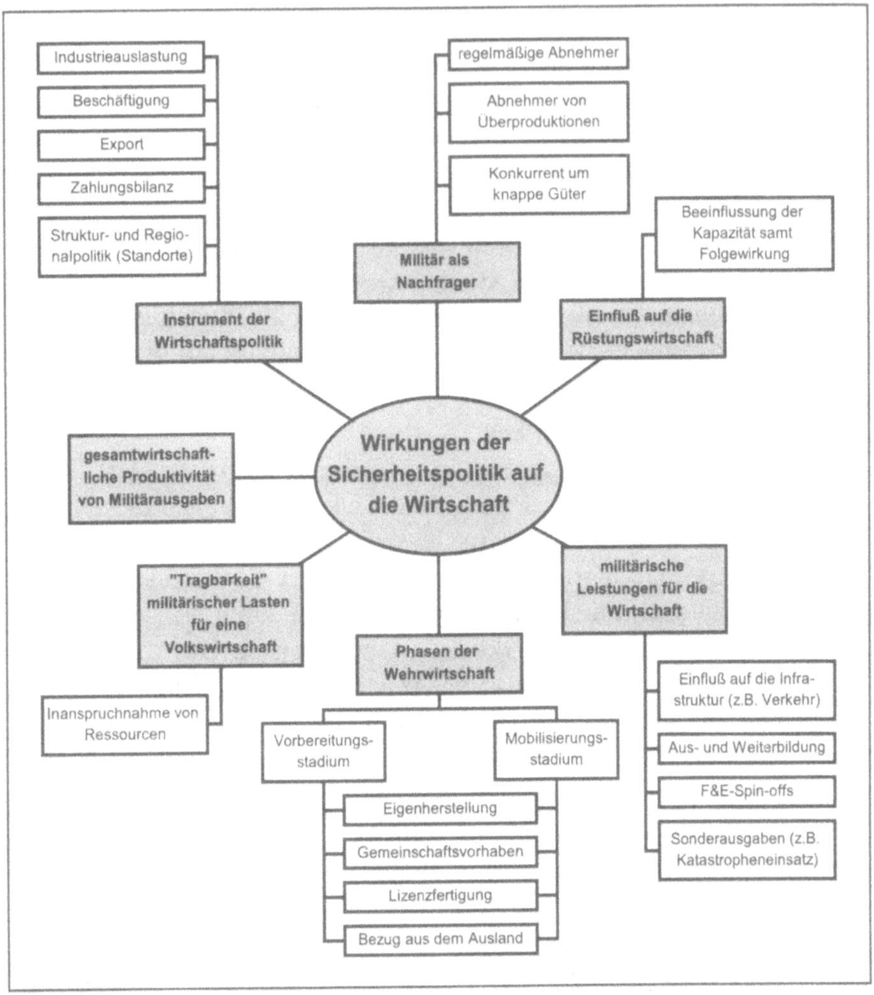

Abbildung 6-3 *Wirkungen der Sicherheitspolitik auf die Wirtschaft*[141]

Im Folgenden soll anhand von einigen ausgewählten Aspekten des sicherheitspolitischen Handlungsportfolios und deren Wirkung auf wirtschaftspolitische Strukturen der Zusammenhang zwischen Wirtschafts- und Sicherheitspolitik und insbesondere dessen Bedeutung,

[141] vgl. Strunz, Herbert; Dorsch, Monique: Sicherheitspolitik und Wirtschaft, Frankfurt/M. u.a. 2003, 26

auch im Zuge der Entwicklungen in der Rüstungsindustrie dargestellt werden.[142]

6.1 Markt- und Standortsicherheit

Um überhaupt wirtschaftliche Entwicklung gewährleisten zu können, muss ein Staat zunächst für eigene und ausländische Investitionen ein geeigneter, vielmehr attraktiver und besonders auch ein sicherer Standort sein. Sicherheit und Stabilität entwickeln sich also zunehmend zu den bedeutendsten Standortvorteilen bei Investitionsüberlegungen.

Es gilt also, die Sicherheitsbedürfnisse von Investoren möglichst umfassend, und dabei die generellen sicherheitspolitischen Rahmenbedingungen wie auch die jeweils speziellen Bedarfe ausgewählter Investoren zu berücksichtigen. Hierzu sind diverse Fragestellungen wichtig wie beispielsweise:

- Unter welchen Umständen gilt ein Standort bzw. Markt für Investoren als attraktiv?
- Welche Überlegungen und Planungen stellen potentielle Investoren bei ihrer eigenen Standortplanung in den jeweiligen Zielländern an und was bedeutet das für die Auslegung regionaler Sicherheitspolitik?
- Wie kann die Entwicklung speziell krisenhafter Märkte analysiert und prognostiziert werden?

[142] vgl. Reiter, Erich; Schöpfer, Gerald (Hrsg.): Wirtschaft und Sicherheitspolitik, Graz/Wien/Köln 1999

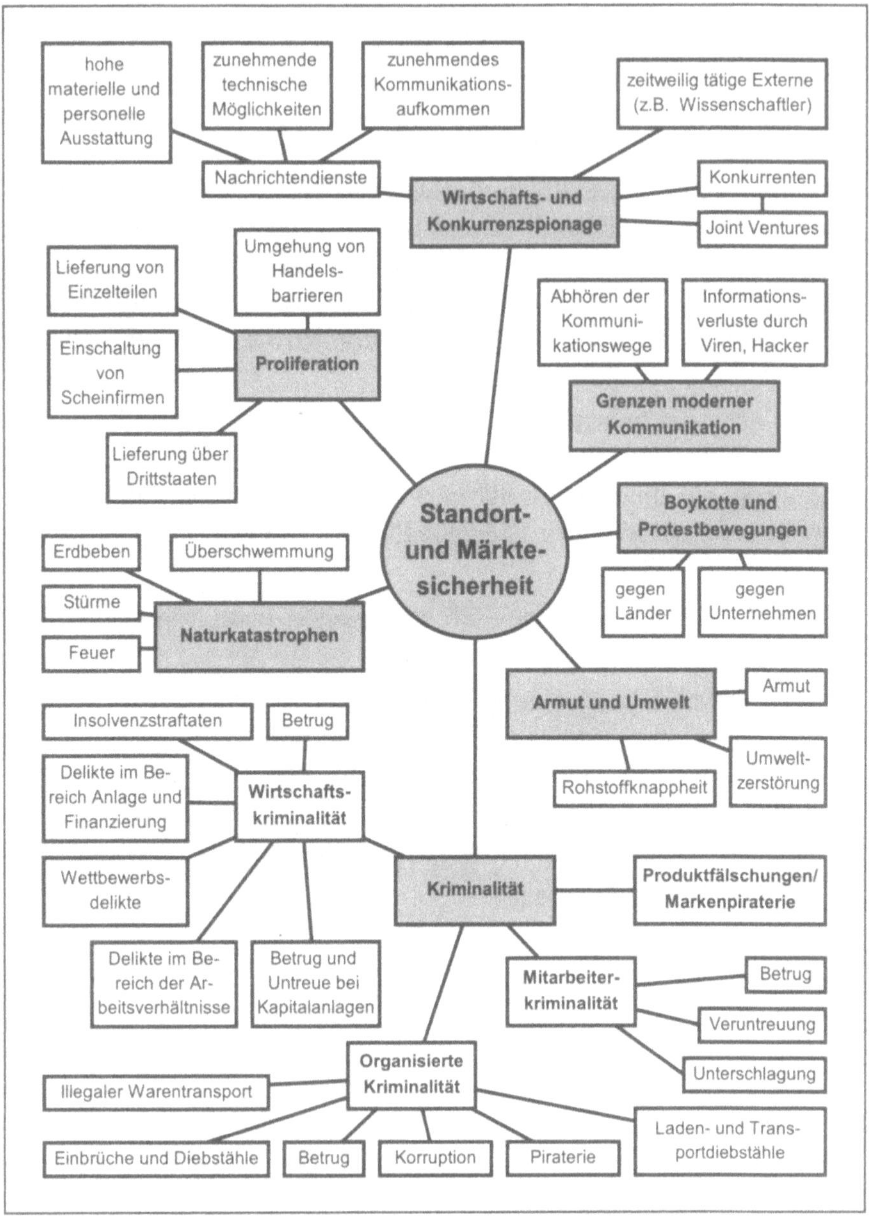

Abbildung 6-4 *Bedrohungsfaktoren der Standort- und Marktsicherheit*[143]

[143] Strunz, Herbert; Dorsch, Monique: Sicherheitspolitik und Wirtschaft, Frankfurt/M. u.a. 2003, 132

Bedenkt man, dass bei Direktinvestitionen und Außenhandelsaktivitäten eingesetzte Kapitalvolumina und die damit verbundenen unternehmerischen Risiken in der Regel äußerst umfangreich sind, ist der Fokus der Investoren bei ihren Sicherheitsüberlegungen als primäre Grundlage der Standortwahl auf eine möglichst optimale und somit reibungslose Kapitalverwertung in einem möglichst sicheren Umfeld durchaus legitim und gerechtfertigt. So muss sich ein Investor bei der Standortwahl zwangsläufig mit konkreten Bedrohungsfaktoren, die einen ordnungsgemäßen Geschäftsablauf stören und die Markt- und Standortsicherheit gefährden können, beschäftigen. Besonders in einer von starken gesellschaftlichen Umbrüchen und einer eher instabilen weltpolitischen Gesamtsituation geprägten Zeit gewinnen derartige Betrachtungen im wirtschaftlichen Handeln an Bedeutung.

Zwar bildet das politische Umfeld innerhalb einer auf wehrökonomischen Gesichtspunkten basierenden Betrachtungsweise den primären Aspekt bei Überlegungen zur Standortsicherheit bzw. Standortwahl. Jedoch stellen vielfältige Veränderungen und Trends im wirtschaftlichen Umfeld für Investoren eine in ihrer Bedeutung nicht minder wichtige Basis bei den ständig notwendigen Planungen und Analysen bezüglich des jeweils gegenwärtigen Aktionsfeldes respektive Standortes dar.

Der Anteil globalwirtschaftlicher Aktivitäten von Unternehmen hat sich weltweit im Zuge einer immer stärker wirtschaftlich vernetzenden Welt drastisch erhöht und wird dies auch weiterhin tun. Somit kommen in den Betrachtungen zu Sicherheits- und Risikopotentialen beispielsweise folgende internationale Bezüge und damit verbundene Fragestellungen zu den bereits dargestellten Gesichtspunkten und Überlegungen hinzu:

- Möglichkeiten und Risiken weltweiter Beschaffung (Global Sourcing) von Gütern und Leistungen;
- die besondere Bedeutung von Rohstoff- und Energiebezügen aus anderen Ländern und Kontinenten (dabei ist besonders zu bedenken, dass sich der wesentliche Teil der weltweiten Rohstoffe und energiereichen Materialien in Krisengebieten befindet);

- weltweite Kommunikation sowie technologisch und informationell hochsensibler Nachrichtenaustausch und Datenverkehr;
- internationaler Zahlungsverkehr und Finanzierungsvorgänge (Financial Operations);
- weltweiter Arbeitskräfte- und Dienstleistungsverkehr;
- Transportaktivitäten über Verkehrswege wie Wasserstraßen, Eisenbahnlinien, Luftfahrtwege, Straßen, Pipelines, Kabel und drahtlose Kommunikationswege wie Satelliten und via Internet.

„... die moderne Wirtschaft funktioniert allein aufgrund von Zahlungen. ... Denn wie zahlt man ohne Zugriff auf Konten, Computer, Datenleitungen?“[144]

Je komplexer derartige Operationsfelder sind, desto störungsanfälliger und angreifbarer werden sie auch sein. Aus den sich somit ergebenden vielfältigen Bedrohungsszenarien entwickelt sich logischerweise ein entsprechender Bedarf an Sicherheitsleistungen, die idealerweise von staatlicher bzw. öffentlicher Seite durch eine angepasste und breit ausgelegte Sicherheitspolitik innerhalb der jeweiligen budgetären, strukturellen, konjunkturellen und gesetzlichen Rahmenbedingungen erbracht werden.

Kriterien einer derartigen sicherheits- und wirtschaftspolitischen Auslegung könnten unter anderem folgende Ansätze sein:

Wirtschaftspolitische Ansätze:

- möglichst große Annäherung an eine Vollbeschäftigung;
- Erreichung bzw. Erhaltung von Preisstabilität;
- Anstreben eines steten Wirtschaftswachstums;
- Wahrung ausgewogener außenwirtschaftlicher Beziehungen.

Sicherheitspolitische Ansätze:

[144] vgl. Strunz, Herbert; Dorsch, Monique: Sicherheitspolitik und Wirtschaft, Frankfurt/M. u.a. 2003, 13, nach: Kucklick, Christoph: Die Angst vor dem Crash danach, in: GEO Epoche, 7/2001, 124

- Erhaltung der gesamtstaatlichen Stabilität und eines kontrollierten innerstaatlichen Entwicklungsprozesses bzw. eine Beitragsleistung in Hinsicht auf die Stabilität eines potentiellen Bündnises.
- Verhinderung des Übergreifens von potentiellen Konflikten aus Randzonen und Nachbarregionen des eigenen Staats- bzw. Bündnisgebietes.
- Beitragsleistung zur Aufrechterhaltung des freien Handels sowie Waren- und Dienstleistungsverkehrs auf globaler Ebene sowie einer geeigneten Rechtsordnung, welche einen derartigen Ansatz unterstützen würde.

Die Mittel eines solchen politischen Ansatzes sind vor allem in den Bereichen der Außen-, Verteidigungs- und Wirtschaftspolitik sowie der inneren Sicherheit und des zivilen Verteidigungsnetzes vorhanden; zumal sich ein optimales sicherheitspolitisches Handeln immer über eine Vielzahl verschiedener miteinander vernetzter Handlungsfelder erstreckt. Allerdings ist zu bedenken, dass sich aus diesen unterschiedlichen Politikfeldern auch sehr breit gestreute Interessenlagen ergeben, was eine ausgewogene und abgestimmte Auslegung einer sicherheitspolitischen Strategie mitunter erschweren kann.

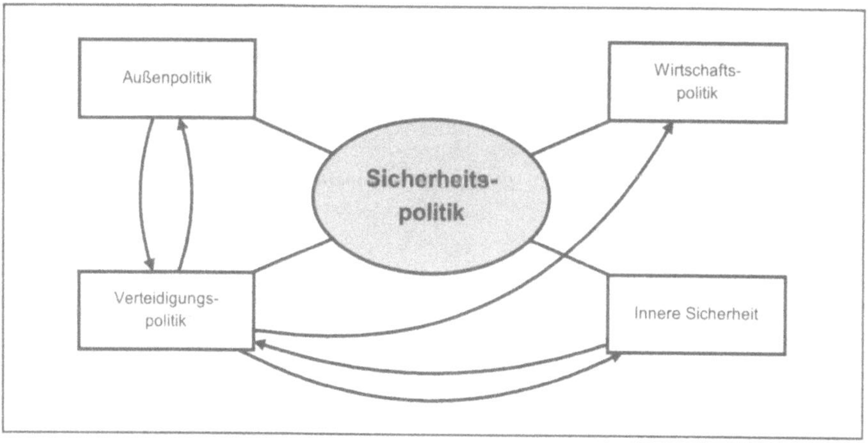

Abbildung 6-5 *Interdependenzen der sicherheitspolitischen Inhalte*[145]

[145] vgl. Strunz, Herbert; Dorsch, Monique: Sicherheitspolitik und Wirtschaft, Frankfurt/M. u.a. 2003, 23

Grundsätzlich lässt sich kaum ein politisches Handlungsfeld aus einer sicherheitspolitischen Konzeption zur Standortsicherheit ausschließen, sind doch auch die potentiell auftretenden Bedrohungsszenarios äußerst vielfältig und nur schwer absehbar. Dazu kommt, dass mitunter eine überregionale Verfolgung eigener Politik zur Standortsicherheit nötig ist. Denn allein schon durch überregionale Rohstoffabhängigkeit lassen sich eigene Sicherheitskonzepte nicht mehr in den Grenzen des eigenen Standorts halten.

It's the Oil stupid

Die Sicherheit beispielsweise transkaukasischer und zentralasiatischer Ölpipelines ist auch für westliche Staatenbündnisse und deren wirtschaftliche Systeme von erheblicher strategischer Bedeutung. Auf das transkaukasische Öl hatte die Sowjetunion bis weit nach ihrer Auflösung das Monopol. Es floss durch eine 100.000-Barrel-Leitung, die sogenannte Nordroute von Baku nach Dagestan und über 146 Kilometer tschetschenischen Boden nach Russland am Schwarzen Meer. Doch 1995 im Zuge tschetschenischer Unabhängigkeitsbestrebungen und Geldmittelanwartschaften errichteten westliche Firmen eine vergleichsweise dicke Konkurrenzleitung von Baku an die georgische Schwarzmeerküste, ohne Berührung russischen Territoriums.

Was allerdings Russland traf und für einige Zeit auch immense Auswirkung auf die Energieversorgung hatte, war, dass tschetschenische Sezessionisten die Nordroute unterbrachen. Als Russland einen nördlicheren Bypass legte, versuchten die Sezessionisten auch im nördlichen Gebiet Dagestan Fuß zu fassen. Die russische Zentralregierung schlug den tschetschenischen Angriff zurück und kann den Bypass bis heute nutzen.

Von westlicher Seite her wuchs allerdings die Besorgnis, dass die ständigen Konflikte auch die eigene Energieversorgung in Mitleidenschaft ziehen würde, ist doch eine Erdölversorgung aus Zentralasien gerade für Europa auch eine Absicherung gegen das unsichere Klima im Nahen Osten.

Die zentralasiatischen Staaten Aserbaidschan, Georgien und die Türkei standen als Transitländerkette für eine Umleitung vorbei an den Krisengebieten bereit. Bis 2002 wurden allein zehn Verträge mit europäischen und amerikanischen Unternehmen über die Sondierung und Förderung abgeschlossen. Die 1.760 Kilometer lange und 3 Milliarden Dollar teure Baku-Ceyhan-Linie umgeht die Krisenregionen in Tschetschenien und Russland und den Iran und ging im Frühjahr 2005 in Betrieb.

Später sollen auch die mittelasiatischen Länder Turkmenien, Afghanistan und Usbekistan ihr Öl über diese Pipeline exportieren. Ebenso ist auch eine parallel verlaufende Erdgasleitung geplant. Jährlich sollen ca. 50 Millionen Barrel durch die Leitungen fließen.

Was das Zusammenspiel von Wirtschafts-, Standort- und Sicherheitspolitik betrifft, muss man feststellen, dass die notwendigen Kredite nicht rein privater Natur sind, sondern auch von der Weltbank, der Europäischen Bank für Wiederaufbau und Entwicklung und der deutschen Kreditanstalt für Wiederaufbau gestellt werden. Externe Krisen gefährden also nicht nur private, sondern auch öffentliche Investitionen.

Da diese externe Energieversorgung entscheidend für den eigenen Standort ist, zwingt dies Länderregierungen nicht nur zur Unterstützung, sondern auch zur Sicherung der öffentlichen Kredite, was im Zuge der Sicherheitspolitik humanitäres und militärisches Wirksamwerden in Krisengebieten im Sinne von Wach- und Schutzaufgaben nicht ausschließt.[146]

Dabei sind Krisenauslöser wie beispielsweise ein ungleicher Bevölkerungsanstieg, regional aufflammender Nationalismus, der in Radikalismus und diverse Pluralismen umschlägt, oder aufkeimende Ressourcenkonflikte und Aggressionen zwischen Ethnien in anderen Gebieten sehr wohl von eminenter Bedeutung für die eigene Standortsicherheit.

Dementsprechend wandeln sich auch Aufgaben und Sinn militärisch-exekutiver Instrumente. Selbst dieser Bereich ist der Globalisierung, die vorwiegend auf wirtschaftlicher Ebene stattfindet, unterworfen.

---

146 vgl. Follath, Erich; Jung, Alexander: Die Quelle des Krieges, in: Der Spiegel 22/2004, 106; Steinberg, Thomas-Immanuel: Öl in fremden Händen, in: Die Junge Welt, 25. 09. 2004, http://www.jungewelt.de, 12. 06. 2005; Kleveman, Lutz C.: Strategische Entscheidung, in: Die Zeit 37/2003, http://www.zeit.de, 13. 04. 2005

Der amerikanische Admiral Paul T. Gillcrist macht dies am Sinneswandel einer Trägerflotte wie folgt deutlich:

„For the last three years of my naval career I tried to get people to stop using the phrase of fleet and air defence. It is wrong to describe the up to date mission of a navy fleet that way – for any navy .... One could infer, from use of the expression, the carrier battle group had still only one function, that of defending the country from the grave threat posed by some enemy power, as it was the case during the cold war. Today this is far from the case. A battle group's main purpose is to prowl the oceans of the world protecting the interests of it's country. A principle one of those interests is the protection of the freedom and safety of the precious sea lines of communication over which flows the steady stream of materials critical to each country's economy and existence." [147]

Eine Befragung von Führungskräften im Ausland tätiger Unternehmen ergab, dass die Toleranz hinsichtlich der Gefährdung der Markt- und Standortsicherheit relativ hoch ist. Als grundsätzliche Tendenz ergab sich, dass man sich erst dann definitiv aus einem Standort bzw. Markt zurückzieht, wenn akute und unmittelbare Gefahr für die persönliche Sicherheit gegeben ist. Generelle Bedrohungen sowie eine grundsätzlich kritische Situation stellen somit noch keinen eminenten Grund für das Verlassen einer Region dar.

6.2 Vergabe von öffentlichen Aufträgen im militärischen Bereich

Der Verteidigungsbedarf verlangt auch einen Anteil am volkswirtschaftlichen Kapital- und Produktionsmittelbestand. Wiederum zeigt sich, dass sicherheitspolitische Ansätze bedeutende gesamtwirtschaftliche und einzelwirtschaftliche Auswirkungen haben können. Je nach sicherheitspolitischer Aktion können diese entweder stimulierend oder dämpfend wirken. Im Rahmen einer speziell wehrökonomischen Betrachtung ist die gesamtwirtschaftliche Produktivität von Ausgaben im

---

[147] vgl. Gillcrist, Paul T.: Tomcat – The Grumman F-14 Story, Atglen 2002, 12. Admiral Gillcrist flog über 167 Kampfmissionen in Vietnam und über dem Irak und kommandierte eine Schwadron im Golf von Tonkin. Als Testpilot flog er 71 unterschiedliche Flugzeugtypen und war Kommandeur aller Einheiten der amerikanischen Pazifik-Flotte.

militärischen Bereich von besonderer Bedeutung, da gerade die Nachfrage von öffentlicher Seite für die Rüstungsindustrie entwicklungsbestimmend ist.

Deren Entwicklung ist wiederum durch diverse und breit gestreute Verflechtungen, wie z.B. Zulieferketten, Dual-Use-Möglichkeiten und Offset-Ansätze sowie mögliche Veränderungen in der Infrastruktur und im Verkehrsnetz für einen wesentlichen Teil der übrigen Wirtschaft bestimmend. Aufgrund der in diesem Bereich vorherrschenden hohen Klassifikation von Informationen ist eine eingehende Quantifizierung allerdings nur sehr schwer durchführbar. Grundsätzlich gibt es mehrere Möglichkeiten.

Von der Auftragsvergabe an die einheimische Industrie und entsprechender Eigenentwicklung über Lizenzfertigung und Teilbezug aus dem Ausland oder rüstungswirtschaftlichen Kooperationsverträgen mit ausländischen Partnern erstreckt sich die Palette bis hin zur Auftragsvergabe an die Industrien anderer Staaten bzw. den direkten Import ausländischer Güter.

Bei Anschaffungsaktivitäten gelten grundsätzlich kaufmännische und Kosten-Nutzen-bezogene Grundsätze. Trotzdem stellen insbesondere bei öffentlichen Aufträgen an die Rüstungswirtschaft auch gesamtwirtschaftliche Aspekte wie eine etwaige Konjunkturstimulation und sicherlich in gewissem Rahmen auch die eigene Arbeitsmarktpolitik und sowie politische und geostrategische Gesichtpunkte nicht zu unterschätzende Faktoren dar.

Auch taktische Gesichtspunkte, wie ein möglichst sparsamer Umgang mit Haushaltsmitteln, Eigeninteressen von Teilstreitkräften und das Bestbieter- kontra Billigstbieter-Prinzip sowie Kompensationsmöglichkeiten, beispielsweise durch Gegengeschäfte, stellen relevante Kalkulationsgrößen dar. Vor allem aber sind Auftragsvergabeentscheidungen im rüstungswirtschaftlichen Sektor auch politische Entscheidungen, die mitunter dem Prinzip der Kostenunterwerfung widersprechen können.

Eine Bewertung dieser Auswirkungen stellt sich allerdings wiederum als recht schwierig dar, da die gesetzten Impulse oft eher indirekt wirken, abhängig von der jeweiligen Form der Geschäfte sind und, wie bereits angesprochen, in dieser Branche hohe Klassifikationsstufen herrschen. Außerdem ist bei der hohen Technologierate und der großen transnationalen Kooperationsnotwendigkeit aktuellerer Anschaffungsprojekte die Wirkung auf den einheimischen Arbeitsmarkt relativ schwierig prognostizierbar.

Der Beste gewinnt?

Beispiele für gemeinsame öffentliche Aufträge auf europäischer Ebene im Rüstungsbereich bieten vor allem die aktuellen europäischen Rüstungsprojekte wie Eurofighter Typhoon, IRIS T, METEOR oder Taurus. Ein Kooperationsprojekt, das auch für den Vorrang politischer Gesichtspunkte vor wirtschaftlichen Aspekten steht, ist neben dem Kauf des MEADS-Systems durch die Deutsche Bundeswehr die europäische Entscheidung über das Airbus A-400 M Transporter-Projekt.

Seit Anfang der 1980er Jahre steht der immer dringender werdende Bedarf von neuen Transport- und Verlegekapazitäten als Ersatz für die alternden Transall- und Herkules-Maschinen der europäischen Streitkräfte. Aufgrund immer enger werdender finanzieller Spielräume stand eine europäische Entscheidung bis ins Jahr 2000 aus. Zur Auswahl standen im wesentlichen die russische AN-70 des Herstellers Antonow und der A-400M des europäischen Herstellers Airbus. Obwohl die Entwicklungs- und Herstellungskosten der AN-70 wesentlich geringer sind als die des A-400M und diese dem Airbus selbst von europäischer Seite feststellbar in sämtlichen technisch-operationellen und wirtschaftlichen Bereichen unterlegen ist, wurde letztendlich der teurere Airbus trotz angespannter Kassenlage und unter hohem politischem Druck ausgewählt.

Besonders Frankreich übte großen Druck auf die anderen europäischen Staaten aus. So wäre für eine politisch ausdrücklich gewollte gemeinsame Lösung nur der Airbus in Frage gekommen, da dies vornehmlich der europäischen Industrie zu Gute kommt und Arbeitsplätze schaffen werden.

Gerade für ein Land wie Deutschland stellte diese Entscheidung zu Gunsten Europas jedoch eine nachteilige Vorgehensweise dar. Denn durch eine Zusammenarbeit mit Russland wären durch Zuarbeiten bei Avionik und Endmontage wesentlich mehr Arbeitsplätze entstanden.

Bei Beibehaltung des Finanzrahmens von 12,9 Milliarden Euro hätten auch 15 Maschinen mehr abgenommen werden können. Da sich letztlich alle anderen europäischen Partner für den Airbus aussprachen, ohne Deutschland jedoch nicht die erforderliche Produktionszahl zur Erreichung der Wirtschaftlichkeit des Projekts bewerkstelligen konnten, gab Deutschland im Sommer des Jahres 2000 schließlich nach und orderte zunächst 76 Einheiten.

Wegen des steigenden Kostendrucks, bedingt durch diverse Schwierigkeiten innerhalb des Programms wurde diese Zahl bis zum Februar 2003 allerdings auf 60 Stück reduziert. So wurde wiederum durch vornehmlich französischen Druck, nicht-europäische Bauelemente möglichst auszuschließen, das im Gegensatz zum kanadisch-amerikanischen Pratt & Whitney-Triebwerk um 20 Prozent teurere europäische Triebwerk der Aero Propulsion Alliance ausgewählt.

Derzeit beträgt der Stückpreis für einen A-400M ca. 128 Millionen Euro. Vormals für die Truppeneinführung ab 2007 geplant, findet jetzt die Indienststellung voraussichtlich in den Jahren ab 2009 statt.[148]

Projekte dieser Art sind in der Regel langfristig, kostenintensiv mit hohen Entwicklungskosten verbunden und dementsprechend komplex. Mögliche Projektkosten können neben einer Vielzahl anderer Akquisitionskosten wie Gehälter, Reisekosten, Projektierungskosten wie beispielsweise Beratungs- und Vorprojektkosten sowie Preiskalkulationen, oder etwa Kosten der Angebotsorganisation wie Kooperationssondierungen, Finanzierungsklärung oder Dokumentationsarbeiten sein.

Am intensivsten dürften sich wohl die Entwicklungs- und Forschungskosten wie beispielsweise Engineering-, Design- und Konstruktionskosten auswirken. Für beide Seiten sind also die Frage einer effektiven Kontrahierungspolitik, sprich Preis- und Konditionenpolitik sowie generelle Fragen der Finanzierung von langfristigen Investitionen und deren Absicherung in vielerlei Hinsicht verhandlungsbestim-

[148] vgl. Schwarz, Karl: Last der Entscheidung, in: Flugrevue 6/2000, 50; Schwarz, Karl: Entscheidung für A400M, in: Flugrevue 8/2000, 32; Schwarz, Karl: Schweres Geschäft, in: Flugrevue 3/2002, 50; Schwarz, Karl: Interview mit dem Luftwaffeninspekteur Generalleutnant Gerhard Back, in: Flugrevue 11/2002, 58; Schwarz, Karl: Weniger Flugzeuge, höherer Preis, in: Flugrevue 7/2003, 14; Schmid, Rainer: Der Euro-Frachter, in: Fliegerrevue 8/2000, 24

mend. Besonders gilt dies auch für den Auftraggeber, da sein Budget durch öffentliche Gelder gedeckt ist.

Die Auswirkungen und die Dimensionen öffentlicher Aufträge hängen zudem auch von der jeweils aktuellen politischen Situation ab. Befindet man sich im Vorbereitungsstadium, also in Friedenszeiten oder im Mobilisierungsstadium, sprich in Krisenzeiten, bestimmen nachhaltig die ökonomischen Aktivitäten des Staates und der Industrie; in diesem Zusammenhang vornehmlich der Rüstungsindustrie. Während in Friedenszeiten eher allgemeine marktwirtschaftliche Verhältnisse vorherrschen, ändert sich dies in Krisenzeiten hin zu einer vermehrt bedarfsorientierten Ausrichtung. Diese haben auch besonderen Einfluss auf die Dimension und Auslegung rüstungswirtschaftlicher Aktivitäten in bezug auf Kriterien wie Eigenentwicklungen, Partnerschaften, Lizenzfertigungen etc.

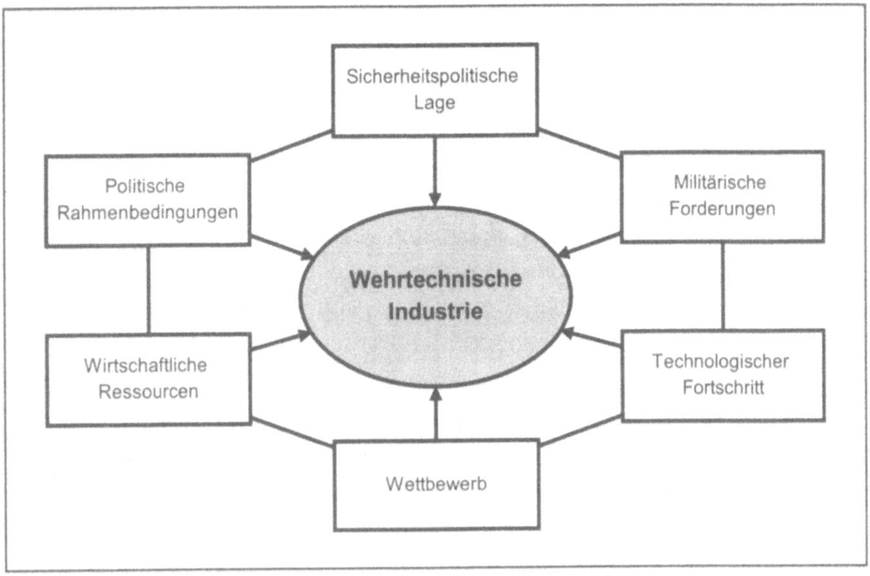

Abbildung 6-6 *Das rüstungswirtschaftliche Hexagon*[149]

[149] vgl. Strunz, Herbert; Dorsch, Monique: Sicherheitspolitik und Wirtschaft, Frankfurt/M. u.a. 2003, 54

So sind die weltweiten Verteidigungsausgaben seit den Terroranschlägen vom 11. September 2001 wieder angestiegen, da man, abgesehen von den USA, generell davon ausgeht, sich zwar nicht explizit im Krieg zu befinden, aber doch in einer Krisenzeit, die verstärkte militärische Maßnahmen erfordert. Für die USA im besondern gilt aber, dass sich diese – nach eigener Ansicht – derzeit in einem Kriegszustand befindet. Und so verwundert es nicht, dass sich ihre militärischen Ausgaben drastisch erhöht haben.

Selbst ohne die Ausgaben für die Kriege in Afghanistan und dem Irak würde sich eine Steigerung der amerikanischen Ausgaben um jährlich vier Prozent anstelle der derzeitigen Rate von elf Prozent ergeben. Allein im Jahr 2003 lagen die weltweiten Militärausgaben bei fast 900 Milliarden Dollar, was einem Anteil von über drei Prozent des weltweiten Bruttosozialprodukts entspricht. Von dieser Erhöhung in den letzten Jahren entfallen nahezu drei Viertel auf die USA. Westeuropa folgte diesem Trend jedoch noch nicht.

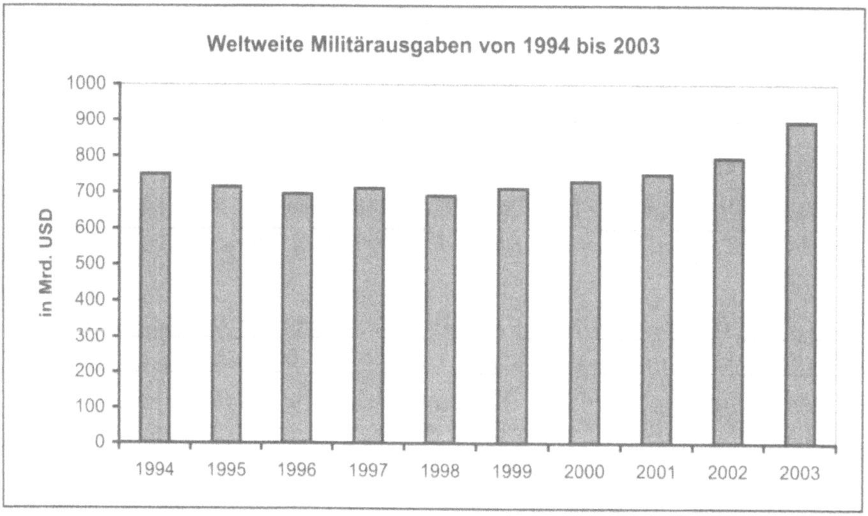

Abbildung 6-7 *Weltweite Militärausgaben von 1994 bis 2003*[150]

[150] vgl. Stockholm International Peace Research Institute (Ed.): SIPRI Yearbook 2004, Oxford 2004, Tafel A101; nicht mit eingeschlossene Länder (aus Mangel an zur Verfügung stehenden Daten) sind: Afghanistan, Angola, Benin, Nordkorea, Kongo, Irak, Liberia, Somalia, http://www.sipri.org, 26. 05. 2005

Rüstungsausgaben der 15 größten Investoren im Jahr 2003			
	Land	Ausgaben in Mrd. USD 2003	Pro Kopf in USD
1.	USA	417,4	1419
2.	Japan	46,9	367
3.	UK	37,1	627
4.	Frankreich	35,0	583
5.	China	32,8	25
6.	Deutschland	27,2	329
7.	Italien	20,8	362
8.	Iran	19,2	279
9.	Saudi Arabien	19,1	789
10.	Süd Korea	13,9	292
11.	Russland	13,0	91
12.	Indien	12,4	12
13.	Israel	10,0	1551
14.	Türkei	9,9	139
15.	Brasilien	9,2	51

Tabelle 6-1 *Rüstungsausgaben der 15 größten Investoren im Jahr 2003*[151]

Es gibt viele Betrachtungsweisen zur Wirtschaftlichkeit von Militärausgaben, doch lassen sich prinzipiell zwei gegensätzliche Positionen ausmachen:

- Militärausgaben sind ökonomischer Ballast;
- der militärische Sektor ist ein dynamischer und unverzichtbarer Bereich innerhalb einer ökonomischen und industriellen Entwicklung.

Zwischen diesen Polen sind natürlich auch viele Zwischenpositionen möglich. Die Streitkräfte können zwar als Notwendigkeit gesehen werden, jedoch als solche, die Ressourcen für unproduktive Zwecke bindet. Die üblichen Argumente dafür, dass Militärausgaben einen negativen ökonomischen Effekt haben, sind unter anderem, dass sie Ressourcen binden, die für produktivere Zwecke eingesetzt werden könnten, wie beispielsweise Steuermittel oder menschliches Talent und Arbeitskraft etc. Auf der anderen Seite wird wiederum angeführt,

---

[151] ebd., Tafel A103

dass die Ressourcen für das Militär vielmehr auf verschiedene Weise einen positiven ökonomischen Beitrag liefern.

Waffenforschung und -entwicklung kann zu technischem Fortschritt führen, der für die zivile und militärische Industrie wichtig ist. Die Streitkräfte können junge Männer mit Erziehung und Ausbildung versorgen, die andernfalls arbeitslos wären. Militärische Vorbereitungen können infrastrukturelle Entwicklungen umfassen, wie das Bauen von Strassen und Schienen, die dann von der Gesellschaft genutzt werden. Und schließlich wird mitunter auch angeführt, dass das Militär die Fähigkeit hat, Ressourcen zu mobilisieren und als Motivation für nationale Industrialisierung und Entwicklung dienen zu können.

Bei der Tragbarkeit militärischer Ausgaben für die Gesellschaft sollte man nicht nur eine reine Betrachtung der absoluten Höhe der Ausgaben anstellen. Man sollte auch nachvollziehbar machen, in wie fern sich dies pro Kopf verhält, um ein objektiveres Bild zu erhalten. Dies soll hier am Beispiel der NATO-Mitgliedsländer versucht werden.

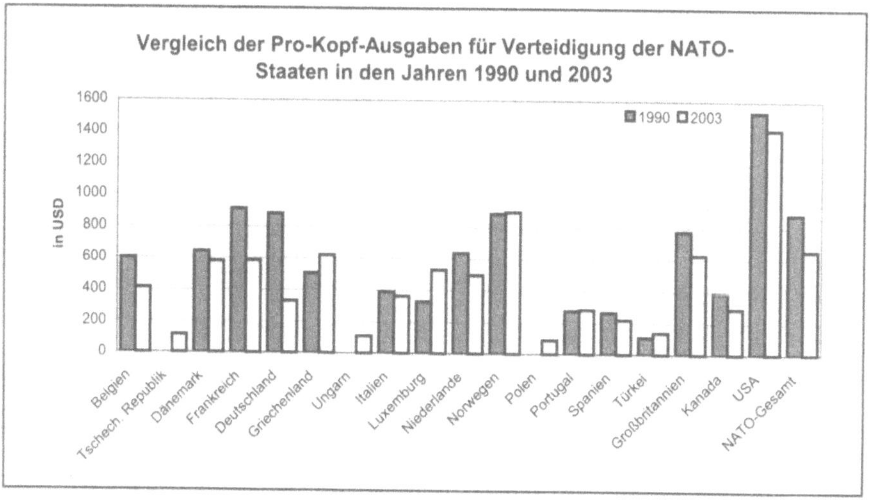

***Abbildung 6-8** Vergleich der Pro-Kopf-Ausgaben für Verteidigung der NATO-Staaten in den Jahren 1990 und 2003*[152]

---

[152] vgl. North Atlantic Treaty Organisation, http://www.nato.int, 26. 05. 2005; die Ausgaben der Tschechischen Republik, Ungarn und Polen wurden 1990 nicht erfasst, da diese Staaten noch nicht Mitglieder der NATO waren.

So sind die Verteidigungsausgaben in den meisten NATO-Staaten zwar in absoluten Zahlen wieder angestiegen. Pro Kopf ist die Belastung in den meisten Ländern der NATO jedoch gesunken. Sicherlich muss dabei auch in Betracht gezogen werden, in welchem Verhältnis der geleistete Pro-Kopf-Anteil zum durchschnittlichen Pro-Kopf-Einkommen in den jeweiligen Staaten steht. Außerdem steht zu bedenken, wie sich diese Mittel verteilen. So ist der budgetäre Anteil für investive Maßnahmen in den meisten Staaten erheblich gesunken, was für die meisten Streitkräfte eine Auftragserfüllung unter Restriktionen bedeutet.

Ebenso verhält es sich bei einer Betrachtung der Verteidigungsausgaben in Relation zum jeweiligen Bruttoinlandsprodukt. Beispielsweise geben die USA heute um ein Vielfaches mehr für Rüstung aus als alle anderen Länder zusammen. Gemessen am eigenen Bruttoinlandsprodukt relativiert sich diese Zahl jedoch wieder.

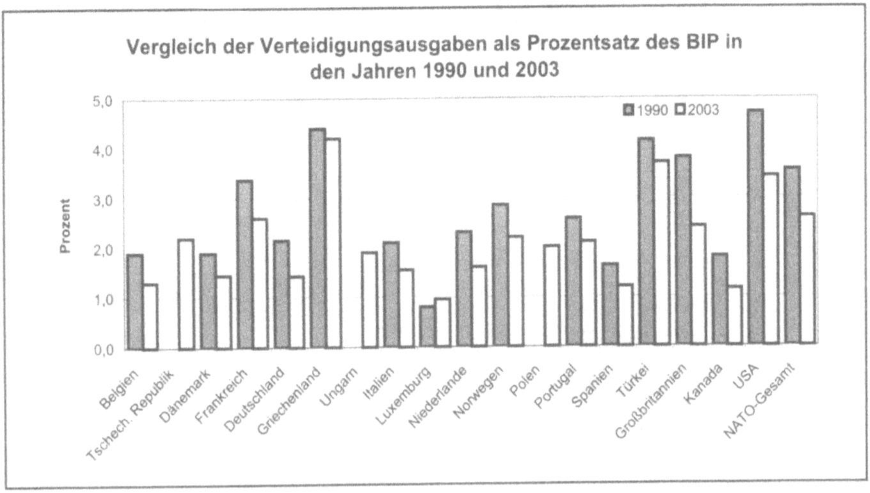

Abbildung 6-9 Vergleich der Verteidigungsausgaben als Prozentsatz des BIP in den Jahren 1990 und 2003[153]

Letztlich ist bei einer Betrachtung der Tragbarkeit militärischer Ausgaben für eine Bevölkerung auch der gesamtwirtschaftliche Nutzen nicht zu vergessen.

[153] ebd.

So generiert beispielsweise das amerikanische F/A-22 Programm in über 5.000 Firmen mehr als 45.000 Jobs in der Produktion und bezogenen Dienstleistung für mindestens 20 Jahre. Im Vergleich dazu beträgt der zukünftig jährliche Kostenanteil des wohlgemerkt größten Anschaffungsprogramms an den gesamten amerikanischen Verteidigungsausgaben gerade einmal etwas mehr als ein Prozent.[154]

6.3 Outsourcing

Die sich in jüngster Zeit zusehends intensivierende Zusammenarbeit zwischen dem öffentlichen und dem privaten Sektor legt auch die Basis für Outsourcing in Form von diversen Privatisierungen seitens staatlicher Organisationen. Diese Privatisierung öffentlicher Aufgaben wurde und wird in diversen Formen betrieben:

- Durch Ausgliederung einzelner Leistungserbringungsstufen per Auftragserteilung an Privatunternehmen, wobei die Verantwortung über die Finanzierung in der öffentlichen Hand verbleibt;
- durch die gemeinsame Finanzierung von Infrastrukturnetzwerken anhand von vertraglich gesicherten Konzessionsmodellen;
- durch eine formelle Privatisierung, bei welcher formalst öffentliche Aufgaben mit oder ohne private Beteiligung in Form einer privatrechtlichen Neugründung durchgeführt werden;
- durch eine materielle Privatisierung, bei der die Leistungserbringung und die Finanzierungsverantwortung komplett in den privatrechtlichen Sektor abgegeben werden.

Outsourcing-Ansätze könnten beispielsweise die Auslagerung wirtschaftsnaher und technischer Einrichtungen, die Übertragung sozialer und versorgungstechnischer Dienste sowie erwerbswirtschaftlicher Bereiche sein. Weiterhin gibt es Überlegungen zur Privatisierung von Diensten mit direktem verteidigungspolitischem Bezug, wie z.B. der militärischen Materialerhaltung und Instandsetzung, des Wetter- und

[154] vgl. Sweetman, Bill: F-22 Raptor, Osceola 1998, 162; http://www.raptor.mil.com/faq, 12. 06. 2005

Satellitendienstes, der Aufklärung, ja sogar der personellen Interdiktion und des Institutions- und Personenschutzes.

Funktionsspezifische Kompetenz / Strategische Bedeutung	Hoch	Niedrig
Hoch	ausgewähltes und zeitlich befristetes Outsourcing beim Aufbau von Kompetenzen in strategisch wichtigen Bereichen, z.B. • allgemeine F & E, • Entwicklung von Waffensystemen durch die Industrie, • Wartung und Instandsetzung von Gerätschaften	ausgewähltes Outsourcing bei weitgehend standardisierten Verwaltungsaufgaben und Infrastrukturdiensten, z.B. • Wachaufgaben, • Verpflegung und Betreiben von Küchen und Betreuungseinrichtungen
Niedrig	weitreichendes Outsourcing von der Infrastruktur bis zu standardisierten Anwendungen, z.B. • allgemeine Ausbildungsaktivitäten, • Pflege und Wartung von Liegenschaften, • technische Prüftätigkeiten durch Überwachungsvereine)	ausgewähltes Outsourcing, verbunden mit Kompetenzabbau in strategisch unbedeutenden Bereichen, z.B. • Übertragung ausgewählter Transportaufgaben auf logistische Betriebe (Bahn, Speditionen usw.)

Tabelle 6-2 Möglichkeiten des Outsoucings[155]

Bei sämtlichen Outsourcing-Bestrebungen von staatlicher Seite sollte aber grundsätzlich das Prinzip der Vollerfüllung der Kernkompetenzen ohne Einschränkungen, Kostenvorteile und Know-how-Gewinn sowie Fragen der Geheimhaltung und des Einsatzverhaltens gelten. Des weiteren sollte die Gefahr der möglichen Nichterfüllung bzw. des Nicht-Anbietens im Bedarfsfall gut bedacht und wenn möglich abgesichert werden. Der eigentliche Zweck militärischen bzw. verteidigungs- und sicherheitspolitischen Handelns ist die Gewährleistung der Sicherheit eines Landes respektive eines Bündnisgebietes ohne Einschränkungen im Rahmen der eigenen finanziellen Mittel und ethischen Richtlinien. In wie fern kann es sich also ein Staat überhaupt

155 vgl. Strunz, Herbert; Dorsch, Monique: Sicherheitspolitik und Wirtschaft, Frankfurt/M. u.a. 2003, 72, nach Pöcher, Harald: Outsourcing in Streitkräften – Fluch(t) oder Segen?, in: Österreichische Militärische Zeitschrift 2/1999, 181 ff.

leisten, derart explizite Aufgaben auf privatwirtschaftliche Seite auszulagern?

6.4 Offset-Geschäfte

Eine in der letzten Zeit massiv in Erscheinung getretene Form von Wirtschaftsbeziehungen stellen Offset- oder Gegengeschäfte dar. Hierbei geht es nicht um klassische Handelsbeziehungen in Form von Waren gegen Geld, sondern darüber hinaus um materielle Gegenleistungen für geleistete Warenlieferungen, also quasi Tauschgeschäfte.

Diese werden auch in der Regel innerhalb eines politisch abgesteckten Rahmens getätigt und unterliegen somit anderen Regelungen und Einschränkungen als der freie Warenverkehr. Gerade innerhalb rüstungs- bzw. verteidigungswirtschaftlicher Handelsbeziehungen, also besonders der Handelsbeziehungen der Luftfahrt-, Elektronik-, Energie-, Automations- und Großfahrzeugindustrie stellen Offset-Geschäfte eine mittlerweile schwer wieder wegzudenkende Form von Geschäftsabwicklungen dar. Mittlerweile stellen nahezu 85 Prozent aller Länder bei Rüstungsgeschäften immer massiver ausfallende Offset-Forderungen.

Der jährliche globale Umsatz von Gegengeschäften wird mit 200 bis 500 Milliarden Dollar angesetzt.[156] Jedes der involvierten Länder hat seine eigenen individuellen Regelungen und Anforderungskataloge bezüglich Offsets. Weltweit existieren über 100 verschiedene Richtlinien.[157]

Die anbietende Firma vermittelt dabei Firmen des Käuferlandes ein Geschäft oder ermöglicht so die Teilnahme an internationalen Ausschreibungen. Bei erfolgreichem Geschäftsabschluss dieser Firmen und „Absegnung" durch die jeweils verantwortlichen öffentlichen Stellen wird der Anbieterfirma der Teil der Wertschöpfung der begünstigten Firmen als Gegengeschäft angerechnet. Erstrecken sich also

[156] vgl. Hew, David: Artikel der Asia Pacific Countertrade Association APCA, http://www.apcatrade.hostfusion.net, 14. 10. 2003

[157] vgl. Hegmann, Gerhard: Rüstungsindustrie, Moderner Kuhhandel, in: Financial Times Deutschland, 23. 01. 2002, http://www.e-offsets.com, 14. 10. 2003; Bureau of Industry and Security: Kongressreport – Offsets in Defence Trade, http://www.bis.doc.gov, 14. 10. 2003

solche Gegengeschäfte auf andere Bereiche, ist es durchaus legitim, von wirtschaftsentwickelnden Maßnahmen eher als von bloßen Geschäftsabwicklungen zu sprechen.

Gegengeschäfte treten dabei im wesentlichen in zwei Formen auf, als indirekte und direkte Offsets.

Bei direkten Offset-Geschäften werden Kompensationen geleistet, die direkt mit dem verkauften Produkt, also in dieser Betrachtung beispielsweise einem Flugzeug, Panzer oder anderen Rüstungsgütern in Verbindung stehen. Das kann beispielsweise die Lizenzfertigung oder der Bau von Komponenten für das verkaufte Produkt sein, womit dann die Firmen des Käuferlandes beauftragt werden.

Indirekte Offsets sind die Vermittlung von Aufträgen oder Geschäften, die mit dem verkauften Produkt nicht in Verbindung stehen, also Aufträge, die zwischen und an Firmen aller Art vermittelt werden.

Moderne Tauschwirtschaft

Z.B. hat der europäische Rüstungskonzern EADS (European Aeronautics Defence and Space Agency) bisher international über 85 Gegengeschäftsverträge abgewickelt. Das Beschaffungsvolumen beläuft sich jährlich auf 24 Milliarden Euro bei ca. 35.000 Lieferanten.[158]

Aktuelle Beispiele für rüstungswirtschaftliche Offset-Geschäfte sind die Länder Polen und Österreich.

Seit Mitte der 1990er Jahre gab es im 1999 der NATO beigetretenen Polen bereits mehrere Anläufe, die alternde polnische Flugzeugflotte aus MIG-21-Jägern zu modernisieren. Unter anderem wurde mit Deutschland auch der Kauf der gebrauchten MIG-29 Flotte – nach Einführung des Eurofighters in der Bundesluftwaffe – vereinbart.

An einer weiteren polnischen Ausschreibung über den Kauf neuer Kampfflugzeuge nahmen der amerikanische Konzern Lockheed Martin mit der F-16 MLU, die SAAB-Corporation mit dem J-39 Gripen und der französische Hersteller Dassault mit der Mirage-2000MK teil.

[158] vgl. Bachner, Michael: Alles, was fliegt ist ein Gegengeschäft, in: Der Standard, 11. 08. 2004, 15; Himmelbauer, Leo: Lkw für Abfangjäger, in: Wirtschaftsblatt, 07. 09. 2004, 2

Am 27. Dezember 2003 wurde durch den polnischen Verteidigungsminister offiziell die Block 50/52 F-16 des amerikanischen Herstellers Lockheed Martin ausgewählt. Damit hat Lockheed das bis dahin größte Rüstungsgeschäft mit einem ehemaligen Ostblockstaat für sich verbucht. Der Vertrag wurde im darauffolgenden Frühjahr unterzeichnet. Zu bedenken steht dabei, dass Polen die amerikanischen Jets mit europäischen Fördergeldern bezahlt. Insgesamt werden durch die polnische Luftwaffe 48 Maschinen bis 2008 bezogen.

Die Auswahl erfolgte nach einem strengen Punkteverfahren durch eine 23-köpfige Kommission. Der Auftragswert liegt insgesamt bei ca. 4,7 Milliarden Dollar. Dabei erfolgt jedoch ein Großteil der Bezahlung, nämlich 3,8 Milliarden, durch Kredittilgungen. Auf die Bewertung der Gegengeschäfte wurde über die gesamten Verhandlungen hinweg der größte Wert gelegt. So wird das amerikanische Angebot mit 9,8 Milliarden Dollar und einem realen Offset-Wert von ca. sechs Milliarden beziffert.

Die in Aussicht gestellten Geschäftsbeziehungen beinhalten unter anderem Zulieferungen zu amerikanischen Flugzeugherstellern, Unterstützungsleistungen bei der Produktion und Vermarktung von Sikorsky W-3 und SW-4 Helikoptern sowie die Teilnahme an amerikanischen Angeboten bei Ausschreibungen in Asien.

Natürlich wurden auch Zuarbeiten, die direkt mit dem F-16-Programm in Verbindung stehen, wie Ausrüstungsarbeiten, Modernisierung und die Produktion von Ersatzteilen sowie die Endmontage vereinbart. Insgesamt enthält das Offset-Angebot über 100 Projekte für polnische Firmen.[159]

Dass bei dem Lawinenunglück im österreichischen Galtür im Februar 1999 die Rettungsaufgaben nur mit Hilfe von ausländischen, vornehmlich amerikanischen Hubschrauberverbänden zu bewerkstelligen waren, gab in Österreich den Ausschlag, die vorhandene eigene Heli-

[159] vgl. Gkowacki, B.; Sobczak, G.: Polen wählt U.S.-Angebot, in: Flugrevue 3/2003, 78; Normann, Michael: Polen wird F-16 kaufen, in: Fliegerrevue 3/2003, 26; Brauer, Jürgen: Economic Aspects of Arms Trade Offsets, Augusta State University, Augusta, 25. 09. 2002, http://www.e-offsets.com, 14. 10. 2003; Taylor, Travis K.: Using Offsets in Procurement as an Economic Development Strategy (Working Paper), New York 2002, http://www.e-offsets.com, 14. 10. 2003

kopterflotte aus Augusta Bell A204-Helikoptern zu ersetzen. Bereits im darauf folgenden Jahr am 6. Oktober 2000 wurde der amerikanische Hersteller Sikorsky mit der Lieferung von neun vormals UH-60, jetzt S-70A Black Hawk-Helikoptern beauftragt.

Damit wurde Österreich zum 25. ausländischen Kunden für die amerikanische Black Hawk-Serie. Das Geschäft hat einen Wert von insgesamt über 210 Millionen Euro. Innerhalb des österreichischen Bundesheeres war man sich einig, dass derzeit nur der Black Hawk über eine ausreichende Tauglichkeit für den alpinen Einsatz und eine gleichzeitige Verwendung im Rahmen internationaler Krisen- und Hilfseinsätze verfügt. Am 10. Juni 2002 wurde der erste Black Hawk von Sikorsky an die österreichischen Streitkräfte übergeben.

Bei den in Aussicht gestellten Gegengeschäften in Höhe von 200 Prozent des Kaufpreises war vor allem ausschlaggebend, dass mit den Beteiligungen an der Produktion weiterer Helikoptermodelle von Sikorsky für österreichische Unternehmen der Zugang zum amerikanischen Markt erleichtert wurde und man sich von der zukünftigen Zusammenarbeit auch einen erheblichen Technologiegewinn verspricht. Insgesamt werden 14 österreichische Unternehmen als direkte Zulieferbetriebe für Sikorsky tätig werden.

Sikorsky hat sich verpflichtet, Waren und Dienstleistungen von insgesamt über 420 Millionen Euro über einen Zeitraum von 10 Jahren aus Österreich zu beziehen. Als Schwerpunkte gelten dabei Leistungen in den Bereichen Hubschrauberbauteile für Kabine und Rumpf, Heckrotorsysteme, hochtemperaturbeständige Leichtwerkstoffe, Treibstoffpumpen, Rettungsausstattung und Sitze, elektrische und hydraulische Bodenversorgungseinrichtungen, Entwicklungs- und Prüfleistungen, Versuchs- und Testanlagen, Simulatoren und Prüfstände sowie Bearbeitungs- und Fertigungsanlagen.

- Hubschrauberbauteile: Compositebauteile für Kabine und Rumpf, Heckrotor-Antriebssysteme, geschmiedete und bearbeitete Teile für Haupt- und Heckrotorköpfe, hochtemperaturbeständige Leichtwerkstoffe, Hydraulik- und Treibstoffpumpen, Ambulanz- und Rettungsausstattung, Sitze und Sitzausstattungen;

- Bodenausstattungen: elektrische und hydraulische Bodenversorgungseinrichtungen;
- Entwicklungs- und Prüfleistungen: spezifische Werkstoffentwicklung;
- Versuchs- und Testanlagen: Flugsimulatoren, Prüfstände für Hydraulik- und Treibstoffanlagen;
- Bearbeitungs- und Fertigungsanlagen: Composite- und Leichtmetallschneideanlagen, flexible Bearbeitungszentren.

Auf erste konkrete Geschäftsbeziehungen kann bereits verwiesen werden: Die Firma Pankl Racing Systems (Bruck/Mur) hat mit Sikorsky einen Vertrag über die Lieferung von Heckrotorantriebswellen für die Hubschraubertypen S-76, S-92 und UH-60 abgeschlossen.

Die Plansee-Werke (Reutte) sollen hochtemperaturbeständige Legierungen produzieren, die für das Joint-Strike-Fighter-Programm, den Comanche-Hubschrauber sowie im NASA-Scramjet-Programm eingesetzt werden.

Die AMAG (Ranshofen) verkauft Aluminium, Fischer Advanced Composite Components kooperiert mit Pratt & Whitney bei der Fertigung von Compositeteilen für Triebwerke. Böhler (Kapfenberg) profitiert von der Lieferung von Schmiedeteilen für den Verkehrsflugzeugbau an General Electric.

Darüber hinaus arbeitet das Austrian Research Center Seibersdorf in mehreren Projekten mit dem Forschungszentrum von United Technologies, einer renommierten Großforschungseinrichtung, zusammen."[160]

Eigentlich können Offsetgeschäfte als ein wichtiges Instrument der staatlichen Außenwirtschaftspolitik dienen und mitunter auch von großer Bedeutung für die Sicherheitspolitik sein. Z.B. wenn es darum geht, einen verbündeten Staat ökonomisch zu stützen und somit seine industriellen und wirtschaftlichen Kapazitäten zu stärken oder eine

160 vgl. Simperl, Gerald A.: Black Hawk siegt in Österreich, in: Flugrevue 12/2000, 74; o.V.: Erste Maschine – Black Hawk für Österreich, in: Flugrevue 8/2002, 20; Hainzl, Wolfgang: Snow Patrol – Black Hawks of Austria, in: Aircraft Illustrated 4/2004, 32

möglichst große Standardisierung militärischer Ausrüstung in einer internationalen Allianz auch durchzusetzen.

In vielerlei Hinsicht kann man Gegengeschäfte durchaus als ein Mittel moralischer Rechtfertigung für die Akquisition von Rüstungsgütern bezeichnen. Haben doch derartige „Einkäufe" das Potential, eine Vielzahl positiver Effekte auf den jeweils heimischen Märkten zu erzeugen, wie die Schaffung von Arbeitsplätzen, die Unterstützung von Teilmärkten und, was sicherlich nicht unbedeutend ist, der Erwerb von neuen Technologien und Know-how. Für entwickelte Staaten sind Offsets ein Instrument, um Arbeit und Technologie an die eigene (Rüstungs-)industrie zu vermitteln. Für weniger industrialisierte Länder hat der Gewinn von Know-how oft Vorrang. Für viele Staaten stellen Offsets also einen wichtigen Faktor für die eigene Wirtschaft dar. Aber genau hier liegt auch die große Gefahr solcher Geschäfte für die Länder, aus denen die bezogenen Güter stammen.

Sinkende Militärbudgets haben konsequenterweise auch die Nachfrage nach militärischem Gerät dementsprechend limitiert, was Käuferländer vor dem Hintergrund internationaler Konkurrenz in sehr vorteilhafte Positionen bei Verhandlungen versetzt. Mittlerweile werden die Forderungen für Gegengeschäfte zunehmend höher. Waren sie anfangs nur ein überschaubarer Teil von Vertragsabschlüssen, belaufen sie sich bei aktuellen Rüstungskäufen auf weit über 100 Prozent. Österreich forderte gar bei seinem Kauf von neuen Transporthubschraubern und Abfangjägern bis zu 200 Prozent des Vertragsumfangs.

Dabei sind die Aufwendungen für die anbietenden Firmen eher sekundär. Die wesentlichen Probleme sind eher jene, die für das Land, aus dem die anbietende Firma stammt und natürlich für die Firmen selbst, entstehen können. Zum einen birgt der Technologietransfer die nicht zu unterschätzende Gefahr, dass eine Anbieterfirma langfristig ungewollt neue Konkurrenten fördert. Die Vermittlung von Geschäften und Vertragsabschlüssen für Firmen des Käuferlandes bedeutet letztendlich die Abwanderung von Arbeitsplätzen aus dem Verkäuferland. So stellte ein Report einer eigens ins Leben gerufenen amerikanischen Kommission für Offset-Geschäfte fest, dass mittlerweile doppelt so viele Arbeiter die amerikanische F-16 auf Lizenz in der

Türkei bauen wie in der eigentlichen Produktionsstätte von Lockheed Martin in Fort Worth, Texas.

Österreich rechnet damit, dass durch die Gegengeschäfte für den Kauf des Eurofighters in Österreich bis zu 10.000 Arbeitsplätze entstehen. Was den Technologietransfer und seine potentielle Boosterfunktion durch Rückflüsse auf die Anbieterfirmen betrifft, musste man feststellen, dass bisher nur ein sehr geringer Teil wieder zurückgeflossen ist. Es wurde festegstellt, dass gerade einmal vier Prozent des Wertes transferierter Technologie wieder in irgendeiner Form in die USA zurückfließen. Im Oktober 1995 gab es bereits einige Arbeiterproteste vor den Werken von Boeing und Lockheed Martin gegen die Vergabe von Fertigungslizenzen an andere Länder. Jedes Jahr investieren amerikanische Firmen in dieser Form rund drei Milliarden Dollar in anderen Ländern.

Dieser Abfluss an Wirtschaftskraft entspricht in den USA ungefähr einem Verlust von bis zu 85.000 Arbeitsplätzen.[161] Die belgische Regierung hat bereits 1999 aufgrund derartiger Entwicklungen beschlossen, Offsets bei zukünftigen Verteidigungsakquisitionen abzuschaffen.[162]

Insofern sind breit angelegte Beziehungsnetzwerke zu einer Vielzahl von Anbietern aus unterschiedlichsten Wirtschaftsbereichen von enormem Vorteil. Lassen sich doch so etwaige Gegengeschäfte auch in eine Art Fördermaßnahme für die eigene Struktur verwandeln. So ist es sowohl für österreichische Firmen als auch für die EADS selbst von Vorteil, dass der europäische Rüstungskonzern auf ein Netz aus rund 500 beteiligten Firmen zurückgreifen kann.

Die Einstufung des Nutzen-Effektes solcher Geschäfte wird normalerweise anhand von Indikatoren wie beispielsweise Auswirkungen auf den jeweiligen Arbeitsmarkt, die individuelle Wertschöpfung für den Empfängermarkt respektive die Empfängerfirmen, Fragen des Technologietransfers oder die jeweilige Exportquote der beteiligten Staaten vorgenommen. Dabei sind die jeweiligen Wirkungen auch von

---

[161] vgl. The Offsets Monitoring Page, http://www.fas.org, 14. 10. 2003

[162] vgl. Struys, Wally: Offsets in small Countries, Royal Military Academy, Brussels, 27. 09. 2002, http://www.e-offsets.com, 14. 10. 2003

den individuellen wirtschaftlichen und industriellen Strukturen und den gegenseitigen Beziehungen der betreffenden Staaten abhängig. Zweifelsohne bergen Offset-Geschäfte vielerlei Vorteile. Abgesehen von den möglichen positiven Effekten auf die beteiligten Volkswirtschaften sind derartige Geschäfte eine gute Kompensationsmöglichkeit für viele Staaten, die außerdem noch stimulierend auf die eigenen außenwirtschaftlichen Beziehungen zu Partnerstaaten wirken. Das kann wiederum zu idealerweise positiven Stimuli auf die eigene Konjunktur und den Arbeitsmarkt führen.

Des weiteren können so finanzielle Mittel, insofern ein Staat Offset-Geschäfte nicht nur aus reiner Notwendigkeit betreibt, für andere, weniger delikate Zwecke genutzt werden.

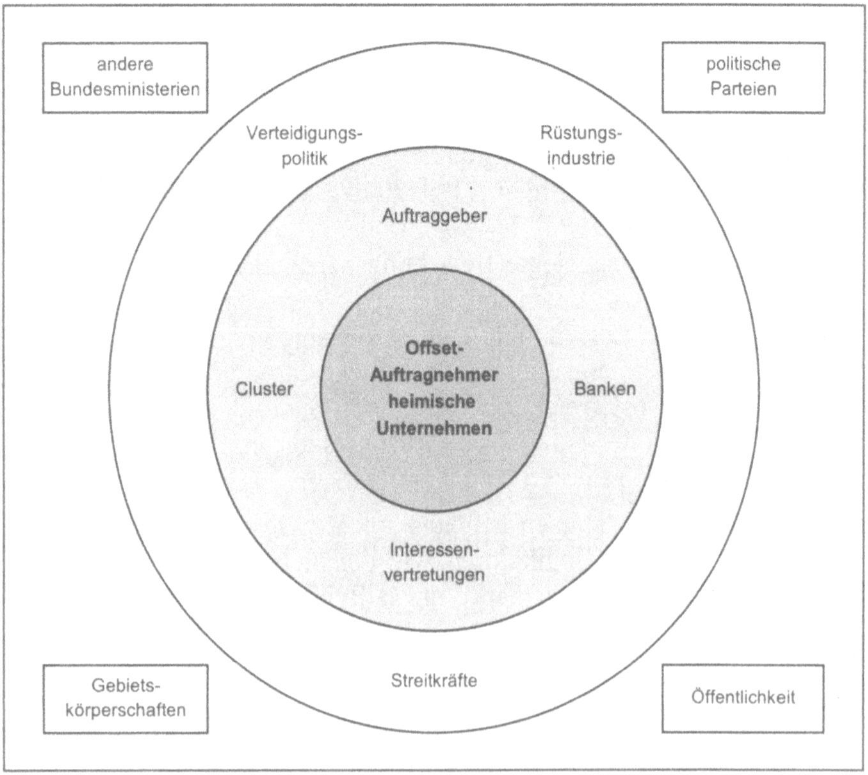

Abbildung 6-10 *Akteure bei der Abwicklung von Offset-Geschäften*

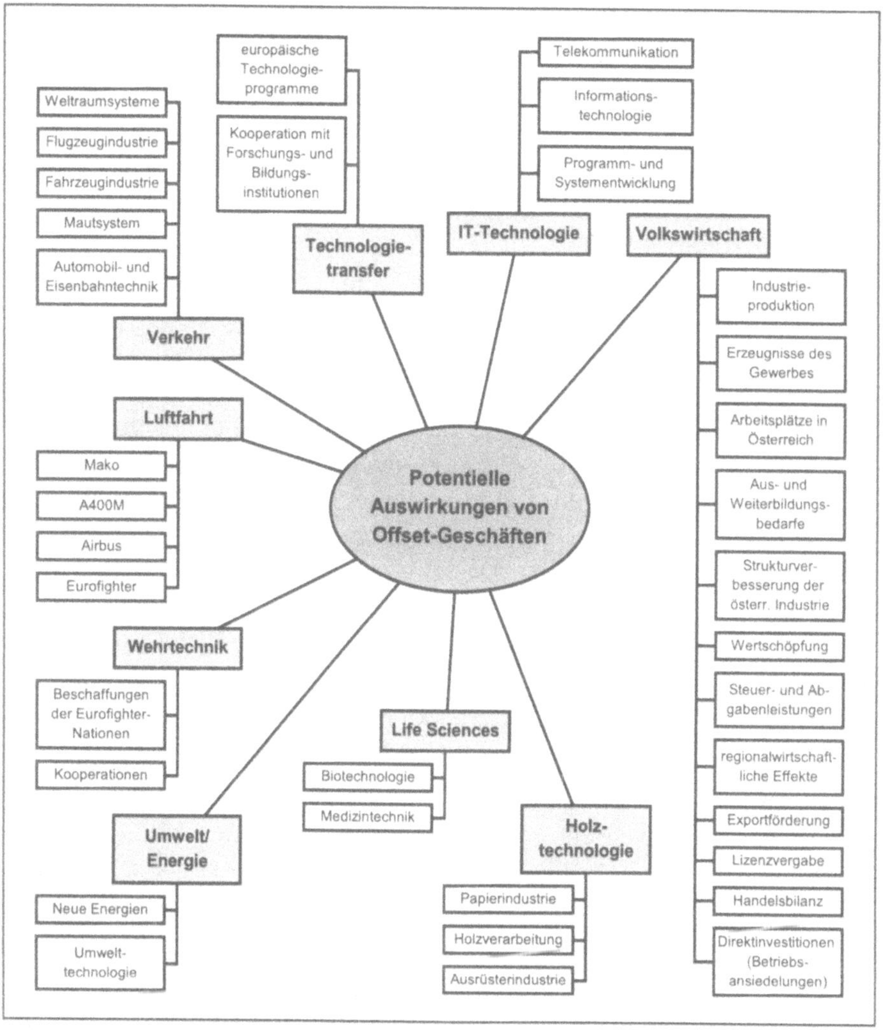

Abbildung 6-11 *Potentielle Auswirkungen von Offset-Geschäften*[163]

Aber Offset-Geschäfte bergen auch Risiken für die Käuferländer. So steht es mitunter zur Debatte, ob rüstungswirtschaftliche Gegengeschäfte, die ja meist in einem zeitlich sehr großen Rahmen erfolgen, auf derart lange Sicht bzw. im geplanten Zeitrahmen auch wirklich die

[163] vgl. Strunz, Herbert; Dorsch, Monique: Sicherheitspolitik und Wirtschaft, Frankfurt/M. u.a. 2003, 77

ursprünglich beabsichtigten Auswirkungen haben. Zu bedenken ist auch, ob ein Staat die vereinbarte Kompensationsquote und die vereinbarten Bedingungen auf die abgesehene Zeit einhalten kann oder die Art der Kompensation nach einiger Zeit ihren wirtschaftlichen Nutzen für ein Wirtschaftssystem verliert und sich so die Abnahmepflichten für ein Käuferland letztenendes nicht als Nachteil für die heimische Wirtschaft erweisen.

Dazu kommt noch, dass Gegengeschäfte in der Rüstungsbranche meist auch wirklich rein rüstungswirtschaftlich bleiben und sich somit der gesamtwirtschaftliche Nutzen eher in Grenzen hält. Außerdem sind bei den sehr komplizierten Gegengeschäftsvereinbarungen neben dem reinen Beschaffungsprozess auch eine Vielzahl unterschiedlicher Aspekte wie beispielsweise die individuellen politischen, rechtlichen und volkswirtschaftlichen Rahmenbedingungen, die Interessenlagen der einzelnen Akteure und unterschiedliche Verwaltungs- und Finanzierungsabläufe zu beachten.

In Österreich sind die Gegengeschäfte vehementer Kritik ausgesetzt. So wird etwa davon ausgegangen, dass bis zu 98 Prozent von Offset-Geschäften tatsächlich gar nicht oder nur zu wirtschaftlich unattraktiven Bedingungen zustande kommen. Daneben werden Kompensationsquoten von über 100 Prozent für eher unrealistisch gehalten. So bezeichnete der konservative Wirtschaftswissenschaftler Erich Streissler die Umwegrentabilität von Gegengeschäften als „Irrglaube und glatte Lüge".[164]

Gerade militärische Offset-Geschäfte sind meist sehr großdimensionierte Aktionen und können auf absehbare Zeit eine Vielzahl kurz-, mittel- und langfristiger Auswirkungen sowie eine große Menge direkter und indirekter Effekte nach sich ziehen. Diese sind jedoch auf Grund sehr schwieriger Messbarkeit und mangelnder empirischer Belege kaum seriös mess- und einstufbar. So sah sich beispielsweise das Österreichische Wirtschaftsforschungsinstitut (WIFO) nicht in der Lage, den wirtschaftlichen Nutzen der Gegengeschäfte bezüglich des Kaufs der Eurofighter durch Österreich seriös zu quantifizieren und

---

[164] vgl. ebd., 81 ff.

zog sich demzufolge von einem Auftrag für solch eine Bewertung zurück.[165]

6.5 Logistische Herausforderungen

In betriebswirtschaftlicher Hinsicht ist Logistik die Lehre von der Bereitstellung von Gütern, abgestimmt auf Bedarf, Art, Menge, Ort und Zeit, wobei Zuverlässigkeit, Schnelligkeit, Einsatzbereitschaft und Nähe zum Auftraggeber eine Rolle spielen. Dies trifft auch in militärischer Hinsicht zu. Hier beschreibt Logistik die Planung, Bereitstellung und den koordinierten Einsatz von Gütern und Dienstleistungen zur Gewährleistung und Unterstützung der Streitkräfte und ihrer Einsatzfähigkeit.

Dies umfasst im wesentlichen die Bereiche der materiellen Sicherstellung und Güterversorgung, der Personalversorgung, die Erbringung militärischer und ziviler Dienstleistungen, des Verkehrs- und Transportwesens und dessen Optimierung, des Sanitätsdienstes und territoriale Aufgaben, wie die Aufrechterhaltung der eigenen Infrastruktur. Daneben steht auch die Beziehungspflege zu zivilen und privatwirtschaftlichen Institutionen im Rahmen der sicherheitspolitischen, rechtlichen und finanziellen Bedingungen, die sich jeweils aus potentiellen Gefährdungsszenarien, gesetzlichen Bestimmungen und aktuellen Militärdoktrinen ableiten, im Mittelpunkt. Die Bedeutung einer optimalen Logistik erwächst nicht nur aus deren vitaler Bedeutung für die Einsatzbereitschaft der Streitkräfte, sondern auch aus ihrer Kostenintensität. Gerade dies stellt eine wesentliche Herausforderung für viele Streitkräfte dar. Dort setzten demzufolge auch viele Optimierungsbemühungen an.

[165] vgl. ebd., 76; Frank, Klaus; Müller, Steffen: Offsetgeschäfte im Internationalen Marketing, Lohmar/Köln 2002

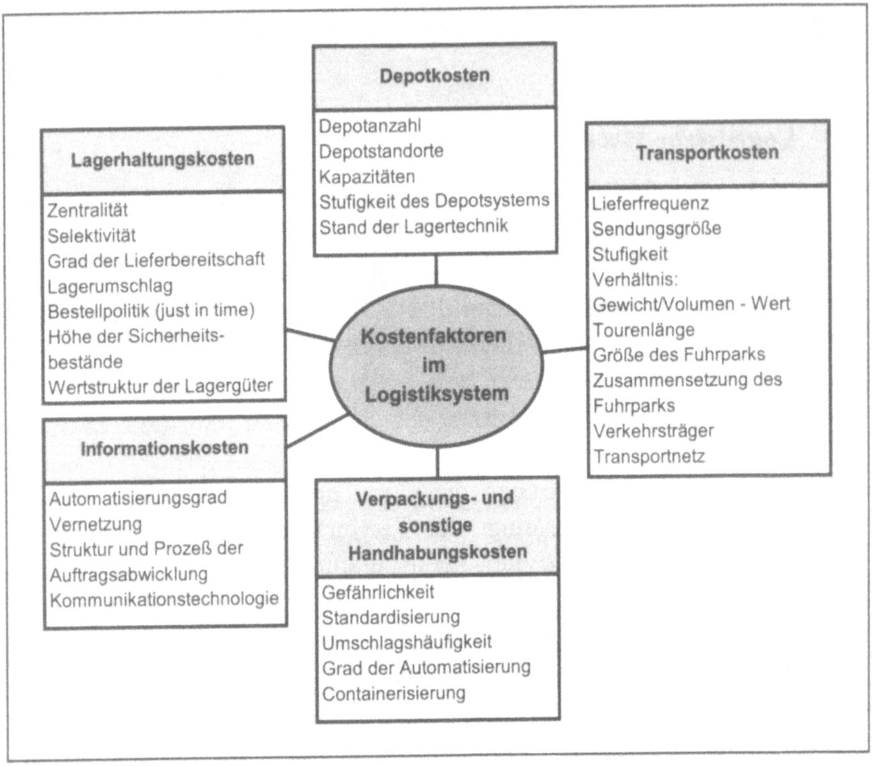

Abbildung 6-12 *Kostenfaktoren im Logistikbereich*[166]

Betrachtet man die rasante weltweite wirtschaftliche Entwicklung und die enormen politischen Umbrüche in letzter Zeit und das daraus erwachsende, sich ständig verändernde Einsatz- und Aufgabenbild moderner Streitkräfte, so zeigt sich, wie schwer es mittlerweile geworden ist, eigene Logistikkonzepte unter Einhaltung des Kostenminimierungsprinzips und anderer betriebswirtschaftlicher Grundsätze dementsprechend rasch und konsequent anzupassen. Dieser Trend wird sich bei der derzeit zu beobachtenden Entwicklung sicher noch intensivieren.

Der Errichtung und Pflege eines Netzwerkes von Logistikpartnern, gerade aus der Wirtschaft, da diese aufgrund des ständigen Konkurrenzdrucks über ausgereifte Modelle und einen entsprechenden Wis-

[166] vgl. Strunz, Herbert; Dorsch, Monique: Management, München/Wien 2001, 251

sensstand verfügen, kommt vor diesem Hintergrund besondere Bedeutung zu.[167]

6.6 Militärische Standorte und Standortkonversion

Bei einer Betrachtung der wirtschaftlichen Bedeutung militärischer Standorte ist in einzelwirtschaftlicher Beziehung vor allem die Rolle des Militärs als regionaler und überregionaler Nachfrager und Anbieter von Arbeitsplätzen von Bedeutung. Gerade vor dem Hintergrund der aktuell stattfindenden Konversionsbestrebungen gewinnt diese Thematik an Bedeutung. In bezug auf die Beschäftigungseffekte kann man zwischen der Wirkung der Arbeitsplätze auf den regionalen Arbeitsmarkt und der Wirkung der Ausgaben des militärischen Personals auf die Wirtschaft in einer Region unterscheiden. Die geschaffenen Arbeitsplätze sind vor allem weitestgehend unabhängig von der jeweiligen Konjunktursituation. Somit kommen diesen auch bei der Betrachtung des Verteidigungsbudgets und der Wirkungsweise der verwendeten Mittel besondere Bedeutung zu.

Da jeder Gehalts- und Soldempfänger einem bestimmten Standort zugerechnet werden kann, ist eine prinzipielle Auswertung der regionalen Impulse auf bestimmte Branchen und deren Einfluss auf externe Arbeitsplätze möglich. Verteidigungsausgaben haben somit neben der gesamtwirtschaftlichen und einzelwirtschaftlichen Dimension auch eine speziell raumwirtschaftliche Dimension. Dabei geht es darum, in welche Regionen die Ausgaben fließen, wo sie zu Einkommen von privaten Haushalten und Einnahmen von Unternehmen werden, und so quasi als Instrument der Regionalpolitik dienen können.

Um Streitkräfte überhaupt dienst- und einsatzfähig zu machen, bedarf es nicht nur der Sicherung militärinterner Strukturen, sondern auch der Sicherung diverser Vorstufen wie Beschaffung, Bewirtschaftung, logistischer Dispositionen und Erstellung notwendiger Produktionsfaktoren etc. Um diese Faktoren zu kategorisieren, eignen sich die Kriterien der Mittelherkunft und der Mittelverwendung, wobei sich diese Kenn-

167 vgl. Strunz, Herbert; Dorsch, Monique: Sicherheitspolitik und Wirtschaft, Frankfurt/M. u.a. 2003, 85

größen auf die verfügbaren Budgets und deren Applikation, also der Gewährleistung des Betriebs militärischer Standorte einschließlich Lohn- und Gehaltszahlung beziehen.

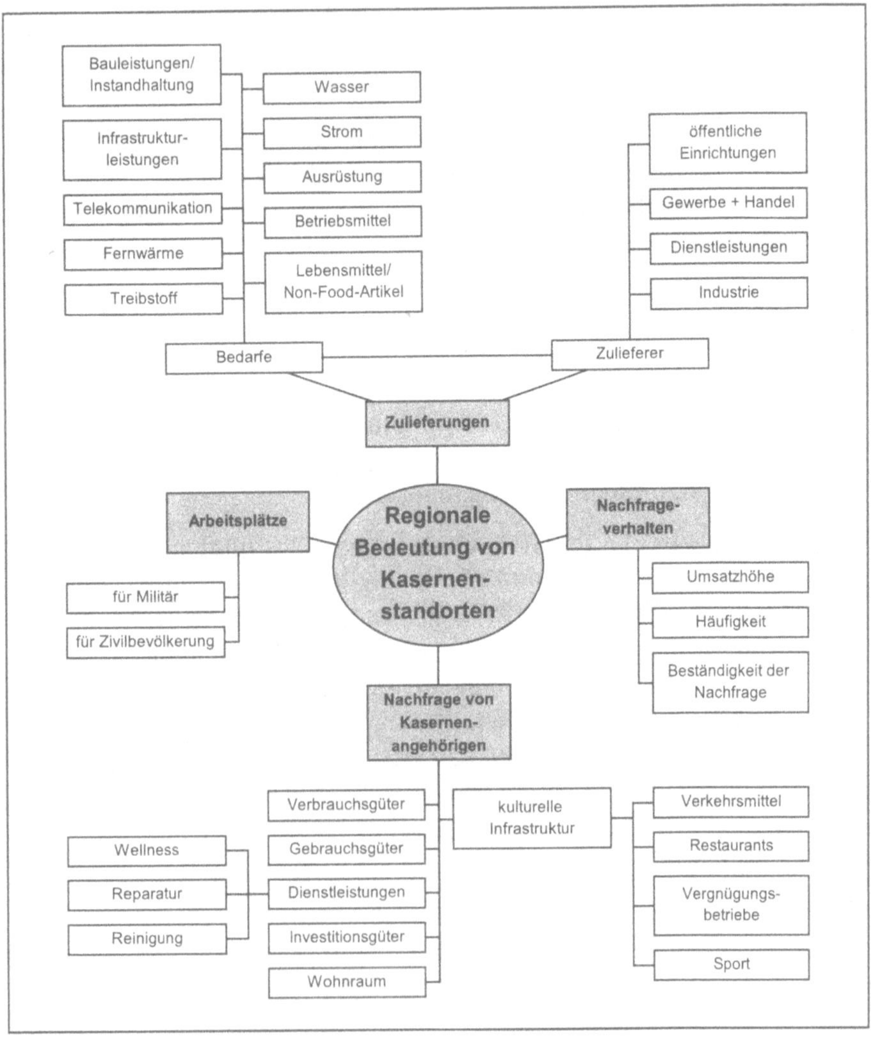

Abbildung 6-13 *Wirkungsweise eines militärischen Standortes*[168]

[168] vgl. Strunz, Herbert; Dorsch, Monique: Sicherheitspolitik und Wirtschaft, Frankfurt/M. u.a. 2003, 89

Diese wiederum generieren zivile wie auch militärische Nachfrage in der Standortregion. Die Streitkräfte benötigen für ihre Auftragserfüllung wirtschaftliche Ressourcen wie Arbeit, Kapital und auch Boden, die aus Haushaltsmitteln beschafft werden. In kleineren Staaten kann dies durchaus zu Konkurrenzbeziehungen um den Faktor Boden zwischen Militär und ziviler Öffentlichkeit führen. In Gebieten mit einer starken Ausdehnung von Wohngebieten sowie Industrie- und Wirtschaftszonen wächst somit der Druck auf militärische Standorte. Doch selbst in ländlichen Gebieten ist der Abtritt von Flächen an das Militär mit Schwierigkeiten verbunden.

Bombodrom; ja – nein – ja

Ein bekanntes Beispiel für solche Probleme ist das deutsche „Bombodrom". Bombodrom ist der allgemein gebräuchliche Name für einen der größten Truppenübungsplätze in Europa. Er liegt nahe Berlin im Land Brandenburg und hat eine Fläche von 144 Quadratkilometern. Das Gelände entstand im Zuge einer Nutzung durch die Rote Armee, die dort schrittweise einen Schieß- und Bombenabwurfplatz errichtete. Nach dem Fall der DDR und dem Abzug der sowjetischen Truppen wurde das Gelände stillgelegt. Es entstanden Pläne für eine Erschließung des Areals durch die Tourismusindustrie.

Im Jahr 1992 kündigte jedoch die Bundeswehr an, das Gelände weiter nutzen zu wollen. Seither gab es in der umgebenden Region große und regelmäßige Protestaktionen, unter anderem mehrere Protestmärsche. So findet im umliegenden Land des Bombodroms seit einigen Jahren regelmäßig der größte Ostermarsch Deutschlands statt. Durch den Protest wurde eine Nutzung des Areals durch die Bundeswehr bislang erfolgreich verhindert.[169]

[169] vgl. o.V.: Vorstoß im Bundestag gegen Bombodrom-Pläne, in: Die Welt, 16. 12. 2004; o.V.: Bombodrom belebt Osterproteste, in: Der Spiegel 21/2005, 6; o.V.: Bombodrom – unterschiedliche Abstimmung, in: Die Welt, 2. 06. 2005, 8; http://www.bundeswehr.de, 12. 04. 1998; http://www.freieheide.de, 19. 02. 2000

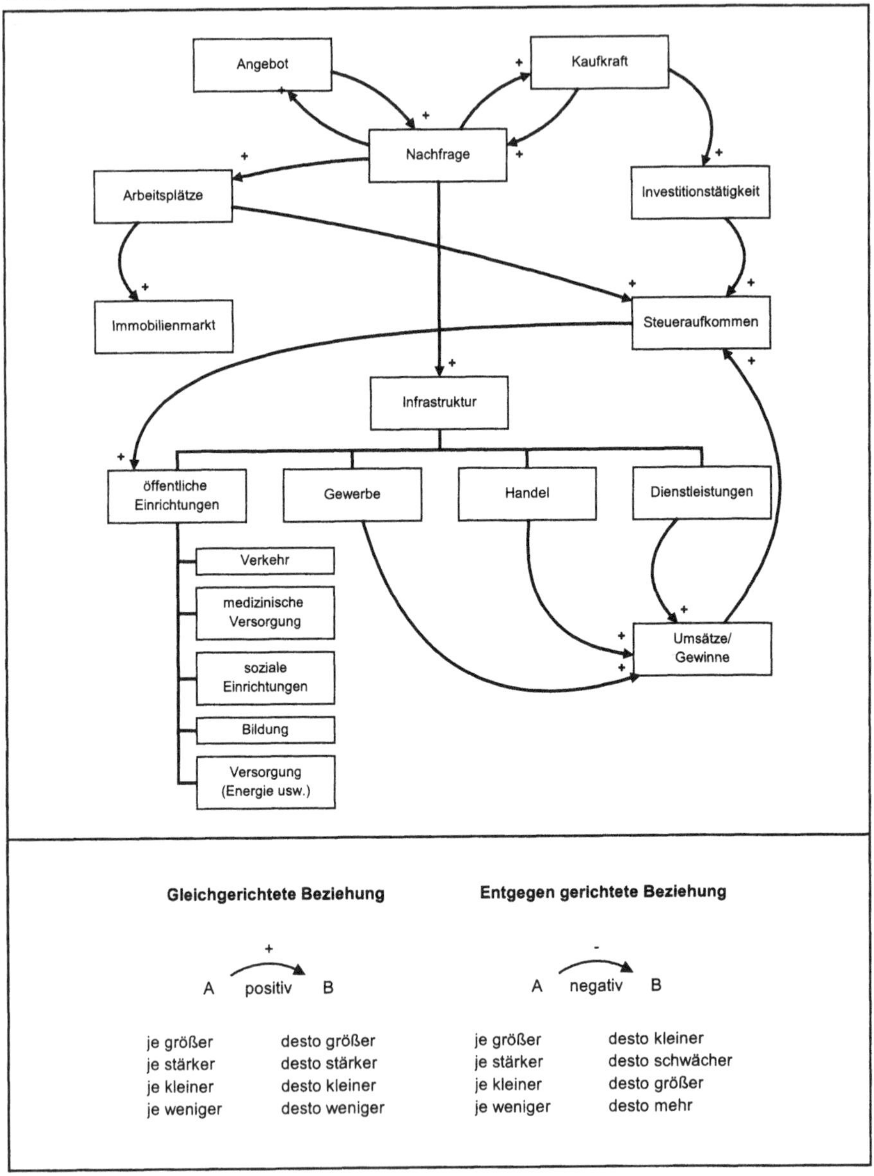

Abbildung 6-14 *Regionalwirtschaftliche Effekte eines militärischen Standorts*[170]

---

[170] vgl. Strunz, Herbert; Dorsch, Monique: Sicherheitspolitik und Wirtschaft, Frankfurt/M. u.a. 2003, 91

In der Betrachtung der wirtschaftlichen Natur der Streitkräfte lassen sich diese im allgemeinen als personal- und kapitalintensive Einzelwirtschaft mit gemeinnützigen Zwecken und bedarfswirtschaftlichen Zielen, geführt nach dem Erwirtschaftungsprinzip als Gewährleistungsbetrieb in öffentlichem Eigentum charakterisieren, mit folgendem generalisierten Aufgabenprofil:

- Deckung von kollektivem Bedarf unter geringer Unabhängigkeit bei der Zielbildung;
- Erstellung kollektiver Güter, die nicht auf Märkten angeboten werden und (abgesehen vom Prinzip der Steuerfinanzierung) der Allgemeinheit meist unentgeltlich zur Verfügung gestellt werden;
- Prinzipielle Leistungspflicht, teilweise verbunden mit der Pflicht zur Abnahme von Leistungen durch ihre Empfänger;
- die Aufgabenerbringung steht vollkommen im öffentlichen Eigentum.

Nach dem Ende des Kalten Krieges und dem damit verbundenen Wegfall einer großdimensionalen Bedrohungslage erfuhr neben der Wirtschaft auch die Sicherheitspolitik, und mit ihr das Militär, einen Wandlungs-, respektive Schrumpfungsprozess. Begründet durch eine grundlegende Neuorientierung der Sicherheitsinteressen hinsichtlich Truppenstärke und Ausrüstung, Strategie und dem Verhältnis zu ehemaligen Ostblockstaaten, hält dieser bis heute an.

Doch nicht nur die Veränderung des Bedrohungsbildes und die sich daraus ergebenden internationalen militärischen Kooperationsformen begründen diesen weltweiten Schrumpfungsprozess, sondern auch diverse Aspekte des technologischen Fortschritts und nicht zuletzt eine weltweit sich immer restriktiver gestaltende Haushaltspolitik.

Spricht man vor diesem Hintergrund in militärischer Sicht von Konversion, so geht es hierbei vornehmlich um den derzeit global stattfindenden Prozess der Truppenreduktion und der damit verbundenen Reduzierung militärischer Standorte. In wirtschaftlicher Hinsicht ist dabei vor allem der Wegfall des Militärs als Nachfrager regionaler Waren und Dienstleistung von Bedeutung. Stellen doch, wie bereits angeführt, Streitkräfte einen erheblichen Wirtschaftsfaktor dar. So sind mitunter Standortkonversionen für die betroffenen Regionen und ihre Wirtschaft oft ein sehr schwieriger und teils auch schmerzhafter Einschnitt.[171]

Wo nichts ist ...

Eines der im Jahr 2004 meist diskutierten Beispiele ist die geplante Schließung der Jäger-Kaserne im sächsischen Schneeberg. Für die regionale Wirtschaft bedeutet diese Schließung einen massiven Einschnitt. Die Bundeswehr ist mit fast 1.600 militärischen und zivilen Dienstposten der größte Arbeitgeber in der Region. Material und Dienstleistungen werden ebenfalls regional in Anspruch genommen.

Erst kürzlich haben die Stadtwerke 1,8 Millionen Euro investiert, um die Soldaten mit Fernwärme zu versorgen. Kleinanbieter wie Bäckereien und Läden bestreiten einen Großteil ihres Umsatzes durch den Konsum der dort stationierten Soldaten. Das Personal der Kaserne macht ungefähr ein Zehntel der dortigen Bevölkerung aus und somit rechnet die Stadt mit einem jährlichen Kaufkraftverlust von bis zu zehn Millionen Euro. Mit dem „Bevölkerungsschwund" ist auch die weitere Schließung von Schulen und Kindertagesstätten absehbar.

Eine anderweitige Nutzung des Kasernengeländes ist nur schwer vorstellbar, da die Region sehr strukturschwach ist, obwohl sie bereits seit 1992 über ein Gewerbegebiet verfügt, dessen Auslastung allerdings bei nicht einmal 60 Prozent liegt. Potentielle Interessenten werden durch die mangelnde Autobahnanbindung, die schwierige Gebirgslage und die Nähe zu einem Naturschutzgebiet abgeschreckt. Des weiteren wird der Abzug der Bundeswehr staatliche Fördergelder für die Region weiter einschränken. Bundesweit wird diese Schließung recht kontrovers diskutiert, da in die Sanierung der Kaserne erst kurz vor den

[171] vgl. Maneval, Helmut: Überlegungen zum Wandel in der Wirtschaft und beim Militär aus ökonomischer Sicht (Vortrag), Koblenz 12. und 13. 03. 1993, 15; Schönherr, Siegfried: Rüstungswirtschaft und Konversion, in: Schönherr, Siegfried (Hrsg.): Militärökonomie – Rückblicke für die Gegenwart, Ausblicke für die Zukunft, Dachau 2002, 171 ff.; Einhorn, Hans: Aktuelle Probleme der Konversionsforschung, in: Schönherr, Siegfried (Hrsg.) Militärökonomie auf dem Weg zur europäischen Kooperation, Dachau 2001, 57 ff.

Beschlüssen zur Schließung über 15 Millionen Euro investiert wurden.[172]

Trotz der Bedeutung der Streitkräfte für die Wirtschaft wird diese gerade bei der Diskussion um Standortkonversionen und deren Auswirkungen auf regionale wirtschaftliche Systeme mitunter auch etwas überschätzt; insbesondere in Zeiten, wo selbst militärische Standorte ihre Nachfrage nicht mehr nur allein durch regionale Anbieter bedienen lassen. Seit in vielen Streitkräften eisern gespart wird, ist auch das Beschaffungswesen oft stark zentralisiert, was der verstärkten Einführung wirtschaftlicher Handlungskriterien in den Streitkräften Rechnung trägt.

Somit werden auch Aufträge aus einzelnen militärischen Standorten vermehrt landesweit, oder im Falle der EU europaweit, ausgeschrieben. Längst werden etwa Reinigungs- oder Versorgungsdienste nicht mehr ausschließlich durch regionale Anbieter übernommen. Demgegenüber stehen aber unveränderte Belastungen für die einzelnen Kommunen oder Kreise wie beispielsweise die Unterhaltung der Strassen, die mit der ständigen Belastung durch militärisches Großgerät, wie etwa Panzer oder Schwerlasttransporter, zu kämpfen haben, oder die Gewährleistung der Wasserver- und -entsorgung von Kasernen.

Intelligente Lückenfüller

Am Beispiel des Standortes Iserlohn in Deutschland zeigt sich, dass ein Abzug von Streitkräften durchaus auch als Freisetzen von Potentialen für mitunter produktivere zivile Wirtschaftsbereiche wirken kann. Dort wurde der Abzug von deutschen und britischen Streitkräften anfangs als ultimative Katastrophe für die ansässige Wirtschaft und die Bevölkerung gewertet. Insgesamt verließen innerhalb von zwei Jahren ca. 2.500 Soldaten den Standort. Es wurden rund 700 zivile Beschäftigte arbeitslos. Neben drei Kasernen wurden auch ein Hospital und 589 Wohnungen sowie zwei Schulen leer zurückgelassen. Durch die aktive Zusammenarbeit von Streitkräften, den regio-

[172] vgl. Shakuntala Banerjee, Devon: Bericht des ZDF-heute-Journals, 02. 11. 2004; Schönherr, Siegfried: Konversion in den neuen Ländern, in: Schönherr, Siegfried (Hrsg.): Militärökonomie – Rückblicke für die Gegenwart, Ausblicke für die Zukunft, Dachau 2002, 155 ff.

nalen Behörden und Privaten aus der Wirtschaft wurden jedoch vielfältige Ideen und Konzepte für eine innovative Nutzung der freigesetzten Stellen gefunden.

So werden z.B. in ehemaligen Munitionsdepots mittlerweile Pilze gezüchtet, alte Bunker wurden zu Aktenarchiven umfunktioniert, Kasernengelände dienen mittelständischen Betrieben als Firmenstandorte. Aus Militärgebäuden wurden Wohnanlagen, eine private Hochschule siedelte sich an, ein Gewerbegebiet entstand, aus einem ehemaligen Soldatenwohnblock wurde ein Existenzgründerzentrum, es entstanden Kindergärten und ein Reitverein nutzt die Armeegaragen.[173]

Es zeigt sich also, dass bei konstruktiver Zusammenarbeit zwischen Bevölkerung, öffentlichen Behörden und Militär selbst eine Standortaufgabe nicht nur negative Auswirkungen haben muss.[174]

6.7 Spin-off-Potentiale von Forschung und Entwicklung

Allgemein sind unter Spin-off-Potentialen der militärischen Forschung jene Erkenntnisse und Anwendungen zu verstehen, welche direkte und indirekte Ausstrahlungswirkungen auf den zivilen Bereich haben. Dieses Prinzip gilt natürlich auch in gegensätzlicher Richtung anzuwenden, allerdings wird das Potential militärischer Anwendungen mitunter als größer angesehen.

Eine Vielzahl von Gegenständen des alltäglichen Lebens sind ursprünglich Konstrukte militärischer Forschung, respektive der verbundenen Industrie. Beginnend von der Spraydose bis hin zu CDs, GPS-Systemen oder dem Internet. Dieses hatte ursprünglich die militärische Kommunikation nach einem atomaren Konflikt sichern sollen.

[173] vgl. Staud, Toralf: Kasernen zu Hochschulen, in: Die Zeit, 28. 10. 2004, 7

[174] vgl. Bald, Detlef: Militär, Ökonomie und Konversion, Baden-Baden 1993; Werner, Bernd: Regionalentwicklung durch Konversionspolitik, Frankfurt/M. u.a. 2002

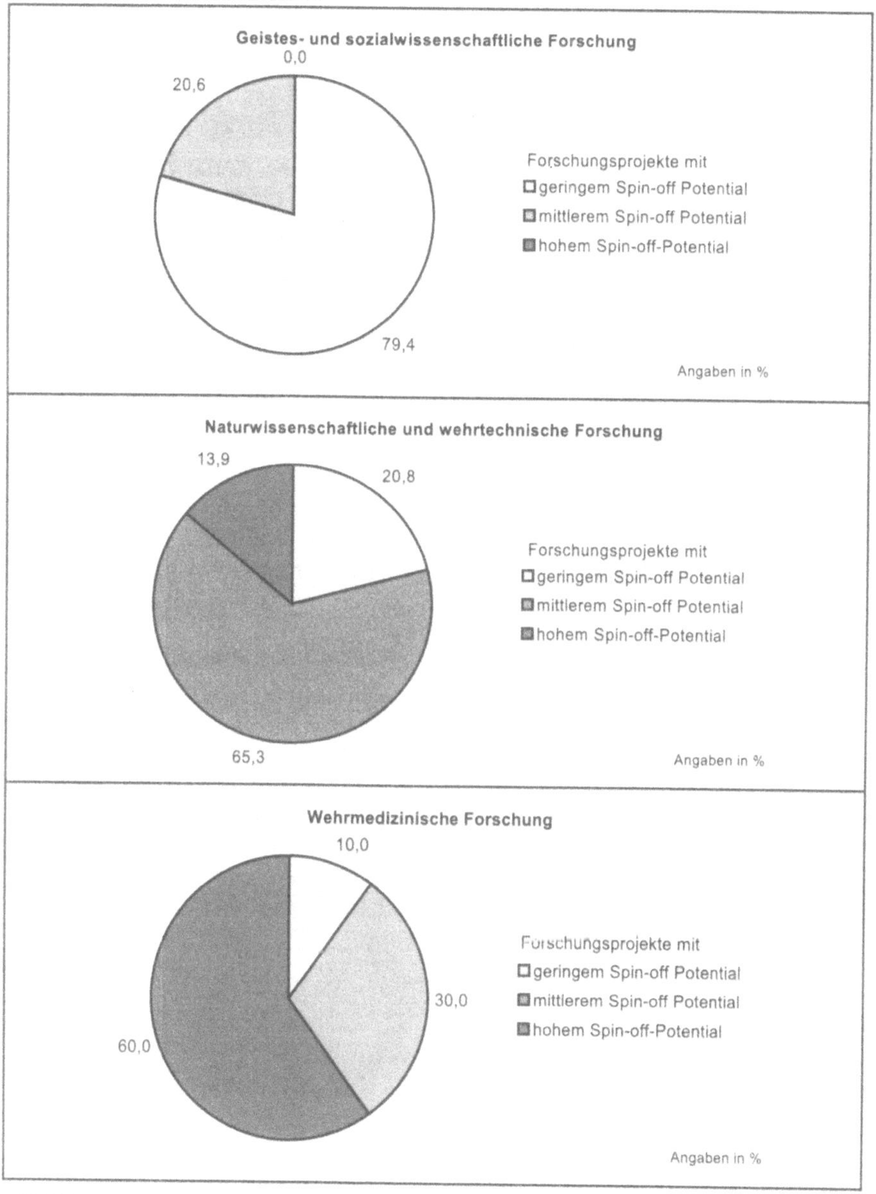

Abbildung 6-15 *Militärische F&E und ihr Spin-off-Potential auf den zivilen Bereich*[175]

---

[175] vgl. Strunz, Herbert; Dorsch, Monique: Sicherheitspolitik und Wirtschaft, Frankfurt/M. u.a. 2003, 96

Für die Entwicklung eines lautlosen Überschallflugzeuges begann der U.S.-Konzern Northrop Grumman, gemeinsam mit Lockheed Martin und der Defence Advanced Research Projects Agency (DARPA) 2001 mit ersten Entwicklungsarbeiten. Im Fokus des Projekts steht die Entwicklung von Überschalltechnologie, die später sowohl im militärischen als auch im zivilen Bereich Anwendung finden sollte. Das Ziel ist es, mit wenig Treibstoff und möglichst leise Lasten über eine Strecke von bis zu 11.000 Kilometern zu transportieren. Die Firma Raytheon ist an dem Projekt beteiligt und will damit Erkenntnisse für die spätere Entwicklung von Überschall-Businessjets gewinnen.[176]

Betreffend die Ausgaben für Forschung und Entwicklung sind nach wie vor die USA weltweit Spitze. In den 1990er Jahren wurden fast zwei Drittel der Ausgaben für Forschung und Entwicklung durch die USA bestritten. In Europa sind Deutschland, Frankreich und Großbritannien die bisher größten Investoren im Bereich F & E, wobei das Gros der Investitionen innerhalb der Branchen Maschinenbau, Automobilindustrie, Luft- und Raumfahrt, Marinetechnologie, Werkstoffwissenschaften, Optik, Elektronik, Nachrichten-, Kommunikations- und Informationstechnik sowie Chemie liegt. Diese sehr forschungsintensiven Branchen sind auch für den militärischen Bereich von großem Interesse, da hier vielfältigste Applikationsmöglichkeiten zu erwarten sind. Insgesamt fast 90 Prozent der weltweiten Ausgaben für Forschung und Entwicklung werden durch die NATO-Staaten aufgebracht.[177]

F & E-Kostenverteilung über den Laufzyklus eines Projektes	
5-10 Prozent	Grundlagenforschung, Innovation, experimentelle Entwicklung
10-20 Prozent	Entwurf und Konstruktion des Systems
40-60 Prozent	Konstruktion für die Fertigung, Vorrichtungsbau
5-15 Prozent	Anlaufkosten, experimentelle Fertigung

__Tabelle 6-3__ F & E-Kostenverteilung über den Laufzyklus eines Projektes[178]

[176] vgl. o.V.: Leiser Überschalljet, in: Flugrevue 1/2001, 15; Schwarz, Karl: Super schnell, super leise, in: Flugrevue 12/2002, 46

[177] vgl. Strunz, Herbert; Dorsch, Monique: Sicherheitspolitik und Wirtschaft, Frankfurt/M. u.a. 2003, 99; http://www.sipotec.net, 06. 09. 2002

[178] vgl. Partarathy, A.: Development Strategy for the Military Industry – Ensuring the success of Technological Innovation, in: Jane's Defence Weekly 48/1998, 19

Militärische F & E in Mrd. USD	1990	1992	1994	1996	1998	2000	2001
Schweden	0,4	0,5	0,4	0,4	0,1	..	..
Japan	0,5	0,7	0,8	1	0,9	0,8	..
Deutschland	1,6	1,5	1,3	1,6	1,4	..	1,3
Frankreich	5,7	5,1	4,7	4	3,1	..	2,9
Großbritannien	3,6	3,4	3,3	3,4	3,2	..	3,1
USA	40,4	40,6	39,5	38,4	39,8	37,3	38,8
Militärische F & E als Anteil der gesamten staatlichen F & E-Aufwendungen (in %)	**1990**	**1992**	**1994**	**1996**	**1998**	**2000**	**2001**
Schweden	23,6	24,3	18,9	20,9	7,3	..	..
Japan	5,4	5,9	6	5,9	4,8	4,1	..
Deutschland	13,3	10	8,6	9,9	8,7	..	..
Frankreich	40	35,7	33,1	29,7	24,8	..	..
Großbritannien	43,7	40,7	38,9	37,2	36,9	..	..
USA	62,6	58,6	55,3	54,7	54,1	50	53

Tabelle 6-4 *Militärische Forschung und Entwicklung in ausgewählten Ländern*[179]

Rüstungs- und wehrwissenschaftliche Tätigkeiten sind generell als wissenschaftliche Aktivitäten zu sehen, die darauf abzielen, neue Erkenntnisse und Anwendungsmöglichkeiten für Prinzipien zu finden, die der militärischen Landesverteidigung dienen. Dabei lässt sich dieses Forschungsgebiet unter anderem in folgende Bereiche untergliedern:

- Strategie- und politikwissenschaftliche Forschung
- Geistes- und sozialwissenschaftliche Forschung
- Wehrmedizinische Forschung
- Naturwissenschaftliche und wehrtechnische Forschung
- Militärhistorische Forschung
- Militärökonomisch-wirtschaftswissenschaftliche Forschung
- Militärische Führungsforschung.

[179] vgl. Strunz, Herbert; Dorsch, Monique: Sicherheitspolitik und Wirtschaft, Frankfurt/M. u.a. 2003, 98, nach Hummel, Hartwig; Wulf, Herbert: Rüstung und Sicherheit, in: Hauchler, Ingomar; Messner, Dirk; Nuscheler, Franz (Hrsg.): Globale Trends 2002, Frankfurt/M. 2001, 426; Politikforum, http://www.politikforum.de, 08. 01. 2005

Um generell Forschungsaktivitäten zu unterstützen, reicht ein kontinuierlicher Geldfluss allein nicht aus. Es bedarf auch weiteren Maßnahmen, wie etwa Investitionsbegünstigungen, beispielsweise durch diverse Prämien oder Freibeträge sowie einer Förderung außeruniversitärer, im wesentlichen industrieller Forschung, mitunter durch gesonderte Behandlung von Risikokapital und einer geeigneten und vor allem stabilen rechtlichen Basis. Auch eine psychologische Unterstützung, z.B. durch öffentliche Würdigung oder Forschungspreise, auch innerhalb der Wirtschaft, spielt eine nicht zu unterschätzende Rolle. Anwendbare Möglichkeiten für derartige aktive Fördermaßnahmen sind eine Optimierung des Austausches zwischen Wissenschaft und Wirtschaft, die Bildung von Kompetenzzentren und Forschungsclustern sowie die Etablierung geeigneter Förderprogramme.[180]

6.8 Partnerschaften zwischen Militär und Wirtschaft

Von öffentlicher Seite ist der wesentliche Zweck von Kooperationen zwischen Militär und zivilem Sektor, nämlich Unternehmen der Privatwirtschaft und Wirtschaftsorganisationen, Vereine und Interessengemeinschaften sowie öffentlichen Institutionen zum einen eine gegenseitige Unterstützung; dies sowohl auf materieller als auch auf ideeller Basis, wobei zumindest Teile der militärischen Nachfrage durch Kooperationen abgedeckt werden sollten. Zum anderen steht die Integrationsförderung militärischer Institutionen in das Gesellschaftsbild im Vordergrund.

Auf privatwirtschaftlicher Seite hat der Aspekt des Militärs als substantieller und langfristiger Nachfrager sicherlich hohe Bedeutung. Gerade Kooperationen in den Bereichen Forschung und Entwicklung, Logistik, Versorgung und Ausstattung, Finanzierung, Risikoabsicherung und verteidigungspolitische Kooperationen bergen ein enormes Synergiepotential für alle beteiligten Akteure. Auf öffentlicher Seite besteht dabei die Aussicht, abgesteckte Ziele schneller, einfacher und vor allem kostgünstiger zu erreichen. Im Idealfall der Zugewinn neuer Erkenntnisse durch den Zugriff auf wirtschaftliches und relevantes

[180] vgl. Intellectual Capital Services: Recommendations for an effective Research and Technology Management System within the BMLV, Zürich 2004

Know-how der privaten Partner. Bei einer Partnerschaft profitieren öffentliche Organisationen vornehmlich vom wettbewerbsorientierten Verhalten des Privatpartners.

Für den Privatsektor stehen mit Sicherheit Aspekte der Wirtschaftlichkeit und Rendite im Vordergrund. Außerdem ist gerade im Bereich der militärischen Entwicklungen eine große Nähe zum Kunden durchaus entscheidend, sind potentielle Änderungen und Anpassungen in der Regel doch sehr kostenintensiv. Des weiteren wird durch Partnerschaften, die bereits im Entwicklungsstadium geschlossen werden, eine schnellere Realisierung von Projekten möglich, was für beide Seiten eine Verminderung finanzieller Belastungen bedeutet. Jedoch wird gerade bei privatwirtschaftlichen Kooperationen mit dem Militär oft die Gefahr einer mangelnden Transparenz beklagt, weil öffentliche Aufgaben durch private Dienstleister übernommen werden und somit weniger demokratische Kontrolle über die Erbringung der Leistung seitens einer Regierung ausgeübt werden kann.

Außerdem kann eine Kooperation auch ziemlich große öffentliche Vorleistungen erfordern, womit die Kostenvorteile für die öffentliche Seite wieder relativiert werden. In wie fern diese Gefahr auch bei wirtschaftlich-militärischen Kooperationen real besteht, wurde im Zuge dieser Betrachtung bereits im Abschnitt über die Privatisierung militärischer Aufgaben deutlich. Was also hinsichtlich militärischer Kooperationen mit der Wirtschaft vorwiegend zu beobachten ist, sind die im Abschnitt CIMIC bereits angesprochenen Public Private Partnerships (PPP). Diese Kooperationsform scheint nach wie vor nicht nur im Bercich CIMIC, sondern auch bei Bestrebungen zur Zusammenarbeit im Bereich Beschaffung die besten Möglichkeiten für eine fundierte Zusammenarbeit zwischen Wirtschaft und Militär zu bieten.

Affairen mit Happy End

Am 16. Februar 2005 fand das erste Treffen der deutschen Sektion des europäischen Verbandes für Defence-Public-Private-Partnerships (EPPP) in Hennef statt. Vertreter der Bundeswehr, der Gesellschaft für Entwicklung, Beschaffung und Betrieb und aus der Wirtschaft diskutierten über Nutzen und Umsetzungsstrategien von Public Private Partnerships im Verteidigungssektor. Der EPPP versteht sich als Förderer von Interessen und der Zusammenarbeit zwischen dem Verteidigungssektor und der zivilen Wirtschaft in Europa. Ihre vornehmlichen Ziele sind die rechtliche und fachliche Information zum Thema Public Private Partnerships im Verteidigungsbereich und die Vernetzung von privatwirtschaftlichen Anbietern zwecks Kooperationsaufbau mit öffentlichen Verwaltungen im Verteidigungssektor.[181]

Ein Beispiel aus dem Bereich Beschaffung bietet die Wehrtechnische Dienststelle der Bundeswehr (WTD-61) in Manching. Die WTD-61 ist das Flugtestzentrum der Bundeswehr, wo Spezialisten aus den Streitkräften und der Wirtschaft neue Muster erproben, Versuche durchführen und Veränderungen überprüfen. Jeweils die Hälfte des Personals kommt aus dem zivilen und wirtschaftlichen Bereich. Derzeit befinden sich neue Waffensysteme wie der Eurofighter oder die Abstandswaffe TAURUS im Arsenal der Dienststelle, aber auch bewährte Muster wie der Tornado oder die F-4 Phantom.

Diese Systeme werden in Zusammenarbeit mit der Industrie erprobt und zur Serienreife gebracht. Mit dem Eurofighter wird das erste Mal direkt ab Einführung eines Waffensystems die Materialerhaltung, Wartung und Ersatzteilkoordinierung gemeinsam von Militär und Industrie durchgeführt. So finden beispielsweise Arbeiten am Triebwerk nur noch beim Hersteller MTU statt.

Für diese neuen Kooperationsbeziehungen baute die EADS in Manching ein spezielles Systemunterstützungszentrum (SUZ) auf, bei dem die ersten Angehörigen der Betreiberstreitkräfte und EADS-Mitarbeiter ab März 2003 ihren Dienst aufnahmen.

Der WTD-61 kommen dabei die Überprüfung technischer Neuerungen und Abnahmeflüge nach der Industrieinstandsetzung und vor der Rückführung an die Streitkräfte zu.

Das Systemunterstützungszentrum ist Teil des International Weapon System Support System (IWSSS) in München, das die Produktpflegearbeiten in sämtlichen Partnernationen koordinieren soll. Die WTD-61 hat auch ständigen Kontakt beispielsweise via Austauschprogramme

[181] vgl. Europäische Gesellschaft für Defence Public Private Partnerships: Pressemitteilung, http://www.eppp.org, 01. 03. 2005

und gemeinsamen Testprojekten zu den Erprobungsstätten anderer Länder, wie z.B. über das X-31-Programm zu den USA. Mittlerweile wurden weitere Verträge, wie etwa der „Rahmenvertrag für Innovation, Investition und Wirtschaftlichkeit in der Bundeswehr" zwischen Militär und Wirtschaft geschlossen.[182]

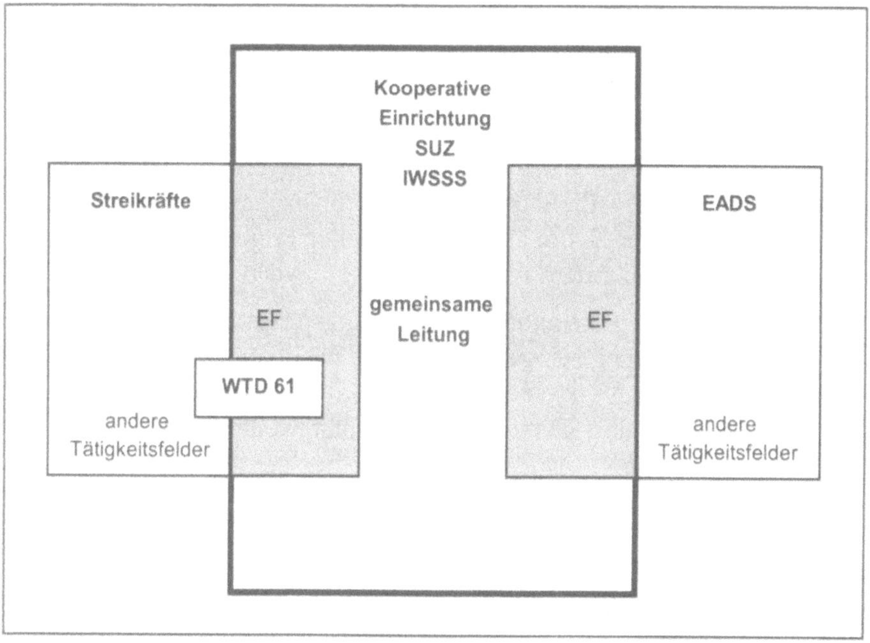

Abbildung 6-16 Prinzip eines kooperativen Models

6.9 Rüstungs- und Dual-Use-Industrie als Wirtschaftsfaktor

Die internationale Rüstungsindustrie ist in vielerlei Hinsicht eine der weltweit größten und dynamischsten Branchen. Nach einer Phase der Stagnation, bedingt durch den stetigen Investitionsrückgang nach Beendigung des Kalten Krieges, als sich die Militärausgaben um fast ein Drittel reduzierten, was einen deutlichen Umsatzrückgang mit Arbeitsplatzverlust und Rationalisierungsdruck zur Folge hatte, stellt die

[182] vgl. Petersen, Stefan: Flight Test in Bayern, in: Flugrevue 11/2001, 54; Schwarz, Karl: Neue Etappe, in: Flugrevue 5/2002, 32; Vetter, Michael: Luftwaffe und Industrie – Eine strategische Partnerschaft, in: Europäische Sicherheit 7/2003, 35 ff.

Rüstungsindustrie gegenwärtig wieder eine der wichtigsten Wirtschaftssparten weltweit dar. Zwar ging seit Ende der 1980er Jahre das Volumen des internationalen Rüstungsgüterhandels um etwa 50 Prozent zurück. Die Maßnahmen zur Exportbeschränkung von Rüstungsgütern wurden seit Beginn der 1990er Jahre systematisch verschärft, doch aufgrund neuer Bedrohungsszenarien und einem zunehmenden Modernisierungsdruck in den Streitkräften, da viele technische Geräte ihre Leistungsgrenze erreicht haben, findet gegenwärtig wieder eine enorme globale Aufrüstungswelle statt.

Diese hat auch bisher weniger aktive Staaten wie z.B. China und Indien, die zu den größten Waffenimporteuren der Welt aufgestiegen sind, sowie Pakistan, Brasilien und einige europäische Staaten ergriffen. Vornehmlich ist der Boom aufgrund aktueller Projekte wie dem Eurofighter, MEADS oder dem Airbus A-400M zu verzeichnen.

Allerdings zeigt sich die aktuelle Aufrüstungsphase in einem etwas anderen Bild als Vorangegangene. Denn die nach dem Kalten Krieg begonnene drastische Verkleinerung vieler Streitkräfte und die Rationalisierung innerhalb der Rüstungsindustrie hält weiterhin an, was auch einen exponentiellen Anstieg der Kosten bei der Produktion solcher Rüstungsgüter und auch den bereits angesprochenen Rückgang der Bestellmengen bedeutet. Die starke Technologisierung impliziert auch, dass zunehmend humane Ressourcen durch immer teurer werdende, rein technologische Kapazitäten in den Streitkräften ersetzt werden.

Unbemannte Zukunft

So plant das U.S.-Verteidigungsministerium, dass in ca. 15 Jahren ein Drittel aller technologischen Komponenten der US-Streitkräfte unbemannt agieren sollen.

Unbemannten Kampfflugzeugen (UCAV — Unmaned Combat Air Vehicle) gehört nach amerikanischer Ansicht die Zukunft der Luftkriegsführung.

Am 22. Mai 2002 hob dann auch das erste UCAV, das bis Ende des Jahrzehnts in Dienst gehen könnte, X-45A von Boeing, zum Jungfernflug ab. Die Kosten des Projekts beliefen sich von 1999 bis 2003 auf 191 Millionen Dollar. Boeing hat mittlerweile einen eigenen Geschäftsbereich für unbemannte Systeme etabliert und prognostiziert Umsätze von 1 Milliarde Dollar pro Jahr ab 2010.

Ende 2004 flog erstmals die wesentlich größere und besser ausgerüstete X-45B und erste Angriffsversuche mit gelenkten Bomben wurden durchgeführt. Ab 2006 erfolgt dann der Einsatz einer X-45C-Variante in größeren Übungen, gemeinsam mit bemannten Kampfflugzeugen. Zwar ist bei der Verwendung von unbemannten Kampfflugsystemen eigentlich ein vermindertes Risiko für Besatzungen bemannter Systeme bzw. überhaupt die Vermeidung eines bemannten Einsatzes der wichtigste Grund, jedoch spielen auch betriebswirtschaftliche Aspekte eine wesentliche, wenn nicht gar die große Rolle.

So sollen die Herstellungs- und Betriebskosten dieser unbemannten Jets 50 bis 65 Prozent unter jenen bemannter Kampfflugzeuge liegen, von den quasi nicht mehr notwendigen Personalkosten für Crews ganz zu schweigen. Weiterhin rechnet man mit bis zu 75 Prozent Einsparungen durch Simulatortrainings als Ersatz für Flugtraining. Selbst die Wartungskosten werden rapide sinken, denn die UCAV's werden in Behältern geliefert, in denen sie bis zu 10 Jahre unangetastet verbleiben können. Im Einsatzfall sind sie innerhalb von 2 Stunden flugbereit.[183]

Ein weiteres unbemanntes Flugzeug, dass sich bereits teilweise im aktiven Einsatz befindet, ist die RQ-4 Global Hawk von Northrop Grumman. Das Programm startete mit dem Jungfernflug im Februar 1998. Der hochfliegende Aufklärer hat eine enorme Reichweite, kann problemlos mehr als 35 Stunden in der Luft operieren und so auch Interkontinentalmissionen durchführen.

Spektakuläre Langstreckeneinsätze führten bereits über den Atlantik und zurück sowie über den Pazifik nach Australien, wo sich die Global Hawk auch schon an Übungen beteiligte. Bis 2003 erfolgte bereits

---

[183] vgl. Schwarz, Karl: Revolution oder Evolution – Kampfflugzeuge für das nächste Jahrtausend, in: Flugrevue 6/1999 50; o.V.: Unbemannter Fighter – X-45 Rollout, in: Flugrevue 12/2000, 16; Schwarz, Karl: Unbemannte Zukunft, in: Flugrevue 1/2002, 62; Schwarz, Karl: Amerikas neues Arsenal, in: Flugrevue 2/2002, 58; Schwarz, Karl: Start in die UCAV-Ära, in: Flugrevue 8/2002, 82; Sgarlato, Nico; Gohl, Ronald: Dreamland, in: Airforce 2/2000, 42; Oliver, David; Ryan, Mike: X-Planes, London 2000, 142; o.V.: Unmanned Attacker – X-45 UCAV drops first weapon, in: Aircraft Illustrated 5/2004, 12

die Lieferung von über 50 Maschinen inklusive Bodenstationen. Die RQ-4 soll einmal bemannte Höhenaufklärer wie die U-2 oder die bereits ausgemusterte SR-71 Blackbird sowie andere Typen ersetzen.

Mittlerweile ist man auch in Europa an diesem Gerät interessiert. So schloss die europäische EADS 2001 bereits strategische Beziehungen mit Northrop Grumman. Die Maschine soll als Euro Hawk bei den europäischen Streitkräften vermarktet werden und bemannte Muster wie die Dassault Atlantic ersetzen.[184]

Die immer noch verhältnismäßig großen Kapazitäten und die extrem hohe Innovationskraft begründen sich im wesentlichen durch enorme Anstrengungen im Forschungs- und Entwicklungsbereich (was nicht zuletzt zwar zurückgegangener, aber dennoch massiver staatlicher Unterstützung geschuldet ist) sowie die direkte oder indirekte Präsenz auf praktisch allen Märkten und Geschäftsfeldern mit internationalem Bezug.

Zugegebenermaßen ist diese Internationalisierung auch auf die vorangegangene Krisenzeit und die daraus resultierende Notwendigkeit zum Abbau, respektive Streuung von Kosten zurückzuführen, die eine bis dahin eher unorthodoxe Expansion auf neue Geschäftsfelder durch transnationale Projekte, Joint Ventures, Privatisierungen oder großformatige Fusionen zur Geschäftsfeldbereinigung erforderlich machte. Allein in den 1990er Jahren hat sich das Gesicht der Rüstungsbranche drastisch geändert. Dabei haben sich regelrechte Universalanbieter wie Boeing oder EADS herausgebildet.

---

184 vgl. Schwarz, Karl: Unbemannte Zukunft, in: Flugrevue 1/2002, 82; Schwarz, Karl: Schwieriger Umbruch, in: Flugrevue 11/2002, 52; Schwarz, Karl: Euro Hawk, als Atlantic-Nachfolger, in: Flugrevue 7/2003, 73; Buchmann, Lutz: Invasion der Unbemannten, in: Fliegerrevue 9/2002, 10; o.V.: Global Hawk, in: Flight International, 28. 01. 2003, 9 f.; o.V.: Mariner UAV Testing, in: Combat Aircraft 09/2004, 8

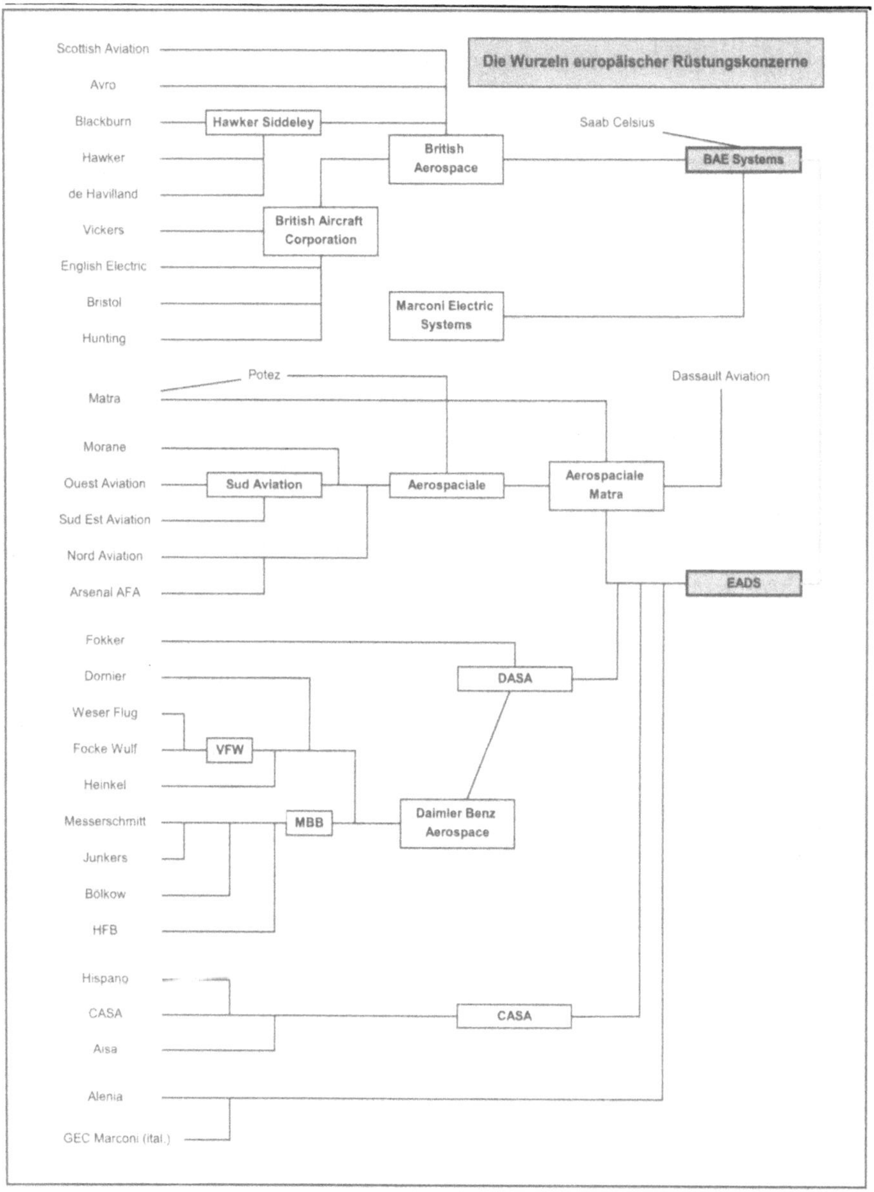

Abbildung 6-17 *Die Wurzeln europäischer Rüstungskonzerne*[185]

[185] erstellt aufgrund von Informationen aus Schwarz, Karl: Im Reich der Riesen, in: Flugrevue 1/2001, 41; die Konzerne BEA Systems und EADS sind über Beteiligungen an gemeinsamen

Größere Zusammenschlüsse in den letzten Jahren waren die Fusion von General Electric und Honeywell, welches wiederum 1999 mit Allied Signal fusionierte. Im Jahr 2000, mit einem Fusionswert von 42 Milliarden Dollar, die Fusion zwischen Boeing und McDonnell Douglas im Wert von 16 Milliarden Dollar und der Zusammenschluss von 19 europäischen Firmen zur EADS. Der britische Konzern BAE Systems, der selbst aus dem Zusammenschluss von neun britischen Betrieben entstand, ist ebenfalls an der EADS beteiligt.

Quasi alle größeren Konzerne der Rüstungsbranche wie Lockheed Martin, Northrop Grumman oder Raytheon sind selbst Zusammenschlüsse mehrerer Firmen. Dabei liegen Kooperation und Konkurrenz dicht nebeneinander. So bauen beispielsweise Lockheed Martin und Boeing gemeinsam an der F/A-22 Raptor, konkurrierten aber im Wettstreit um den JSF-Auftrag. In Europa sind BAE-Systems und die EADS zwar Konkurrenten, aber über Airbus, Astrium, Matra und das Eurofighter-Programm eng miteinander verflochten. Zunehmend erfolgt dieser Prozess auch im großformatigen internationalen Rahmen. So hat BAE Systems bereits Firmenteile von Lockheed Martin gekauft. Boeing erarbeitet mit den russischen Herstellern Iljushin und Suchoi gemeinsam Flugzeugkonzepte.[186]

So wurde 2001 beschlossen, ein gemeinsames Ausbildungszentrum bei Moskau aufzubauen, wo monatlich bis zu 50 Ingenieure im Bereich des computergestützten Entwurfs durch Dozenten von Boeing und IBM ausgebildet werden sollen. Die Absolventen sollen vor allem das Entwicklungs- und Forschungslabor von Boeing in Moskau unterstützen, bei dem bereits über 700 Ingenieure und Wissenschaftler für die Mitarbeit an Boeing und Iljushin Projekten verpflichtet wurden.

Unternehmungen wie Airbus und Astrium miteinander verbunden. Dazu kommen noch gemeinsame Beteiligungen an amerikanischen und russischen Firmen.

[186] vgl. Schwarz, Karl: Im Reich der Riesen, in: Flugrevue 1/2001, 40; o.V.: Lockheed und Boeing im Clinch, in: Wirtschaftsblatt, 13. 06. 2003, 9; o.V.: Mit Rekord in die Fusion, in: Flugrevue 5/2000, 34; Eisler, Karl-Heinz: EADS auf Erfolgskurs, in: Der Soldat, 27. 04. 2005, 14

Auf dem Aerosalon in Moskau 2001 wurde dann auch das Modell des ersten gemeinsamen Regionaljetprojektes RRJ vorgestellt.[187]

Innerhalb der Rüstungsbranche werden mittlerweile wieder (regelmäßig im Vergleich zu anderen Branchen) einige der größten Investitionen seitens der öffentlichen und privaten Sektoren getätigt, was sicherlich auch an der äußerst kostenintensiven Natur vieler rüstungstechnischer Projekte liegen mag.

So investierte das amerikanische Verteidigungsministerium im Jahr 2004 über 136 Milliarden Dollar allein in die Neubeschaffung. Die fünf großen amerikanischen Rüstungskonzerne Lockheed Martin, Boeing, Northrop Grumman, General Dynamics und United Defence beschäftigen allein über 540.000 Menschen. Sie erwirtschafteten im Jahr 2003 nach eigenen Angaben über 80 Milliarden Dollar Erlöse. Allein im ersten Halbjahr 2004 ist der Umsatz im Vergleich zum Vorjahr um 22,6 Prozent gestiegen. Allein die Entwicklung der neuen JDAM Angriffsmunition (Joint Direkt Attack Munition) wird im Jahr 2005 über 2,5 Milliarden Dollar einbringen.

In Deutschland arbeiten allein in der Munitionsindustrie mehr als 6000 Menschen in 25 Unternehmen plus weitere 6.000 Arbeitnehmer in der Zulieferindustrie. Insgesamt sind in der deutschen Rüstungsindustrie rund 100.000 Menschen beschäftigt Die deutsch-französisch-britische EADS ist mit 31,8 Milliarden Euro Umsatz im Jahr 2004 Weltrangdritter nach Boeing und Lockheed Martin. Der (gesamte) durchschnittliche Jahresumsatz der europäischen Rüstungsunternehmen liegt bei ca. 100 Milliarden Euro. Aktuell hat die EADS einen Auftragsbestand von fast 50 Milliarden Euro zu verzeichnen. Für das aktuelle Geschäftsjahr wird ein Umsatz von 33 Milliarden Euro anvisiert. Das gesamte Konzernergebnis lag rund 60 Prozent über dem des Vorjahres. Die deutsche Kriegsschiffindustrie ist mit über 50 Prozent Weltmarktanteil führend. Natürlich darf bei diesen Zahlen nicht vergessen werden, dass vor dem Schrumpfungsprozess mehr als doppelt

[187] vgl. Walther, Helmut F.: Neuigkeiten aus russischen Konstruktionsbüros, in: Fliegerrevue 10/2001, 14; Butowski, Piotr: Suchoi will ins zivile Geschäft, in: Flugrevue 11/2001, 26; o.V.: Trainingszentrum in Moskau, in: Fliegerrevue 10/2001, 7

so viele Personen in der Rüstungsindustrie tätig und auch die Kapazitäten um einiges größer waren.

Gerade innerhalb dieses Industriezweiges sind strategische Entscheidungen aufgrund sehr hoher Planungs-, Entwicklungs- und Produktkosten, langen Entwicklungszeiten sowie verhältnismäßig langen Modernisierungs- und Wiederbeschaffungsintervallen von großer Bedeutung. Im allgemeinen stehen vier Strategietypen als Grundlage zur Verfügung: Marktdurchdringung, Marktentwicklung, Produktentwicklung und Diversifikation. Allerdings muss dieses Geflecht jeweils an die sehr komplexen Strukturen innerhalb der Rüstungsindustrie angepasst und erweitert werden.

		Produkte	
		alt	neu
Märkte	alt	**Marktdurchdringung** Intensivere Bearbeitung des Stammarktes mit den bisherigen Produkten	**Produktentwicklung** Bearbeitung des Stammarktes mit neuen Produkten
	neu	**Marktentwicklung** Erschließung neuer Märkte mit den bisherigen Produkten	**Diversifikation** Expansion mit neuen, anderen Geschäftsfeldern zusätzlich zur bisherigen Tätigkeit

Tabelle 6-5 *Strategietypen*

Zwar agieren im Bereich der internationalen Rüstungswirtschaft relativ wenige wirklich relevante Konzerne. Jedoch ist deswegen die Konkurrenz auch als sehr scharf zu bezeichnen, zumal nur verhältnismäßig wenige Abnehmer, sprich staatliche Gebilde, und ein äußerst dichtes Restriktionsgeflecht existieren und somit die jeweiligen Marktaktivitäten einschränken. Deswegen ist für Rüstungsunternehmen auch eine ständige und eingehende Konkurrenzanalyse von hoher Bedeutung. Einerseits sind getätigte Neuentwicklungen und Erkenntnisse von hoher sicherheitspolitischer Delikatesse. Andererseits können Konkurrenten abhängig von staatlichen Kooperationsinitiativen und Projektvorhaben durchaus auch als Partner gelten. Die drei wesentlichen Säulen der Konkurrenzanalyse sind: die Ziele des Konkurrenten, seine Strategie zur Erreichung dieser Zielsetzungen und dessen Stärken und Schwächen. Allerdings muss auch dieses Konstrukt angepasst werden.

So sind beispielsweise im Bereich Strategie zur Zielerreichung neben Informationen über Marketingmaßnahmen, Fertigung und Beschaffungswege auch Zulieferer und Absatzorganisation von Bedeutung.

Eine derartige Analyse gibt im allgemeinen einen durchaus fundierten Eindruck vom Profil eines Wettbewerbers und dessen jeweils aktuelle Position am Markt. Allerdings steht zu bedenken, dass in der Rüstungsindustrie sehr hohe Klassifikationsstufen existieren, was die Freigabe von Informationen betrifft. Somit bleibt das Bild potentieller Konkurrenten immer auch etwas diffuser, als dies eventuell in anderen Sparten der Fall ist.

Für einen Staat sind eigene rüstungsindustrielle Kapazitäten mit Sicherheit eine der tragenden Säulen für eine eigene Landesverteidigung und zur Interessendurchsetzung. Eine eigene Rüstungsindustrie bietet auch eine entsprechende Unabhängigkeit bezüglich eigener Versorgungs- und Entwicklungsnotwendigkeiten. Sie agiert als Stimuligeber durch diverse Spin-off-Effekte auch im zivilen Bereich, dies allerdings je nach Haushaltssituation. Abgesehen davon üben verteidigungspolitische Ausgaben auch einen nicht unwesentlichen Einfluss auf die eigene Volkswirtschaft und den eigenen Arbeitsmarkt aus. Jedoch stellt sich die Frage, wie lange das Prinzip einer nationalen und vor allem konkurrenzfähigen Rüstungsindustrie überhaupt, zumindest für Staaten kleiner und mittlere Größe, noch möglich ist. Selbst rüstungswirtschaftliche Giganten wie die USA und Russland sehen sich mittlerweile enormen Herausforderungen gegenüber; zumal sich ein global immer stärker von technologischen Komponenten abhängiges Verteidigungsprinzip durchsetzt.

Neue Anschaffungsprojekte werden zwar immer sicherer und raffinierter, verschlingen aber auch immer mehr Geld. Folglich sehen sich moderne Streitkräfte dem Dilemma eines stets breiter und fordernder werdenden Aufgabenspektrums bei gleichzeitiger Ausdünnung der Personal- und Kapazitätendecke gegenüber.

Zu jeder Zeit – an jedem Ort

In wie fern sich dies mit den neuen Militärdoktrinen einiger Staaten vereinbaren lässt, steht allerdings zur Debatte. So fordert z.B. die neue Militärdoktrin der USA vom Januar 2002 die Fähigkeit, vier begrenzte Kriege gleichzeitig führen zu können. Das globale Marine-Manöver „Summerpulse 2004", als Bestandteil des erst eingeführten „Fleet Response Plan" (FRP), sollte den simultanen Einsatz von insgesamt sieben Flugzeugträgerverbänden an unterschiedlichen Standorten über den Erdball verteilt, über ein Jahr lang beweisen.

Ziel ist es, an mindestens zwei Krisenherden gleichzeitig innerhalb von 30 Tagen mit sechs Trägergruppen einsatzfähig zu sein und diese Verbände innerhalb von 90 weiteren Tagen durch zwei weitere Trägergruppen zu ergänzen, was die gesamte Versorgung über einen Zeitraum von mindestens einem Jahr mit beinhaltet.[188]

Bereits Ende der 1990er Jahre stieg das amerikanische Verteidigungsbudget von rund 259 Milliarden Dollar im Jahre 1998 auf über 301 Milliarden im Jahr 2001 und liegt derzeit bei knapp 420 Milliarden Dollar. Auch Russland betrachtet mittlerweile wieder eine strategische Aufrüstung sowie Waffenexporte als einen Teil der eigenen Verteidigungs- und Außenpolitik. Mit Sicherheit auch als eine Art Gegenmaßnahme gegen die zunehmende Ausbreitung des U.S.-amerikanischen Einflusses und jenen der NATO.

So finden sich unter den Abnehmern russischer Rüstungsgüter auch Staaten wie China, Indien und Iran, weshalb es auch schon zu einigen Spannungen im politischen Verhältnis zum Westen und regelmäßigen Kritikäußerungen gekommen ist. Zwar gibt das Land selbst nur 13 Milliarden Dollar für die Rüstung aus. Doch nach Russlands eigentlicher Intention Anfang der 1990er Jahre, einen erheblichen Anteil rüstungsindustrieller Kapazitäten auf zivile Applikationen umzustellen, ist das Land mittlerweile wieder einer der größten Lieferanten der Welt. Wohlgemerkt stellt die russische Rüstung neben der Ölförde-

[188] vgl. Kaminski, Tom; Hunter, Jamie: U.S. Navy Update 2004, in: Combat Aircraft 05/2004, 28; o.V.: Joint Maritime Course, in: Airforces Monthly 08/2004, 4; Cooper Richard: The Heat is on, in: Combat Aircraft 9/2004, 20; United States Navy: Informationen zum Summerpulse-Manöver 2004, http://www.navy.mil.org, 05. 06. 2004

rung und dem Abbau anderer Rohstoffe die wichtigste Säule eines wirtschaftlichen Aufschwungs, zumindest in den Augen Präsident Putins, dar. Im Jahr 2004 beliefen sich die militärischen Exporte Russlands auf insgesamt 5,7 Milliarden Dollar und gingen in 59 Länder.[189]

Vier Fünftel der weltweiten Rüstungsexporte werden nach wie vor von den ständigen Mitgliedern des UN-Sicherheitsrates – USA, Russland, China, Großbritannien und Frankreich – bestritten. Das entspricht einem Umsatz von rund 120 Milliarden Dollar jährlich.

Der größte Lieferant von Rüstungsgütern sind nach wie vor die USA mit einem Transferwert von 14,5 Milliarden Dollar. Das entspricht 57 Prozent der gesamten Vertragsschließungen bezüglich des internationalen Waffentransfers. Auf dem zweiten Rang liegt Russland mit 17 Prozent Marktanteil, gefolgt von Deutschland mit einem Exportvolumen von 4,8 Milliarden Dollar an 118 Nationen.[190] China ist mittlerweile zum größten Importeur von Rüstungsgütern geworden. Gemäß dem Gesetz über die Landesverteidigung verfolgt die chinesische Regierung eine Richtlinie der koordinierten Entwicklung im Aufbau der Landesverteidigung und der Wirtschaft. Um sich den veränderten Bedürfnissen anzupassen, hat China auf Grundlage des hohen Wirtschaftswachstums und der Finanzeinnahmen die Verteidigungsausgaben entsprechend stark angehoben. 2004 wurden für den chinesischen Verteidigungshaushalt Ausgaben von über 200 Billionen Yuan geplant, was einem Wert von ca. 30 Milliarden Dollar entspricht. Von 1989 bis 2004 hat China Rüstungsgüter im Wert von 16,8 Milliarden Dollar gekauft, wobei über 90 Prozent aus Russland bezogen wurden.[191] Das ist für Russland nicht ganz unproblematisch. Will man die eigene Industrie, die gegenüber der westlichen Rüstungsindustrie stark

[189] vgl. United States Army: Infoseite, http://www.armyguide.com, 26. 05. 2005; Stockholm International Peace Research Institute (SIPRI): http://www.sipri.org, 26. 05. 2005; Moscow News, http://www.moscownews.com, 01. 02. 2005; o.V.: Russland intensiviert Rüstungsexporte, in: Der Soldat, 11. 05. 2005, 8

[190] vgl. British American Security Information Council, Infoblatt vom 17. 09. 2004, http://www.basicint.org, 25. 05. 2005; Herz, Wilfried: Der peinliche Exporterfolg, in: Die Zeit, 14. 04. 2005, 30; Hanel, Dieter: Die Rüstungsindustrie in Deutschland, in: Soldat und Technik 8/2003, 21 ff.

[191] vgl. Presseamt des Staatsrats der VR China: Mitteilung zu Chinas Verteidigungspolitik, 28. 04. 2004, http://www.china.org.cn, 02. 12. 2004

an Boden verloren hat, substanziell stärken und die eigene politische Position und Interessenverfolgung in diesem Raum erhalten, ist man auf die Kunden in Ostasien angewiesen.

Jedoch befürchten einige russische Militärs, dass man angesichts der unsicheren chinesischen Entwicklung an der sibirischen Grenze möglicherweise einmal mit den eigenen Waffen bedroht wird. Dementsprechend wird auch versucht, die russischen Exporte mit einer verstärkten Material- und Truppenverlegung an die chinesisch-russische Grenze zu kompensieren.

Was Europa betrifft, ist es recht interessant festzustellen, das man fast sechs mal so viel aus den USA importierte wie exportierte, was auch den Umstand der zunehmenden Kritik europäischer Rüstungsfirmen erklärt, man werde, im absoluten Gegensatz zu den Bedingungen in den Vereinigten Staaten, von politischer Seite nicht ausreichend unterstützt. Europäische Staaten sollten vielmehr den Aufbau eigener Rüstungskapazitäten forcieren, als amerikanisches Rüstungsmaterial zu beziehen.

Seit den letzten drei Jahren ist es unter anderem die internationale Rüstung, die in ihrer Gesamtheit wieder sehr hohe Wachstumsraten verzeichnet (ungleich anderer Zukunftsfelder, wie z.B. der Internet- und Computerbranche, deren größter Kunde die Rüstungsindustrie ist) und der auf absehbare Zeit auch erhebliches Wachstum, zumindest innerhalb des Luftfahrtzweiges prognostiziert wird. Z.B. haben sich die Aktienkurse der amerikanischen Rüstungsgiganten Lockheed Martin und Northrop Grumman allein in den letzten drei Jahren seit 2001 vervierfacht. Allein in der Militärluftfahrt wird in den nächsten 15 Jahren mit einem weltweiten Neubedarf von mehr als 2.700 Kampfjets im Wert von rund 130 Milliarden Dollar gerechnet. Dabei ist das Potential von Programmen wie dem JSF quasi noch nicht einmal klar absehbar. Doch genau auf diesem globalen Markt – mit seinem erheblichen Potential für die Rüstung – liegt auch das Dilemma des Geschäfts.[192]

[192] vgl. Schwarz, Karl: Auf dem Weg aus der Talsohle, in: Flugrevue 6/1999, 57

6.9.1 Aspekte rüstungsindustrieller Handelsexpansion

Was ist der ursprüngliche Zweck der Produktion von Rüstungsgütern? Worin liegt/lag das eigentliche Interesse zur Etablierung diese Branche? Die hier zweifellos vordergründige Gewährung bzw. Wahrung nationaler Sicherheit und Stabilität ist hier zu nennen. Regierungen jeglicher Couleur veranlassten Forschung und Entwicklung von Produkten und Systemen zum Schutz eigener Grenzen und in vielen Fällen zur Penetration anderer Staatengebilde. Dieses Bild ist mittlerweile in vielen Teilen veraltet und einer neuen Doktrin gewichen, nicht zuletzt auch wegen einer zunehmenden Privatisierung des Rüstungssegmentes. Die Verfolgung und Durchsetzung nationaler (im Idealfall internationaler) und geopolitischer Interessen ist der aktuelle sinntreibende Aspekt, zumindest seitens der staatlichen Komponente innerhalb des Systems Rüstungsindustrie. Das heißt: früher war für national-fundierte Rüstungsbetriebe primär die eigene Nation, oder besser gesagt, die eigene Regierung gleichzeitig Investor wie auch Kunde. *„Denn in der Verteidigungsindustrie schafft allein die Politik den Markt."*[193]

Im Zeitalter globaler sicherheitspolitischer Bedürfnisse, also Interessenverfolgung außerhalb der eigenen staatlichen Struktur, etablieren sich andere (im Idealfall alliierte) Nationen und deren Regierungen und Militärs als potentielle Partner, Investoren und Kunden. Das hat für die Industrie selbst erst einmal einen beträchtlichen Vorteil. Andere Regierungen als Kunden zu gewinnen heißt auch, neue Investitionsquellen zu erschließen und somit den eigenen Kostenanteil an Neuentwicklungen erheblich zu verringern. Das ist bei den derzeit oft restriktiv gehandhabten staatlichen Verteidigungsbudgets für das Groß der Rüstungsfirmen auch notwendig.

Das daraus resultierende Exportgeschäft ist praktisch eine ergiebige Gewinnquelle. Ein globaler Markt ermöglicht weiterhin ein stetiges Wachstum trotz etwaiger Kürzungen von Verteidigungsetats. Bedenkt man, dass neue militärische Systeme immer komplexer, digitaler und somit teurer werden, ist Expansion geradezu unabdingbar, um den zu-

[193] vgl. Strunz, Herbert; Dorsch, Monique: Sicherheitspolitik und Wirtschaft, Frankfurt/M. u.a. 2003, 52

nehmenden nationalen Kostendruck zumindest etwas zu dämpfen. Ansonsten würde diese Entwicklung im Laufe der Zeit dazu führen, das eine Nation sich die eigene Rüstungsindustrie nicht mehr leisten kann.

Dass dies sehr realistisch ist, zeigt Europa, wo Projekte wie der Eurofighter oder der A-400M Transporter durch einzelne europäische Staaten nicht mehr zu bewältigen sind. Noch mehr: die Rentabilität dieser Entwicklungen liegt ausschließlich beim Export. Doch darin ist auch das Kernproblem zu sehen. Sobald es um das Verlassen des eigenen innerstaatlichen Marktes und globale Expansion geht, ist ein Unternehmen, das in der Rüstung tätig ist, eben nicht so frei in seinem unternehmerischen Handeln wie ein Unternehmen, das in einer anderen Branche wirtschaftet. Hierbei überwiegen natürlich sicherheitspolitische Aspekte andere etwaige Problemstellungen wie Zollbestimmungen, steuerliche Sanktionen etc. bei weitem.

Dabei versteht man heute unter sicherheitspolitischen Aspekten nicht mehr primär, dass einer potentiellen Feindnation wertvolle Technologie in die Hände fallen könnten, die dann bei einer eventuellen Konfliktsituation gegen einen verwendet werden könnte. Dieses Prinzip ist in der heutigen, weltweit miteinander verbundenen Sicherheitsstruktur mit einheitlichen grenzüberschreitenden Verteidigungsdoktrinen sehr weit in den Hintergrund gerückt. Wobei man allerdings sagen muss, dass dies noch immer ein nicht unwichtiger Teil der Überlegungen zum Rüstungsgeschäft ist. So muss im Zeitalter des internationalen Terrorismus und der asymmetrischen Kriegsführung natürlich genau abgewogen werden, in wie fern es möglich ist, Rüstungsexporte an eher instabile Staatengebilde, in denen die politische Entwicklung auf absehbare Zeit vielleicht nicht eindeutig abzuschätzen ist, zu tätigen, ohne möglicherweise immer noch existierende positive politische Beziehungen zu gefährden.

Die Exporte von hochmodernen Rüstungsgütern an den Iran in den siebziger Jahren sind ein Beispiel, das diese Gefahr, die bis heute stetig zugenommen hat, verdeutlicht.

Der böse „Kater“ mit dem Kater

Bis Ende der siebziger Jahre war der Iran eine durch die Schah-Familie zentralistisch geführte Monarchie, die (wie Saudi-Arabien heute) in regem wirtschaftlichen Kontakten zu den USA und anderen westlichen Staaten stand. Der Schah förderte den Wandel seines Landes von einer mittelalterlichen Monarchie hin zum modernen Industriestaat durch reiche Explorations- und Förderaufträge an die U.S.-Ölindustrie, die mit ihren Gewinnen aus dem iranischen Ölgeschäft in die Infrastruktur und die wirtschaftliche Entwicklung des Landes investierte. Die wohlhabender werdenden Iraner konsumierten zunehmend westliche Waren und „kurbelten" so die Wirtschaft nicht unerheblich an. Das Iranische Königreich wurde im Nahen Osten zu einem der wichtigsten Alliierten des Westens und zu einem der größten Exportkunden für die westliche Rüstungsindustrie.

Da die iranische Regierung eine Bedrohung durch die Rote Armee und den damals mit der Sowjetunion verbündeten Nachbar Irak fürchtete, baute der Schah in verhältnismäßig kurzer Zeit die drittgrößte Streitmacht der Welt auf, ausgerüstet mit den modernsten Waffensystemen, die der Westen zu dieser Zeit aufzubieten hatte. Im Repertoire der Königlichen Streitkräfte standen unter anderem F-4 Phantom, F-15 Eagle Jagdbomber, KC-135 Tanker, Abrams Kampfpanzer oder modifizierte SCN-275-Zerstörer, die im Iran als „Ayatollah-Klasse" bekannt waren.

Iranische Militärbasen wie z.B. Khatami, die von amerikanischen, französischen und deutschen Spezialisten entwickelt und gebaut wurden, besaßen eine der kompliziertesten und höchstentwickelten Infrastrukturen der Welt. Iranische Offiziere und Führungspersonal gehörten in der Regel der herrschenden Klasse an und wurden auf höchstmöglichem Niveau durch westliche Streitkräfte ausgebildet. Unteroffiziere, Mannschaftsgrade und einfache Soldaten stammten aus den unteren, oft unausgebildeten und analphabetischen Schichten. Sie wurden, abgesehen von ihrem militärischen Tätigkeitsbereich, wenig oder gar nicht aus- und weitergebildet. Dies sollte sich später, während der Machtübernahme durch Khomeinis Anhänger, als Fehler erweisen.

Zwischen 1976 und 1978 kaufte der Schah 80 F-14A Tomcat-Kampfflugzeuge mitsamt Langstreckenbewaffnung von der U.S.- Marine als Gegenmaßnahme, um die ständigen Überflüge durch sowjetische MIG-25 Foxbat-Jäger zu unterbinden, was nach der Indienststellung auch tatsächlich geschah.

Der Tomcat-Schwenkflügler wird derzeit zwar auf Seite der U.S.-Marine durch die digitale F/A-18F Super Hornet ersetzt, weil diese verbesserte Mehrrollen- und Luft-Boden-Kapazitäten aufweist. Jedoch wird die F-14 Tomcat in der aktuellen Version bis dato als eines der effektivsten Abfang- und Jagdflugsysteme der Welt angesehen. Der speziell für die Tomcat entwickelte Abfangflugkörper AIM-54 Phoenix ist in seinen unterschiedlichen Ausführungen zumindest bis zur Diensteinführung von Systemen wie TAURUS, MICA oder JASSM der weitreichendste selbständig operierende und, mit über zwei Millionen U.S.-Dollar Stückkosten, teuerste und modernste Abfanglenkflugkörper seiner Art.

Bereits Mitte der siebziger Jahre mehrten sich allerdings die Unruhen im Iran (wie heute auch in Saudi-Arabien). Als Grund wurde die Ablehnung der zunehmenden Verwestlichung der islamischen Kultur gesehen. Diese Spannungen nahmen neben jenen mit dem benachbarten Irak rasant zu.

Ende 1979 brach die islamische Revolution im Iran aus, welche letztendlich mit dem gewaltsamen Sturz des Königshauses und der Rückkehr des radikalislamischen Geistlichen Khomeini aus dem Exil und seiner Übernahme der Staatsmacht ihren Lauf nahm.

Mit einem Embargo, das die Lieferung von Ersatzteilen und unterstützendem Equipment unterband, versuchte man die Einsatzfähigkeit und Nutzungsdauer zu minimieren. Es gilt allerdings auf westlicher Seite als gesichert, dass das Mullahregime zur Finanzierung des weiter fortschreitenden Staatsumbruchs und des Krieges mit dem Irak neben dem Ölexport auch Schlüsselsysteme und Know-how über diverse Technologien an damalige westliche Opponenten verkauft hat. Die westliche Welt nahm Anfang der neunziger Jahre mit Entsetzen war, dass trotz Embargo und Iran-Irak-Krieg, Waffensysteme wie die F-14

Tomcat oder diverse Flugabwehrsysteme immer noch intakt und einsatzbereit schienen.[194]

6.9.2 Positionssicherung versus internationale Partnerschaften

Trotz diesen wohl ständigen Gefahren, die dem Rüstungsgeschäft innewohnen, haben sich seit dem Ende des Kalten Krieges und dem Zerfall des Ostblocks die Paradigmen in der Rüstungsindustrie mit der internationalen Sicherheitspolitik gewandelt. Es geht nun wohl vielmehr darum, den eigenen Standort mit eigenen Entwicklungen und Patenten und somit die eigene Industrie zu sichern und nicht in Gefahr zu bringen.

Eine Möglichkeit besteht darin, dass Schlüsseltechnologien (die nun einmal zu einem großen Teil in der Rüstungsindustrie entwickelt werden), welche den technologischen Vorsprung der eigenen Nation – und damit verbunden – oft die wirtschaftliche Durchsetzungsfähigkeit bei internationaler Konkurrenz sichern, nur sehr restriktiv oder möglichst überhaupt nicht weitergegeben werden. Beispielsweise werden von der U.S.-Regierung an Thailand und Singapur verkaufte AIM-120 AMRAAM Raketen nach wie vor unter einem 48-Stunden-Abruf durch die Käuferländer auf U.S.-Territorium behalten.

So ist es auch durchaus nachvollziehbar, dass sich die U.S.-Regierung mit Technologietransfers in das aufstrebende China trotz sehr großer Absatzchancen und weniger restriktiver Konkurrenz aus Europa und Russland noch zurückhält. Nicht etwa nur, weil China als potentielle Feindnation gesehen wird, sondern weil eine derart rasante Entwicklung, wie sie zur Zeit in China stattfindet, in der Regel auch massive Umbrüche mit sich bringt. Diese sind aber selbst durch China schwer abzusehen.

So ist die Weitergabe von Know-how im Bereich Strahlflugzeuge an China durch die israelische Regierung oder auch das aktuelle Interesse Chinas, Russlands und anderer Nationen an der tschechischen Ent-

[194] Gillcrist, Paul T.: Selling the Shah, Tomcat – The Grumman F-14 Story, Atglen 2002, 46; Pustam, Anil R.: Air Power in the Middle East, in: Military Technology 3/2003, 12; Cooper, Tom; Bishop, Farzad: Iranian F-14 Tomcat Units in Combat, in: Combat Aircraft 49/2002, 16

wicklung des VERA-Passiv-Radarsystems, das die von den USA entwickelte und nicht exportierte Tarnkappentechnologie ohne Neuausrichtung quasi unbrauchbar oder zumindest nur eingeschränkt nutzbar machen würde, von den alliierten USA sicherlich mit Kritik wahrgenommen worden. Das soll aber nicht bedeuten, dass Waffenexporte internationale Geflechte nicht auch stabilisieren können.

Lavi und Vera für China

Ein weiteres Beispiel stellen die vermuteten Beziehungen zwischen Israel und der Volksrepublik China dar. Gerüchte über die Jianji-10 tauchten erstmalig Ende der 1980er Jahre auf. Es schien, als ob China ein Flugzeug entwickeln würde, welches der neuen sowjetischen Jägergeneration Paroli bieten sollte. Denn die als J-6 und J-7 bezeichneten chinesischen Versionen der MIG-19 und MIG-21 waren längst veraltet. Anfang der 1990er Jahre wurde mehr über die J-10 bekannt, als ein chinesischer Überläufer Details des Programms an die USA verriet. Es wurde deutlich, dass die J-10 auf der israelischen Entwicklung LAVI basierte. Dieses Kampfflugzeugkonzept wurde durch amerikanischen Druck Mitte der 1980er Jahre gestoppt, da der U.S.-Rüstungsgigant General Electric befürchtete, die LAVI könnte die Exportchancen der eigenen F-16 Fighting Falcon auf dem Weltmarkt behindern. Daraufhin verkaufte Israel die Technologie, in die das amerikanische Verteidigungsministerium immerhin über zwei Milliarden Dollar investiert hatte, wohl an China.

Des weiteren stammten nicht unwesentliche Teile, wie die Fly-by-Wire-Steuerung, direkt aus amerikanischen Forschungseinrichtungen und waren auch für eine weitere zivile Anwendung und deren Absatz gedacht. Diese Technologie befand sich nun nicht mehr in den eigenen Händen. Es wurden dann auch Vermutungen angestellt, in wie weit dies den chinesischen Absatz eigener Erzeugnisse beeinflusst haben könnte.

Zwar wurde von israelischer und chinesischer Seite jeglicher Bezug der J-10 zur LAVI dementiert. Dies mochte allerdings niemand so recht glauben, da mittlerweile bekannt war, das die beiden Nationen immer stärker auf militärischem Gebiet zusammenarbeiteten und die J-10 in ihrer Auslegung für chinesische Verhältnisse revolutionär war.

Israel ist bis dato einer der größten Abnehmer von U.S.- Rüstungsgütern, unter anderem auch der F-16 in verschiedenen Ausführungen. Bis Mitte der 1990er Jahre häuften sich allerdings auf chinesischer Seite die Probleme bei der Entwicklung der J-10 bis hin zu einem Stand, bei dem befürchtet wurde, dass das Projekt sogar eingestellt werden müsse, da viele der Technologien für chinesische Ingenieure Neuland waren. Letzten Endes wurde dies verhindert, indem sich die chinesischen Beziehungen zu Russland rasant verbesserten und sofort nach deren Stabilisierung ein erneuter russischer Export von SU-27 Flanker-Flugzeugen mitsamt Ingenieurstab nach China einsetzte. Der kam für die schwächere russische Exportsparte sehr gelegen, und brachte die benötigten Technologieansätze mit sich.

Mittlerweile ließ allerdings auch dieser Strom wieder nach, da befürchtet wird, dass eine komplettierte J-10 potentielle Kunden für russisches Material in Südostasien abwerben könnte. Außerdem wurde und wird China bisher von der internationalen Rüstungs- und Luftfahrtbranche als Zukunftsmarkt angesehen, weil eine eigenständige asiatische Industriesparte, wie sie in den USA, Europa oder Russland existiert, quasi nicht vorhanden ist.[195]

Das tschechische Passivradar VERA ist der Nachfolger des 1988 entwickelten TAMARA-Systems der Firma TESLA, und soll angeblich für den Verlust einer F-117 A Night Hawk während des Kosovokrieges im März 1999 verantwortlich sein. Bereits 1997 soll der Irak versucht haben, die Technologie für 375 Millionen Dollar aus der Tschechischen Republik zu erwerben. Dieser angebliche Handel wurde allerdings durch die Intervention der USA unterbunden. Laut britischen Sicherheitsdiensten soll das System jedoch bereits Anfang der 1990er Jahre nach Russland exportiert und von da aus wiederum nach Jugoslawien weitergegeben worden sein.

Das Prinzip des Passivradars funktioniert wie folgt: Die gesamte Atmosphäre ist durchzogen mit einer Unmenge von Radiowellen und

[195] vgl. Normann, Michael: J-10 – Der neue chinesische Jäger, in: Fliegerrevue 9/2000, 28; Yu-sheng, Hsiao: China's New-Generation Main Military Aircraft, in: Kuang Chiao Ching, 16. 11. 1995, 70 ff., http://www.global-security.org, 23. 03. 2005; Ping Kuo, Pao: The Chinese Mainland Carries Out Another Test-Flight of Jian-10 Fighter, in: China Daily, 08. 10. 2003, 17; http://www.sinodefence.com, 23. 03. 2005

diversen Emissionen. Jedes Objekt, das durch diese „Strahlenbrühe" fliegt erzeugt Verwirbelungen und somit Spuren, auch konventionelle Tarnkappenflugzeuge wie die F-117 oder die B-2. Deren Tarnkappenprinzip basiert auf der Zerstreuung und Absorbierung aktiver, also ausgesandter Radarstrahlung. Passives Radar sendet allerdings keine Strahlung aus, sondern ist quasi eine Ansammlung von elektronischen Hörgeräten, welche trianguliert werden und so die Differenzen, die durch Flugzeuge im atmosphärischen Strahlungsfeld erzeugt werden, passiv einfangen und die Abbildung der hinterlassenen Spuren vor dem atmosphärischen Hintergrund ermöglichen.

Ein weiterer Vorteil dieses Systems ist, dass es durch den passiven Charakter selbst unsichtbar bleibt, da es selbst keine Emissionen aussendet. Bereits in den Jahren 2000 und 2004 haben die USA dieses System zu Testzwecken von der tschechischen Regierung erworben und aktiv daraufhin gewirkt, dass ein Verkauf sechs solcher Systeme durch die tschechische Firma Omnipol an die sehr interessierte chinesische Volksrepublik nicht zustande kam.[196]

"We are discussing the sale of at least one Vera radar to the United States and if there is a market, possibly more ... It will either go to the United States or to a NATO country. But it is not going to China. Any system that would enhance [China's] ability to alter the balance of power in the region is inherently destabilizing ... This is not something we wanted the Chinese to have." (Kenneth Bacon, Sprecher des US-Verteidigungsministeriums[197])

---

[196] vgl. Foley, K. P.: Iraq to acquire tracking system, in: Washington Post, 11. 11. 1997, A1; O'Rourke, Breffini: Overrated, in: Washington Times, 13. 11. 1997, A1; Schlenker, Eckart: Radar – Die Augen des Jagdflugzeugs, in: Fliegerrevue 7/2000, 26; Gertz, Bill: Radar Sale to China stopped, in: Washington Times, http://www.washtimes.com, 25. 04. 2004; Lettice, John: where'd we put 'em?, in: Jane's Defence Weekly 38/2004, 34; Santoli, Al; Scheidel, Miki: Rise in Military Funds, in: China Reform Monitor 540, 26. 04. 2004, http://www.afpc.org, 12. 06. 2005; American Foreign Policy Council, http://www.afpc.org, 25. 05. 2004, http://www.era.cz, 25. 05. 2000

[197] vgl. o.V.: U.S. to stopp radar sale, in: Jane's Defence Weekly 16/2004, http://www.flightinternational.com, 01. 06. 2004

"China's future is uncertain and it could develop as either a friendly or hostile power." (Donald Rumsfeld, amerikanischer Verteidigungsminister[198])

6.9.3 Internationale Konkurrenz- und Partnerschaftsparadoxa

Im Verhältnis zu anderen Branchen existieren innerhalb des Rüstungssektors relativ wenig Konkurrenten. Diese sind allerdings, was den Kapitalstock, Investitionsvolumen, Mitarbeiterzahl etc. betrifft in ihren Dimensionen weitaus größer, als dies durchschnittliche Konkurrenten in anderen Branchen sind.

Doch diesen Anbietern stehen nun auch verhältnismäßig wenige potentielle Abnehmer gegenüber, mit hohen zeitlichen Abständen zwischen dem Güterkonsum. In der Regel sind Anschaffungen von Rüstungsgütern Langzeitinvestitionen die, auf das einzelne Rüstungsprodukt bezogen, für Jahrzehnte getätigt werden. Innerhalb dieser Intervalle können sich politische Verhältnisse freilich graduell oder schlagartig ändern, was somit zu bis weilen geradezu paradoxen Kunden-Anbieter- und Technologiepartner-Technologiegegner-Verhältnissen führt.

Flirte mit dem einen und liebe den anderen

Indien wird gemeinhin als erste Demokratie in Asien gewertet. Es ist anzunehmen, dass sich der Staat in absehbarer Zeit zu einer dominierenden Wirtschaftsmacht entwickeln wird. Das Land selbst sieht sich als stark westlich orientiert. Die indische Regierung legt öffentlich Wert auf enge und gute Beziehungen zu Europa und den USA. Das Verhältnis Indiens zum benachbarten China ist traditionell eher kritisch. Man hält nach wie vor Abstand von Kooperationen mit diversen zentralasiatischen Staaten und Russland.

Allerdings ist Indien einer der wichtigsten Abnehmerstaaten russischer Militärtechnologie, wie der SU-27 und anderen Varianten dieses Jagdflugzeuges sowie ein Lizenzfertiger des bekannten AK-47 Kalaschnikow Sturmgewehres. Seit Beginn dieses Jahrzehntes werden verstärkt Manöver mit amerikanischen und anderen NATO-

[198] vgl.: auf einer Reise durch Ostasien im November 2003; Gertz, Bill: Radar Sale to China stopped, in: Washington Times, http://www.washtimes.com, 25. 04. 2004

Streitkräften veranstaltet. Es wird sich von indischer Seite ferner intensiv um westliche Investitionen, auch rüstungstechnologischer Natur, bemüht.

Das bedeutet allerdings nicht, dass die regen Kontakte zu russischen Herstellern abgebrochen sind. So bestellte die indische Luftwaffe im Dezember 2000 140 SU-30MK, die ab 2005 ausgeliefert werden. Die indische Marine ist an MIG-29K als Ersatz für ihre Harrier-Maschinen interessiert. 16 Maschinen für über 700 Millionen Dollar sollen bis 2009 ausgeliefert werden. Die Maschinen sollen von zwei Flugzeugträgern aus operieren, die ebenfalls für 1,6 Milliarden Dollar von Russland bezogen werden.

Die 66 Hawk Trainerflugzeuge im Wert von 1,63 Milliarden Dollar werden allerdings vom britischen Hersteller BAE Systems bezogen. Anfang des Jahres 2004 hatten amerikanische Verbände die Möglichkeit ihr Material mit Konkurrenzmodellen bei einem mehrwöchigen Manöver in Indien zu vergleichen und Einsicht in die Technologie zu nehmen. Westliche Generäle bedankten sich später öffentlich für die Kooperation der indischen Regierung und die freundliche Aufnahme. Man habe sehr vielfältige Lernmöglichkeiten nutzen können und auch das eigene Potential besser kennen gelernt. Man hoffe auf weitere Möglichkeiten der Zusammenarbeit in der Zukunft.

Diese Äußerungen wurden kurz vor der Entscheidung des amerikanischen Kongresses über das U.S.-Militärbudget für die nächsten Jahre und zukünftige amerikanische Rüstungsprojekte, wie z.B. F/A-22 Raptor oder des STRIKER-Panzers gemacht.

Was die hohe Rüstungsquote in Zentralasien betrifft, ist diese vor allem durch den Konflikt mit Pakistan um die Provinz Kaschmir zu begründen, der im Augenblick in der Entwicklung von jeweils eigenen Thermonuklearprogrammen kulminiert. Pakistan, immer noch aktiv in fragwürdigem Umgang mit vermuteten Terroristen, ist mittlerweile ein enger Partner der USA im Kampf gegen den internationalen Terrorismus und unterhält engste Beziehungen zum Nachbarn China, ganz im Gegensatz zu Russland.

So besteht die pakistanische Luftwaffe vorrangig aus chinesischen Lizenzversionen von MIG- und Suchoi-Kampfflugzeugen, während neuere bodengestützte Kampfsysteme aus amerikanischen Rüstungsschmieden stammen.[199]

6.9.4 Politische Implikationen internationaler rüstungswirtschaftlicher Aktivitäten

Märkte, die sich in einem Stadium des Umbruchs befinden, bzw. von Umbrüchen „bedroht" sind, machen den politischen Zwiespalt des Exportzweiges in besonderer Weise deutlich. Zum einen ist die Umbruchgefahr, in der sich ein potentieller Partnerstaat befindet, der offensichtliche und durchaus nachvollziehbare politische Grund, Rüstungsgeschäfte zu tätigen. Aber andererseits ist dies der selbe Grund, es gerade nicht zu tun. Denn würde tatsächlich eine Umbruchsituation eintreten und wäre diese dann auch erfolgreich, fiele gelieferte Schlüsseltechnologie in die Hände des dann in erster Linie wirtschaftlichen und stellenweise politischen Opponenten.

David gegen Goliath

Die kleine Insel Taiwan, die vom chinesischen Festland als abtrünnige Provinz angesehen wird, ist neben Japan einer der wichtigsten Alliierten der USA in Südostasien und ein wichtiger Handelspartner der Volksrepublik China, auch wenn dies beide Seiten nicht unbedingt mit Stolz behaupten. Weiterhin ist Taiwan ein wichtiger Exportkunde für hochmoderne, hauptsächlich amerikanische und französische Militärgüter. Frankreich gelang es vor kurzem, Taiwan als Kunden für 72 MIRAGE-2000 Jäger mit Nuklearkapazitäten zu gewinnen. Erst im Jahr 2002 wurden von Taiwan modernste amerikanische Aegis-Zerstörer eingekauft.

---

[199] vgl. Normann, Michael: Die modernen MIG-29-Versionen, in: Fliegerrevue 11/2000, 25; Fulghum, Davi A.; Barrie, Douglas: SU-30MK beats F-15C – Every Time, in: Aviation Week and Space Technology, 24. 05. 2002, 3; o.V.: India orders MIG's, in: Combat Aircraft 5/2004, 14, Lake, Jon: Where are they now – The Fate of MIG and Sukhoi, in: Combat Aircraft 5/2004, 24; o.V.: Indian SU-30MKI ready to start, in: Airforces Monthly 8/2004, 16; Warnes, Alan: Mianwali, in: Airforces Monthly 8/2004, 30; o.V.: Indian SU's delivered, in: Combat Aircraft 9/2004, 17; o.V.: Indian SU-30MKI ready to start, in: Airforces Monthly 8/2004, 16; Hibbard, Paul: American Eagles in India and Tailand, in: Top Gun 5/2004, 4; Mader, Georg: Militärische Großmacht, in: Der Soldat, 11. 05. 2005, 14; Ahmedullah, Mohammed: Aero India 2003 – Aquisitions and Outsourcing, in: Military Technology 3/2003, 60

Diese Kriegsschiffe werden als die höchstentwickelten und effektivsten automatisierten Seekampfsysteme ihrer Art angesehen. Das Verteidigungssystem Aegis ist eine lernfähige selbständige Integration aus Computern, Radarsystemen und diversen Waffensystemen. Es ist fähig, selbständig Luft-, Boden- und Seeziele simultan auf mehreren taktischen und strategischen Ebenen zu bekämpfen und so einen Schutzschild um ganze Seekampfverbände zu legen. Nun steht die chinesisch-taiwanesische Frage schon geraume Zeit zur Debatte. Obwohl sich die chinesische Zentralregierung, nach eigenen Angaben, bisher sehr geduldig gezeigt hat und China sowie Amerika um ein möglichst positives künftiges Verhältnis zueinander bestrebt sind. Dieses beruht natürlich auch darauf, dass China augenblicklich wie kein zweites Land wirtschaftlich wächst. Bei den letzten Wahlen in Taiwan wurde deutlich, dass der Spielraum auf chinesischer Seite nicht sehr groß ist.

Man ließ verlauten, dass man militärisch intervenieren würde, sollte Taiwan seine Unabhängigkeit erklären. Dabei sei man sich des Risikos der Gefährdung des eigenen wirtschaftlichen Aufschwungs und der Beziehungen zu den USA durchaus bewusst.

Nun ist es fraglich, in wie weit die USA und China ihre Beziehungen zueinander gefährden würden, wenn die Taiwan-Frage radikaler gelöst werden würde. Aber Aegis-Technologie in China ist mit Sicherheit keine Vorstellung, die dem amerikanischen Verteidigungsministerium gefallen würde; was nichts an der Tatsache ändert, das Taiwan nun einmal für einen Großteil des amerikanischen Exportgewinns aus der Aegis-Technologie verantwortlich ist. Die selbe Aussage dürfte auch für Frankreich gelten.[200]

6.9.5 Exportrestriktionen und rüstungsindustrielle Handelstätigkeit

Grundsätzlich strebt jedes Land nach einer möglichst restriktiven Handhabung des eigenen Exports von Rüstungsgütern. Man orientiert

[200] vgl. Breyvogle, Norm: Selling the Shield, in: Aviation Week and Space Technology, 24. 06. 2002, 83; o.V.: Aegis-Deal fixed, in: Jane's Defence Weekly 39/2002, 8

sich bei der Implementierung und Handhabung von Exportrichtlinien, nicht nur am eigenen sicherheitspolitischen Interesse. Man ist (zumindest innerhalb der EU) bestrebt, auch in Übereinstimmung mit Richtlinien internationaler Organisationen und Strukturen, Menschenrechtskonventionen, dem Völkerrecht sowie den Grundsätzen nachhaltiger Entwicklung hinsichtlich Gewaltprävention und des Waffenverbleibes zu agieren. Allerdings heißt das auch, dass die Beweislast, ob ein Waffenexport zum Ausbruch oder der Eskalation von Gewalt führt, nicht bei der Kundennation liegt. Dazu kommt, dass jeglicher Export auf Außenhandelsgesetzen basiert. Das öffnet einen wesentlichen Grundwiderspruch: In ein und denselben Richtlinien konkurrieren meistens zwei unterschiedliche rechtliche Ansätze miteinander. Das Kriegswaffenkontrollgesetz fußt auf der Annahme, dass alles verboten ist, was nicht explizit erlaubt wurde. Außenhandelsgesetze dagegen gehen von der Annahme aus, dass alles, was nicht ausdrücklich verboten ist, erlaubt ist. Da aber in den politischen Grundsätzen für Rüstungsexporte nicht allein die Art der Ware darüber entscheidet, wie restriktiv ein Export gehandhabt werden soll, sondern vor allem die Frage, in welche Länder geliefert wird, konterkarieren sich Rüstungsexportrichtlinien grundsätzlich.[201]

Nicht eingeschränkt wird der Export von Rüstungsgütern aller Art innerhalb der NATO-Staaten, der EU-Staaten sowie in die Schweiz, nach Australien, Neuseeland und Japan. Es sei denn, gravierende Argumente, z.B. die Menschenrechtssituation in der Türkei, erzwingen eine Ausnahme. Natürlich steht eine sehr restriktive Handhabung des Exports konträr zu den Interessen der Industrie selbst. So sind Überlegungen diese Richtlinien beim Export möglichst nicht zu tangieren, auch nachvollziehbar.

Dies beinhaltet Maßnahmen, wie z.B. die teilweise Zivilmachung militärischer Komponenten, Neugründungen gemeinsamer Joint Ventures als Tochterfirmen sowie die Entwicklung spezieller Exportversio-

---

[201] vgl. Europäische Kommission: Commission Communication on the Implementation of the Preparatory Action in the Field of Security and Research, Brüssel 2004, http://www. bafa.de, http://www.ausfuhrkontrolle.info, 11. 10. 2000; Bundesamt für Ausfuhrkontrolle, http:// www.bafa.de, 11. 10. 2000, http://www.ausfuhrkontrolle.info/vorschriften, 12. 03. 2005

nen unter Verwendung von Technologieanteilen der Partnernationen. Oder wie im Falle der deutschen Leopard 2 Exportabsichten in die Türkei zwecks Lieferung einzelner Güter in Form von Schablonen zu Testzwecken.[202]

Beispiele derartiger Unternehmungen sind durch die betreffenden Regierungen durchaus toleriert, ja häufig gar unterstützt. Das kann mitunter bedeuten, dass sich Partnerstaaten mit gleicher sicherheitspolitischer Interessenlage in solchen Fällen bezüglich wirtschaftspolitischer Interessen gegenseitig im Weg stehen.

Konkurrenz belebt das Geschäft

So tritt die deutsch-französische EADS-Unternehmung AIRBUS, zuständig für die Zivilflugzeugkomponente im Konzern, offensiv mit dem originär zivilen Modell A-330 als Multi Role Tanker Transport-Version neben dem rein militärischen, aber auch zivil nutzbarem A-400M Model auf dem Rüstungsmarkt auf. Das dürfte beim U.S.-Hersteller Boeing wohl zu Unruhe führen, da sich neben anderen Kunden, wie dem britischen Verteidigungsministerium, selbst Boeing´s Ur-Stammkunde, die U.S. Air Force, für eine Airbus-Version anstelle einer Boeing-Maschine zumindest interessiert zeigt. Auch politisch wäre ein Geschäft dieser Dimension zumindest bedenkenswert für amerikanische Fachleute auf politischer Ebene und als Folge dessen auch in Europa.[203]

Eine andere vielversprechende Möglichkeit, wenn auch bisweilen industriepolitisch fragwürdig, ist der gezielte Anteilskauf ausländischer Rüstungs- oder Zulieferbetriebe. So sorgten im Oktober 2004 geheime Aktienkäufe beim deutschen Leopard zwei Teilhersteller Rheinmetall für Unruhe. Die Luxemburger Versicherungsgesellschaft Lombard International Assurance kaufte – mit verspäteter Information – 15 Prozent des Unternehmens auf. Von internen Stellen wird allerdings vermutet, dass die Gesellschaft das Aktienpaket treuhänderisch für

---

[202] vgl. Schmitt, Jörg: Beste Beziehungen, in: Der Spiegel 6/2004, 67; Klein, Thomas W.: Genehmigt Rot-Grün Panzerlieferungen an die Türkei?, Artikel des Berliner Instituts für transatlantische Sicherheit vom 10. 02. 1999, http://www.bits.net, 18. 11. 2004

[203] vgl. Dutton, Bruce Hales: All Pumped up – Tanker Decision?, in: Aircraft Illustrated 4/2004, 22

den amerikanischen Finanzinvestor Carlyle Group verwaltet. Die Carlyle Group ist wiederum stellvertretend tätig für Rüstungskonzerne wie United Defence oder General Dynamics, dessen spanische Tochtergesellschaft, wiederum bei der europäischen EADS mitwirkend, den deutschen Leopard-2 in Spanien in Lizenz herstellt.[204]

Die betreffende Importnation zu einem Nachweis über den Endverbleib des gelieferten Materials zu bewegen, dürfte ein eher schwer bewältigbares Problem darstellen.

Die EADS bereitet durch ein Netz aus Allianzen mit amerikanischen Firmen wie Lockheed Martin und Northrop Grumman, britischen Partnern wie BAE Systems und, zum anderen, russischen und chinesischen Firmen wie Rosaviakosmos und Avichina neue Märkte gezielt vor, welche dann durch Aufkäufe und Großaufträge gefestigt werden sollen. China wurde bereits im Frühjahr 2004 durch einen 20-Milliarden-Euro-Auftrag direkt Beteiligter am zivilen Airbus-Projekt A-380. Airbus selbst bildet nahe Peking Piloten aus. Zivile Partnerschaften sind so für in der Rüstung tätige Konzerne eine scheinbar ideale Möglichkeit, zumindest eine Zusammenarbeit mit von politischer Seite als fragwürdig empfundenen Märkten einzugehen.[205]

6.9.6 Technologietransfer und Standortgefährdung

Bei einem derart technologielastigen Zweig wie der Rüstung, scheint es auf lange Sicht geradezu unausweichlich, dass durch neue Abnehmer auch zunehmend wichtige Technologien ihre Exklusivität verlieren. Somit werden in anderen Staaten stets neue Konkurrenten zu den bereits auch im eigenen Land bestehenden Wettbewerbern (Boeing gegen Lockheed, MiG gegen Suchoi) auf dem Weltmarkt quasi durch die eigene wirtschaftliche Tätigkeit gefördert.

---

[204] vgl. o.V.: EADS kauft in Russland ein, in: Flugrevue 9/2001, 15; Schwarz, Karl: Im Reich der Riesen, in: Flugrevue 1/2001, 40; o.V.: Revamping Fortress Europe, in: The Economist, 21. 06. 2003, 66; European Aeronautics Defence and Space Agency EADS, http://www.eads.com, 18. 06. 2005

[205] vgl. ebd.

Schau mir in die Karten Kleines!

Ein Beispiel hierfür ist der Exporterfolg des deutschen Spürpanzers FUCHS nach Kuweit, Saudi-Arabien, Israel und sogar in die USA. Dieser dreiachsige Radpanzer gilt als Spitzenprodukt für die elektronische Kampfführung und insbesondere für die ARBC-Abwehr. Dies bedeutet aber auch die Weitergabe von Technologie an die Kundenstaaten. Die U.S. Army hat eigenentwickelte Spürtechnologie in das neue STRIKER-Fahrzeug integriert, die ursprünglich auf FUCHS-Komponenten basiert.

Auch Israel gelang die selbständige Modernisierung von Panzerbeständen mit dem akquirierten Technologienovum. Das wirft natürlich die Frage auf, was wirtschaftlich effektiver ist: konsequente Eigenentwicklung oder verbindliche Zusammenarbeit bei Neuentwicklungen im Systembereich. Verständlich also, dass die U.S. Navy ihre zur elektronischen Kampfführung entwickelten Prowler- und Growler-Systeme gar nicht erst für den Export bereitstellt. Sind mit dieser Technologie ausgestattete Flugzeuge und Schiffe doch unerlässlich für die Penetration und Unterdrückung feindlicher Abwehrmaßnahmen und somit ein entscheidender taktischer Vorteil.

Auch der japanische Lizenzbau der Mitsubishi F-2, welche auf der amerikanischen F-16 Fighting Falcon basiert, ist ein solches Beispiel. Im Oktober 1987 wählte die japanische Regierung die F-16 als Basis für Japans neues Kampfflugzeug-Projekt aus. Das Programm war insofern sehr kontrovers, als die Kosten für eine Lizenzfertigung einer japanischen Version um das Vierfache höher waren als ein Direktbezug der F-16. Jedoch wollte die Regierung die einheimische Industrie schützen und wenn möglich technologische Neuerungen selbst nutzen, ohne diese weiterzugeben, wie es wohl der Fall bei einem Kauf der F-16 gewesen wäre. Denn dadurch wäre der Hersteller Lockheed in die Situation gebracht worden, die Anpassung japanischer Avionik-Technologie auf die F-16 vornehmen zu können.

Die japanische Regierung gab eine Bestellung über 130 Maschinen an Mitsubishi ab. Allerdings traten während der Produktion in Japan Probleme beim Zusammenbau der Komponenten auf, was paradoxerweise eine amerikanische Hilfestellung erforderlich machte. Diese resultierte darin, dass heute 80 Prozent der Tragflächenkonstruktion in Texas stattfindet. Dafür musste Japan Know-how über seine fortschrittliche Verbundwerkstofftechnologie an die USA preisgeben. Der Erstflug der F-2 fand am 7. Oktober 1995 statt. Die erste Serienmaschine wurde 2000 ausgeliefert.[206]

Ein weiteres Beispiel sind die Hawker P.1127 und die Kestrel. In den sechziger Jahren entwickelt, stellten diese beiden verwandten Maschinen die Vorgänger des bekannten Harriers – und so die ersten Senkrechtstarter – dar. Ursprünglich eine rein britische Entwicklung, wurde das Projekt später aus Kostengründen in Zusammenarbeit mit den USA und der BRD weitergeführt. Als aber der technologische Vorsprung wettgemacht war, stiegen beide Nationen schlagartig aus dem Projekt aus. Großbritannien blieb allein zurück, was die Einstellung des Jägerprojektes bedeutete. Später wurde allerdings der britische Jagdbomber Harrier als erster und, bis zur Einführung des amerikanischen JSF, einziger Senkrechtstarter der Welt in Dienst gestellt. Der JSF basiert unter anderem auch auf den gewonnenen Einsichten in die britische Technologie. Diesmal ist Großbritannien Abnehmer des amerikanischen Produkts (allerdings auch am Projekt beteiligt).[207]

Aus diesem System lässt sich auf Dauer wohl auch nicht aussteigen, ganz im Gegenteil. Diese Tendenz kann sich durchaus noch intensivieren. Neue politische Bündnisse und Szenarien für zukünftige militärische Konflikte fordern einen immer stärker werdenden Technologieanteil und, weitaus wichtiger, eine immer höher werdende Vernetzung alliierter und auch nichtalliierter Streitkräfte. So äußerten sich amerikanische Generäle 1999 nach dem Kosovokonflikt kritisch über die Langsamkeit und Unfähigkeit europäischer Truppen, sich mit dem amerikanischen Verteidigungsnetz gleichzuschalten und so eine angemessene Koordination zwischen den Streitkräften zu gewährleisten. Das setzt allerdings einen weitgehend einheitlichen Standard und vereinheitlichte Strukturen innerhalb der Streitkräfte voraus und impliziert so geradezu einen Zwang zum Technologietransfer.

---

[206] vgl. o.V.: Flügelfertigung für Japans F-2, in: Flugrevue 6/1999, 12; o.V.: Japan stellt F-2 in Dienst, in: Flugrevue 12/2000, 16

[207] vgl. Hoeveller, Wolfdietrich: Landebahn ade, in: Flugrevue 10/2000, 100

Innerhalb der NATO herrscht z.B. ein einheitlicher Kaliberstandard für die meisten Feuerwaffen (5,56 mm). Es entstehen spezielle Tochtergesellschaften, um Konkurrenzgüter mit einheitlicher Software auszurüsten, wie dies beispielsweise an MIG-29 Flugzeugen oder russischen T-Panzer-Modellen im NATO-Bestand geschieht. Auch das internationale Abkommen OPEN SKY (die gemeinsame globale Luftraumüberwachung durch AWACS-Systeme) ist ein Beispiel hierfür.

Am 24.03.1992 wurde der Vertrag von den NATO-Staaten, der Russischen Föderation, Weißrussland, der Ukraine, Polen, der Tschechoslowakei, Rumänien, Bulgarien, Ungarn und Georgien unterzeichnet. Er liegt für Armenien, Aserbaidschan, Kasachstan, Kirgistan, Moldau, Tadschikistan, Turkmenistan und Usbekistan zur Unterzeichnung auf und lässt weiteren Staaten die Möglichkeit zum Beitritt offen. Der Vertrag ist auf unbegrenzte Zeit geschlossen. Ziel ist die Öffnung des Luftraumes aller Vertragsstaaten ohne Einschränkungen zur Beobachtung ihrer Territorien mit Beobachtungsluftfahrzeugen.

Als vertrauens- und sicherheitsbildende Maßnahme soll der Vertrag zur Weiterentwicklung und Stärkung des Friedens, zur Stabilität und kooperativen Sicherheit der Vertragsmitglieder, zur Verbesserung von Offenheit und Transparenz, zur Überwachung bestehender und zukünftiger Rüstungskontrollabkommen im Verbund mit anderen Verifikationsmaßnahmen und zur Stärkung der Fähigkeit zur Konfliktverhütung und Krisenbewältigung im Rahmen der OSZE beitragen. Der Vertrag ermöglicht ausdrücklich eine Ausdehnung auf weitere Bereiche, wie z.B. den Umweltschutz.

Mittlerweile führte die Notwendigkeit eines einheitlichen Radarstandards dazu, dass praktisch nur die Firmen Raytheon, Boeing mit Lockheed und Northrop Grumman, abgesehen von kurzlebigen Anstrengungen, auf dem Gebiet tätig sind. Diese Entwicklung ist zwar positiv für die Branche, jedoch ist es fraglich, wie diese augenblicklich als alternativlos angesehene Tendenz auf lange Sicht politisch zu bewerten ist.[208]

[208] vgl. Schwarz, Karl: Awacs zum Sonderpreis, in: Flugrevue 04/2000, 60; o.V.: Open Sky liegt auf Eis, in: Flugrevue 12/2000, 17; Schwarz, Karl: Konkurrenz belebt das Geschäft, in: Flugrevue

6.9.7 Dual-Use-Güter

Der Bereich Dual-Use umfasst im wesentlichen Anlagen, Geräte und Technologien für an sich zivile Zwecke, die aber auch zur Entwicklung und/oder Herstellung von Waffen benötigt werden, oder für einen anderen Einsatz im militärischen Bereich geeignet sind. Das wesentliche Problem besteht dabei in der mangelnden Transparenz der eigentlichen Verwendung der bezogenen Güter durch das Importland.

Die Bandbreite von Dual-use-Gütern erstreckt sich praktisch über die gesamte Bandbreite der industriellen und technologischen Güterproduktion. Dabei sind Schwerpunkte mit Sicherheit in der chemischen, pharmazeutischen, Fahrzeug-, Kommunikations-, Maschinen- und Anlagenbau-, Elektronik- und Elektrotechnik-, in der optischen und in der IT-Industrie zu finden.

Besonders wichtige Technologiefelder sind dabei:

- Computer- und Systemtechnologien,
- Informations- und Signalverarbeitungstechnologien, Optroniktechnologien,
- Kommunikationstechnologien, Informations- und Datenfusionstechnologien,
- Mikroelektronik, Modellierungs- und Simulationssysteme, 3D- und VR-Systeme,
- Biotechnologie und integrierte modulare Systeme,
- Intelligente autonome Systeme und künstliche Intelligenz,
- Künstliche Software-Engineeringtechnologien,
- Telematik und Robotik,
- Sicherheits- und Athorisationssysteme.

Dies beinhaltet neben Fertigprodukten auch halbfertige Erzeugnisse. Das impliziert, dass viele Unternehmen der Dual-Use-Güter-

7/2003, 80; Deutsche Bundeswehr: Information zu Open Sky, http://www.bundeswehr.de, 21. 10. 2004

Produktion quasi nur nebenbei in der Rüstung tätig sind, weswegen eine eindeutige Zuordnung nur sehr schwer möglich ist.

IT-Produkte im speziellen werden in dieser Hinsicht oft als Soft- und Hardwarekomponenten für militärisches Gerät verstanden. Das heißt, derartige Produkte können zum Teil bereits im Sinne eines doppelten Verwendungszwecks produziert und eingesetzt werden. Allerdings ist seitens der Hersteller kurzfristig militärspezifisch kompatible Software auf Basis von Standardsystemen entwickelbar und auch notwendig.

So wird beispielsweise der deutsche Kampfpanzer Leopard 2 in seinen diversen Ausführungen durch die Bundeswehr durch eine militarisierte Version des Systems Microsoft Windows 2000 NT betrieben.

Es zeigt sich, dass die Entwicklung der internationalen Dual-Use-Industrie sehr eng mit rüstungspolitischen Interessen verbunden ist. Insbesondere im Rahmen der Europäischen Union und der WEAG ist man im Zuge unterschiedlichster Bedrohungen und der amerikanischen Konkurrenz an substanziellen, tragfähigen gemeinschaftlichen Lösungen interessiert. Dabei spielt eine europaweite Standardisierung sowie eine eingehende Überwachung der betreffenden Industriekomponenten vor allem hinsichtlich der weiteren Entwicklung der gemeinsamen Rüstungsindustrie eine große Rolle. Weiterhin sind Bestrebungen einer verstärkten Vereinheitlichung der Regelungen bezüglich der Exportkontrolle von Dual-Use-Gütern und deren F & E-Programme von Bedeutung.[209]

Der Umstand der mehrfachen Verwendungsmöglichkeit von Gütern stellt vor allem in sicherheitspolitsicher Hinsicht auf internationaler Ebene ein äußerst pikantes Thema dar. So werden seitens der internationalen Staatengemeinschaft verstärkt Anstrengungen unternommen, die Verbreitung respektive überhaupt die Erstellung solcher Güter und Dienstleistungen so weit wie möglich zu kontrollieren und zu sanktionieren.

---

[209] vgl. Strunz, Herbert: Dual-Use-Güter – Herstellung, Verwendung und ausgewählte Aspekte in der Republik Österreich, Wien 2004; Mispelkamp, Harald; Madahar, Bob: Vorschlag für eine WEAG Studie – Dual-use Technologies for Defence Applications, Draft 3, Brüssel, 15. 05. 2002

Damit soll verhindert werden, dass Dual-Use-Güter in politischen Problemzonen zum Aufbau eigener militärischer bzw. rüstungstechnischer Kapazitäten führen, also nicht in „falsche Hände" geraten und dort unlauter (eben im militärischen Sinne) verwendet werden, was immer man darunter verstehen mag.

Auf nationaler und internationaler Ebene wird durch eine Vielzahl von Verordnungen und Übereinkommen eine Regulierung dieses Zweigs versucht. Besonderes Augenmerk liegt dabei auf dem Import und Export dieser Güter und Leistungen, was natürlich in stark vom internationalen Handel abhängigen Volkswirtschaften, wie dies in praktisch allen westlichen Industrienationen der Fall ist, zu starken wirtschaftlichen Konsequenzen führen kann.

Dabei gilt es für einen Staat, möglichst differenziert zwischen Aspekten der internationalen Friedenssicherung und der Vermeidung von ökonomischen Härten für die eigene Exportindustrie abzuwägen.

Zentrale Bedeutung haben dabei insbesondere folgende Dokumente:

- Das Wassenaar Arrangement,
- das Missile Technology Control Regime (MTCR),
- die Nuclear Suppliers Group (NSG),
- die Australia Group on Chemical Weapons Precursors Export Controls[210],
- das Chemiewaffenübereinkommen (CWÜ),
- die Verordnung (EG) Nr. 1334/2000 des Rates vom 22. Juni 2000 über eine Gemeinschaftsregelung für die Kontrolle der Ausfuhr von Gütern und Technologien mit doppeltem Verwendungszweck,
- die UN-Resolution 1454 vom 30. Dezember 2002 über die Definition von Dual-Use-Gütern,
- diverse wirtschaftliche Sanktionen der Vereinten Nationen sowie

[210] Es ist zu bemerken, dass diese vier Kontrollregime informelle Konstrukte sind, also nicht auf Basis von Verträgen oder Regierungsabkommen entstanden sind. Sie stellen viel mehr politische Absprachen zwischen den diversen Organen verschiedener Regierungen dar, die allerdings keine rechtliche Bindung haben.

- die EU-Dual-Use-Verordnung.

Im Wassenaar Arrangement, dem eigentlichen international relevanten Dokument hinsichtlich Dual-Use-Güter, werden anhand von zwei Kontrolllisten die entsprechenden technisch sensiblen, kerntechnischen, chemischen und biologischen Bereiche und deren Güter sowie Dienstleistungen definiert. Die Regierungen werden angehalten, Maßnahmen zu ergreifen, die der gefahrenfördernden Verbreitung derartiger Güter entgegenwirken.

In der EU-Dual-Use-Verordnung werden z.B. zwecks einer einheitlichen Exportkontrollregelung alle Dual-Use-Güter und -Technologien erfasst, die für den Einsatz in proliferationsrelevanten Bereichen geeignet sein könnten.[211]

In der Tat ist auch besonders in Ländern der Dritten Welt erkennbar, dass bei regionalen Konflikten und stark ausgeprägter organisierter Kriminalität eine enorme Waffenproliferation im Vorfeld stattfindet, diese aber vornehmlich indirekt über den Bezug von Dual-Use-Gütern vollzogen wird.

Im Bezug auf derartige Entwicklungen ist eine zunehmende Aufweichung einer paradoxerweise immer diffuser und komplexer werdenden Lage internationaler Rüstungs- und Proliferationskontrollen recht bedenklich. Das zeigen Entwicklungen wie ein immer größer werdender Alternativmarkt mit ausgemusterten Rüstungsgütern, die organisierte Waffenkriminalität, besonders im Hinblick auf zirkulierendes Bio-, Chemo- und Thermonuklearmaterial und ein entstehendes Sicherheitsvakuum in vielen Transformationsländern und Staaten der Dritten Welt sowie eine zunehmende Privatisierung im Bereich Rüstung und Verteidigung deutlich.

Die andere Kopiermafia

So liegt beispielsweise einer der größten Produktions- und Absatzstandorte für Handfeuerwaffen, im speziellen russische Muster der

[211] vgl. Strunz, Herbert: Dual-Use-Güter – Herstellung, Verwendung und ausgewählte Aspekte in der Republik Österreich, Wien 2004, 63; The Wassenaar Arrangement, http://www.wassenaar.org, 21. 08. 2002; Stowsky, Jay: The Dual-use Dilemma, http://www.nap.edu, 24. 08. 2002

Marke Kalaschnikow, für Kunden aus der Dritten Welt im Grenzgebiet zwischen Pakistan und Indien. Die dort hergestellten Waffen sind keine zugelassenen Originale, sondern praktisch Raubkopien „Marke Eigenbau".

Sie werden von den dort herausgebildeten Syndikaten unter Zuhilfenahme der Arbeitskraft von Frauen und Kindern mit Hilfe von zweckentfremdeten Maschinen und Werkzeugen hergestellt, die ursprünglich im Zuge von Aufbauhilfen, Bau- und Industrieprojekten sowie etwaigen Unternehmensansiedlungen in das Gebiet transferiert wurden. Die originalen Bauteile dienen eigentlich nur als Schablone für die weitere Eigenproduktion.[212]

Was die Lieferung von Dual-Use-Gütern betrifft, werden derartige Bestrebungen auch immer kritischer von der Bevölkerung wahrgenommen, was einige Beispiele aus der jüngsten Zeit deutlich machen.

Man darf eigentlich alles ... außer sich „erwischen" lassen

Ein aktuelles Beispiel ist der rege Komponententransport nach Israel. Im Jahr 2003 wurden beispielsweise MTU-Motoren an Israel geliefert. Diese multipel verwendbaren Motoren fanden letztlich ihre Verwendung in den israelischen Kampfpanzern vom Typ Merkava 4. Für die erst im April 2002 vorgestellte neueste Version des Kampfpanzers wurden 400 MTU-Dieselmotoren des Typs MTU 883 V-12 mit dem zugehörigen Getriebe der Firma Renk AG mit einem Auftragswert von 265 Millionen Dollar beschafft.

Die Motoren wurden über das amerikanische Unternehmen General Dynamics Land Systems geliefert, das eine Lizenz für den Bau dieser Motoren hat. Unter der Bezeichnung GD 883 wird der MTU-Dieselmotor auch in die Exportversion des amerikanischen kampfpanzers M1A2 Abrams montiert. Bereits in das Vorläufermodell, den Merkava 3, dessen Produktion bereits 1989 begann, wurden zwei deutsche Komponenten eingebaut: ein Automatikgetriebe der Renk

[212] vgl. o.V.: Waffen aus der dritten Welt, Bericht des ZDF-Auslandsjournals, ZDF, 6/2000; Klare, Michael: The Kalashnikov Age, in: Bulletin of the Atomic Scientists 1/1999, 1, http://www.thebulletin.org, 12. 03. 2004; Graduate Institute of International Studies, Geneva, Small Arms Survey, Genf 2003, 14 f.

AG und das Stabilisierungssystem für den Gefechtsturm Geadrive der Firma Extel Systems in Wedel.

Im Jahr davor wurden 17 leichte Trainerflugzeuge des Typs Grob 120A von Deutschland nach Israel geliefert. Das war möglich, weil nicht geklärt werden konnte, ob die Flugzeuge überhaupt als Rüstungsgüter klassifiziert werden mussten. Weiterhin wurde ein Großteil der Boote der israelischen Marine mit Dieselmotoren aus Deutschland ausgerüstet, wie beispielsweise in den 1990er Jahren die Korvetten der Saar 4.5 und Saar 5 Klassen. Inzwischen ist Israel sogar dazu übergegangen, Schiffe mit Versionen der MTU-Motoren für den eignen Export zu produzieren. Dabei gelangen solche Güter an Kunden, die auf direktem Wege von Deutschland aus nur schwer derartige Güter beziehen könnten. Unter den Kundennationen Israels sind unter anderem Länder wie China, das noch immer mit einem europäischen Waffenembargo belegt ist, Sri Lanka, Indien und die Türkei zu finden.[213]

Ein weiterer Fall ist die Belieferung Libyens in den Jahren von 1991 bis 1993 durch die deutschen Firmen CSS Semiconductor Equipment GmbH und Indicator Datenverarbeitungsservice GmbH. Bei den nach Libyen gelieferten Komponenten handelte es sich um universell einsetzbare Prozessleitsysteme des Typs Teleperm-M-Automatisierungssystem AS 235 der Siemens AG. Die computergesteuerten Anlagen kommen überall dort zum Einsatz, wo flüssige Stoffe geregelt und gemessen werden müssen. Als Hauptabnehmer gelten die pharmazeutische und petrochemische Industrie sowie Unternehmen der Nahrungsmittelindustrie. Bei der Herstellung von medizinischen Salben beispielsweise messen Mikrosensoren der Anlage, wie viel Flüssigkeit benötigt wird. Danach steuern Mikroprozessoren und hochempfindliche Fühler die ordnungsgemäße Vermischung der einzelnen Zutaten. Die zwischen 150.000 und 260.000 Euro teuren Geräte werden in einer Standardversion geliefert. Diese kann jedoch,

[213] vgl. Nassauer, Ottfried; Steinmetz, Christopher: Rüstungskooperationen zwischen Deutschland und Israel, Studie für das Berlin Information Center for Transatlantic Security, 03. 09. 2003, http://www.bits.net, 08. 06. 2005; Coulsdon, D.: Israels Aerospace and Defence Industry, in: Jane's Defence Weekly 11/02, 12; o.V.: Israel kauft deutsche Motoren, in: Soldat und Technik 3/1995, 15; Norton, Bill: Israel Airforce, in: Airforces Monthly 8/2004, 54

je nach Wunsch des Käufers, mit maßgeschneiderten Zusatzteilen aufgerüstet werden, die allerdings selbst entwickelt werden müssen.

Es wird vermutet, dass sich aus derartigen Geräten durchaus auch Gasultrazentrifugen für biologische Kampfstoffe fertigen lassen.[214]

Eine der aktuellsten Kontroversen hinsichtlich der Exportlieferung von Dual-Use-Gütern, zumindest in Europa, war mit Sicherheit der geplante Export der Brennelementefabrik Hanau von Deutschland an China und die Ausrüstung von bis zu 20 chinesischen Atomkraftwerken mit Sicherheitstechnik durch die Siemens AG in den Jahren 2003 und 2004; dies nach einem Beschluss der EU, welcher europäischen Firmen Patentschutz in China gewährt. Seit Jahren erfährt die chinesische Wirtschaft enorme Zuwächse von teils bis zu neun Prozent. Dieses Wirtschaftswachstum verlangt sehr hohe Mengen Energie. Zwar stieg Chinas Stromproduktion im letzten Jahr um 14,5 Prozent. Trotzdem kam es in 14 Provinzen zu Stromabschaltungen. Selbst in Metropolen wie Shanghai muss der Strom rationiert werden. So kündigte Chinas Atombehörde im März 2003 den Bau acht weiterer Atomkraftwerke an. Bereits vor dieser Entscheidung standen schon zwölf Neubauten fest.

Nach dem verabschiedeten Patentschutz war es für Firmen wie der Siemens AG nun möglich, Technologie an China liefern zu können, ohne dabei eine Verletzung eigener Patente ohne ausreichenden Schutz befürchten zu müssen. Der deutsche Kanzler Schröder hatte 2003 die Siemens AG dabei unterstützt, die nie in Betrieb genommene Hanauer Brennelementefabrik an China zu verkaufen. Daraufhin protestierte der Koalitionspartner, Bündnis 90/Die Grünen gegen eine solche Förderung durch die Bundesregierung aus Gründen der potentiellen rüstungstechnischen Verwendung durch China öffentlich, was zu einer Krisen in der Regierungskoalition führte.

Der Sprecher des Umweltministeriums gab diesbezüglich an, die Anlage habe eine doppelte Verwendungsmöglichkeit und könne Teil der Plutonium-Kette sein.

---

[214] vgl. o.V.: Fragwürdige Lieferungen an Libyen, in: Die Welt, 24. 09. 1995, http://www.diewelt.de; Bundesamt für Ausfuhrkontrolle: Richtlinien, http://www.bafa.de/ausfuhrkontrolle.info, 26. 05. 2005; http://www.libyennews.de, 06. 08. 1994

Mit der Fabrik könnten sowohl Brennelemente für Leichtwasserreaktoren als auch für schnelle Brutreaktoren hergestellt werden. Während des Betriebs von Schnellen Brütern könne Plutonium produziert werden, das waffentauglich sei.

„Wir bedauern die frühzeitige Festlegung des Bundeskanzlers hinsichtlich des Exports, ohne das eine militärische Nutzung der Anlage zweifelsfrei ausgeschlossen werden kann. Eine einfache Aussage Chinas, dass die Anlage nur zivil genutzt würde, halten wir für nicht ausreichend. Wir erwarten von der Bundesregierung im Rahmen des Genehmigungsprüfverfahrens alle rechtlichen Möglichkeiten auszuschöpfen, um eine eventuelle militärische Nutzung der Anlage auszuschließen. Vor dem Hintergrund der politischen Lage in China haben Bündnis 90/Die Grünen die Einschätzung, dass eine ausschließlich zivile Nutzung dauerhaft nicht sicherzustellen ist, und lehnen daher den Export grundsätzlich ab." (Stellungnahme des Bundesparteirates, Bündnis 90/Die Grünen)[215]

Der Protest innerhalb der Regierungskoalition und die damit in Verbindung geführte öffentliche Kontroverse führte letztlich zum Stopp der Verkaufsgespräche mit China.[216]

Der internationale Handel mit Komponenten erfährt nicht nur aufgrund der Nachfrage aus sogenannten Schwellenstaaten, die aufrüsten wollen, seinen Antrieb. Er ist auch der bereits angesprochenen Entwicklung geschuldet, dass viele Streitkräfte anstelle eines Neukaufs die systematische Modernisierung und Verbesserung älterer bzw. bereits bestehender Rüstungsmaterialien durch Integration moderner (ziviler) Komponenten betreiben. Vor allem die verstärkte direkte industrielle Zusammenarbeit bei Rüstungsprojekten lässt einen Anstieg des internationalen Komponentenexportes erwarten, ungeachtet einer etwaigen Verhängung von Embargos. So wurde allein 2003 trotz des europäischen Waf-

---

[215] vgl. Bündnis 90/Die Grünen, http://www.gruene.de/Atomausstieg, 14. 12. 2003

[216] vgl. Reimer, Nick: Kein Atomstrom nach China, in: Die Tageszeitung, 08. 12. 2004, http://www.taz.de, 06. 06. 2005; Dettmer, Markus; Sauga, Michael: Im Reich der Träume, in: Der Spiegel 6/2004, 60; Breuer, Thomas: Wie kann ich helfen, in: Die Zeit 41/2004, 18; o.V.: Exportpläne von Atomfabrik nach China belasten Rot-Grün, in: Die Welt, 5. 12. 2003, http://www.welt.de, 18. 06. 2005; o.V.: China sichert zivile Nutzung zu, Bericht des ZDF-heute-Journals, 05. 12. 2003, http://www.heute.de, 14. 03. 2005

fenembargos militärisches Material im Wert von 416 Millionen Euro aus der EU nach China geliefert – vor allem aus Frankreich, Großbritannien und Italien. Deutschland lieferte 2003 Dual-Use-Güter im Wert von 1,1 Millionen Euro nach China, darunter Waren wie Teile für Human-Zentrifugalsysteme, Funkausrüstung und ozeanische Messinstrumente, Simulationsausrüstung und Dieselmotoren.

Laut einer Übersicht des deutschen Bundeswirtschaftsministeriums über erteilte Ausfuhrgenehmigungen für das Jahr 2003 lag die Ausfuhr deutscher Güter, die als Dual-Use-Waren bezeichnet werden können, bei über 1,792 Milliarden Euro. Laut des Berliner Informationszentrums für transatlantische Sicherheit (BITS) sind 50 Prozent deutscher Rüstungsexporte Dual-Use-Güter. Davon wurden Waren im Wert von 2,98 Millionen Euro im Jahr 2003 an den Irak geliefert. Das deutsche Bundesamt für Wirtschaft und Ausfuhrkontrolle erteilte 2003 insgesamt 17.657 Genehmigungen für den Export von Rüstungs- oder Dual-Use-Gütern.[217]

Trotz der vielerorts sehr skeptisch betrachteten Dual-Use-Thematik, hat Dual-Use in umgekehrter Folge in Form von Spin-off-Potentialen für den zivilen Bereich, wie bereits im Abschnitt über Spin-off-Potentiale dargestellt, eben auch äußerst positive Auswirkungen. Von den Möglichkeiten für positive Außenhandelsbeziehungen und zum Aufbau einer internationalen wissenschaftlich-technologischen Zusammenarbeit ganz zu schweigen.[218]

6.9.8 Handelsbeziehungen als Grundlage politischer Stabilität

Ein politisch stabiles Verhältnis zwischen Rüstungsexport- und Importnationen müsste (eigentlich) Vorraussetzung und Folge von wirtschaftlichen Beziehungen sein. Im Umkehrschluss ist es möglich, ein gutes politisches (Abhängigkeits-)Verhältnis zu anderen Staaten aufzubauen,

---

[217] vgl. Nassauer, Ottfried: Umgehung europäischer Richtlinien bei der Komponentenlieferung, Artikel des Berlin Information Center for Transatlantic Security, 12. 02. 2004, http://www.bits.net; Krüger, Jens; Lachmann, Günther: Strucks Weltstreitmacht, in: Welt am Sonntag, 18. 01. 2004, 3; Herz, Wilfried: Der peinliche Exporterfolg, in: Die Zeit, 14. 04. 2005, 31; o.V.: Military Technology 3/2003, 71

[218] vgl. Weinland, Lothar: Die Exportkontrolle von Dual-use-Gütern, Lohmar/Köln 2002; ANL Export Control – Dual-use List, http://www.ipd.anl.gov, 24. 08. 2001

gelingt es eventuell, diese als Stammkunden für eigene Produkte zu gewinnen (USA – Israel, Taiwan, Korea, südamerikanische Staaten). Das soll nicht negativ klingen, zumal paradoxerweise außenpolitische Verhältnisse durch militärische Beziehungen gestärkt werden können. Denn schafft man es erst einmal, auf einem derart delikatem Gebiet zu kooperieren, verringert sich die Gefahr militärischer Schwierigkeiten oder gar Konflikte untereinander deutlich. Natürlich erhöht sich so wiederum der politische und wirtschaftliche Einfluss, den die Exportnation auf die Käufernation ausübt.

Auch Japan ist seit dem Ende des zweiten Weltkrieges ausschließlicher Stammkunde der amerikanischen Rüstungsindustrie. Logischerweise sind solche außenpolitisch/wirtschaftlich ausgelösten Prozesse meist auch mit enormen strukturellen Umbrüchen verbunden. Ein aktuelles Beispiel für dieses Prinzip sind die Ex-Warschauer-Pakt-Staaten, die sich nun als Neumitglieder in der NATO befinden und veraltete sowjetische Militärsysteme durch amerikanische oder europäische Neuwaren ersetzen.

Die Zeit nach Ende des Kalten Krieges hat viele Herausforderungen für die Ex-Warschauer-Pakt-Staaten mit sich gebracht. Als Neumitglieder in der NATO erwächst die Anforderung für schnell verlegbare Einheiten, die sich optimal in das bestehende NATO-System integrieren lassen. Das dürfte auch eine Erklärung für den Vorzug westlichen Materials bzw. westlicher Beteiligung bei der Modernisierung vorhandenen Gerätes sein. Für Russland stellt dies einen enormen Marktverlust dar. Während 1990 noch Exporte in die osteuropäischen Staaten von rund vier Milliarden Dollar getätigt wurden, belaufen sich die aktuellen Bestellungen nur auf einige Millionen Dollar für diverse Modernisierungen.

Nach Aussage russischer Rüstungsexperten könne Russland den osteuropäischen Markt als verloren betrachten, würden doch zunehmend sogar die einzelnen Modernisierungen durch westliche Firmen vorgenommen. Dabei haben die Stelle der russischen Lieferanten nicht nur die Europäer, sondern im wesentlichen die USA eingenommen.

Diese Orientierung steht allerdings für die Staaten in starkem Gegensatz zu ihren belasteten Verteidigungsbudgets. Obwohl sich die westlichen Lieferungen so darstellen, dass Material zu sehr günstigen Konditionen geliefert wird und später an seiner Modernisierung verdient wird. Wurden die militärischen Verbände dieser Staaten früher durch den Materialfluss aus der ehemaligen Sowjetunion relativ günstig aufrecht erhalten, so änderte sich dies nach dem Zusammenbruch des Warschauer Paktes. Die osteuropäischen Staaten waren faktisch selbst zuständig für die Instandhaltung ihres Wehrmaterials.

Nicht nur, dass die russischen Muster in zukünftig vorstellbaren Einsatzszenarios für die osteuropäischen Staaten zunehmend obsolet werden, deren Aufrechterhaltung in einem einsatzfähigen Zustand wird auch immer aufwendiger und teurer. Die stark unter Druck stehenden Verteidigungshaushalte stehen also vor dem Dilemma einer aufwendigen Instandhaltung bestehenden Materials mit fragwürdigem Sinn und einer möglicherweise noch aufwendigeren Modernisierung und Neuanschaffung von NATO-kompatiblen Material. Generell ist in den neuen Mitgliedsstaaten eine enorme Reduktion der Truppenbestände zu beobachten.[219]

6.9.9 Anschaffungs-, Modernisierungs- und Konversionsprogramme ausgewählter osteuropäischer Staaten

Polen, das sich für den Kauf der US-amerikanischen F-16 Fighting Falcon via Offset-Vereinbarungen entschied, hat auch seine bereits bestehende Flotte aus MIG-29 Fulcrums, die 1995 von Tschechien gegen Sokol-Helikopter eingetauscht wurden, im Jahr seines Beitritts zur NATO modernisieren lassen; das jedoch nicht etwa in den Werken des Herstellers Michojan Gurejwich, sondern von der europäischen EADS-Firma DASA. Im Februar 1999 wurde ein diesbezüglicher Vertrag mit der polnischen Luftwaffe unterzeichnet, der eine Moderni-

[219] vgl. Drechsel, Eberhard; Einhorn, Hans: Problemstudie zu wirtschaftlichen und wirtschaftspolitischen Aspekten der Rüstungskonversion in Ländern Mittel-, Ost- und Südosteuropas, Berlin 1992; Ceska, Jan; Kaminski, Tadeusz; Rehs, Ursula: Militärökonomie und Aspekte einer neuen Sicherheitsstruktur, Internationales Seminar in Bad Marienberg 26.-30. 10. 1993; Gnauk, Gerhard: Der Beitrag der ersten Beitrittsländer ist bisher bescheiden, in: Die Welt, 09. 10. 2003, 3; o.V.: Russische Waffenexporte, in: Sicherheit und Ökonomie 1/2003, 2; Hahn, Oswald: Truppenreduzierung als Erscheinungsform betriebswirtschaftlicher Schrumpfung, in: Österreichische Militärische Zeitschrift 6/1990, 474; o.V.: Verlorener russischer Waffenmarkt, in: Sicherheit und Ökonomie 3/2004, 2

sierung von 22 Maschinen vorsah. Die russischen Kampfflugzeuge sollten für etwa 50 Millionen Euro dem in der NATO geltenden Standard angepasst werden. 2003 wurden ferner die 23 von der deutschen Bundeswehr im Zuge der Eurofighter-Einführung ausgemusterten MIG-29 Maschinen abgekauft und 2004 in den Bestand der polnischen Luftwaffe überführt.

Die gesamte Flotte von MIG-21 und MIG-23 wurde bis 2003 außer Dienst gestellt, während die SU-22 einem eingeschränkten Modernisierungsprogramm unterzogen wurden. Die polnische Marine hat nach der Stilllegung einer Fregatte aus sowjetischer Produktion von der U.S. Navy zwei Fregatten der Perry-Klasse bezogen, die bis 2003 in Dienst gegangen sind. Daneben wurden auch insgesamt sechs SH-2G Helikopter und zwei M-20B Transporthubschrauber aus überzähligen Beständen der U.S.-Navy bezogen. Die drei sowjetischen U-Boote der Warzawa- und Wilk-Klasse wurden bis 2003 außer Dienst gestellt. Diese werden seit 2002 durch fünf norwegische U-Boote der Kobben-Klasse ersetzt.

Weiterhin werden von der norwegischen Marine sechs Minenjagdboote und sieben Korvetten übernommen. Die Landstreitkräfte stellten bis 2001 ihre 460 Kanonen und 828 T-54 Panzer komplett außer Dienst. Sie wurden durch 128 Leopard-2 A4 Kampfpanzer aus deutschen Beständen ersetzt. Ein Teil der T-72 und T-91 Panzer wird auf NATO-Standard gebracht werden. Insgesamt wurden 62 Flugzeuge und 2.900 Fahrzeuge aus dem Dienst genommen. Im März 2006 werden schließlich C-130 Herkules Transporter aus amerikanischen Beständen übernommen. [220]

Im Gegensatz zu Polen hat sich der ebenfalls seit 1999 neue NATO-Mitgliedsstaat Tschechien für eine andere Variante entschieden. Am 10. Dezember 2001 wurde durch die tschechische Regierung die Beschaffung der schwedischen SAAB JAS 39 Gripen für 2,3 Milliarden Euro auf den Weg gebracht. Die in den frühen 1980er Jahren entwickelte

---

[220] vgl. o.V.: Dasa modernisiert polnische MIG-29, in: Flugrevue 05/1999, 7; o.V.: Entwicklung der polnischen Streitkräfte – Polen – größte NATO-Baustelle, in: Sicherheit und Ökonomie 4/2004, 2; o.V.: Zur Modernisierung der polnischen Armee, in: Sicherheit und Ökonomie 4/2003, 6

Gripen wurde in Schweden bereits 1996 als weltweit erstes sogenanntes Flugzeug der 4. Generation in den aktiven Dienst übernommen. Der britische Konzern BAE Systems ist dabei als Partner für die elektronische Ausrüstung und die internationale Vermarktung gefunden worden. Bereits seit 1995 versuchen SAAB und BAE Systems neue Partner für die Gripen zu finden. Dazu wurde 2001 dann auch ein Gemeinschaftsunternehmen mit Namen Gripen International eigens für die internationale Vermarktung nach Eurofighter-Vorbild gegründet.

Generell ist die finanzielle Situation der tschechischen Streitkräfte, besonders aber jene der Luftwaffe sehr angespannt. So wurden mit Beginn des Jahres 1995 systematisch die Flugzeugverbände vorzeitig außer Dienst gestellt. Im Dezember 2000 wurde sämtliche SU-25 Bestände verschrottet, um Geld zu sparen. Kurz zuvor wurden die noch bestehenden MIG-23 Flogger-Verbände komplett ausgemustert, ebenso wie die SU-22 Flotte (deren Ausmusterung begann bereits 1995). Georgien zeigt sich mittlerweile interessiert an einigen SU-25 Maschinen, um sie selbst zu modernisieren und anschließend weiterzuverkaufen. Die Helikopterflotte aus Mi-2 und Mi-24 wurde 2002 drastisch reduziert. In diesem Zuge wurden auch mehrere Basen geschlossen. Gegen eine teilweise Aufrechnung von Schulden lieferte Russland drei Mi-35 Helikopter, um den Bestand einer Basis in Prerov, nahe der slowakischen Grenze, aufrecht zu halten. Als diese eintrafen, wurden sie umgehend wieder reklamiert, da sich herausstellte, dass sie aus diversen Einzel- und Ersatzteilen zusammengebaut wurden. Für eine weitere Lieferung von vier Helikoptern wurde eine tschechische Delegation eingeladen, die den Zusammenbau mit eigenen Augen verfolgen konnte. Diese Helikopter wurden auch während der Flut 2002 eingesetzt. Was letztlich für die Luftraumverteidigung übrig blieb, waren 14 MIG-21 Fishbed-Jäger mit dem technischen Standard von 1974.

Deren mangelnde Suffizienz wurde im November 2002 öffentlich, als beim NATO-Gipfel in Prag die Luftraumsicherung durch F-15 und F-16 Maschinen der U.S. Airforce Europe von Basen in England aus übernommen werden musste, weil die tschechischen MIGs die Sicherheitsanforderungen nicht erfüllen konnten. Als eine Art Rückendeckung werden 84 Kleinjets Marke Aero L-159 Alca in Dienst gehalten. Als diese 1998 in Dienst gestellt wurden, bemerkte die tschechische Regierung, dass zu viele ALCAs bestellt wurden. Versuche, die zu viel bestellten Maschinen anderweitig wieder zu verkaufen, blieben bisher erfolglos. Eine weitere Haushaltskürzung zugunsten des Gripen-Erwerbs sieht den Erhalt von 18 ALCA-Maschinen vor. Der Rest wird höchstwahrscheinlich eingelagert. An dem Rüstungsunternehmen, das die ALCA produziert, Aero Vodochy, ist auch die Tochter Boeing Ceska des amerikanischen Konzerns Boeing beteiligt. Aero Vodochy ist nunmehr auch im Rahmen der Produktion von Helikoptern für Sikorsky tätig.

Was die Neuausrichtung der Landstreitkräfte in Richtung verstärktem NATO-Engagement angeht, haben Polen, Tschechien und die Slowakei beschlossen, eine gemeinsame Brigade mit je einem nationalen Bataillon zur Friedensunterstützung bereitzustellen. Die Brigade erreichte den operationellen Status Ende 2004. Ein Großteil der Panzerbestände, vorwiegend T-54 und T-55 sowie T-72 werden verschrottet. Einige T-72 Panzer werden auf NATO-Standard gebracht. Insgesamt soll eine Reduktion auf 52 Kampfpanzer, 164 Schützenpanzer und lediglich 18 Flugzeuge vorgenommen werden. Vornehmliches Augenmerk im Bereich Beschaffung liegt weiterhin auf dem Bezug der Gripen-Maschinen.

Tschechien zeigte wie andere osteuropäische Staaten grundsätzlich besonderes Interesse am Erwerb von westlichen Mustern und gab somit den europäischen und amerikanischen Mustern wie Typhoon, Rafale, Gripen und F-16 besondern Vorzug vor Angeboten aus Russland und Indien. Das tschechische Vorhaben, neue Kampfflugzeugmuster zu bestellen, stößt allerdings noch immer vielerorts auf etwas Unverständnis. Denn finanzielle Mittel für eine Neubeschaffung sind im tschechischen Haushalt eigentlich nicht vorhanden. Letztlich blieb aber die Gripen das einzig offene Angebot, denn im Laufe der Verhandlungen hatten sich sämtliche anderen Anbieter zurückgezogen, da die tschechischen Offset-Forderungen von den meisten Seiten als zu überzogen abgetan wurden. So hatte die tschechische Regierung 2001 quasi gar keine andere Wahl, als die Gripen zu ordern.

Ab 2005 sollten 24 Maschinen bei der tschechischen Luftwaffe in Dienst gestellt werden. Durch den Partner BAE Systems, der SAAB Corporation und der Exportkreditorganisationen von Großbritannien und Schweden wurde eine komplette Vorfinanzierung mit einem Rückzahlungszeitraum von 15 Jahren und Gegengeschäften im Wert von 150 Prozent des Vertragsvolumens über 10 Jahre, wie von Tschechien gefordert, angeboten, wobei die Hälfte des Offset-Volumens bereits in den ersten zwei Jahren nach Vertragsunterzeichnung fixiert werden sollte. Allerdings kam es nicht mehr dazu, denn das mittlerweile auf 1,6 Milliarden Euro gekappte Geschäft verfehlte nur knapp die parlamentarischen Hürden, die für eine Zulassung notwendig gewesen wären. Nach den Neuwahlen im Juni und dem Elbehochwasser im August 2002 entschied die neue Regierung, dass mittlerweile keine ausreichenden Finanzen für eine Fortsetzung des Programms vorhanden waren und man nun über Alternativen zu einem Kauf nachdenken werde. 2003 hat man dann zumindest ein Leasing-Geschäft über 10 Jahre von 14 Gripen-Maschinen im Wert von rund 600 Millionen Euro vereinbart, die ab Ende 2005 bereitstehen sollen. Einer der wesentlichsten Gesichtspunkte der Entscheidung für die Gripen waren die Betriebs- und Verlegekosten, welche laut SAAB-Angaben bis zu 50 Prozent geringer sein sollen als bei jedem anderen Flugzeugtyp dieser Klasse. Gleichzeitig wurden Offset-Geschäfte in Höhe von 130 Prozent des Vertragswertes zugesichert.[221]

Ein weiterer Kunde für die SAAB JAS-39 Gripen ist Ungarn. Nach jahrelangen Verhandlungen über die Notwendigkeit der Modernisierung der Luftstreitkräfte wurde am 20. Dezember 2001 ein Leasingvertrag über 14 Maschinen des Typs unterzeichnet, die auch ab 2005 für zehn Jahre in Dienst stehen sollen und anschließend auch gekauft werden können. Zwar boten die USA, die Türkei und Schweden ebenfalls Leasingmöglichkeiten für gebrauchte F-16 Muster an. Jedoch

[221] vgl. Simperl, Gerald: Aus für die Frogfoot, in: Flugrevue 03/2001, 60; o.V.: Tschechien will SAAB Gripen, in: Flugrevue 02/2002, 18; Schwarz, Karl: Gripen Export, in: Flugrevue 12/2002, 43; Polderman, Robin: Czech Changes, in: Combat Aircraft 9/2004, 52; o.V.: Czechs sign Gripen lease deal, in: Airforces Monthly 8/2004, 8; o.V.: Tschechische Republik in der NATO, in: Sicherheit und Ökonomie 2/2004, 2; o.V.: Die tschechische Armee nach dem zweiten NATO-Jahr, in: Sicherheit und Ökonomie 2/2001, 4

siegte das schwedische Angebot, da die Betriebskosten über einen Zeitraum von zehn Jahren wesentlich geringer ausfielen. Als eher politisch ist dagegen die Ablehnung eines noch günstigeren russischen Angebots von MIG-29 Jägern gegen Schuldenerlass zu werten.

Diese Entscheidung führte auch zu Diskussionen im ungarischen Parlament. Im abgeschlossenen Vertrag ist auch die Ausbildung von 15 Piloten nebst Bereitstellung von Wartungsmaterial und Dokumentation enthalten. Die Bewaffnung muss allerdings gesondert beschafft werden. Allein für notwendige technische Anpassungen der Software und der Beschriftung werden bereits 110 Millionen Euro veranschlagt. Gegengeschäfte in Höhe von mindestens 100 Prozent des Auftragsvolumens bzw. der Mietzahlungen sind allerdings durch SAAB und BAE garantiert worden. Nach Aussagen von Gripen International habe man bereits vor Vertragsabschluss Pre-Offset-Geschäfte in Höhe von 661 Millionen Dollar realisiert. Die Kosten der Gripen über die Laufzeit von zehn Jahren einschließlich Bewaffnung und Logistik sollen sich auf etwa eine Milliarde Euro belaufen. Die Maschinen werden von der schwedischen Luftwaffe nach deren Umstieg auf die modernere C-Version des Flugzeugs bezogen und von SAAB sowie BAE Systems auf NATO-Standard gebracht.

Zudem wird Ungarn 14 seiner 27 MIG-29 Flugzeuge länger als geplant in Dienst halten und ein eingeschränktes Programm zur Lebensdauerverlängerung und Anpassung an NATO-Standards in Höhe von ca. 20 Millionen Euro von der DASA durchführen lassen. Der massive und angeblich politisch unsensible amerikanische Interventionsversuch im Bestreben um eine bessere Positionierung der F-16 während der Verhandlungsphase war dann wohl auch der eigentliche Grund für die Nichtinanspruchnahme des amerikanischen Angebots. Der U.S.-Botschafter in Ungarn bezeichnete im August 2001 die Pläne Ungarns zur Modernisierung der MIG-29-Flotte als Geldverschwendung, da diese Flugzeuge trotz technischer Verbesserungen weiterhin nicht an NATO-Einsätzen teilnehmen könnten.

Auch Ungarn verfügt im Verteidigungshaushalt nur über sehr knapp bemessene Mittel. Bereits im August 2000 wurden von Ungarn als erstes ehemaliges Warschauer-Pakt-Land aufgrund von Sparzwängen die letzten MIG-21 Maschinen ausgemustert. Obwohl seit dem Beitritt Ungarns zur NATO bereits mehrere Millionen Dollar in die Modernisierung von militärischen Standorten geflossen ist, mussten Ende des Jahres 2000 diverse Kasernen geschlossen werden, was auch den Verlust von über 1.000 Arbeitsplätzen in relativ strukturschwachen Regionen zur Folge hatte. Die investierten NATO-Gelder mussten als Folge zurückerstattet werden. Der Schließungsbeschluss entwickelte sich in Ungarn zu einem politischen Skandal. So bemerkte der ungarische Generalstabschef Generaloberst Lajos Fodor nach der Entscheidung zur Stilllegung der MIG-21-Flotte, man habe mit dem Beschluss zur Ausmusterung ehemals sowjetischen Materials politischen Gesichtspunkten vor volkswirtschaftlichen Aspekten den Vorrang gegeben. Bis auf die MIG-29 Flotte und diverse Helikopterstaffeln werden bis zur Einführung der Gripen die meisten Flugzeuge der ungarischen Luftwaffe verkauft und das Basistraining für Piloten größtenteils privatisiert. Die Luftflotte bestand 2004 aus 37 Flugzeugen und 49 Helikoptern.

Die ungarische Helikopterflotte wird weiterhin mit 20 auf NATO-Standard modernisierten Mi-24 Hind Helikoptern, die Deutschland im Zuge der Wiedervereinigung aus DDR-Beständen übernahm, ergänzt. Von den ehemals 23 Basen und Stützpunkten verbleiben nunmehr lediglich drei, wobei eine Basis künftig von U.S.-Streitkräften genutzt wird. Insgesamt fand eine Truppenreduzierung von ca. 78.000 Mann auf 33.400 Soldaten statt. Für NATO-Einsätze wird gemeinsam mit Italien und Slowenien eine multinationale Brigade bereitgestellt, bei der Italien die Rolle der Leadnation zukommt. Die Brigade erhielt ihren operationellen Status im Sommer 2001. Die Panzerflotte von 1.330 Kampfpanzern und 1.730 Späh- und Schützenpanzern wurde auf einen Bestand von 170 Kampfpanzern und 1.030 Schützenpanzern ausgemustert. Einige T-72 Modelle werden auf NATO-Standard gebracht.[222]

[222] vgl. o.V.: Ungarn mustert MIG-21 aus, in: Fliegerrevue 11/2000, 8; Simperl, Gerald A.: Abschied von der MIG-21, in: Flugrevue 1/2001, 60; o.V.: Gripen für Ungarn, in: Flugrevue 11/2001, 16; Schwarz, Karl: Gripen Export, in: Flugrevue 12/2002, 43; o.V.: German Mi-24 for Hungary, in: Airforces Monthly 8/2004, 8

Eines der jüngsten osteuropäischen NATO-Mitgliedsländer ist das 2004 beigetretene Bulgarien. Die Reform der bulgarischen Streitkräfte setzte 1997 ein und stand in engem Zusammenhang mit den Verhandlungen zum NATO-Beitritt. Dazu wurde in Bulgarien eigens ein Membership-Action-Plan (MAP) als eine Art Wegweiser bis 2004 etabliert. Doch auch Bulgarien musste seine Ziele aufgrund von Finanznöten bis ins Jahr 2015 strecken. Dabei sollen aber die Verteidigungsausgaben bis 2015 stabil bei 2,5 Prozent des BIP gehalten werden. Die Streitkräfte werden unter Beibehaltung der Wehrpflicht verstärkt auf eine Wahrnehmung von Aufgaben innerhalb der NATO ausgerichtet. Das Material soll zumindest mit westlichen Systemen kompatibel gemacht werden. Die Heereskomponente wird auf einen Friedenszeitbestand von ca. 45.000 Mann und einen Bestand von 100.000 Mann in Krisenzeiten gekappt. Damit soll eine flexiblere und schnellere Verlegefähigkeit gewährleistet werden. Auch in Bulgarien forderten knappe Budgets die Außerdienststellung und Verschrottung von Material, um Mittel für die Modernisierung frei zu machen. Dabei legt die bulgarische Regierung besonderen Wert auf die Gewährleistung der Einsatzfähigkeit bulgarischer Spezialkräfte und die zukünftige Modernisierung der Luftstreitkräfte.

Die drei Artillerie- und zwei Panzerbrigaden wurden jeweils auf eine Brigade reduziert. Generell wurde bei der Umgestaltung der Landstreitkräfte auf die Bildung von leichten und mobilen Truppen wert gelegt, die im gesamten Spektrum anstehender NATO-Aufgaben agieren können. So waren bulgarische Truppen bereits im Irak aktiv. Bulgarien beteiligt sich neben sechs weiteren Staaten seit 1999 an einer multinationalen Friedenstruppe Südeuropa, die sich an Missionen der NATO, UN, EU und OSZE beteiligt. Die Seestreitkräfte wurden auf 4.370 Mann inklusive 2.000 Wehrpflichtigen auf zwei Seebasen reduziert. Ein Großteil der Seeflotte, wie etwa sämtliche U-Boote, einige Fregatten und Minenboote werden im Zuge systematisch der Truppenverkleinerung ausgemustert. Neben Bulgarien haben sich fünf weitere Schwarz-Meer-Staaten entschlossen, eine gemeinsame Schwarzmeerflotte aufzubauen und so im Rahmen des NATO-Partnership for Peace-Programms an Übungen und Einsätzen teilzunehmen.

Die Luftwaffenstützpunkte wurden zunächst auf zehn Standorte reduziert, wobei jeweils fünf Basen an das Luftverteidigungs- und an das taktische Fliegerkommando fielen. Allerdings wurde mittlerweile beschlossen, die Anzahl der Basen zu halbieren. Zur Zeit stehen bei den Luftstreitkräften etwa 170 Kampfflugzeuge und 25 Hubschrauber in Dienst. Von den zehn Mi-14 Helikoptern der Seestreitkräfte sind jedoch nur gut die Hälfte einsatzbereit. Die Kampfflugzeugflotte soll ebenfalls drastisch reduziert werden. Sämtliche MIG-23 Flugzeuge wurden bereits ausgemustert und die MIG-21 Maschinen sollen voraussichtlich noch bis 2008 in Dienst stehen. Ungefähr die Hälfte aller SU-22 Maschinen wird zum Kauf angeboten. Was die Beschaffung von neuem Material angeht, wird der Luftwaffe bei der Budgetzuteilung besonderer Vorzug gewährt. So existierten bereits Pläne, 12 bis 20 F-16 Jäger aus amerikanischen Überbeständen zu beziehen oder zu mieten. Im September 2000 reiste der bulgarische Luftwaffenchef General Popow in die USA, um sich die Maschinen vorführen zu lassen.

Ab Juni 2000 wurde der Kauf von F-16 Maschinen in Bulgarien eingehend diskutiert. Dies wurde aufgrund der angespannten Budgetsituation allerdings vorerst verschoben. Zunächst sollen die bestehenden MIG-29 Verbände von der europäischen DASA auf NATO-Standard gebracht und so noch bis voraussichtlich 2012 in Dienst gehalten werden.[223]

Seit 1990 versucht auch Rumänien, seine Streitkräfte den neuen sicherheitspolitischen Bedingungen anzupassen. Allerdings verfügt auch Rumänien in seinem Verteidigungshaushalt nur über sehr eingeschränkte Mittel. Wie in den anderen osteuropäischen Ländern auch, hat sich in den rumänischen Streitkräften seit 1990 ein drastischer Verkleinerungsprozess vollzogen. Mit der Option auf einen baldigen Beitritt zur NATO wurden auch in Rumänien Anstrengungen hinsichtlich einer verstärkten Orientierung in Richtung Westen unternommen. 2004 trat schließlich auch Rumänien in die NATO ein. Ursprünglich hatte man eine Konversion der Streitkräftestruktur in

[223] vgl. o.V.: Europas Armeen der Zukunft – Streitkräftereform in Bulgarien, in: Der Soldat, 25. 05. 2005, 12; o.V.: Bulgariens Bemühungen um Militärökonomie, in: Sicherheit und Ökonomie 4/2001, 5; o.V.: Modernisierung der bulgarischen Armee, in: Sicherheit und Ökonomie 3/2003, 6

Richtung NATO-Standards bis zum Jahr 2003 geplant, aber die zur Verfügung stehenden Mittel reichten nicht aus, um die notwendigen Verbesserungen und Modernisierungen vorzunehmen.

Also entwarf man erneut Pläne für eine weitere Verkleinerung der Streitkräfte. Von ursprünglich 320.000 Mann im Jahr 1990 wurde die Zahl der Truppen auf aktuell ca. 97.000 Mann reduziert. Langfristig sollen aber die Verteidigungsausgaben nicht unter 2 Prozent des BIP fallen und mit dem nationalen Wirtschaftswachstum steigen. Überzähliges Material und Munition soll systematisch veräußert werden. Derzeit werden einige der T-85 Panzer mit Systemen aus der Schweiz modernisiert.

Der personelle und materielle Bestand, welcher explizit für NATO-Einsätze bereitgestellt ist, wurde auf eine mechanisierte Brigade, eine Spezialeinheit, eine Staffel mit vier SOCAT Kampfhubschraubern, eine Fregatte, eine Jägerstaffel mit 12 MIG-21 Jägern und zwei C-130 Herkules Transporter, die von der U.S. Army bezogen wurden, reduziert. Ab 2005 sollen zwei Kampfbrigaden und ab 2007 eine Rahmendivision und zwei Luftverteidigungsbataillone bereitstehen. Insgesamt verfügt die rumänische Luftwaffe über zwölf Kampfflugzeugstaffeln, die mit MIG-21 Jägern ausgerüstet sind und über 330 SOCAT-Helikopter. Die MIG-21 Jäger sollen, was die Cockpitelektronik angeht, auf den Stand der vierten Generation gebracht werden.

Die Marine verfügt derzeit über einen Zerstörer, 38 Patrouillen- und Küstenkampfschiffe sowie 18 Minenkampfschiffe. Die Ausmusterung von für den internationalen Einsatz weniger geeigneten Schiffen soll beschleunigt werden. Rumänien beteiligt sich neben Bulgarien auch an der Etablierung einer gemeinsamen Schwarzmeerflotte. Bei der Marine soll die Anzahl der Fregatten langfristig erhöht werden. Derzeit werden Verhandlungen über den Erwerb von zwei Fregatten aus den Beständen der britischen Marine geführt. Für die Modernisierung stehen NATO-kompatible Logistiksysteme, die vermehrte Aufstellung von Spezialeinheiten, neue Systeme zur Panzerabwehr und die Vermehrung der leichten Truppen zur Debatte.

Für die Luftwaffe wird langfristig der Erwerb von neuen Lenkwaffen und Abfangjägern in Erwägung gezogen. Einige MIG-21 werden teilweise modernisiert, um den Einbau von NATO-kompatibler Technologie bis zur Einführung neuer Kampfflugzeuge zu ermöglichen. Der Großteil von 76 Maschinen steht jedoch zum Verkauf. Die gesamte MIG-29 Flotte sollte durch die DASA auf NATO-Standard modernisiert werden, wurde jedoch nach einer Stilllegung 2002 komplett ausgemustert. Die Piloten wurden auf die MIG-21 umgeschult, da Ersatzteile selbst produziert werden konnten und die MIG-21 im Unterhalt auch wesentlich kostengünstiger als die MIG-29 ist. Mittlerweile wird der amerikanische Bell AH-1 F Hubschrauber in Rumänien in Lizenz für die eigenen Streitkräfte gebaut. Für die Heereskomponente werden von der Bundeswehr Gepard-Panzer beschafft.

Die EADS wurde mit der Bereitstellung einer Systemlösung zum Grenzschutz und zur Grenzüberwachung beauftragt. Weitere Planungen zur Modernisierung und zu Neuanschaffungsprogrammen sollen allerdings erst nach 2005 näher erörtert werden.[224]

Die baltischen Staaten Lettland, Estland und Litauen gehören ebenfalls zu den jüngsten NATO-Mitgliedern. Auch hier wird über eine Reduktion der ohnehin nicht stark ausgeprägten Truppen gesprochen. Im wesentlichen verfügen die Staaten über eingeschränkte Transportkapazitäten wie Antonow AN-2 und AN-26, über diverse Helikopter Mi-8 und Mi-2 in kleinen Kontingenten sowie über Fluggerät Marke L-410 und L-39, jedoch über keine Kampfflugzeuge. Ein Großteil des militärischen Materials steht zum Verkauf an Drittländer.

Mittlerweile wurden durch Litauen drei STORM-Patrouillen-Boote von Norwegen bezogen, zwei weitere sollen folgen. Weiterhin werden diverse Flugabwehr- und SAM-Stellungen von Schweden bezogen. Die EADS lieferte 2004 drei TRML-Radarstellungen. Lettland bestellte ebenfalls drei STORM-Patrouillen-Boote von Norwegen, drei Minenräumer von Deutschland, je ein Patrouillenboot von Finnland

[224] vgl. o.V.: Europas Armeen der Zukunft – Transformation der Streitkräfte in Rumänien, in: Der Soldat, 25. 05. 2005, 12; o.V.: Neue rumänische Fregatte, in: Sicherheit und Ökonomie 4/2004, 4; o.V.: Rumänien – Streitkräftereform im Hinblick auf NATO- und EU-Beitritt, in: Truppendienst 269/2003, 190 ff.

und Deutschland sowie fünf KBV 236-Patrouillenboote von Schweden. Estland bestellte drei Minenräumboote von Deutschland und ein Versorgungsschiff aus Dänemark. Die EADS wird ein mobiles TPS-Radar liefern. Es wurden außerdem Panzerabwehrlenkwaffen und Flugabwehrgeschütze aus Deutschland und Schweden bestellt.

Was den Mangel an Kampfflugzeugen betrifft, wurden im baltischen Raum ab 2004 belgische F-16 Verbände und norwegische Aufklärer zur Luftraumüberwachung stationiert. Die baltischen Staaten fallen mit ihrem Beitritt zur NATO am 29. März 2004 unter den gemeinsamen Schutzschirm des Nordatlantikverbundes. Diese Verbände übernehmen den Schutz des baltischen Luftraumes, bis die Länder diese Aufgaben selbständig bewerkstelligen können. Obwohl von Seiten der NATO explizit der defensive Charakter hervorgehoben wurde, hat Russland scharfe Kritik an dieser Art von Ausbreitung geäußert, werden doch auch ca. 800 Kilometer russischer Grenzlinien mit abgedeckt.

So bezeichnete auch der Chef der russischen Luftverteidigungsbrigaden Yuri Solovyov die Verlegung von Kampfflugzeugen an die russische Grenze als aktive Bedrohung russischen und weißrussischen Territoriums. Die NATO habe die Möglichkeit erhalten, einen Überraschungsangriff zu starten. Denn es seien nur vier Minuten bis nach Weißrussland und 20 Minuten bis nach Moskau. So wurden im April 2004 auch Luftabwehrübungen in Weißrussland abgehalten.[225]

In den letzten Jahren haben die osteuropäischen Staaten bereits einen gewaltigen Transformationsprozess bewältigt, der freilich noch nicht beendet ist. In wie fern die ausgeprägte Orientierung nach Westen jeweils ausschließlich einer innerstaatlichen, politischen und ideologischen Ausrichtung entsprechen und sich die materiellen Neubeschaffungen nur aus Aspekten der verbesserten Kompatibilität speisen, oder ob die osteuropäischen Streitkräfte bei Neubeschaffungen praktisch gar keine andere Wahl als eine Westorientierung haben, wird von Kritikern des osteuropäischen Konversionsprozesses oft bezweifelt. Zu offensichtlich ist angeblich der amerikanische Einfluss bei den osteu-

[225] vgl. Gaudin, Gerard: Guarding Baltic Skies, in: Airforces Monthly 8/2004, 36; o.V.: Drei kleine Musketiere, in: Sicherheit und Ökonomie 1/2004, 4

ropäischen Modernisierungsbestrebungen. Mit anderen Worten: Um die neuen osteuropäischen Truppenverbände auch weiterhin im EU-Rahmen einsetzen zu können, müssen diese zwangsläufig auch nach NATO- und somit US-Vorbild modernisiert werden, um in Zukunft überhaupt eine gemeinsame Einsatzfähigkeit möglich zu machen.

Kritiker bezeichnen deshalb auch die Prague Capability Commitments (PCC), welche die NATO-Mitglieder am 21. und 22. November 2002 unterzeichnet haben, um ihre Neuausrichtung politisch festzulegen und bei der auch die Etablierung einer 60.000 Mann starken NATO-Einsatztruppe beschlossen wurde, bereits als BAC, „Buy American Commitments". Sie sehen in dem am 12. Juni 2003 im Zuge der Festlegung auf eine neue und straffere militärische Struktur eingerichteten NATO-Oberkommando für Transformation, welches seinen Sitz in Norfolk, Virginia hat und die Modernisierung der einzelnen NATO-Verbände begleitet, eine Art Werbeagentur für eine europäische Modernisierung gemäß „the American way".[226]

So erlaubt die U.S.-Regierung beispielsweise nicht, dass nichtamerikanische Flugzeuge mit amerikanischer Avionik ausgerüstet werden können. Sollte ein Land davon Abstand nehmen, weiterhin U.S.-Produkte zu kaufen, könnte das durchaus negative Effekte auf die Versorgung und den Betrieb von etwaigem bisherigen U.S.-Material durch amerikanische Vertragspartner haben.[227]

Man kann Rüstungsexport also durchaus als ein Mittel der politischen Sicherungs- und Kooperationsstrategie betrachten. Ob das die wirtschaftliche Konkurrenzlage ein- oder ausschließt, ist natürlich offen. Wobei man wiederum die Möglichkeit in Betracht ziehen kann, durch konstante Lieferbeziehungen an einen Staat dessen eigene unabhängige Tätigkeit auf diesem Gebiet in Grenzen halten zu können. Es ist mitt-

---

[226] vgl. Military technology – World Defence Almanac, Bonn 2002; North Atlantic Treaty Organisation (Hrsg.): NATO-Handbuch, Brüssel 2001, 238; Kirchhoff, Günter: NATO-Strukturen, in: Kirchhoff, Günter (Hrsg.): Handbuch zur Ökonomie der Verteidigungspolitik, Regensburg 1986, 587 ff.; Gießmann, Hans Joachim: Sicherheitspolitik in Ostmitteleuropa, Baden-Baden 1995; Bonn International Center for Conversion (Hrsg.): Conversion Survey, Baden-Baden 2003

[227] vgl. Braybrook, Roy: Military Aircraft Market – Who, Why, When, in: Armada International 3/2003, 44

lerweile schwer vorstellbar, dass Länder wie die USA oder Russland bei der Stärke der eigenen Industrie intensive Importe tätigen würden.

Letzten Endes bleibt die Ambivalenz zwischen Sicherheitspolitik und marktwirtschaftlichem Interesse sowie jene innerhalb dieser beiden Faktoren auf unabsehbare Zeit wohl die Natur der Rüstungsindustrie.

Literatur und Quellen

Achatz, Franz: Der Planungsstab im BMLV, in: Der Soldat, 27. 08. 2003, 3

Ahmedullah, Mohammed: Aero India 2003 – Aquisitions and Outsourcing, in: Military Technology 3/2003, 60-62

Ambrose, Stephen E.: Eisenhower – Soldier and President, Abilene 2003

American Foreign Policy Council, http://www.afpc.org, 25. 05. 2004

Amting, Johannes: Controlling im neuen Dienstleistungsbereich der Bundeswehr, in: Kirchhoff. Günter (Hrsg.): Militärökonomie – Neue Perspektiven 2002, Dachau 2002, 15-19

ANL Export Control – Dual-use List, http://www.ipd.anl.gov, 24. 08. 2001

Archivseiten des IHS: Firmenbefragungen, http://www.ihs.ac.at, 26. 05. 2005

Ayton, Mark: The fight's still on, in: Airforces Monthly 8/2004, 70

Bachner, Michael: Alles, was fliegt, ist ein Gegengeschäft, in: Der Standard 11. 08. 2004, 15

Bald, Detlef: Militär, Ökonomie und Konversion, Baden-Baden 1993

Bauer, Helfried; Biwald, Peter; Dearing, Elisabeth (Hrsg.): Public Governance, Wien/Graz 2005

Berliner Initiativkreis German Code of Corporate Governance GCCG, http://www.gccg.de, 28.05.2005

Beste, Ralf: Wieder ein Pulverfass, in: Der Spiegel 14/2004, 30-31

Blasberg, Anita; Kneip, Ansbert: Amoklauf des Meeres, in: Der Spiegel 7/2005, 138-141

Blasberg, Anita; Kneip, Ansbert: Protokoll einer Katastrophe, in: Der Spiegel 7/2005, 142-151

Bonn International Center for Conversion (Hrsg.): Conversion Survey, Baden-Baden 2003

Brauer, Jürgen: Economic Aspects of Arms Trade Offsets, Augusta State University, Augusta, 25. 09. 2002, http://www.e-offsets.com, 14. 10. 2003

Braunstein, Peter: CIMIC 2000 – Zivil-Militärische Kooperation, Referat des BMVG, http://www.bmvg.de, 08. 06. 2005

Braybrook, Roy: Military Aircraft Market – Who, Why, When, in: Armada International 3/2003, 33-52

Breuer, Thomas: Wie kann ich helfen, in: Die Zeit 41/2004, 18

Breyvogle, Norm: Selling the Shield, in: Aviation Week and Space Technology, 24. 06. 2002, 83

British American Security Information Council, Infoblatt vom 17. 09. 2004, http://www.basicint.org, 25. 05. 2005

Buchmann, Lutz: Invasion der Unbemannten, in: Fliegerrevue 9/2002, 10

Buck, Robert (Hrsg.): Die Kosten des Friedens, Dachau 2002

Bundesakademie für Sicherheitspolitik (Hrsg.): Sicherheitspolitik in neuen Dimensionen, Hamburg 2001

Bundesamt für Ausfuhrkontrolle, http://www.bafa.de, 11. 10. 2000, http://www.ausfuhrkontrolle.info/vorschriften, 12. 03. 2005

Bundesamt für Ausfuhrkontrolle: Richtlinien, http://www.bafa.de/ausfuhrkontrolle.info, 26. 05. 2005

Bundesamt für Wirtschaft und Ausfuhrkontrolle, http://www.bafa.de, http://www.ausfuhrkontrolle.info, 11. 10. 2000

Bundesministerium für Landesverteidigung der Republik Österreich, http://www.bmlv.gv.at, 08.02.2005

Bundesministerium für Landesverteidigung, Abt. Militärische Gesamtplanung: Systematik der Streitkräfteplanung, Wien 2000

Bundesministerium für Landesverteidigung, Abt. Militärstrategie: Das Führungssystem des österreichischen Bundesheeres, Wien 2000

Bundesministerium für Landesverteidigung: Bericht der Bundesheerreformkommission, Wien 2003

Bundesministerium für Landesverteidigung: Das Führungssystem des österreichischen Bundesheeres, Wien 2000

Bundesministerium für Landesverteidigung: Konzeptionsstudie – Wissenschaft und Technologie des VBS für die Armee, Wien 2002

Bundesministerium für Landesverteidigung: Workshop der Bundesheerreformkommission – Präsentation Ergebnis der AG CIMIC, Wien 28. 09. 2004

Bundeswehr-Fuhrparkservice GmbH, http://www.dbfuhrparkservice.de, 26. 05. 2005

Bündnis 90/Die Grünen, http://www.gruene.de/Atomausstieg, 14. 12. 2003

Bureau of Industry and Security: Kongressreport – Offsets in Defence Trade, http://www.bis.doc.gov, 14. 10. 2003

Butowski, Piotr: Suchoi will ins zivile Geschäft, in: Flugrevue 11/2001, 26

Ceska, Jan; Kaminski, Tadeusz; Rehs, Ursula: Militärökonomie und Aspekte einer neuen Sicherheitsstruktur, Internationales Seminar in Bad Marienberg 26.-30. 10. 1993

Cooper Richard: The Heat is on, in: Combat Aircraft 9/2004, 20

Cooper, Tom; Bishop, Farzad: Iranian F-14 Tomcat Units in Combat, in: Combat Aircraft 49/2002, 16

Coulsdon, D.: Israels Aerospace and Defence Industry, in: Jane's Defence Weekly 11/02, 12

Czempiel, Ernst Otto: Außenpolitik in der Gesellschaftswelt – Governance, in: Reiter, Erich; Schöpfer, Gerald (Hrsg.): Wirtschaft und Sicherheitspolitik, Graz/ Wien/Köln 1999, 79-94

Der Soldat Nr. 23/2003, 3

Dettmer, Markus; Sauga, Michael: Im Reich der Träume, in: Der Spiegel 6/2004, 60-66

Deutsche Bundeswehr, http://www.bundeswehr.de, 12. 04. 1998

Deutsche Bundeswehr: Information zu Open Sky, http://www.bundeswehr.de, 21. 10. 2004

Deutsche Bundeswehr: Informationen zu CIMIC, http://www.bundeswehr.de/ cimic, 26. 05. 2005

Deutsche Humanitäre Stiftung: Jahresabschlussbericht 2001, http://www.dhs.de; http://www.nothilfe.de, 11. 04. 2004

Deutsche Industrie und Handelskammer, http://www.ihk.de, 22. 05. 2005

Deutsches Rotes Kreuz, http://www.drk.de, 08. 06. 2005

Die Reportage: Das Jahrhundert der Völkermorde, N-TV, 26. 05. 2005

Dorsch, D.: Raiffeisenhilfe Hochwasser August 2002 – Dokumentation, Wien 2004

Drechsel, Eberhard; Einhorn, Hans: Problemstudie zu wirtschaftlichen und wirtschaftspolitischen Aspekten der Rüstungskonversion in Ländern Mittel-, Ost- und Südosteuropas, Berlin 1992

Dutton, Bruce Hales: All Pumped up – Tanker Decision?, in: Aircraft Illustrated 4/2004, 22

Einhorn, Hans: Aktuelle Probleme der Konversionsforschung, in: Schönherr, Siegfried (Hrsg.) Militärökonomie auf dem Weg zur europäischen Kooperation, Dachau 2001, 57 ff.

Einhorn, Hans: Anforderungen an die Theorie und Praxis der Militärökonomie in der Gegenwart, in: Forschungsinstitut für Militärökonomie und angewandte Konversion (Hrsg.): Streitkräfte als Wirtschaftsbetrieb, Koblenz 1992, 33 ff.

Eisler, Karl-Heinz: Dilemma, in: Der Soldat, 11. 05. 2005, 14

Eisler, Karl-Heinz: EADS auf Erfolgskurs, in: Der Soldat, 27. 04. 2005, 14

ERA System Applications, http://www.era.cz, 25. 05. 2000

Europäische Gesellschaft für Defence Public Private Partnerships: Pressemitteilung, http://www.eppp.org, 01. 03. 2005

Europäische Kommission: A secure Europe in a better World – European Security Strategy Paper, Brüssel 2003

Europäische Kommission: Commission Communication on the Implementation of the Preparatory Action in the Field of Security and Research, Brüssel 2004

Europäische Kommission: European Governance – A White Paper, Brüssel 2001

European Aeronautics Defence and Space Agency EADS, http://www.eads.com, 18. 06. 2005

European Corporate Governance Institute, http://www.ecgi.org, 28.05.2005

European Defence Agency, http://eda.eu.int, 22. 05. 2006

Fischer, Timo: Volkswirtschaftliche Evaluierung der Bundesheer-Partnerschaft zwischen der Raiffeisen-Holding Niederösterreich-Wien und dem Militärkommando Niederösterreich, Wien 2003

Flottau, Renate; Szandar, Alexander: Die Hasen vom Amselfeld, in: Der Spiegel, 19/2004, 24

Foley, K. P.: Iraq to acquire tracking system, in: Washington Post, 11. 11. 1997, A1

Follath, Erich; Jung, Alexander: Die Quelle des Krieges, in: Der Spiegel 22/2004, 106-119

Forndran, Erhard; Lemke, Hans-Dieter (Hrsg.): Sicherheitspolitik für Europa zwischen Konsens und Konflikt, Baden-Baden 1995

Forschungsinstitut für Militärökonomie und angewandte Konversion; Gesellschaft für Militärökonomie (Hrsg.): Streitkräfte als Wirtschaftsbetrieb, Berlin/Koblenz 1992

Frank, Klaus; Müller, Steffen: Offsetgeschäfte im Internationalen Marketing, Lohmar/Köln 2002

Freie Heide e.V., http://www.freieheide.de, 19. 02. 2000

Fulghum, Davi A.; Barrie, Douglas: SU-30MK beats F-15C – Every Time, in: Aviation Week and Space Technology, 24. 05. 2002, 3

Gaudin, Gerard: Guarding Baltic Skies, in: Airforces Monthly 8/2004, 36

General Accounting Office, http://www.gao.gov, 01. 04. 2003

Gerber, Johannes: Vorlesungen zur Militärökonomie in Warschau 13.-26. 04. 1993, Koblenz 1994

Gertz, Bill: Radar Sale to China stopped, in: Washington Times, http://www.washtimes.com, 25. 04. 2004

Gießmann, Hans Joachim: Sicherheitspolitik in Ostmitteleuropa, Baden-Baden 1995

Gillcrist, Paul T.: Selling the Shah, Tomcat – The Grumman F-14 Story, Atglen 2002

Gkowacki, B.; Sobczak, G.: Polen wählt U.S.-Angebot, in: Flugrevue 3/2003, 78

Gnauk, Gerhard: Der Beitrag der ersten Beitrittsländer ist bisher bescheiden, in: Die Welt, 09. 10. 2003, 3

Graduate Institute of International Studies, Geneva, Small Arms Survey, Genf 2003

Graf, Wilfried: Der Mythos der umfassenden Sicherheit, in: Österreichisches Studienzentrum für Frieden und Konfliktlösung (Hrsg.): Wie sicher ist Europa?, Münster 2001, 45-56

Griller, Stefan; Weidel, Birgit (Eds.): External Economic Relations and Foreign Policy in the European Union, Wien/New York 2002

Grolleau, Henri-Pierre: Dassault Rafale – Wege aus der Krise, in: Flugrevue 7/2003, 54

Guss, Kurt; Gerber, Johannes: Der Betriebswirt in der Bundeswehr, in: Guss, Kurt (Hrsg.): Der Mensch im Mittelpunkt der Militärökonomie, Koblenz 1987, 277-295

Guss, Kurt; Gößl, Alfred: Theorie und Praxis der kooperativen Führung in der öffentlichen Verwaltung, in: Guss, Kurt (Hrsg.): Der Mensch im Mittelpunkt der Militärökonomie, Koblenz 1987, 219-230

Hahn, Oswald: Militärbetriebslehre, Berlin 1997

Hahn, Oswald: Truppenreduzierung als Erscheinungsform betriebswirtschaftlicher Schrumpfung, in: Österreichische Militärische Zeitschrift 6/1990, 474-477

Hahn, Oswald; Turak, Janos (Hrsg.): Aktuelle militärwirtschaftliche Probleme der Streitkräfte in den 90er Jahren, Nürnberg 1992

Hainzl, Wolfgang: Snow Patrol – Black Hawks of Austria, in: Aircraft Illustrated 4/2004, 32-37

Hall, Darron: Falluja Strikes, in: Combat Aircraft 9/2004, 22-23

Hanel, Dieter: Die Rüstungsindustrie in Deutschland, in: Soldat und Technik 8/2003, 21-26

Hartley, Keith; Sandler, Todd: The Economics of Defense, Cambridge 1995

Hauser, Christian: Amerika setzt auf Aerospace Power, in: Fliegerrevue 5/2000, 26-34

Hegmann, Gerhard: Rüstungsindustrie, Moderner Kuhhandel, in: Financial Times Deutschland, 23. 01. 2002

Heinen, Guido: Deutsche Hilfe stößt nicht auf Begeisterung, in: Der Stern, 11. 01. 2005, 22

Herre, Sabine: Gemeinsam rüsten – Geld sparen, in: Die Tageszeitung, 13. 03. 2003, 5

Herz, Wilfried: Der peinliche Exporterfolg, in: Die Zeit, 14. 04. 2005, 30-31

Hew, David: Artikel der Asia Pacific Countertrade Association APCA, http://www.apca-trade.hostfusion.net, 14. 10. 2003

Hibbard, Paul: American Eagles in India and Tailand, in: Top Gun 5/2004, 4-7

Himmelbauer, Leo: Lkw für Abfangjäger, in: Wirtschaftsblatt, 07. 09. 2004, 2

Hitch, Charles J.; McKean, Roland N.: The Economics of Defense in the Nuclear Age, Cambridge 1967

Hoeveler, Patrik: So fliegt der Eurofighter, in: Flugrevue 5/1999, 12-21

Hoeveller, Wolfdietrich: Landebahn ade, in: Flugrevue 10/2000, 100

Hummel, Hartwig; Wulf, Herbert: Rüstung und Sicherheit, in: Hauchler, Ingomar; Messner, Dirk; Nuscheler, Franz (Hrsg.): Globale Trends 2002, Frankfurt/M. 2001, 426

Hunter, Jamie: Comanche Axed, in: Aircraft Illustrated 4/2004, 68-69

Ihlau, Olaf: Faule Äpfel, in: Der Spiegel 22/2004, 97

Ihlau, Olaf; Windfuhr, Volkhard: Mit eiserner Faust, in: Der Spiegel 34/2004, 88

IHS Archivseiten: Firmenbefragungen, http://www.ihs.ac, 26. 05. 2005

Intellectual Capital Services: Recommendations for an effective Research and Technology Management System within the BMLV, Zürich 2004

Intellectual Capital Services: Recommendations for an effective Research and Technology Management System within the BMLV, Zürich 2004

International Institute for Strategic Studies (Ed.): The Military Balance 1999/2003, Abingdon 1999/2003

International Institute for Strategic Studies, http://www.iiss.com, 08. 06. 2005

Jarecke, Eugene: Why we fight, Reportage, ARTE, 25. 01. 2005

Jorgensen, Michael: Spiegel-TV-Reportage „JSF-Wettlauf um den Fighter des 21. Jahrhunderts“, VOX , 04. 04. 2002

Jorns, Daniel: F-22 Raptor, in: Airforce – Militärluftfahrt heute, 2/2000, 32

Jung, Hermann: Der Fachhochschulstudiengang „Militärische Führung“, Information des BMLV/S III/Ausb. A des Referates Wehrpädagogik vom 03. 06. 2002, in: Der Soldat Nr. 15, August 2002, 13

Kaminski, Tom: Battlestations, in: Combat Aircraft 5/2004, 46-48

Kaminski, Tom: U.S. Army Update 2004, in: Combat Aircraft 7/2004, 42-59

Kaminski, Tom; Hunter, Jamie: U.S. Navy Update 2004, in: Combat Aircraft 05/2004, 28-69

Kapstein, Ethan B.: Two Dismal Sciences are better than One – Economics and the Study of National Security, Washington 2003

Karbach, Rolf: Grundlagen der Unternehmensführung, Altenberge 2004

Kennedy, Paul: Der Aufstieg und Fall großer Mächte, Warrington 1991

Kirchhoff, Günter (Hrsg.): Handbuch zur Ökonomie der Verteidigungspolitik, Regensburg 1986

Kirchhoff, Günter: Die knappheitsorientierte Wirtschaftlichkeit als Besonderheit in der Militärökonomie, in: Allgemeine Schweizerische Militärzeitschrift 12/1981, 771-776

Kirchhoff, Günter: NATO-Strukturen, in: Kirchhoff, Günter (Hrsg.): Handbuch zur Ökonomie der Verteidigungspolitik, Regensburg 1986, 587-589

Kirchhoff, Günter: Was ist denn die Leistung in militärischen Angelegenheiten?, Rocnik/Brno 2002

Kirchhoff, Günther; Stankiewicz, Waclaw: Darlegungen zur Verantwortung – Die neue Sicht auf die Militärökonomik, Warschau 2002

Klare, Michael: The Kalashnikov Age, in: Bulletin of the Atomic Scientists 1/1999, 1, http://www.thebulletin.org, 12. 03. 2004

Klein, Thomas W.: Genehmigt Rot-Grün Panzerlieferungen an die Türkei?, Artikel des Berliner Instituts für transatlantische Sicherheit vom 10. 02. 1999, http://www.bits.net, 18. 11. 2004

Kleveman, Lutz C.: Strategische Entscheidung, in: Die Zeit 37/2003, http://www.zeit.de, 13. 04. 2005

Klüver, Reymer: Unterwegs in die roten Zahlen, in: Süddeutsche Zeitung, 04. 12. 2004, 8

Köllner, Lutz: Militär und Finanzen, München 1982

Korrespondenz des österreichischen Parlaments: Diskussion über Abfangjäger geht weiter, in: Ressort II, Nr. 430, 13. 06. 2003.

Krasser, Oskar: Austrian Fighters, in: Airforce 2/2000, 8

Krüger, Jens; Lachmann, Günther: Strucks Weltstreitmacht, in: Welt am Sonntag, 18. 01. 2004, 3

Kucklick, Christoph: Die Angst vor dem Crash danach, in: GEO Epoche, 7/2001, 124

Lake, Jon: A Force in Crisis?, in: Airforces Monthly 8/2004, 86

Lake, Jon: Where are they now – The Fate of MIG and Sukhoi, in: Combat Aircraft 5/2004, 24-27

Leersch, Hans Jürgen: Problematische Auslagerung, in: Die Welt, 31. 05. 2005, http://www. welt.de, 08. 06. 2005

Lettice, John: where'd we put 'em?, in: Jane's Defence Weekly 38/2004, 34

Libyen News, http://www.libyennews.de, 06. 08. 1994

Mader, Georg: Militärische Großmacht, in: Der Soldat, 11. 05. 2005, 14

Maneval, Helmut: Überlegungen zum Wandel in der Wirtschaft und beim Militär aus ökonomischer Sicht (Vortrag), Koblenz 12. und 13. 03. 1993, 10-31

Meier, Ernst Christoph; Roßmanith, Richard; Schäfer, Heinz-Uwe: Wörterbuch zur Sicherheitspolitik, Hamburg 2003

Meyer, Christian-Wilhelm; Vogt, Marcus-Jurij: Zivil-militärische Zusammenarbeit der Bundeswehr im Balkaneinsatz, in: Die Welt, 31. 05. 2005, http://www. welt.de, 08. 06. 2005

Michal-Misak, Silvia; Dorsch, Monique; Strunz, Herbert: Perspektiven der österreichischen Neutralität – Politische und ökonomische Auswirkungen, Frankfurt/M. u.a. 2005

Militärkommando Niederösterreich: Das Katastropheneinsatzkonzept, in: Truppendienst 269/2003, 125

Military technology – World Defence Almanac, Bonn 2002

Mispelkamp, Harald; Madahar, Bob: Vorschlag für eine WEAG Studie – Dual-use Technologies for Defence Applications, Draft 3, Brüssel, 15. 05. 2002

Moscow News, http://www.moscownews.com, 01. 02. 2005

Mühlmann, Sophie; Leersch, Hans Jürgen: Im Visier der Gotteskrieger, in: Die Welt, 31. 01. 2004, 3

Munz, Richard; Moch, Thomas; Gardemann, Joachim: Bericht der Rotkreuzvereinigung, 12/2003, http://www.drk.de, 08. 06. 2005

Nassauer, Ottfried: Umgehung europäischer Richtlinien bei der Komponentenlieferung, Artikel des Berlin Information Center for Transatlantic Security, 12. 02. 2004, http://www.bits.net

Nassauer, Ottfried; Steinmetz, Christopher: Rüstungskooperationen zwischen Deutschland und Israel, Studie für das Berlin Information Center for Transatlantic Security, 03. 09. 2003, http://www.bits.net, 08. 06. 2005

Normann, Michael: Die modernen MIG-29-Versionen, in: Fliegerrevue 11/2000, 25

Normann, Michael: J-10 – Der neue chinesische Jäger, in: Fliegerrevue 9/2000, 28-31

Normann, Michael: Polen wird F-16 kaufen, in: Fliegerrevue 3/2003, 26

North Atlantic Treaty Organisation (Hrsg.): NATO-Handbuch, Brüssel 2001

North Atlantic Treaty Organisation, http://www.nato.int, 26. 05. 2005

North Atlantic Treaty Organisation: Military Policy on civil-military-cooperation, 18. 01. 2002, 4, http://www.nato.int, 25. 07. 2003

North Atlantic Treaty Organisation: NATO Military Policy on Civil-military-Cooperation, 18. 01. 2002, http://www.nato.int, 25. 07. 2003

Norton, Bill: Israel Airforce, in: Airforces Monthly 8/2004, 54

o.V.: Accusations Against Russian Coordinators, in: Jane's Intelligence Review, 10/1995, http://www.jdw.janes.com/archive/1995, 26. 05. 2005

o.V.: Aegis-Deal fixed, in: Jane's Defence Weekly 39/2002, 8

o.V.: Bericht über den ersten Katastrophenschutzkongress in Bonn, ZDF, 18. 05. 2005

o.V.: Bombodrom – unterschiedliche Abstimmung, in: Die Welt, 2. 06. 2005, 8

o.V.: Bombodrom belebt Osterproteste, in: Der Spiegel 21/2005, 6

o.V.: Bulgariens Bemühungen um Militärökonomie, in: Sicherheit und Ökonomie 4/2001, 5

o.V.: China sichert zivile Nutzung zu, Bericht des ZDF-heute-Journals, 05. 12. 2003, http://www.heute.de, 14. 03. 2005

o.V.: Czechs sign Gripen lease deal, in: Airforces Monthly 8/2004, 8

o.V.: Dasa modernisiert polnische MIG-29, in: Flugrevue 05/1999, 7

o.V.: Die tschechische Armee nach dem zweiten NATO-Jahr, in: Sicherheit und Ökonomie 2/2001, 4

o.V.: Diebstahl bei der Bundeswehr, in: Die Welt, 31. 05. 2005, 4

o.V.: Drei kleine Musketiere, in: Sicherheit und Ökonomie 1/2004, 4

o.V.: EADS kauft in Russland ein, in: Flugrevue 9/2001, 15

o.V.: Entwicklung der polnischen Streitkräfte – Polen – größte NATO-Baustelle, in: Sicherheit und Ökonomie 4/2004, 2 o.V.: Erste Maschine – Black Hawk für Österreich, in: Flugrevue 8/2002, 20

o.V.: Eurofighter erhält viernationale Typenzulassung, in: Der Soldat, 09. 07. 2003, 13

o.V.: Europas Armeen der Zukunft – Streitkräftereform in Bulgarien, in: Der Soldat, 25. 05. 2005, 12

o.V.: Europas Armeen der Zukunft – Transformation der Streitkräfte in Rumänien, in: Der Soldat, 25. 05. 2005, 12

o.V.: Exportpläne von Atomfabrik nach China belasten Rot-Grün, in: Die Welt, 5. 12. 2003, http://www.welt.de, 18. 06. 2005

o.V.: Flügelfertigung für Japans F-2, in: Flugrevue 6/1999, 12

o.V.: Fragwürdige Lieferungen an Libyen, in: Die Welt, 24. 09. 1995, http://www.die-welt.de

o.V.: German Mi-24 for Hungary, in: Airforces Monthly 8/2004, 8

o.V.: Global Hawk, in: Flight International, 28. 01. 2003, 9-10

o.V.: Grausames Jubiläum, in: Die Zeit, 11. 03. 2004, 8

o.V.: Gripen für Ungarn, in: Flugrevue 11/2001, 16

o.V.: Heer in Not, in: Der Spiegel 19/2003, 22

o.V.: India orders MIG's, in: Combat Aircraft 5/2004, 14

o.V.: Indian SU's delivered, in: Combat Aircraft 9/2004, 17

o.V.: Indian SU-30MKI ready to start, in: Airforces Monthly 8/2004, 16

o.V.: Israel kauft deutsche Motoren, in: Soldat und Technik 3/1995, 15

o.V.: Japan stellt F-2 in Dienst, in: Flugrevue 12/2000, 16

o.V.: Joint Maritime Course, in: Airforces Monthly 08/2004, 4

o.V.: Kriegsdaten versteigert, in: Der Stern 9/2002, 30

o.V.: Leiser Überschalljet, in: Flugrevue 1/2001, 15

o.V.: Lockheed und Boeing im Clinch, in: Wirtschaftsblatt, 13. 06. 2003, 9

o.V.: Mariner UAV Testing, in: Combat Aircraft 09/2004, 8

o.V.: Military Technology 3/2003, 71

o.V.: Mit Rekord in die Fusion, in: Flugrevue 5/2000, 34

o.V.: Modernisierung der bulgarischen Armee, in: Sicherheit und Ökonomie 3/2003, 6

o.V.: Neue rumänische Fregatte, in: Sicherheit und Ökonomie 4/2004, 4 o.V.: NGO's und Streitkräfte – Möglichkeiten und Grenzen der Zusammenarbeit im Einsatz, in: Truppendienst 269/2003, 112-117

o.V.: Open Sky liegt auf Eis, in: Flugrevue 12/2000, 17

o.V.: Privates Pilotentraining, in: Der Spiegel 34/2004, 19

o.V.: Revamping Fortress Europe, in: The Economist, 21. 06. 2003, 66

o.V.: Rumänien – Streitkräftereform im Hinblick auf NATO- und EU-Beitritt, in: Truppendienst 269/2003, 190-192

o.V.: Russische Waffenexporte, in: Sicherheit und Ökonomie 1/2003, 2

o.V.: Russland intensiviert Rüstungsexporte, in: Der Soldat, 11. 05. 2005, 8

o.V.: Trainingszentrum in Moskau, in: Fliegerrevue 10/2001, 7

o.V.: Transatlantisches Programm MEADS, in: Der Soldat, 11. 05. 2005, 14

o.V.: True Citizens?, in: Jane's Intelligence Review 4/2004, 32

o.V.: Tschechien will SAAB Gripen, in: Flugrevue 2/2002, 18

o.V.: Tschechische Republik in der NATO, in: Sicherheit und Ökonomie 2/2004, 2

o.V.: U.S. to stopp radar sale, in: Jane's Defence Weekly 16/2004, http://www.flightinternational.com, 01. 06. 2004

o.V.: Unbemannter Fighter – X-45 Rollout, in: Flugrevue 12/2000, 16

o.V.: Ungarn mustert MIG-21 aus, in: Fliegerrevue 11/2000, 8

o.V.: Unmanned Attacker – X-45 UCAV drops first weapon, in: Aircraft Illustrated 5/2004, 12

o.V.: Verlorener russischer Waffenmarkt, in: Sicherheit und Ökonomie 3/2004, 2

o.V.: Vorstoß im Bundestag gegen Bombodrom-Pläne, in: Die Welt, 16. 12. 2004

o.V.: Waffen aus der dritten Welt, Bericht des ZDF-Auslandsjournals, ZDF, 6/2000

o.V.: Zur Modernisierung der bulgarischen Armee, in: Sicherheit und Ökonomie 3/2003, 6

o.V.: Zur Modernisierung der polnischen Armee, in: Sicherheit und Ökonomie 4/2003, 6

o.V.: Zur Österreichischen Verteidigungspolitik – Bundesheerreformkommission, in: Österreichische Militärische Zeitschrift 5/2004, 603-610

O'Rourke, Breffini: Overrated, in: Washington Times, 13. 11. 1997, A1

Oberansmayr, Gerald: Auf dem Weg zur Supermacht – Die Militarisierung der EU, Wien 2004

Oliver, David; Ryan, Mike: X-Planes, London 2000

Organisation for Economic Co-operation and Development OECD, http://www.oecd.org, 28. 05. 2005

Österreichisches Studienzentrum für Frieden und Konfliktlösung (Hrsg.): Wie sicher ist Europa?, Münster 2001

Partarathy, A.: Development Strategy for the Military Industry – Ensuring the success of Technological Innovation, in: Jane's Defence Weekly 48/1998, 19

Petersen, Stefan: Flight Test in Bayern, in: Flugrevue 11/2001, 54

Phillipe, Jean-Paul: Rafale – Le Defi Francais, Paris 1989

Ping Kuo, Pao: The Chinese Mainland Carries Out Another Test-Flight of Jian-10 Fighter, in: China Daily, 08. 10. 2003, 17; http://www.sinodefence.com, 23. 03. 2005

Pöcher, Harald: Äußere Sicherheit und Landesverteidigung, Manuskript, Wien 2005, 35ff.

Pöcher, Harald: Der Wandel des Bedrohungsbildes als Herausforderung für die europäische Rüstungswirtschaft, in: Österreichische Militärische Zeitschrift 5/2004, 599-602

Pöcher, Harald: Ökonomische Implikationen unterschiedliche Wehrsysteme, Frankfurt/M. u.a. 2004

Pöcher, Harald: Outsourcing in Streitkräften – Fluch(t) oder Segen?, in: Österreichische Militärische Zeitschrift 2/1999, 177-182

Polderman, Robin: Czech Changes, in: Combat Aircraft 9/2004, 52-57

Politikforum, http://www.politikforum.de, 08. 01. 2005

Presseamt des Staatsrats der VR China: Mitteilung zu Chinas Verteidigungspolitik, 28. 04. 2004, http://www.china.org.cn, 02. 12. 2004

Pustam, Anil R.: Air Power in the Middle East, in: Military Technology 3/2003, 12-23

Rede von Staatssekretär Hans Krings anlässlich „Zehn Jahre Auslandseinsätze der Polizei", 19. 06. 2004, http://www.im.nrw.de, 26. 05. 2005

Regierungskommission Deutscher Corporate Governance Kodex, http://www.corporate-governance-code.de, 28. 05. 2005

Reimer, Nick: Kein Atomstrom nach China, in: Die Tageszeitung, 08. 12. 2004, http://www.taz.de, 06. 06. 2005

Reiter, Erich (Hrsg.): Europas ferne Streitmacht – Chancen und Schwierigkeiten der EU beim Aufbau der ESVP, Hamburg 2002

Reiter, Erich; Schöpfer, Gerald (Hrsg.): Wirtschaft und Sicherheitspolitik, Graz/Wien/Köln 1999

Rhodes, Roderick A. W.: Understanding Governance, Buckingham/Philadelphia 1997

Roman, Phillipe; Desplaces, Eric: Rafale, in: Airforce 1/2000, 68

Sailer, Margaretha: Knappheitsorientierte Wirtschaftlichkeit, in: Forschungsinstitut für Militärökonomie und angewandte Konversion; Gesellschaft für Militärökonomie (Hrsg.): Verteidigung und Ökonomie, Berlin/Koblenz 1992, 37 ff.

Santoli, Al; Scheidel, Miki: Rise in Military Funds, in: China Reform Monitor 540, 26. 04. 2004, http://www.afpc.org, 12. 06. 2005

Schedler, Kuno; Proeller, Isabella: New Public Management, Bern/Stuttgart/Wien 2003

Schlenker, Eckart: Radar – Die Augen des Jagdflugzeugs, in: Fliegerrevue 7/2000, 26-29

Schmid, Rainer: Der Euro-Frachter, in: Fliegerrevue 8/2000, 24-26

Schmid, Rainer: Wer baut den Joint Strike Fighter?, in: Fliegerrevue 10/2001, 24-28

Schmid, Rainer: X-32 Erstflug, in: Fliegerrevue 11/2000, 20-22

Schmitt, Jörg: Beste Beziehungen, in: Der Spiegel 6/2004, 67-68

Schnell, Jürgen: Leitlinien zur Rüstungs- und Beschaffungsplanung in Streitkräften – Fragen zur Messung der Effektivität des Beschaffungswesens, http://www.unibw-muenchen.de/miloek, 26. 11. 2001

Schnell, Jürgen: Methodisches Basiskonzept und Vorgehen bei den Analysen zur ökonomischen Effizienz der Wehrpflicht (Vortrag), Universität der Bundeswehr, München 09. 05. 2000

Schnell, Jürgen: Was bleibt im Prozess der Wehrreform noch zu tun? – Von ungelösten Problemen und unklaren Perspektiven (Vortrag), Evangelische Akademie, Neubiberg, 17. 12. 2000

Schönherr, Siegfried (Hrsg.): Streitkräfte, Ökonomie und europäische Sicherheit, Dachau 1999

Schönherr, Siegfried: Konversion in den neuen Ländern, in: Schönherr, Siegfried (Hrsg.): Militärökonomie – Rückblicke für die Gegenwart, Ausblicke für die Zukunft, Dachau 2002, 155-170

Schönherr, Siegfried: Rüstungswirtschaft und Konversion, in: Schönherr, Siegfried (Hrsg.): Militärökonomie – Rückblicke für die Gegenwart, Ausblicke für die Zukunft, Dachau 2002, 171-185

Schönherr, Siegfried; Einhorn, Hans: Freiwilligen- und/oder Wehrpflichtarmee?, in: Schönherr, Siegfried; Einhorn, Hans (Hrsg.): Militärökonomie auf dem Weg zur europäischen Kooperation, Dachau 2001, 69-82

Schönherr, Siegried (Hrsg.): Militärökonomie – Rückblicke für die Gegenwart, Ausblicke für die Zukunft, Dachau 2002

Schwarz Karl: Bombardierungen gehen weiter, in: Flugrevue 3/2002, 57

Schwarz, Karl: 51 Wochen bis zum Erstflug, in: Flugrevue 1/2001, 63

Schwarz, Karl: Amerikas neues Arsenal, in: Flugrevue 2/2002, 58-68

Schwarz, Karl: Auf dem Weg aus der Talsohle, in: Flugrevue 6/1999, 57

Schwarz, Karl: Awacs zum Sonderpreis, in: Flugrevue 04/2000, 60-63

Schwarz, Karl: Bombardierungen gehen weiter, in: Flugrevue 3/2002, 57

Schwarz, Karl: Der weiße Riese, in: Flugrevue 12/2000, 64-67

Schwarz, Karl: Die drei Musketiere, in: Flugrevue 2/2003, 6, 43 und 48

Schwarz, Karl: Endspurt, in: Flugrevue 1/2001, 52

Schwarz, Karl: Entscheidung für A400M, in: Flugrevue 8/2000, 32

Schwarz, Karl: Euro Hawk, als Atlantic-Nachfolger, in: Flugrevue 7/2003, 73

Schwarz, Karl: Eurofighter geht in Dienst, in: Flugrevue 9/2003, 36

Schwarz, Karl: F-22 als Bomber?, in: Flugrevue 10/2002, 53

Schwarz, Karl: Gripen Export, in: Flugrevue 12/2002, 43

Schwarz, Karl: Grünes Licht für F-22 Raptor, in: Flugrevue 10/2001, 62

Schwarz, Karl: Hohes C, in: Flugrevue 12/2002, 40-45

Schwarz, Karl: Im Reich der Riesen, in: Flugrevue 1/2001, 40-44

Schwarz, Karl: Interview mit dem Luftwaffeninspekteur Generalleutnant Gerhard Back, in: Flugrevue 11/2002, 58-61

Schwarz, Karl: JSF erobert Europa, in: Flugrevue 8/2002, 64

Schwarz, Karl: Konkurrenz belebt das Geschäft, in: Flugrevue 7/2003, 80

Schwarz, Karl: Last der Entscheidung, in: Flugrevue 6/2000, 50

Schwarz, Karl: Navy-JSF fliegt, in: Flugrevue 3/2001, 85-87

Schwarz, Karl: Neue Etappe, in: Flugrevue 5/2002, 32

Schwarz, Karl: Österreich wählt Eurofighter, in: Flugrevue 9/2002, 60

Schwarz, Karl: Raptor unter Druck, in: Flugrevue 3/2001, 64-67

Schwarz, Karl: Raubvogel unter Beschuss, in: Flugrevue 2/2000, 58

Schwarz, Karl: Revolution oder Evolution – Kampfflugzeuge für das nächste Jahrtausend, in: Flugrevue 6/1999, 50-65

Schwarz, Karl: Schweres Geschäft, in: Flugrevue 3/2002, 50

Schwarz, Karl: Schwieriger Umbruch, in: Flugrevue 11/2002, 52

Schwarz, Karl: Start in die UCAV-Ära, in: Flugrevue 8/2002, 82-85

Schwarz, Karl: Super schnell, super leise, in: Flugrevue 12/2002, 46

Schwarz, Karl: The winner takes it all, in: Flugrevue 10/2001, 54-60

Schwarz, Karl: Unbemannte Zukunft, in: Flugrevue 1/2002, 62-66

Schwarz, Karl: Weniger Flugzeuge, höherer Preis, in: Flugrevue 7/2003, 14

Schwedisches Verteidigungsministerium: Report On Cimic-Viking-99-Exercise, 29. 10. 1999, http://www.mil.se, 08. 03. 2005

Scurrel, Charles E.: Flugzeugträger und Trägerflugzeuge, Augsburg 1996

Seidl, Conrad: Preiskampf um Eurofighter, in: Der Standard 18. 06. 2003, 10

Sgarlato, Nico; Gohl, Ronald: Dreamland, in: Airforce 2/2000, 42-45

Shakuntala Banerjee, Devon: Bericht des ZDF-heute-Journals, 02. 11. 2004

Sicherheitspolitik, Wehrtechnik und Streitkräfte – Onlinedienst der Wehrwirtschaft, http://www.sipotec.net, 06. 09. 2002

Sievert, Gunnar: Kriegerischer Indianer, in: Fliegerrevue 3/2001, 26-29

Simperl, Gerald A.: Abschied von der MIG-21, in: Flugrevue 1/2001, 60-62

Simperl, Gerald A.: Black Hawk siegt in Österreich, in: Flugrevue 12/2000, 74

Simperl, Gerald D.: Felix Austria, in: Flugrevue 8/2001, 50-53

Simperl, Gerald: Aus für die Frogfoot, in: Flugrevue 03/2001, 60

Singer, Peter W.: Corporate Warriors, Ithaca 2005

Spörl, Gerhard; von Ilsemann, Sigesmund: Tödliches Abenteuer, in: Der Spiegel 21/2004, 121

Staud, Toralf: Kasernen zu Hochschulen, in: Die Zeit, 28. 10. 2004, 7

Steinberg, Thomas-Immanuel: Öl in fremden Händen, in: Die Junge Welt, 25. 09. 2004, http://www.jungewelt.de, 12. 06. 2005

Stockholm International Peace Research Institute (Ed.): SIPRI Yearbook 2004, Oxford 2004, Tafel A101,

Stockholm International Peace Research Institute (SIPRI): http://www.sipri.org, 26. 05. 2005

Stowsky, Jay: The Dual-use Dilemma, http://www.nap.edu, 24. 08. 2002

Streitkräftebasis, Informationsseite der Bundeswehr, http://www.streitkräfte-basis.de, 26. 05. 2005

Strobl, Erich: Aufmarsch am Golf, in: Fliegerrevue 3/2003, 22-23

Strobl, Erich: Nachfolger für Draken gesucht, in: Fliegerrevue 7/2001, 24-26

Strunz, Herbert: Dual-Use-Güter – Herstellung, Verwendung und ausgewählte Aspekte in der Republik Österreich, Wien 2004

Strunz, Herbert: Einzelwirtschaft und Gemeinwohl, in: Zeitschrift für Ganzheitsforschung 4/2004, 182-211

Strunz, Herbert: Organisationen als Determinanten wirtschaftlicher Entwicklung, in: Journal für Entwicklungspolitik 1/1991, 21-26

Strunz, Herbert: Verwaltung, München/Wien 1993

Strunz, Herbert; Dorsch, Monique, Sicherheitspolitik und Wirtschaft, Frankfurt/M. u.a. 2003

Strunz, Herbert; Dorsch, Monique: Management, München/Wien 2001

Struys, Wally: Offsets in small Countries, Royal Military Academy, Brussels, 27. 09. 2002, http://www.e-offsets.com, 14. 10. 2003

Sweetman, Bill: F-22 Raptor, Osceola 1998, 11

Szandar, Alexander: Bunker gesucht, in: Der Spiegel 46/2004, 52

Szandar, Alexander: Sportlicher Zeitplan, in: Der Spiegel 44/2004, 64

Szandar, Alexander; Wiedemann, Erich: Im Hass vereint, in: Der Spiegel 13/2004, 122

Taylor, Travis K.: Using Offsets in Procurement as an Economic Development Strategy (Working Paper), New York 2002, http://www.e-offsets.com, 14. 10. 2003

Terzibaschitsch, Stefan: Flugzeugträger der U.S. Navy, Bonn 1999, 202

The Offsets Monitoring Page, http://www.fas.org, 14. 10. 2003

The Wassenaar Arrangement, http://www.was-senaar.org, 21. 08. 2002

Thomas, Hans: Gehören Kriege zu den Kosten des Friedens?, in: Buck, Robert (Hrsg.): Die Kosten des Friedens, Dachau 2002, 113

Thonke, Christian: Der Preis ist heiß, in: Kurier, 16. 03. 2003, 2

United States Army: Infoseite, http://www.armyguide.com, 26. 05. 2005

United States General Accounting Office http://www.gao.gov, http://www.navy.mil.gov, 01. 04. 2003

United States Navy, http://www.navy.mil.gov, 14. 01. 2001

United States Navy: Informationen zum Summerpulse-Manöver 2004, http://www.navy.mil.org, 05. 06. 2004

Unsere Sicherheit Europa 3/2001

Verteidigungsministerium des Vereinten Königreichs: Civil-Military Co-operation Philosophy, Joint Military/NGO Operational Planning Exercise Report, 25. 07. 2003, http://www. mod.uk, 25. 07. 2003

Vetter, Bernd: Ein Raubvogel in Edwards, in: Fliegerrevue 3/2000, 24-27

Vetter, Michael: Luftwaffe und Industrie – Eine strategische Partnerschaft, in: Europäische Sicherheit 7/2003, 35-41

von Großmann, Ariane: Interview mit Generalleutnant Hans Heinrich Dieter zu CIMIC, Reportage vom 20.10. 2004, http://www.streitkraeftebasis.de, 26. 05. 2005

von Ilsemann, Siegesmund; Hoyng, Hans: Privatkrieg auf Staatskosten, in: Der Spiegel 19/2004, 132-144

Vorhofer, Peter: CIMIC – Zur Evolution einer neuen Aufgabe in der Krisenbewältigung, in: Österreichische Militärische Zeitschrift 6/2003, 753-759

Walther, Helmut F.: Neuigkeiten aus russischen Konstruktionsbüros, in: Fliegerrevue 10/2001, 14-19

Warnes, Alan: Mianwali, in: Airforces Monthly 8/2004, 30

Wassenaar Arrangement, http://www.wassenaar.org, 21. 08. 2002

Website der U.S. Airforce und von Boeing zur F/A-22 Raptor, http://www.raptor.mil.com, 12. 06. 2005

Weinland, Lothar: Die Exportkontrolle von Dual-use-Gütern, Lohmar/Köln 2002

Werner, Bernd: Regionalentwicklung durch Konversionspolitik, Frankfurt/M. u.a. 2002

Western European Armaments Group, http://www.weu.int/weag, 10. 10. 2005

Willis, David: Comanche Axed, in: Combat Aircraft 5/2004, 18-19

Windfuhr, Volkhard: Uns läuft die Zeit davon, in: Der Spiegel 21/2004, 122

Wolf, Winfried: Bombengeschäfte – Zur politischen Ökonomie des Kosovokrieges, Hamburg 1999

Wyrwoll, Günther: Sparen und Wirtschaftlichkeit, in: Kirchhoff, Günter (Hrsg.): Militärökonomie – Neue Perspektiven 2002, Dachau 2002, 121 ff.

Yu-sheng, Hsiao: China's New-Generation Main Military Aircraft, in: Kuang Chiao Ching, 16. 11. 1995, 70 ff., http://www.global-security.org, 23. 03. 2005

Zeiner, Hubert: Manager in Uniform, Wien 2002

Internationale Märkte

Herausgegeben von Prof. Dr. Herbert Strunz

Die Schriftenreihe „Internationale Märkte" veröffentlicht Monographien und Sammelbände, die sich der marktbezogenen Analyse von Ländern, Branchen und entsprechenden Aspekten des internationalen Managements widmen und wendet sich an ein am aktuellen Geschehen auf verschiedenen Märkten interessiertes Publikum. Autoren, die an einer Veröffentlichung interessiert sind, werden gebeten, sich mit dem Herausgeber der Reihe oder dem Verlag in Verbindung zu setzen.

Band 1 Herbert Strunz: Irak. Wirtschaft zwischen Embargo und Zukunft. 1998.

Band 2 Diana Kowalski: Die Erschließung des Marktes in der Tschechischen Republik. Instrumente, Probleme, Perspektiven. 1999.

Band 3 Herbert Strunz / Monique Dorsch: Libyen. Zurück auf der Weltbühne. 2000.

Band 4 Herbert Strunz / Monique Dorsch: Internationalisierung der mittelständischen Wirtschaft. Instrumente zur Erfolgssicherung. 2001.

Band 5 Herbert Strunz / Monique Dorsch: Algerien. Krise und Hoffnung. 2002.

Band 6 Rica Staiger: Tunesien. Aufstieg zwischen Orient und Okzident. 2003.

Band 7 Herbert Strunz / Monique Dorsch: Sicherheitspolitik und Wirtschaft. 2003.

Band 8 Kati Fleischmann: Schattenseiten des Marketing. Der Kampf um Märkte und Verbraucher heute. 2003.

Band 9 Susanne Klein: Umweltschutz in China. 2004.

Band 10 Franziska Wolf: Senegal. Entwicklungsland im Globalisierungswettlauf. 2004.

Band 11 Silvia Michal-Misak / Monique Dorsch / Herbert Strunz: Perspektiven der österreichischen Neutralität. Politische und ökonomische Auswirkungen. 2005.

Band 12 Mareike Martini / Tina Stopp: Kuba. Eine Insel zwischen ökonomischen Zwängen und ideologischen Träumen. 2006.

Band 13 Alexander Breunig / Harald Pöcher / Herbert Strunz: Wehrökonomik. Entwicklungen im internationalen Kontext. 2006.

www.peterlang.de

Kolibri 360 GmbH
Ferdinand-Jühlke-Straße 7
99095 Erfurt, Deutschland
produktsicherheit@kolibri360.de

Druck:
CPI Druckdienstleistungen GmbH
im Auftrag der
Kolibri 360 GmbH
Ferdinand-Jühlke-Str. 7
99095 Erfurt